矿区生态环境修复丛书

有色金属矿区
水体和土壤重金属污染治理

林　海　董颖博　李　冰　贺银海　著

科　学　出　版　社
龍　門　書　局

北　京

内 容 简 介

本书总结作者近 5 年的研究成果，首先综述有色金属矿业发展概况、矿区存在的重金属污染问题和治理修复技术及重金属污染治理的发展趋势；然后分别针对矿区重金属酸性水微生物处理、矿区复合重金属污染河流植物修复研究成果进行阐述，主要介绍耐酸吸附水体重金属微生物菌种的选育、固定化和去除机理，河流复合重金属污染水体修复水生植物优选与搭配、微生物耦合水生植物修复等；最后阐述矿区受复合重金属污染土壤陆生植物修复、微生物联合植物修复的研究成果，主要包括高效富集重金属陆生植物优选、搭配与机理，强化植物修复效果内生菌的选育、内生菌对宿主和非宿主植物的强化修复效果与机制。全书用大量的数据和图表直观展示矿区水体和土壤重金属污染治理与修复的新技术方法和机理，并列举相关工程应用案例，为从生物角度有效解决有色金属矿区重金属污染问题提供重要支撑。

本书适合环境工程、矿业工程、生态修复及相关领域的科研人员和高等院校师生阅读和参考。

图书在版编目（CIP）数据

有色金属矿区水体和土壤重金属污染治理 / 林海等著.—北京:科学出版社，2020.11

（矿区生态环境修复丛书）

国家出版基金项目

ISBN 978-7-5088-5815-9

Ⅰ.① 有… Ⅱ.① 林… Ⅲ. ①有色金属-金属矿-矿区-水污染防治 ②有色金属-金属矿-矿区-土壤污染-重金属污染-污染防治 Ⅳ. ① X753

中国版本图书馆 CIP 数据核字（2020）第 204191 号

责任编辑：李建峰 杨光华 刘 畅 / 责任校对：高 嵘

责任印制：彭 超 / 封面设计：苏 波

科 学 出 版 社
龍 門 書 局 出版

北京东黄城根北街 16 号

邮政编码：100717

http://www.sciencep.com

武汉精一佳印刷有限公司印刷

科学出版社发行 各地新华书店经销

*

开本：787×1092 1/16

2020 年 11 月第 一 版 印张：20 3/4

2020 年 11 月第一次印刷 字数：492 000

定价：258.00 元

（如有印装质量问题，我社负责调换）

“矿区生态环境修复丛书”

编 委 会

“矿区生态环境修复丛书”序

我国是矿产大国，矿产资源丰富，已探明的矿产资源总量约占世界的 12%，仅次于美国和俄罗斯，居世界第三位。新中国成立尤其是改革开放以来，经济的发展使得国内矿山资源开发技术和开发需求上升，从而加快了矿山的开发速度。由于我国矿产资源开发利用总体上还比较传统粗放，土地损毁、生态破坏、环境问题仍然十分突出，矿山开采造成的生态破坏和环境污染点多、量大、面广。截至 2017 年底，全国矿产资源开发占用土地面积约 362 万公顷，有色金属矿区周边土壤和水中镉、砷、铅、汞等污染较为严重，严重影响国家粮食安全、食品安全、生态安全与人体健康。党的十八大、十九大高度重视生态文明建设，矿业产业作为国民经济的重要支柱性产业，矿产资源的合理开发与矿业转型发展成为生态文明建设的重要领域，建设绿色矿山、发展绿色矿业是加快推进矿业领域生态文明建设的重大举措和必然要求，是党中央、国务院做出的重大决策部署。习近平总书记多次对矿产开发做出重要批示，强调“坚持生态保护第一，充分尊重群众意愿”，全面落实科学发展观，做好矿产开发与生态保护工作。为了积极响应习总书记号召，更好地保护矿区环境，我国加快了矿山生态修复，并取得了较为显著的成效。截至 2017 年底，我国用于矿山地质环境治理的资金超过 1 000 亿元，累计完成治理恢复土地面积约 92 万公顷，治理率约为 28.75%。

我国矿区生态环境修复研究虽然起步较晚，但是近年来发展迅速，已经取得了许多理论创新和技术突破。特别是在近几年，修复理论、修复技术、修复实践都取得了很多重要的成果，在国际上产生了重要的影响力。目前，国内在矿区生态环境修复研究领域尚缺乏全面、系统反映学科研究全貌的理论、技术与实践科研成果的系列化著作。如能及时将该领域所取得的创新性科研成果进行系统性整理和出版，将对推进我国矿区生态环境修复的跨越式发展起到极大的促进作用，并对矿区生态修复学科的建立与发展起到十分重要的作用。矿区生态环境修复属于交叉学科，涉及管理、采矿、冶金、地质、测绘、土地、规划、水资源、环境、生态等多个领域，要做好我国矿区生态环境的修复工作离不开多学科专家的共同参与。基于此，“矿区生态环境修复丛书”汇聚了国内从事矿区生态环境修复工作的各个学科的众多专家，在编委会的统一组织和规划下，将我国矿区生态环境修复中的基础性和共性问题、法规与监管、基础原理/理论、监测与评价、规划、金属矿冶区/能源矿山/非金属矿区/砂石矿废弃地修复技术、典型实践案例等已取得的理论创新性成果和技术突破进行系统整理，综合反映了该领域的研究内容，系统化、专业化、整体性较强，本套丛书将是该领域的第一套丛书，也是该领域科学前沿和国家级科研项目成果的展示平台。

本套丛书通过科技出版与传播的实际行动来践行党的十九大报告“绿水青山就是金山银山”的理念和“节约资源和保护环境”的基本国策，其出版将具有非常重要的政治意义、理论和技术创新价值及社会价值。希望通过本套丛书的出版能够为我国矿区生态环境修复事业发挥积极的促进作用，吸引更多的人才投身到矿区修复事业中，为加快矿区受损生态环境的修复工作提供科技支撑，为我国矿区生态环境修复理论与技术在国际上全面实现领先奠定基础。

干 勇 胡振琪 党 志
柴立元 周连碧 束文圣
2020 年 4 月

前　言

资源与环境是人类赖以生存和发展的基本条件，金属矿产资源的开发和利用在国民经济中占据重要地位，随着世界经济的不断发展，各行业对矿产资源的需求量不断增长。重金属是矿业活动主要污染物之一，随着矿产资源开发规模的不断扩大，重金属污染问题也日益严重。重金属污染物为持久性污染物，一旦进入环境将持久存留，其危害性很大，如重金属超过一定标准的尾矿等废物已被列入国家危险废物名录。因此，如何在矿产资源开发中保护生态环境，不仅关系矿区的环境保护，更关系矿业可持续绿色发展。伴随矿业开发的重金属污染防治已成为资源环境科学研究的重要领域。

2016 年 5 月，国务院印发了《土壤污染防治行动计划》（简称“土十条”），强调整治尾矿，重点监测土壤中重金属镉、汞、铅、铬和类金属砷；2016 年 10 月，环境保护部印发了《全国生态保护“十三五”规划纲要》，指出要优化矿产资源开发布局，推动历史遗留矿山生态修复。2017 年 12 月，中国矿业联合会发布了《固体矿产绿色矿山建设指南（试行）》，要求开展矿山环境恢复与治理。2018 年 5 月，生态环境部印发了《关于加强涉重金属行业污染防控的意见》，提出进一步聚焦铅锌矿采选、铜矿采选以及铅锌冶炼、铜冶炼等涉铅、涉镉行业，在各重点重金属污染物排放量下降前提下，原则上优先削减铅、镉。2019 年 1 月实行的《中华人民共和国土壤污染防治法》规定加强尾矿库的监督和管理，采取尾矿、矿渣防治措施，严惩向土壤排放重金属等污染行为。这一系列举措表明国家高度重视矿山重金属污染防治工作。

近年来，国内外学者围绕有色金属矿区重金属污染治理开展了大量的研究工作。针对矿区含重金属废水，主要处理方法有沉淀法、吸附法、电化学法、生物法、人工湿地法、源头治理法等。矿区土壤重金属污染修复技术主要包括物理修复技术、化学修复技术和生物修复技术。其中，生物修复技术是一种很有潜力、正在快速发展的清除环境污染的绿色技术。

笔者长期从事矿区重金属污染控制与生态修复领域的研究，在尾矿库重金属地球化学形态和释放特征、微生物群落结构、特异功能修复菌种的开发、矿山生态修复、酸性矿山废水治理、有色金属采选冶全过程重金属污染控制等方面做了大量工作。建立了一套完备的特异功能修复菌种选育方法，筛选出了具有多金属抗性、解毒特性和植物促生特性的特异性内生菌；开发了植物-微生物联合强化修复矿区复合重金属污染土壤的新方法，揭示了内生菌与植物联合修复机理。选育出了有色金属矿区酸性水中重金属离子去除的微生物菌种，开发了适用于不同水生植物搭配模式修复重金属污染水体的生态浮床，研究了不同水生植物搭配模式及与微生物耦合对水体中多种重金属的去除效果和机理。

本书是在上述科学研究和技术开发工作基础上撰写而成的，它是笔者及科研团队在生物技术治理矿区重金属污染领域研究成果的系统总结。希望本书的出版能够对生物技术在有色金属行业和其他领域的应用和技术开发提供借鉴与帮助。

本书由林海、董颖博、李冰、贺银海撰写。感谢王亮、朱亦珺、高琨、田野、刘璐璐、张海丽、陈思、张彧、任凯强、李昊等对研究工作所做的贡献！感谢刘陈静、陶艳茹、张曦日、薛宇航、殷文慧、江昕昳、李真等对统稿工作的付出！本书共分为 5 章，具体人员分工为：第 1 章，林海；第 2 章，李冰；第 3 章，董颖博；第 4 章，贺银海；第 5 章，林海。全书由林海负责统稿与审订。

在本书即将出版之际，笔者衷心感谢国家水体污染控制与治理科技重大专项课题“丹江口库区小流域特色矿产重金属污染全过程控制关键技术研究与示范”（2015ZX07205003）对本书涉及的研究工作的资助。对本书中引用的国内外文献作者表示感谢，对个别引用而漏标的作者表示真诚的歉意。

由于笔者能力和水平有限，书中难免存在一些不足之处。希望各位读者不吝赐教、批评指正。

作　者

2020 年 2 月于北京

目　　录

第1章　绪　　论

1.1　有色金属矿业发展概况

1.1.1　我国有色金属矿产资源概况

自然资源部发布的《中国矿产资源报告（2018）》显示，我国矿产资源保障力度在逐步加大，消费结构也在不断优化，同时绿色发展与产业持续发展实现了良性互动（中华人民共和国自然资源部，2018）。截至2017年底，我国已发现矿产种类173种，其中天然气水合物为当年新立矿种，初步预测我国海域天然气水合物资源量约800亿t油当量；煤炭、石油、天然气、页岩气、锰矿、金矿、石墨等重要矿产查明资源储量增长，勘查新增资源量超过50亿t煤田3个、超过百吨的金矿2个，探明地质储量超过亿吨的油田2个、超过500亿m^3的天然气田3个。根据2017年全国重要矿产潜力动态评价结果，预测有色金属铅锌潜在资源量约8.49亿t，主要分布在新疆、云南、西藏、甘肃、青海、陕西等省（自治区）；锰矿资源量约48亿t，主要分布在湖南、广西、贵州、四川、重庆等省（自治区、直辖市）；卤水锂（LiCl）资源量约9 248万t，硬岩锂（Li_2O）资源量801万t，主要分布在青海、西藏、四川、新疆、江西、湖南等省（自治区）；500 m以浅石墨资源量约20.14亿t，主要分布在黑龙江、内蒙古、新疆、四川、山东等省（自治区）；铝土矿伴生镓资源量约131.8万t，主要分布在广西、河南、贵州、陕西等省（自治区）；铅锌锡矿伴生铟资源量约2.16万t，主要分布在广西、云南、内蒙古、广东等省（自治区）。

在矿产资源中，有色金属矿产由于其矿物组成的复杂性、应用的特殊性等特点显得尤为重要，我国主要有色金属矿产资源储量、分布、矿床类型如下。

铜矿总保有储量铜约6 243万t，居世界第7位，探明储量中富铜矿占35%，主要分布在江西、安徽、甘肃、西藏、云南、湖北等省（自治区），其中已探明储量的矿区有910处，以斑岩型铜矿为主，如江西德兴特大型斑岩铜矿和西藏玉龙大型斑岩铜矿；其次为铜镍硫化物矿床（如甘肃白家嘴子铜镍矿）、夕卡岩型铜矿（如湖北铜绿山铜矿、安徽铜官山铜矿）、火山岩型铜矿（如甘肃白银厂铜矿等）；沉积岩中层状铜矿（如山西中条山铜矿、云南东川式铜矿）、陆相砂岩型铜矿（云南六直铜矿）及少量热液脉状铜矿等。

铅锌矿总保有储量铅约3 572万t，居世界第4位；锌保有储量约9 384万t，居世界第4位，主要分布在云南、湖南、江西、甘肃、广东等省，产地共700多处。矿床类型有花岗岩型矿床（广东连平）、夕卡岩型矿床（湖南水口山）、斑岩型矿床（云南姚安），有与海相火山有关的矿床（青海锡铁山），有产于陆相火山岩的矿床（江西冷水坑和浙江五部铅锌矿），有产于海相碳酸盐的矿床（广东凡口）、泥岩-碎屑岩系中的铅锌矿（甘肃西成铅锌矿），有产于海相或陆相砂岩和砾岩的铅锌矿（云南金顶）等。

铝土矿总保有储量矿石约 22.7 亿 t，居世界第 7 位；主要分布在贵州、广西、河南等省（自治区），产地 310 处，矿床类型主要为古风化壳型矿床和红土型铝土矿床，其中古风化壳型铝土矿又可分为贵州修文式、贵州遵义式、广西平果式和河南新安式 4 个亚类。

镍矿总保有储量镍约 784 万 t，居世界第 9 位；主要分布在甘肃、云南等省，产地近 100 处，分布于 18 个省（自治区、直辖市）。其矿床类型主要为风化壳硅酸盐镍矿床和岩浆熔离矿床两类，岩浆熔离矿床又分为岩浆就地熔离矿床与岩浆深部熔离贯入矿床，如甘肃白家嘴子镍矿属于深部熔离复式贯入矿床。

钨矿总保有储量 WO_3 约 2 529 万 t，居世界第 1 位；主要分布在湖南（白钨矿为主）、江西（黑钨矿为主），储量分别约占全国总储量的 33.8%和 20.7%，其次是河南、广西、福建、广东等省（自治区）。已探明矿产地有 252 处，分布于 23 个省（自治区、直辖市）。矿床类型以层控叠加矿床和壳源改造花岗岩型矿床为主，壳幔源同熔花岗（闪长）岩型矿床、层控再造型矿床和表生型钨矿床次之。

菱镁矿总保有储量矿石约 30 亿 t，居世界第 1 位；主要分布在辽宁海城、营口，山东莱州，其中以辽宁菱镁矿储量最为丰富，约占全国总储量的 85.6%。已探明储量的矿产地 27 处，分布于 9 个省（自治区、直辖市）。矿床类型以沉积变质-热液交代型为主。

锡矿总保有储量锡约 407 万 t，居世界第 2 位，以广西、云南两省（自治区）储量最多，分别约占全国总储量的 32.9%和 31.4%，湖南、广东、内蒙古、江西次之，此 6 省（自治区）锡储量共占全国总储量的 93%。探明锡矿总矿产地 293 处，分布于 15 个省（自治区、直辖市）。其矿床类型主要有与花岗岩类有关的矿床，与中、酸性火山-潜火山岩有关的矿床，与沉积再造变质作用有关的矿床和沉积-热液再造型矿床。

钼矿总保有储量钼约 840 万 t，居世界第 2 位。探明储量的矿区有 222 处，分布于 28 个省（自治区、直辖市）。以河南省钼矿资源最为丰富，其钼储量约占全国总储量的 30.1%。矿床类型以斑岩型钼矿和斑岩-夕卡岩型钼矿为主，如陕西金堆城钼矿、江西德兴钼矿属于斑岩型；夕卡岩型、碳酸盐脉型、石英脉型次之；沉积型钼-铀-钒-镍矿床有较大的潜在价值，伟晶岩脉型钼矿无独立工业意义。

锑矿总保有储量锑约 278 万 t，居世界第 1 位。已探明储量的矿产地有 111 处，分布于全国 18 个省（自治区、直辖市），以广西锑储量为最多，约占全国总储量的 41.3%；其次为湖南、云南、贵州、甘肃、广东等省。其矿床类型有碳酸盐岩型、碎屑岩型、浅变质岩型、海相火山岩型、陆相火山岩型、岩浆期后型和外生堆积型 7 类，以碳酸盐岩型锑矿为主。

综上所述，我国属于世界上有色金属矿产资源比较丰富的国家之一，其中探明储量居世界第 1 位的有钨、锑、镁、稀土、钽、钛，居世界第 2 位的有锡、钒、钼、铌、铍、锂，居世界第 4 位的有铅、锌等。我国有色金属矿产资源分布广泛，但又相对集中于几个地区，同时部分矿产储量大、质量高，在国际上具有较强竞争力，因此合理进行有色金属矿产资源的开发利用十分必要。

1.1.2　我国有色金属矿产资源开发利用现状

我国有色金属行业中存在的一个普遍问题是产业结构不合理，同时，行业监督管理不能做到及时有效。从大型企业到小型企业都盲目争夺优势矿产资源，而对开采难度大的矿产资源视而不见。有色金属企业受自身经营模式的约束，在生产加工技术方面投入的资金较少，这直接导致对我国矿产资源的利用不够充分。大规模生产虽然给有色金属企业创造了巨大的经济效益，与此同时，也造成了严重的环境破坏。有色金属行业的特点是高耗能、高污染，从矿山开采到加工过程中的每一个环节都会产生较多的生态环境问题（胡建利 等，2017）。

1. 资源过度开采，导致资源破坏严重

在我国部分地区，有色金属等矿产资源滥采现象非常严重。为了牟取利益，人们开始大量地寻找有色金属矿产资源，并且进行无节制的开采，导致矿业开采秩序非常混乱。之所以会出现滥采滥用资源的现象，较大一部分原因是地区管理不善。管理的不善造成了一些集团或者个人不顾国家可持续发展的大局，为了个人利益而破坏资源。根据调查显示，已经有上千个矿点遭到了破坏，有些地区滥采乱挖的现象非常严重，甚至已经造成了无法弥补的损失。除此之外，国家法律制度的欠缺对矿产资源的管理来说也是一个较严重的问题。法律法规的不完善，导致了一些人打法律的擦边球，掠夺矿产资源，牟取暴利，给国家造成了严重的损失（龙安举，2017）。

2. 有色金属矿产资源市场规则混乱

我国是一个矿产资源大国，同时也是一个矿产开发大国，因此有许多企业借助有色金属等矿产资源建立起来。这些企业包括国有性质企业和私有民办企业，因企业的性质和利益群体的不同，在资源分配上出现了较为不均等的现象。近几年来国有矿产企业与私有民办矿产企业就时有资源争夺的情况发生，私有的利益群体与国有矿产企业争夺资源，只着眼于自身的发展和经济利益获得，在获取资源的时候简单暴力，造成资源的破坏和浪费。这样不仅严重地影响了国有矿产企业的正常工作、破坏了矿产资源，造成矿产市场的秩序混乱，同时也给环境造成了很大的压力，严重地影响了我国的可持续发展战略（刘美辰 等，2018）。

3. 开采技术不过关，造成资源浪费

进行有色金属矿产资源开发，需要拥有较强的开采技术，准确找到所开采矿产的位置，但是受目前技术水平等方面的限制，我国对矿点位置的判断还存在一定的误差，判断还不够准确。如果没有办法准确定位有色金属矿产资源的位置，不仅会造成自然环境的破坏，而且会造成人力、物力和财力的浪费，这给矿产资源的开采带来了困难。但是从目前的发展水平分析，我国的开采技术还远远没有达到标准的矿产资源开采的要求。如果这一情况得不到改善，那么就很可能影响对有色金属矿产资源的合理开发利用，甚至可能影响我国资源的可持续发展之路（郑宇航，2016）。

4. 综合利用和回收水平发展不平衡

我国有色金属矿产资源总的特点是储量较丰富、伴生元素较多、矿石类型复杂，单一矿石很少，许多有色金属矿石中硫含量很高，并且一些矿石中含有大量的砷矿物，从而增加了回收的难度。目前我国在共（伴）生元素的回收方面取得了很大的进展，Cu、Sn、Sb 等元素的回收工作在 20 世纪 50～60 年代就已经开展，现已取得了很好的回收效果，尤其是在新药剂和新工艺上取得了很大的进展。但是，我国矿产综合回收利用发展不平衡，绝大多数矿山企业已开展资源回收工作，但开展资源综合利用的科研工作深度、广度不够，多数矿山企业对资源综合回收没有形成系统的科学管理体系，缺乏从矿物原料到加工利用各环节的综合利用研究。

此外，由于综合利用水平有限，矿产资源开发不可避免地产生大量的废弃物。目前我国积存的尾砂、废渣约 60 亿 t，占用了大量的土地，给当地自然生态环境、社会经济生活带来了较大的负面影响。而尾砂、废渣中的重金属元素又不断向周边环境释放迁移，通过植物、水生生物等食物链长期危害人类健康。因此，就目前情况分析，考虑已经存在大量废弃物的前提下，控制与治理矿产资源开发所引起的重金属污染，不仅在于采选本身技术的跟进，关键还在于对废弃物的处理和综合利用。

1.1.3 我国有色金属矿业发展趋势

矿产资源是人类社会发展的物质基础，也是我国经济社会发展的能源（动力）和原材料保障。我国经济已经由高速增长阶段转向高质量发展阶段，矿业在高质量发展中的地位和作用越来越突出，许多新型能源、新兴产业、生态建设和民生保障等原材料和产品都来自矿产品，对资源需求提出更高的要求。在建立全球矿业命运共同体的新背景下，我国应当创新矿业发展道路、发展模式，为世界矿业的复苏、发展贡献更多的中国力量，提供更多的中国方案，为世界矿业文明、生态文明贡献更多的中国智慧。而要做到这些，必须摸清矿业发展的脉搏，准确把握矿业发展的新迹象、新趋势、新特点。

1. 趋势一：战略发展，保障经济建设

我国有色金属矿业在未来一段时期内的发展首先要“加强勘查，提高矿产资源保障程度”。2016 年国土资源部发布实施的《国土资源“十三五”规划纲要》中指出，要深入实施找矿突破行动，以能源、紧缺及战略性新兴产业矿产为重点。当前高技术产业、战略性新兴产业的迅猛发展，将加快新旧动能转换，带动新兴材料矿产消费，为矿业振兴释放出新的潜力。随着“中国制造 2025”战略实施、制造业结构调整，以及产品升级换代的不断推进，战略性新兴产业对锂、稀土、钴、钒、钛等战略性矿产原材料的需求将越来越大。与此同时，继续深入实施找矿突破战略行动，稳定财政资金投入，创新地质勘查成果转化机制，改善矿业投资环境，提振社会资本投资信心，大力发展商业性矿产勘查，立足国内，为矿产资源开发利用夯实资源保障的基础。

2. 趋势二：政策修订，改善市场环境

矿产资源管理政策法规不断修订完善，将进一步推动政府职能转变和不断加大“放管服”改革力度，加快形成有利于矿业高质量发展的政策激励约束体系。探索建立贯穿于从矿产资源开采到矿产品消费全过程的资源利用效率评价标准，以标准淘汰落后产能和过剩产能，以标准实现资源向优势企业配置和聚集。建立符合市场经济要求和矿业规律的管理制度，深化矿业权出让制度改革，创新勘查开发体制机制，充分调动市场各类主体的积极性，形成有效竞争的勘查开发新局面。统筹兼顾国家所有者权益和企业经营权益，进一步完善矿产资源权益金及其配套制度，降低企业负担，增强发展的后劲和动力，提高应对市场风险能力。

3. 趋势三：绿色矿山，重塑矿业形象

随着科学技术的进步和社会经济的发展，“绿色矿业”正逐渐成为矿产资源开发的发展方向和必然途径。既要金山银山，又要绿水青山，绿色矿山不仅仅延长了矿山服务年限，更为其他产业的发展带来了难得机遇。2017 年 5 月，国土资源部、财政部、环境保护部、国家质检总局、银监会、证监会联合印发的《关于加快建设绿色矿山的实施意见》中明确了建设绿色矿山的三大目标：一是基本形成绿色矿山建设新格局；二是构建矿业发展方式转变新途径；三是建立绿色矿业发展工作新机制。树立绿色勘查理念，严格落实勘查环境保护措施，加快推进绿色勘查；建立绿色矿山建设标准体系，落实矿山企业主体责任，使绿色发展贯穿于矿山规划设计、建设施工和生产运营全过程；在资源配置上予以优先考虑，激发矿山企业绿色发展的内生动力，全面形成有利于绿色矿山建设的政策环境和市场环境；推动绿色矿业发展示范区建设，全面促进矿山企业素质提升，营造全社会共同促进绿色矿山建设的格局，有效推进绿色矿山建设（侯华丽 等，2018）。

4. 趋势四：开放合作，扩大国际平台

我国矿业总体上大而不强，但在全球化和竞争日益激烈的大背景下，做大不应是我国矿业和矿山企业发展的终极目标，应在做大的基础上做优做强，成为具有全球竞争力的世界级大企业。中国矿山企业必须树立全球化经营理念，落实国家总体外交战略，积极响应“一带一路”倡议。“一带一路”沿线国家矿产资源丰富，消费需求旺盛，投资交易活跃，在世界矿业产业价值链条中占有重要份额和地位。将矿业作为先导性行业，优先推进我国与“一带一路”沿线国家进行矿产勘探、开采、加工、消费及矿业投资、交易方面的合作，对促进我国矿业产业健康发展具有重要意义。在我国与“一带一路”沿线国家的合作项目中，矿产资源合作项目占的比重很大，在推动矿业市场繁荣、矿产勘查开发等方面，开展互利合作，共同发展，使中国矿业企业成为国际矿业发展的重要引领者。

5. 趋势五：共享理念，促进社会和谐

共享是中国特色社会主义的本质要求，坚定不移地建设包容共享型矿业。包容共享是

矿业发展的核心价值，也是矿业坚持以人民为中心发展理念的重要体现。积极实施资源惠民工程，健全完善资源开发收益分配机制，使资源收益进一步向原产地倾斜，增加当地民众的获得感。助力精准扶贫、精准脱贫、探索开展贫困地区矿产资源开发资源收益改革，对贫困地区开发矿业占用集体土地的，试行给原住居民集体股权方式进行补偿。倡导矿业社会责任，构建矿山企业与社会群众利益共享机制，鼓励矿山企业投资当地教育、卫生、基础设施及生态环境等社会民生事业，使人民共享发展成果，促进社会和谐稳定（张小红，2016）。

6. 趋势六："三深"战略，拓展资源空间

2016 年底，国土资源部印发《国土资源"十三五"科技创新发展规划》，明确提出全面实施深地探测、深海探测、深空对地观测和土地工程科技"四位一体"的科技战略。这表明我国将加快对"三深"矿产的勘查与开发。地球深部蕴藏了绝大部分的资源和能源，如果我国固体矿产勘查深度达到 2 000 m，探明的资源储量将在现有基础上翻一番。另据估算，大洋海底多金属结核总资源量约 3 万亿 t，有商业开采潜力的达 750 亿 t；海底富钴结壳中钴资源量约为 10 亿 t；太平洋深海沉积物中稀土资源量达 880 亿 t。据预测，未来全球油气总储量 40%将来自深海。此外，在月球及其他小行星上也蕴藏着极其丰富的矿产资源（刘同文 等，2018）。

7. 趋势七：科技创新，加快智能步伐

科技创新的加快推进，大数据、互联网、遥感探测等新技术与矿业交叉融合，数字化、智能化技术和装备研发应用，使矿业发展新动能日益强劲，为矿业转型升级、实现创新发展开辟了新领域。数字化、智能化开采是指以数字化、智能化、自动化采矿装备为核心，以高速、大容量、双向综合数字通信网络为载体，以智能设计与生产管理软件系统为平台，通过对矿山生产对象和过程进行实时、动态、智能化监测与控制，实现矿山开采的安全、高效和经济效益最大化。我国许多矿山逐步由浅层开采转向深部开采。由于地下矿山的资源禀赋条件、开采工艺、生产流程、生产装备的差异，以及资源的不确定性和动态性、工作场所的离散性、生产力要素的移动性、生产环境的高危险性等特点，形成了诸多难题，致使矿山企业生产效率低下，事故频发。在这种情况下，为了提高我国矿山的技术实力，开展矿山智能开采技术研究并逐步推广，从而实现矿山智能开采就显得尤为重要（姜桂鹏，2018）。

1.2 有色金属矿区污染及防控概况

有色金属是国计民生及国防工作、高科技发展必不可少的基础材料和主要的战略物资，矿产资源大规模开发利用一方面为国民经济提供了资源保障，另一方面也大大改变了矿区生态系统的物质循环和能量循环，造成了严重的环境污染，给矿区带来的负面影响日益为许多学者所关注。

1.2.1 有色金属矿区环境污染问题

近二十年来，国内外学者对环境中的重金属污染危害、含量分布、化学特征、环境化学行为、迁移转化规律及重金属对生物的毒性等做了大量的研究。有色金属矿产的开发随着时间的推移会对环境产生动态的影响，最明显体现在露天矿场、废石场、尾矿库、地下采空区、塌陷地、地下水降落漏斗等，影响范围和程度在逐渐扩大，逐步对水、大气及土壤造成污染，还会破坏生物多样性，甚至带来严重的地质灾害。

1. 水污染

有色金属矿区的重金属废水成分复杂，含有大量可溶性离子、重金属及有毒有害元素，不易被生物降解，给环境带来巨大影响。有色金属相关的工业中，各道工序都有废水产生，根据其来源可以分为矿山废水、冶炼废水、加工废水，根据污染物成分又可分为酸性废水、碱性废水、含氰废水、含氟废水、重金属废水、含油类废水、放射性废水等。采矿产生的废水排放总量占全国工业废水排放总量的10%以上，处理率仅为4.23%。

矿山开采过程中产生的酸性废水是矿区主要污染来源之一，产生量巨大。各种露天及地下开采的矿山主要产生两种类型的固体废物：废石和尾矿。有色金属矿山由于废石（特别是硫化矿含量高的废石）长期处在氧化风蚀淋溶过程中，在微生物及物化作用下，产生的废水呈现酸性，使废石中各种有毒重金属溶出。如不经处理，这些废水进入地下或进入地表水和农田之中，造成地下水、地表水体及土壤长期污染，严重影响矿区生态环境（沈建新，2011）。

2. 大气污染

在矿山生产过程中，矿石破碎筛分、选矿等工序会排出粉尘；废石堆场的氧化风蚀作用也会产生粉尘污染；有色金属矿山总回风井每小时可排放出十万到上百万立方米的高含尘污风，在大气自然扩散下造成大面积区域污染；矿区运送矿石或精矿的公路由于汽车沿途散落粉矿并被汽车轮扬起而造成路边土壤污染的面积也非常巨大；大型尾矿库的干滩面积相当于小型人造沙漠，其刮风扬尘的污染十分严重；有色金属冶炼等加工过程中排放的粉尘不仅对周围空气环境造成污染，还会造成土壤板结，影响植物光合作用及授粉过程，破坏农田及阻碍植物生长（吴超 等，2015）。

3. 土壤污染

有色金属矿产的开发不仅破坏和占用大量土地资源，还会引起周围地区地下水位下降，造成表土缺水、土壤养分短缺、土壤承载力下降，从而造成土地贫瘠、植被破坏，导致水土流失加剧、土地荒漠化。

由于矿石品位普遍较低，每加工 1 t 矿石所产生的尾矿平均估算可达 0.92 t 以上，现积存的尾矿、废渣、废石已数以亿吨计，而其中的有害物质长期堆放并经过雨淋、风化、渗流等作用渗入土壤，导致土壤重金属、有机污染物超标，农作物减产，植被破坏，而重金属又通过植物、水生生物等食物链长期危害人体健康。

4. 破坏生物多样性

废渣排放、土壤退化、植被破坏，对生物多样性都会造成致命的打击。据统计，我国因采矿直接破坏的森林面积累计达 106 万 hm^2，破坏的草地面积达 263 万 hm^2。生物多样性遭受破坏后，由于矿山废弃地土层薄、微生物活性差，受损系统的恢复十分缓慢，通常需要 50～100 年，即便能够形成植被，质量也相对低劣。因此，采矿所带来的生物多样性损失是不可逆的。

5. 地质灾害

采矿活动造成的地表植被破坏、水系紊乱及采空区的形成将会加剧水土流失，带来极具破坏力的地质灾害，如泥石流、山洪等。在采矿疏干碳酸盐围岩含水层时，存在其岩溶和溶洞地面塌陷下沉、地面设施被破坏的隐患；而当塌陷区或井巷地表储水体存在水力的沟通时，则会酿成淹没矿井的重大事故；当岩层疏干影响的设计计划不周时，还可导致露天边坡台阶的滑动和变形，从而出现相应的灾害后果。

1.2.2 我国有色金属矿区重金属污染现状

我国的有色金属矿区分布着大量的优质重金属矿，丰富的重金属资源为我国国民经济的健康稳定发展提供了资源保障。然而长期以来在重金属矿区开采的过程中，由于开采技术落后、资金缺乏及管理不善等原因，对矿区周围的土壤与环境造成了严重影响，引发了较多生态环境问题。据《第一次全国污染源普查工业污染源产排污系数手册》显示，2013 年我国有色金属矿采选行业贡献的重金属（铅、镉、砷、汞、六价铬）污染物总量为 138.52 t，占全国工业企业重金属排放量的 32.6%（注：砷为类金属，但其毒性与重金属相近，因此本书将其归为重金属）。2014 年，环境保护部会同国土资源部公布了《全国土壤污染状况调查公报》，该报告主要围绕有色金属矿采选、冶炼、化工、焦化、电镀等土壤污染重点行业展开，总体说明当前全国土壤污染状况不容乐观，我国已有 16%以上的土地遭受到重金属污染，土壤重金属污染呈现出由北部向南部逐渐增多的趋势，尤其工矿业废弃地土壤环境问题突出。在调查的 70 个矿区的 1 672 个土壤点位中，超标点位占 33.4%，主要污染物为镉、铅、砷和多环芳烃。其中，有色金属矿区周边土壤镉、砷、铅等污染较为严重。另外，有色金属矿区废水主要以选矿废水为主，开采活动产生的废水主要包括矿坑水、淋溶水等；废水特征为低 pH 和含有大量可溶性离子、重金属及有毒、有害元素（如铜、铅、锌、砷、镉、六价铬、汞、氰化物），其中以重金属污染最为严重。与此同时，矿山排放的废水、尾矿和废石成为矿山地下水的主要污染源，矿山废水是主要污染源的占 40%，尾矿和废石是主要污染源的占 50%，矿山废水、尾矿和废石同时作为主要污染源的占10%。据调查，我国地下水严重污染的有色金属矿山比例超过40%，严重影响了地下水安全。

近年来，我国土壤污染事件频发，多涉及广西、云南、陕西、湖南、山东、福建、广东、浙江、江西、江苏等省（自治区），矿产开采、矿产加工等是重金属污染的重要来源。湖南省有色金属矿山开采造成了铅、镉、汞、砷等污染，受污染面积达2.8万km^2，占全省总面积的13%。部分地区土壤中铅、镉、汞、砷高出正常值数倍至数百倍，从而出现了地方病。辽宁某铅锌矿区的土壤镉、铅、锌元素含量分别是当地土壤背景值的11倍、4.5倍、3倍，大大超过了当地背景含量水平；镉作为制约当地农业用地的限制性元素，超过国家土壤环境质量标准的5.8倍，矿区附近玉米中铅、镉含量分别约为国家食品卫生标准的16～21倍、5.7～9.7倍。

朱点钰等（2018）结合我国土壤环境质量标准值，对223个矿区采样点数据进行分析，发现矿区的铅、镉污染最为严重，以土壤环境质量II级标准（土壤pH 6.5～7.5）为参照，得出矿区土壤的点位超标率顺序为Cd（61.9%）＞Pb（22.4%）＞As（10.8%）＞Cr（5.8%）＞Hg（3.6%）。从空间分布上考虑，超标点位主要集中在我国南部地区，如广西、云南等省（自治区）。陈华君等（2009）曾总结过云南金属矿区土壤重金属污染现状，仅从土壤中重金属含量发现，土壤的砷、镉污染最为严重。

总之，废弃的矿坑、采矿渣堆、排土场、尾矿库、污风排风井等通过地表径流、地下渗流、大气沉降等途径，使重金属及部分选矿药剂（捕收剂、抑制剂、活化剂）进入周边水体和土壤，导致土壤、地下水和河流污染，影响整个生态系统。

1.2.3 我国有色金属矿区重金属污染评价

重金属是持久性污染物，一旦进入环境就将持久留存。由于重金属在对生物造成危害出现之前就已发生积累，且一旦发生危害便很难消除，在过去的二十年中，人们对通过不同途径引入的重金属对生态环境的污染进行了广泛研究，并采用了不同的方法对重金属污染进行评价。

1. 总量法

总量法是最早采用的评价方法，以矿区污染重金属元素含量的高低为依据，来判断尾矿和矿渣对矿区生态环境的影响。样品中重金属元素含量越高，尾矿和矿渣对环境潜在的影响就越大。利用总量法，研究者可以通过测定有尾矿堆积、无尾矿堆积地区重金属含量来表明该地区的重金属来源，也可通过测定矿区作物种植土壤中的重金属含量来确定该地区作物是否适宜食用。

2. 化学形态分析法

在生态系统中，生物只能利用以离子形式存在的重金属元素，而重金属含量的高低与它们在样品中的存在形式之间没有直接的关系。有的重金属含量很高但活动性差，动植物不会直接吸收利用这些重金属元素，从而不会形成富集，也就不会带来危害。因此重金属含量的高低不能决定其对环境的污染程度，在评价过程中还需掌握其存在的物理、化学形态，从而形成了化学形态分析法。利用一种或多种化学试剂萃取样品中的重金属元素，根据其萃取的难易程度，将重金属分为不同形态。同一重金属元素形态不同，则化学活性或生物可利用性也就各不相同。

3. 生物指示法

生物指示法包括植物指示法、水生生物指示法、沉积物指示法、微生物指示法。目前，植物指示法正在迅速发展，也是前景最被看好的方法之一。在矿区周围被污染的土壤中寻找一些植物作为生物指示剂，根据它们体内吸收的重金属的量来直接判断土壤的污染程度。植物对土壤中微量重金属元素的吸收是这些元素进入食物链最主要的途径之一。按照植物对重金属的反应性不同，人们将植物分为三类：富集植物、指示植物、免疫植物。富集植物能够有效地吸收重金属而不论重金属含量的高低如何；指示植物对重金属的吸收是随土壤中重金属可利用性部分的增多而增加；免疫植物则在一定的含量范围内不吸收重金属。富集植物可以用于土壤修复，免疫植物则可以直接在重金属污染的土壤中种植。而通过指示植物体内的重金属含量可以直接判断污染土壤中重金属的活动性和生物可利用性。

在评价重金属污染的过程中，除通过植物、水生生物、沉积物、微生物等生物的重金属含量来进行研究外，对环境介质酶活性的研究也是常用的研究手段，可以根据矿区污染土壤中的酶活性来表征当地的重金属污染情况。

评价土壤污染的方法多种多样，但矿区目前最常用的是通过重金属含量和形态的测定并结合环境标准比较来判断污染程度，这种方法比较简单且实用，但是根据以上方法获得的大量数据一般比较分散、凌乱，环境污染机理也十分复杂。因此，在进行重金属污染评价时还需应用数学方法对数据进行处理分析，以便更客观、更全面地反映重金属污染状况。这些数学方法有单向指数法、综合指数法、内梅罗指数法、综合水质标识指数法（water quality index，WQI）、模糊数学法、密切值法和灰色聚类法等。

1.2.4 我国有色金属矿区重金属污染防控的政策法规

2012 年至今，生态环境保护在我国受到了前所未有的重视，涉矿环保文件频频出台，矿区环境保护制度日趋完善。我国目前已经形成以宪法为依据、以单项专门法为主干，以行政法规、地方性法规和部门规章相配套的矿区环境保护法律体系，如表 1.1 所示。

表 1.1 矿区环境管理法律法规及其效力层次

项目	法律效力层次	制定机构	法律法规名称	制定时间	修订时间
根本法	最高	全国人民代表大会	《宪法》	1982 年	1988 年、1993 年、1999 年、2004 年、2018 年
基本法	一级	全国人民代表大会	《环境保护法》	1989 年	2014 年
			《矿产资源法》	1986 年	1996 年、2009 年
			《土地管理法》	1986 年	1988 年、1998 年、2004 年、2019 年
			《水土保持法》	1991 年	2010 年
			《环境影响评价法》	2002 年	2016 年、2018 年
一般法	二级	全国人民代表大会常务委员会	《固体废物污染环境防治法》	1995 年	2004 年、2013 年、2015 年、2016 年、2019 年
			《大气污染防治法》	1987 年	1995 年、2000 年、2015 年、2018 年
			《水污染防治法》	1984 年	1996 年、2008 年、2017 年
			《土壤污染防治法》	2019 年	—
			《清洁生产促进法》	2002 年	2012 年
			《农业法》	1993 年	2002 年、2009 年、2012 年
			《森林法》	1984 年	1998 年、2009 年、2019 年
			《水法》	1988 年	2002 年、2009 年、2016 年
			《草原法》	1985 年	2002 年、2009 年、2013 年
			《矿产资源法实施细则》	1994 年	1996 年
			《土地管理法实施条例》	1998 年	2011 年、2014 年
			《煤炭法》	1996 年	2009 年、2011 年、2013 年、2016 年
行政法规	三级	国务院	《土地复垦条例》	2011 年	—
			《水土保持法实施条例》	1993 年	2011 年
			《水污染防治法实施细则》	2000 年	2018 年已废止
			《森林法实施条例》	2000 年	2016 年、2018 年
			《大气污染防治行动计划》	2013 年	—
			《水污染防治行动计划》	2015 年	—
			《土壤污染防治行动计划》	2016 年	—
地方性法规	四级	地方各级人民代表大会及其常务委员会	略	—	—
部门规章	五级	国家环境保护总局	《建设项目竣工环境保护验收管理办法》	2001 年	2004 年、2010 年
		国土资源部	《土地复垦条例实施办法》	2012 年	2019 年

注：国家环境保护总局、国土资源部为国务院原有直属机构，现已机构改革为生态环境部、自然资源部

具体而言，矿区环境保护相关法律规范由以下 6 个部分组成。

（1）作为根本大法，《宪法》中与资源环境管理有关的法条（第九条、第十条、第二十六条）确立了矿区环境保护的总原则，是矿区环境管理所有相关法规的立法依据；

（2）由全国人民代表大会常务委员会通过的一般法律（主要是污染防治单行法及自然资源单行法），如《环境保护法》《矿产资源法》《土地管理法》《水土保持法》《环境影响评价法》，是进行矿区环境管理和解决矿区环境纠纷的直接依据；

（3）由国务院制定的行政法规；

（4）由地方各级人民代表大会及其常务委员会制定的地方性法规；

（5）由国务院各部委经国务院批准制定后在本部门管辖范围内生效的部门规章；

（6）其他涉及矿区环境管理的法律规范，以及我国加入或签署的国际法或公约中的相关条款。

对矿区环境管理做出直接规定的法律，从根本法、基本法、一般法、行政法规到地方性法规和部门规章，法律效力由强及弱。

1.3 有色金属矿区重金属污染治理与修复技术

1.3.1 有色金属矿区废水重金属处理技术

1. 有色金属矿区废水概况

矿区废水来自矿井天然溶滤水、矿渣渗滤液，以及开采点、选矿厂、尾矿坝、堆渣场和生活区等地排出的废水，大致可分为矿坑水、废石堆场排水、废弃矿井排水和选矿废水，污染物主要为砷、锑，同时含有铅、镉、铬、锰等多种重金属元素，还包含一定的油类物（代枝兴，2019）。

有色金属矿山大多为硫化物金属矿床，这类矿床的矿体和周围岩体中存在相当数量的黄铁矿，在水中溶解氧和某些细菌的作用下，黄铁矿被氧化水解生成硫酸、亚硫酸铁、硫酸铁，富含这些物质的废水在其迁移和流动的过程中侵蚀其他金属矿物，从而形成富含多种金属离子的酸性矿山废水。废水中富含的重金属元素主要有汞、铬、镉、铅、锌、镍、铜、钴、锰、钛、钒、钼和铋等，重金属离子通过渗透、渗流和径流途径进入环境，污染水体，再经过沉淀、吸收、络合、螯合与氧化还原等作用在水体中迁移、变化，最终影响人体的健康和水生生物的生长（杨松青，2018）。

矿区废水影响范围广，所涉及的地区大、人口多，接触污染的对象不仅有人，还有动物、植物、土壤、水体等，而且相互影响，甚至形成污染的恶性循环，危害非常深远。

2. 有色金属矿区废水中重金属处理原理与方法

由于有色金属矿区废水大多呈酸性，而且含有一定量的多种金属离子，尤其是重金属离子会对环境造成严重污染和危害，为此要进行处理。目前矿区废水中重金属的处理方法主要有沉淀法、吸附法、电化学法、生物法、人工湿地法、源头治理法等。

1）沉淀法

沉淀法可分为中和沉淀法、硫化沉淀法和沉淀浮选法三类（王贺松，2018）。

（1）中和沉淀法。投加碱性中和剂，使废水中的金属离子形成溶解度小的氢氧化物或碳酸盐沉淀而除去。常用的中和剂有碱石灰（CaO）、消石灰（$Ca(OH)_2$）、飞灰（石灰粉、CaO）、碳酸钙、高炉渣、白云石、Na_2CO_3、NaOH 等。这种方法可去除汞以外的重金属离子，工艺简单，处理成本低，但存在渣量大、易造成二次污染等缺点。

（2）硫化沉淀法。利用金属硫化物难溶于水的原理，在废水中投加硫化剂，硫离子可以和许多重金属离子结合形成溶度积很小的金属硫化物。常用的硫化剂有 Na_2S、H_2S、CaS、FeS 等，这种方法比中和沉淀法的金属离子去除效率更高，产生的金属硫化物沉淀溶解度小，不易反溶，而且便于回收废水中金属，达到资源回收的目的。但是，此法容易产生硫化氢气体，对环境和人体有害，而且硫化剂价格昂贵，处理成本高，因此，利用硫化物处理矿山废水并没有得到广泛应用。

（3）沉淀浮选法。先对废水中的金属离子进行沉淀或选择性沉淀，再加入捕收剂，然后向废水中通入大量微细气泡使其与沉淀物相互黏附，形成密度小于水的浮体，在浮力作用下沉淀上浮至水面以实现固液分离，具有固液分离速度快、处理出水水质好、有效回收有用成分等优点。但沉淀浮选法固有的特点如不同金属离子沉淀 pH 不同、沉淀粒度细、沉淀时间长、渣量大、有络合剂或螯合剂存在时会使金属沉淀不完全、金属沉淀的反溶、耐冲击负荷能力差等制约了该法的进一步应用。

2）吸附法

吸附法操作简便，效率高，是最常用和最有实际应用前景的方法之一。吸附剂种类很多，如活性炭、黏土、粉煤灰、泥炭、树皮、蘑菇收获残余物、苔藓、海藻、稻壳等。其中活性炭具有特殊多孔结构，比表面积大和吸附容量高，无疑是去除水中重金属最有效的吸附剂之一，然而它的非选择性、高质量、高成本限制了其使用。此外，利用高分子聚合物来处理酸性矿山废水的酸度和金属离子的研究也越来越多，最常用的高分子聚合物有聚合氯化铝，它的分子量很大，溶解在水中多以铝的水合络离子状态存在，因其表面带有正电荷而能有效地去除废水中的金属离子（邱元凯，2013）。近几年，生物炭因吸附容量大，在处理含重金属废水中的研究越来越多。

3）电化学法

电化学法一般包括电解法、电渗析法、电还原法、微电解法，实际应用的过程中主要是利用电场作用，透过絮凝沉降去除水体中的重金属杂质，有效处理重金属污染水体，利用电流的方法进行物质分离。该类技术在实际应用过程中有很好的应用优势，同时其处理效果较好，但是其弊端在于整个过程中耗能较大、运行的成本较高，能源浪费问题尚无较好的解决办法。虽然该类技术可以有效地处理重金属污水，有着较强的实际应用效果，不会产生二次污染，但是其耗能、成本等方面在实际应用中还有待进一步改进（王秀婷 等，2018）。

4）生物法

生物法是利用微生物、动物、植物等生物材料及其生命代谢活动去除或积累废水中的重金属，并通过一定的方法使金属离子从生物体内释放出来，从而降低废水中重金属离子的浓度，包括生物絮凝法、微生物去除法、植物修复法和动物修复法（邱元凯，2013）。

（1）生物絮凝法。该法是利用微生物或微生物产生的代谢物进行絮凝沉淀的一种除污方法。目前，具有絮凝作用的微生物有细菌、霉菌、放线菌、酵母菌和藻类等。

（2）微生物去除法。该法指微生物在重金属化合物存在的环境中逐渐形成一定的抗性，并能生长、繁殖。其代谢物及细胞自身的成分将重金属离子通过氧化还原和甲基化或去甲基化的作用，以及吸附和沉淀作用，实现转变成低毒形态金属离子或沉淀物，达到去除重金属离子的目的。

（3）植物修复法。该法以植物为基础，利用植物从废水中吸取、沉淀或富集有毒金属或利用植物降低金属活性，从而可减少重金属渗透到地下或通过空气载体扩散，以及利用植物将土壤中或水中的重金属萃取出来，富集到植物根部可收割部分和植物地上部分达到净化的目的。

（4）动物修复法。水体底栖动物中的贝类、甲壳类、环节动物等对重金属具有一定富集作用。如三角帆蚌、河蚌对重金属（Pb^{2+}、Cu^{2+}、Cr^{2+}等）具有明显自然净化能力。

生物净化重金属具有成本低、简便、不会造成二次污染等特点，有理想的效果和良好的应用前景。

5）人工湿地法

人工湿地是一种可利用基质、微生物及植物的相互作用实现对污水中重金属去除的生态系统，其去除机理包含物理沉淀、化学沉淀、过滤、微生物作用及植物的吸收，具有建造成本和运行成本低、能耗低、操作简单、适应能力强等优点，同时如果选择合适的植物品种还有美化环境的作用，然而，该法同时也存在占地面积较大、受环境影响大、湿地维护费用较高等问题（王贺松，2018）。

6）源头治理法

根据废水的成分、浓度、排放量、来源、排放特点和现场具体条件选用适宜的末端治理技术的同时，更重要的是对污染源头进行控制。针对源头控制的基本原理则是控制铁氧化，主要方法有抑制铁氧化细菌的生长（通过使用杀菌剂）、工程覆盖技术、钝化处理等。其中钝化处理是目前最有前景的方法之一，基本原理是通过化学或物理反应在硫化物矿物颗粒表面形成一层不溶的、惰性的覆盖膜。但是目前有关这种钝化膜在自然条件下的持久性及磁黄铁矿的钝化处理研究还不多（白润才 等，2015）。

7）其他方法

除上述方法外，处理有色金属矿区重金属废水的方法还包括氧化还原法、铁氧体法、膜分离法等。

（1）氧化还原法。其基本原理是使用氧化剂或还原剂，将重金属污水中有毒的化合物氧化或还原为无毒或低毒化合物的过程。氧化法主要用以处理废水中的铁离子、锰离子和铬离子等。常用的氧化剂有氯气等，常用的还原剂有硫代硫酸钠、硫酸亚铁、金属铁、锌、铜等。目前氧化还原法一般用作废水处理的预处理，其优点是可以以废治废、操作简单易行，但存在废水处理量小、渣量大的缺点（何苗苗 等，2014）。

（2）铁氧体法。铁氧体是由铁离子、氧离子及其他金属离子组成的氢氧化物，是一种具有铁磁性的半导体。铁氧体法处理重金属废水是根据铁氧体的制造原理，利用铁氧体反应把废水中的二价或三价金属离子充填到铁氧体尖晶石结构的晶体中，成为其组成部分而沉淀分离，可同时处理含铜、锌、镉的废水。该法具有净化效果好、设备简单、沉渣带磁性易分离及不易产生二次污染等优点。但其经营费用高、不太适用于处理大水量、铁氧体沉渣的利用问题有待解决（邓景衡，2015）。

（3）膜分离法。该法是利用一种特殊的半透膜将溶液隔离开，使溶液中的某种溶质或溶剂渗透出来，从而达到分离重金属的目的。根据矿山废水及膜分离技术的特点，一般选用反渗透和电渗析技术来处理矿山废水。该法的优点是操作简便、分离效率高、能耗低、没有二次污染等，缺点是对膜的抗污染性要求高，且膜的使用寿命短（何苗苗 等，2014）。

1.3.2 有色金属矿区土壤重金属污染修复技术

1. 有色金属矿区土壤污染概况

土壤中的重金属，在自然情况下，主要来源于成土母岩和残落的生物物质。但近代以来，工农业的快速发展，人类活动加剧了土壤重金属的污染，在矿产资源的开发过程中产生的重金属污染问题尤为严重。金属矿床的开采、选冶，使地下一定深度的矿物暴露于地表环境，致使矿物的化学组成和物理状态改变，加大了金属元素向环境的释放量，影响地球物质循环，导致环境污染。矿区土壤重金属污染来源主要有三方面：① 通过尾矿堆积进入土壤的重金属；② 通过酸性废水进入土壤的重金属；③ 随着大气沉降进入土壤的重金属。矿区土壤重金属污染高于一般地区，地表高于地下，污染时间越长重金属积累就越多（梁刚，2012）。

有色金属矿产的开采会导致大量尾矿的产生，废石、尾矿的堆放不仅占用土地，而且由于暴露在环境中，风吹雨淋使其中的有害元素转移到土壤中，对生长在矿区的绝大多数生物的生长发育都将产生严重抑制和毒害作用，引起土壤重金属污染（杨金燕 等，2012）。

矿区土壤重金属污染具有隐蔽性和普遍性、累积性、不可逆性、形态多变性、迁移转化形式多、复合性和综合性等特点，对植（作）物和地下水等多方面产生严重影响，并且通过食物链的传递和富集效应危害人类健康，影响社会经济的可持续发展（张敏 等，2017）。

2. 有色金属矿区土壤重金属污染修复原理与方法

矿区土壤重金属污染修复技术是通过清除土壤中污染重金属或降低土壤中重金属的活性和生物有效性，以恢复矿区土壤生态系统的正常功能。目前，矿区土壤重金属污染主要修复技术包括物理修复、化学修复和生物修复。

1）物理修复

物理修复是最先发展起来的修复技术之一，主要包括客土修复、热修复、电动修复及玻璃化技术等。对于污染重、面积小的土壤，物理修复效果明显，是一种治本措施，且适用性广，但存在二次污染问题，容易导致土壤的结构破坏和肥力下降；对污染面积较大的土壤，物理修复需要消耗大量的人力与财力。因此，降低修复成本，减少二次污染的风险等是物理修复亟待解决的问题，随着生物修复及复合技术的发展，物理修复中的一些技术将被逐渐取代（甘凤伟 等，2018）。

（1）客土修复。客土修复是指在已污染的土壤中加入大量未污染的清洁土壤，从而达到稀释降低土壤中重金属含量的目的，减轻目标物的危害程度。该技术能够使污染物含量降低到临界危害含量以下，减少污染物与植物根系的接触和重金属对食物链的污染，达到很好的效果。此外，还有去表土法及深耕翻土法。这两种方法均是利用表层土壤污染严重、深层土壤中污染物含量明显降低的性质，去除表层土或是用深层土覆盖在表层土上。虽然这些方法被认为效率较高，但是治标不治本，工程量大，并有污土需要再处理的问题，不是处理矿区土壤重金属的理想方法，故逐渐被现有的新型修复技术取代。

（2）热修复。通过加热的方式（常用的加热方法有蒸汽、红外辐射、微波和射频），使一些具有挥发性的重金属（主要是汞、砷）从土壤中解吸出来，进行回收和集中处理。热修复主要用于快速修复被汞和砷等挥发性重金属污染的土壤，能耗高，要求土壤渗透性好。

（3）电动修复。重金属污染土壤的电动修复是一种新兴的污染修复技术，具有能耗低、修复彻底、经济效益高等优点，其基本原理是利用金属离子的电动力学和电渗析作用：在电场作用下，金属离子发生定向迁移，在电极两端进行收集处理。该技术对去除低渗透的黏土和淤泥土中的铅、砷、铬、镉、铜、铀、汞和锌等重金属非常有效，并且可以控制污染物的流动方向。但该技术只能处理溶解在水中的重金属离子，而对土壤中众多不溶解的重金属，则需通过调整土壤 pH 呈酸性或者加入大量的有机螯合剂以使重金属离子溶解进入水溶液。总的来说，该技术易修复土壤中水溶态和可交换态重金属，而较难去除以有机结合态和残留态存在的重金属，且对大规模污染土壤的原位修复仍不完善。

（4）玻璃化技术。玻璃化技术是指在高温高压的条件下，使污染土壤熔化、冷却后，重金属与土壤一起形成玻璃态物质，从而被固定住。在通常条件下，这种玻璃态的物质非常稳定，常用的试剂均不能使其结构发生变化。因此，该技术非常适用于对土壤中放射性重金属的处理，可彻底消除土壤中放射性重金属。对于严重污染土壤的紧急性修复，也可采用该技术。该技术虽然固定效果非常好，但易改变土壤的性质，且土壤熔化所需能量很高，修复成本太高，在实际应用中受到限制。

2）化学修复

化学修复是通过向土壤中加入固化剂、有机质、化学试剂、天然矿物等，改变土壤的 pH、Eh 等理化性质，经氧化还原、沉淀、吸附、抑制、络合、螯合和拮抗等作用来降低重金属的生物有效性。化学修复在土壤原位上进行，简单易行，但并不是一种永久修复措施，因为它只改变了重金属在土壤中存在的形态，金属元素仍保留在土壤中，容易再度活化。化学修复主要包括化学淋洗和化学改良等（刘桂建 等，2017）。

（1）化学淋洗。用淋洗液来淋洗污染土壤，使吸附固定在土壤颗粒上的重金属形成溶解性的离子或金属-试剂络合物，然后收集淋洗液回收重金属，并循环利用淋洗液。根据金属性质不同，淋洗液可分为无机淋洗剂、人工螯合剂、表面活性剂及有机酸淋洗剂等。常用的淋洗液有：盐酸、磷酸盐、EDTA（乙二胺四乙酸）、DTPA（二乙烯三胺五乙酸）、SDS（十二烷基硫酸钠）等。淋洗法适合轻质土壤，对重金属重度污染土壤的修复效果较好，但投资大，同时淋洗液的使用也易造成地下水污染、土壤养分流失、土壤变性等问题，所以尚不能大规模应用于重金属污染土壤的修复。

（2）化学改良。通过加入化学土壤改良剂与土壤发生氧化还原反应或螯合作用改变土壤中重金属的存在状态，降低重金属元素的生物有效性和迁移性。当前化学改良剂的研究较多，可分为无机改良剂和有机改良剂两大类。

无机改良剂（石灰、钙镁磷肥、膨润土、粉煤灰）对土壤中的重金属具有一定的稳定作用，有一定的修复效果。常用于土壤修复的化学氧化试剂（Fenton 试剂、过氧化氢试剂、高锰酸钾试剂等）和还原试剂（SO_2、Fe、硝酸盐等）可改变重金属的理化性质，降低重金属的生物毒性。有机改良剂中含有丰富的有机质，其对重金属污染土壤的净化机制主要是通过腐殖酸与金属离子发生络合反应，进而降低重金属的生物有效性。

化学改良的优点在于可进行土壤的原位修复，也适用于大面积范围的土壤修复，是目前比较实际、符合经济成本要求的应用技术之一，但是对改良剂的选择有较严格的要求，不能对土壤造成二次污染，也不能破坏土壤本身的性质。

3）生物修复

生物修复是指利用动物、微生物或植物的生命代谢活动改变重金属在土壤中的化学形态和存在状态达到降低其毒性的目的，是一种高效、绿色廉价、最大限度地降低修复对环境扰动的修复技术。与其他传统物理、化学处理技术相比，生物修复具有治理效果好、运行费用低、无二次污染等特点。它包括植物修复、动物修复、微生物修复和植物-微生物联合修复（黄先顺 等，2017）。

（1）植物修复。利用某些植物能忍耐和超量积累某种重金属的特性，通过绿色植物的转移、容纳或转化作用，降低重金属污染物的生物毒性。根据其作用过程和机理，植物修复技术可分为植物提取、植物挥发、根际过滤和植物固定 4 种类型，具体包括利用植物超积累或积累性功能的植物提取修复、利用植物根系控制污染扩散和恢复生态功能的植物稳定修复、利用植物代谢功能的植物降解修复、利用植物转化功能的植物挥发修复、利用植物根系吸附的植物过滤修复等技术。植物修复技术普遍被认为具有物理、化学修复技术所无法比拟的费用低廉、不破坏场地结构、不造成二次污染等优点。利用富集或超富集植物修复有色金属矿区重金属污染的土壤，无论从技术上还是从实践应用方面都是切实可行的。

（2）动物修复。利用土壤中的某些低等动物（如蚯蚓、鼠类等）能吸收土壤中重金属而不影响其生长的特性，降低污染土壤中的重金属含量。动物修复矿区土壤重金属的同时，土壤动物能够改良土壤结构、分解枯枝落叶、增加土壤肥力、促进营养物质循环。因此，在尾矿废弃地的生态修复中若能引进一些有益的土壤动物，将使重建的生态系统的功能更加完善。

（3）微生物修复。利用土壤中天然存在的或培养驯化功能微生物群，对一种或多种重金属具有吸收、氧化还原、沉淀等作用来改变土壤中重金属元素的存在形态，防止或降低重金属对周边环境的污染。微生物修复具有成本低、工程量小的优点，但其专一性强，处理效果受土壤的温度、水分、含氧量、pH 等的影响，很难同时修复多种重金属污染土壤。因此，单独使用微生物对多种重金属共存的污染土壤修复往往不彻底，需要与其他技术联用来加强对矿区重金属土壤的修复。

（4）植物-微生物联合修复。在矿区重金属污染土壤的修复实践中，无论是何种具体的修复方式，只要以生态修复为终极目标，则植被修复是其重建生态系统不可或缺的途径，而植物-微生物联合修复则是有效进行植被修复的理论基础和前提条件。植物-微生物联合修复技术利用其特定的组合将土壤中的重金属吸取、转化、降解、富集、转移，使土壤体系正常的生态功能获得最大程度的还原，是一种治理土壤重金属污染的环境友好型技术。它包括专性菌株-植物联合修复和菌根-植物联合修复（杨晶 等，2018；Wang et al.，2018）。

重金属污染会减少土壤中微生物的生物量、改变其种类，但并未明显地降低微生物代谢活性，在污染区仍能检测到大量的微生物菌体，这就说明在重金属污染土壤中的微生物产生了耐受性。植株产生修复作用时，接种降解效应强的专性降解菌，能更大限度地降低重金属污染。

菌根就是土壤中真菌与高等植物营养根系形成的一种联合体，具有降解污染的能力。对植物根际微环境的研究表明，植物与微生物共同配合能明显提高修复的效果，特别是菌根真菌能改变植物对重金属的吸收和转移，有助于超富集植物对重金属的吸收和去除，增强植物抗病能力，极大地提高植物在逆境条件下的生存能力。

1.3.3　有色金属矿区固体废物重金属污染控制

1. 有色金属矿区固体废物概况

在有色金属矿区采矿、选矿和冶炼生产过程中可能产生污染的固体废物有：① 基建及生产时期剥离的覆盖层和岩石；② 地面及井下开采过程中产生的表外矿石、岩石，即开采产生的废石；③ 尾矿、水砂、废石填料，露天及井下装载、运输、卸矿过程中散落的矿石；④ 金属冶炼过程中各种冶金炉（反射炉、电炉、鼓风炉、烟化炉）等产生的炉渣，电解产生的阳极泥等。其中，产生量较大的一类是采矿产生的废石，另一类是选矿产生的尾矿（陈华君 等，2009）。

矿区固体废物中的矿物组成与原矿大致相同，但含量差异较大。原矿通常由多种矿物组成，主要有自然元素矿物、硫化物及其类似化合物、含氧盐矿物、氧化物和氢氧化物矿物、卤化物矿物等。对于矿区固体废物而言，量大面广的组成矿物为含氧盐矿物、氧化物和氢氧化物矿物等。废石、尾矿为主的矿区固体废物大量排放，不仅侵占大量土地，污染水源和土壤，严重破坏土地资源的自然生态，而且若堆放的废石、尾矿管理不善，还有可能发生重大事故，如废石堆自燃、尾矿坝或排土场滑坡等（龙涛 等，2010）。

因此，要高度认识矿区固体废物的危害和面临的严峻形势，进一步加强对矿山固体废物的管理，开展对矿区固体废物应用研究及综合治理。

2. 有色金属矿区固体废物处理与利用

废石、尾矿等固体废物，是造成矿区水体污染酸化，使水体含大量金属和重金属离子的主要一次污染源及二次污染源，含有多种有毒有害物质，如重金属元素及一些放射性元素等。这些有毒有害物质随着雨水流失，与酸性废水一起污染水体（包括地表水和地下水）和土壤，并被植物的根部所吸收，影响农作物生长，造成农业减产。因此，要减轻矿山开采固体废物中重金属对环境的影响，控制有色金属矿区固体废物重金属污染，就是要加强废石、尾矿的处理和利用，主要包括无害化处理和资源化利用（龙涛 等，2010）。

1）无害化处理

常用的处理方法有物理法、化学法、植物法和土地复原法（张利珍 等，2012）。

（1）物理法。向废石和尾矿喷水，覆盖石灰、泥土、草根、树皮等，防止受水冲刷和被风吹扬而污染环境。这种方法对铜尾矿最为有效，但是只能减少废石和尾矿堆场扬尘污染，不能从根本上解决重金属污染问题。

（2）化学法。利用可与尾矿化合的化学反应剂（水泥、石灰、硅酸钠等），在尾矿表面形成坚固硬壳，以抵抗水和空气的侵蚀。该法成本较高，且对生态环境具有一定的影响。

（3）植物法。在废石或尾矿堆场上栽种永久性植物，以起到良好的稳定和保护作用。植物法可以与化学法相结合处理尾矿。在尾矿堆场播下植物种子后，施加少量化学药品防止尾矿散沙飞扬，保持水分，以利于植物生长，该方法对植物品种的选择最为关键。

（4）土地复原法。在开采后被破坏的土地上，回填废石、尾矿，待其沉降稳定后加以平整，覆盖土壤、栽种植物或建造房屋。

2）资源化利用

（1）回收有价组分。尾矿中大多含有各种有色金属、黑色金属、稀贵金属、稀土及非金属矿物等，是宝贵的二次矿产资源，有待进一步的开发和回收。例如，从铜尾矿中回收铜精矿、硫铁矿精矿；从铅锌尾矿中回收铅、锌、钨、银等；从锡尾矿中回收锡和铜及一些伴生元素。主要方法有重-磁-浮法、溶剂萃取法、电极回收法、电解气浮法等。近年来随着微生物浸出技术的应用和发展，微生物浸出法已成为处理固体废物的又一重要方法（余晶 等，2017）。

（2）用于井下充填。尾矿、废石作充填料用于井下充填或回填采空区，矿山采空区的回填是直接利用尾矿最行之有效的途径之一。一般每采 1 t 矿石需要回填 0.25～0.40 m^3 废石并用尾矿作充填料，其充填费仅为碎石水力充填费的 1/4～1/10，不仅解决了尾矿排放问题，减轻了企业的经济负担，还取得了良好的社会效益（赵武 等，2011）。

（3）制作建材。大多数矿山有大量含硅含铝的原料，具有制作硅酸盐建材（如砖瓦、水泥）的基本条件；尾矿或去硫尾矿可采用干压缩法制成建筑用砖，制作的砖块的抗压强度达 32 MPa；尾矿制作加气混凝土，与加气剂按一定比例配制，经蒸汽养护，成为轻质多孔建筑用材（李松 等，2015）。

（4）制作玻璃、陶瓷或微晶玻璃。富含石英的石英脉型金矿、钨矿，富含方解石、白云石或萤石的碳酸岩矿，花岗岩型矿等矿山尾矿都可成为玻璃原料或配料。微晶玻璃是由基础玻璃经控制晶化行为而制成的微晶体和玻璃相均匀分布的材料，又称玻璃陶瓷。微晶玻璃可以大量利用金属尾矿制成空气或泡沫制品，用作建筑隔墙、砌块或填充材料及结构材料，制品具有高强、轻质、节能、耐热等特性（王昭，2013）。

1.4 有色金属矿区重金属污染治理发展趋势

我国目前有色金属矿区存在重金属污染面积大、污染严重和治理投资不足等多重问题，因此为了改善矿区生态环境，必须加强对矿区重金属污染治理新技术研发，加大对矿区重金属污染治理的力度。在实际应用过程中可以根据污染物的性质、重金属含量及排放量等来选取相应的治理方法，将多种方法有机结合，发挥各种方法的优点是处理矿区重金属污染的一个趋势。

1.4.1 有色金属矿区废水重金属污染治理发展趋势

矿区废水是矿山开采、加工过程中最主要的污染方式，要保证我国经济发展与环境保护之间的良性循环，避免出现矿区区域性环境污染，不使资源和环境为发展买单，以实现资源类产业可持续发展。

目前对矿区废水的治理存在量大、处理不彻底等问题，今后的研究方向可从三个方面考虑。① 微生物法是研究趋势热点，包括硫酸盐还原菌法和氧化亚铁硫杆菌法，如何提高硫酸盐还原菌对重金属离子的处理效率，以及利用氧化亚铁硫杆菌有效地处理酸性矿山废水并对水质条件进行一定的控制，是更好地实现矿区废水的高效处理提纯的重要途径（邓川 等，2017）。另外研发可以有效净化废水中重金属的微生物菌种也是一个新的发展方向。② 对矿区重金属废水进行二次处理，即深度处理，包括膜分离、电化学、离子交换树脂吸附等技术，可有效实现金属离子的高品位回收，减少污水治理的成本支出（方向青，2017）。③ 从末端治理向源头控制、过程调控、末端治理技术集成方向发展，通过源头控制技术、过程调控技术、废水处理回用技术的综合研究，开发出矿区废水集成控制技术，这是未来矿区金属废水处理的最根本的落脚点（杨松青，2017）。

总之，矿区所在地政府和企业要加强对矿山开采、加工过程中产生的废水处理投入力度，采用更先进、更有效率、更环保节能的设备和工艺。另外，根据矿区废水的成分、性质进行处理技术的搭配和工艺流程的设置，以矿区废水梯级回用、废水中重金属资源化回收，以及达标排放甚至超低排放为目标，最大程度提高矿区废水的处理和资源化效率，为矿区可持续发展做出贡献。

1.4.2 有色金属矿区土壤重金属污染治理发展趋势

我国矿区土壤环境污染形势严峻，重金属污染的危害显著。面对土壤污染的严峻形势，国务院于 2016 年颁布了“土十条”，2019 年发布《土壤污染防治法》，自此，我国土壤污染修复事业受到的关注度又被提上了一个新的高度，矿区土壤污染修复工作更加迫在眉睫。

针对重金属污染土壤修复治理技术的不足，今后的发展方向应从 5 个方面进行：① 根据不同的污染问题，可以物理、化学、生物多种技术联合使用，来达到低成本、高效、稳定去除土壤中重金属污染物的目标；② 通过基因工程，培养超富集和富集能力强的微生物及动植物，除此之外可以再结合改良剂等手段达到低成本、高效降低重金属迁移性和生物有效性的目标，建立重金属超富集微生物、动植物资料库；③ 研究高效钝化土壤重金属吸附材料；④ 开发低能高效的热处理技术，例如将太阳能应用到热处理技术中；⑤ 开发清洁绿色的土壤化学淋洗剂，避免产生二次污染（黄先顺 等，2017），另外开发磁性移除土壤中重金属的吸附材料，以及研究土壤重金属与有机物复合污染修复技术也是新的发展方向，同时加强相关基础理论研究。

在未来对矿区土壤重金属污染治理中，积极开展矿区土壤污染预防工作是治理的前提；然后是加强矿区重金属及有机污染物环境调查，建立矿区污染物环境地球化学信息库；最后再根据实际情况合理选择土壤修复技术，恢复土壤功能，实现治理目标。

1.4.3 有色金属矿区固体废物重金属污染治理发展趋势

目前，矿业面临固体废物的处理和资源化及矿业废弃地的生态恢复与重建等环境问题。矿区固体废物不仅侵占大量土地，而且会污染水源、土壤及周围环境。因此，对矿区固体废物进行综合处理，缓解矿产资源供需紧张矛盾，解决固体废物带来的矿区环境污染问题，是人类社会面临的重要课题。

矿区固体废物重金属污染治理今后的发展方向可以从 5 个方面进行：① 加强从源头

上阻隔、抑制矿区固体废物（包括废石堆场、干堆尾矿等）造成的土壤、水体重金属污染，开展废石堆场和尾矿库表面无土植物修复等技术和抑氧控酸材料、阻隔材料等材料的开发；② 开展尾矿库、废石堆场重金属释放机制、迁移规律研究；③ 进行尾矿库重金属污染原位微生物调控与修复技术及机理研究；④ 开展尾矿中重金属资源化利用及现存尾矿“全利用”新技术开发；⑤加强新的采矿和选矿技术研发，降低废石中重金属矿物含量或实现矿山开发无尾矿排出外环境的目标。

参 考 文 献

白润才, 李彬, 李三川, 等, 2015. 矿山酸性废水处理技术现状及进展. 长江科学院院报, 32(2): 14-19.

陈华君, 刘全军, 2009. 金属矿山固体废物危害及资源化处理. 金属矿山(4): 154-156, 167.

代枝兴, 2019. 关于矿山废水处理的深入研究. 环境与发展, 31(1): 36-37.

邓川, 陈韵竹, 李瑶, 2017. 矿山废水处理的研究综述. 当代化工研究(11): 57-58.

邓景衡, 2015. 酸性矿山废水处理技术研究进展. 广州化工, 43(15): 12-13, 40.

方向青, 2017. 有色金属矿山废水中重金属深度处理技术的研究. 中国锰业, 35(2): 117-119.

甘凤伟, 王菁菁, 2018. 有色金属矿区土壤重金属污染调查与修复研究进展. 矿产勘查, 9(5): 1023-1030.

何苗苗, 胡晓钧, 宋雪英, 等, 2014. 水体重金属污染的处理方法简述. 环境保护与循环经济, 34(3): 50-52.

侯华丽, 强海洋, 陈丽新, 2018. 新时代矿业绿色发展与高质量发展思路研究. 中国国土资源经济, 31(8): 4-10.

胡建利, 张觉灵, 杨海西, 等, 2017. 我国有色金属矿产资源政策研究. 世界有色金属(21): 121-122.

黄先顺, 张庆涛, 樊济攀, 2017. 矿区土壤重金属污染修复技术研究进展. 广东化工, 44(15): 161-163.

姜桂鹏, 2018. 地下金属矿山智能化开采综合技术初探. 世界有色金属(12): 86-87.

李松, 戴海旭, 2015. 我国有色金属尾矿综合利用的主要途径. 有色冶金节能, 31(3): 45-47.

梁刚, 2012. 矿山土壤重金属污染防治及环境影响后评价研究. 2012 中国环境科学学会学术年会论文集(第四卷): 5.

刘桂建, 袁自娇, 周春财, 等, 2017. 采矿区土壤环境污染及其修复研究. 中国煤炭地质, 29(9): 37-40, 48.

刘美辰, 张文, 魏秉炎, 2018. 试论有色金属矿产资源开发利用与可持续发展. 中国金属通报(4): 140-141.

刘同文, 于广婷, 张志进, 等, 2018. 胶东金矿三维地质建模技术研究. 地矿测绘, 34(2): 1-3.

龙涛, 刘太春, 高玉宝, 2010. 我国金属矿山固体废物污染及其对策分析. 中国矿业, 19(6): 54-56.

龙安举, 2017. 有色金属矿产资源的开发利用与可持续发展. 世界有色金属(10): 42-43.

邱元凯, 2013. 水体中重金属污染的处理技术. 科技视界(11): 150.

沈建新, 2011. 浅谈有色金属矿山生态环境影响与评价. 有色冶金设计与研究, 32(2): 9-12.

石小石, 2017. 整体性治理视阈下的矿区环境管理研究. 北京: 中国地质大学(北京).

王昭, 2013. 浅谈矿山开采对生态环境造成的影响及对策. 柴达木开发研究(4): 37-39.

王贺松, 2018. 酸性矿山废水中处理技术的研究进展. 民营科技(5): 62.

王秀婷, 付永德, 2018. 冶金行业重金属污染水体的处理技术研究进展. 冶金管理(14): 84-85.

吴超, 李晓艳, 2015. 有色金属矿区典型尘源污染机制与研究策略. 西安科技大学学报, 35(6): 695-701.

杨晶, 孟晓庆, 李雪瑞, 2018. 植物-微生物联合修复重金属污染土壤现状研究. 环境科学与管理, 43(11): 67-70.

杨金燕, 杨锴, 田丽燕, 等, 2012. 我国矿山生态环境现状及治理措施. 环境科学与技术, 35(S2): 182-188.

杨松青, 2017. 金属矿山酸性废水处理技术. 中国资源综合利用, 35(10): 29-31.

杨松青, 2018. 含多种重金属离子矿山酸性废水处理和回收重金属技术研究. 中国资源综合利用, 36(1): 62-64.

余晶, 李秋月, 2017. 尾矿资源综合利用现状及政策研究. 内蒙古科技与经济(14): 52-54.

张敏, 郜春花, 李建华, 等, 2017. 重金属污染土壤生物修复技术研究现状及发展方向. 山西农业科学, 45(4): 674-676.

张利珍, 赵恒勤, 马化龙, 等, 2012. 我国矿山固体废物的资源化利用及处置. 现代矿业, 27(10): 1-5.

张小红, 2016. 从矿业大会看矿业的进步. 中国有色金属(22): 42-45.

赵武, 霍成立, 刘明珠, 等, 2011. 有色金属尾矿综合利用的研究进展. 中国资源综合利用, 29(3): 24-28.

郑宇航, 2016. 关于有色金属矿产资源的开发利用与可持续发展. 黑龙江科技信息(24): 51.

中华人民共和国自然资源部, 2018.中国矿产资源报告(2018). 北京: 地质出版社.

朱点钰, 杨倩琪, 2018. 中国矿区重金属污染现状及生态风险研究. 矿产勘查, 9(4): 747-750.

WANG L, LIN H, DONG Y B, et al., 2018. Isolation of vanadium-resistance endophytic bacterium PRE01 from *Pteris vittata* in stone coal smelting district and characterization for potential use in phytoremediation. Journal of Hazardous Materials, 341: 1-9.

第 2 章　微生物菌种选育及在矿区重金属酸性水处理中的应用

2.1　概　　述

人类在开采、加工、利用矿山自然资源获取有益矿物原料的同时，不可避免地破坏其自然地貌与环境，使矿山产生了大量难以回收利用的废水或固体废物，对周边的生态环境造成了一定程度的破坏。其中，酸性矿山废水（acid mine drainage，AMD）是在矿山开采和利用过程中由于含硫化物矿物的矿床被氧化而产生的 pH 小于 6.5 的废水，其 pH 一般为 1.5～6.0，同时会溶出矿石中的多种离子，因而该废水中含有铜、铁、铅、锌、镉、砷等多种重金属离子，并且废水中含有 Fe^{3+}水解生成的氢氧化铁而常常使废水呈红褐色（潘科 等，2007）。

酸性矿山废水排入水体后能降低水体的 pH，消灭或抑制细菌及其他微生物的生长，妨碍水体自净；它还可腐蚀船舶和水工构筑物；酸、碱与水体中的矿物相互作用产生某些盐类，这些无机盐的存在会增加水的渗透压，对淡水生物的生长有不良的影响。而且，含重金属离子的酸性水对大多数植被都具有毒副作用，可以导致植被枯萎、死亡，土壤酸化、毒化（崔振红，2009）。此类酸性水不经处理而直接排入河流则会消耗水体的溶解氧；废水的低 pH 对水生生物特别是鱼类、藻类也构成极大威胁；更严重的是重金属离子通过食物链的富集，最终在人体的某些器官积累造成慢性中毒而危害人类的健康。

目前，我国大多数矿山企业采用的酸性矿山废水的处理方法是中和沉淀法或硫化物沉淀法。这两种方法比较简便，但由于水中的重金属离子都转移到了沉渣中，会产生大量固体废物，存在二次污染，而且酸性矿山废水中有很多有用的金属物质，如铜、锰、铁等，直接丢弃不仅对环境有严重污染，而且不能很好地解决金属再利用等问题，是对资源的一种浪费。因此，随着资源越来越紧缺，人们将更加重视从废水中回收资源。

近年来，国内外都开始关注利用微生物法处理矿山重金属酸性废水。微生物法主要利用某些微生物本身的化学结构及成分特性来吸附溶于水中的重金属离子，再通过固液两相分离去除水溶液中的金属离子。生物吸附法处理酸性矿山废水与传统方法相比的优点有成本低、效率高、实用性强、无二次污染，还可以回收重金属。因此，利用微生物法处理酸性矿山废水中的重金属有着广阔的前景。本章将针对酸性废水 pH 低及重金属离子浓度高的水质特点，从实际环境中筛选菌种，得到强酸性条件下对重金属离子（Cu^{2+}、Pb^{2+}、Zn^{2+}）有较高去除能力的菌株，分析菌株对重金属的吸附性能，探讨菌株生物吸附的机理，并设计装备反应器对重金属进行固定化，研究停留时间、气水比等条件参数对固定化菌株去除重金属效率的影响。同时，初步探讨生物膜的后处理，对微生物吸附的重金属进行回收，实现重金属的资源化利用。本章可为微生物处理重金属酸性废水的工业化提供一定的技术支持。

2.2　耐酸耐重金属菌种的筛选及鉴定

2.2.1　耐酸耐铜菌种的筛选及鉴定

通过对菌种的耐酸性、耐铜性的梯度驯化及菌种的吸附能力研究，从某铜矿山选矿废水排放处的污泥中筛选出在强酸性条件下对 Cu^{2+}去除能力较高的菌株。通过对菌株耐酸性和耐铜性的逐级驯化，考察混合菌对重金属的耐受性和吸附能力。驯化初始 Cu^{2+}质量浓度为 20 mg/L，pH=7，随后以 Cu^{2+}质量浓度 20 mg/L 向上递增，pH 递减，直至 Cu^{2+}质量浓度为 100 mg/L，pH=3。

试验采用平板涂布法对初筛得到的混合菌株进行分离纯化。将培养液用无菌水进行一系列梯度的稀释，将不同稀释度的菌悬液分别滴加在平板上，用无菌玻璃涂布棒将菌液均匀地分散至整个平皿表面，在 30 ℃培养箱培养 3 d，观察菌落生长情况。挑取长势较好、饱满的菌落保存。挑取平板上长势较好且不同菌落形态特点的单菌进行富集培养 2 d 后，按 10%转接量转入 Cu^{2+}质量浓度 100 mg/L、pH=3 的模拟废水中，30 ℃、140 r/min 条件下培养 24 h，测定各菌株培养液中 Cu^{2+}的浓度（初筛所得菌株的形态特征及其对废水的 Cu^{2+}去除率结果见表 2.1），从中复筛得到一株最优菌株 Z-6（Z-6 菌落形态见图 2.1）。

表 2.1　耐酸耐铜菌种驯化筛选结果

菌株编号	颜色	边缘	隆起	Cu^{2+}去除率/%
Z-1	乳白色，较厚，平滑，湿润	光滑整齐	无	18.3
Z-2	白色，厚，褶皱，干燥	光滑整齐	有	14.3
Z-3	乳黄色，薄，平滑，较湿润	光滑整齐	无	15.4
Z-4	乳黄色，厚，较平滑，较湿润	光滑整齐	无	9.2
Z-5	红色，厚，褶皱，干燥	锯齿	有	30.1
Z-6	乳白色，薄，平滑，湿润	光滑整齐	无	46.8

通过测定 16S rDNA 序列对菌株 Z-6 进行了细菌分类学的初步鉴定和系统发育树的构建。利用 GenBank 对同源性较高的序列进行多重比较，并进行进化树的构建，采用距离依靠法中的邻位相连法（neighbor joining）对进化树进行评估。基于 16S rDNA 对菌株 Z-6 所构建的系统发育树如图 2.2 所示。根据鉴定结果，可以确定菌种 Z-6 的分类地位属于产酸克雷伯氏杆菌属（*Klebsiella oxytoca*）。

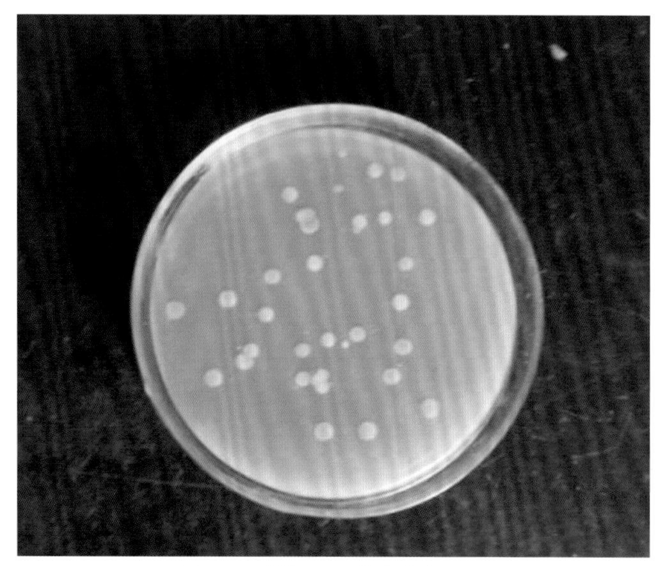

图 2.1　菌株 Z-6 菌落形态

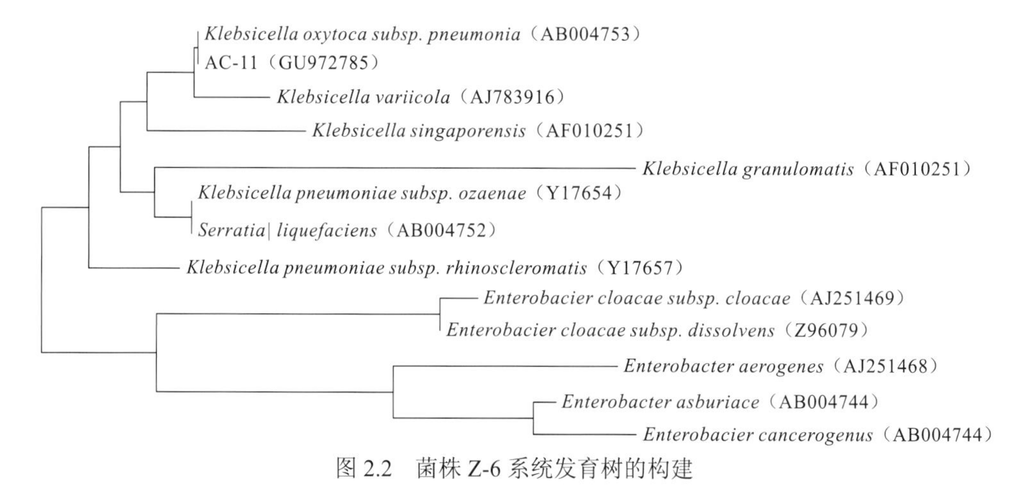

图 2.2　菌株 Z-6 系统发育树的构建

2.2.2　耐酸耐铅锌菌种的筛选及鉴定

土壤是微生物的大本营，而受重金属污染土壤中的微生物，因其受到生存环境中重金属的胁迫，对重金属产生了一定的耐性。以铅锌矿山酸性废水中严重超标的重金属（锌、铅）去除为研究目标，采用湖北省大冶市某铅锌矿区选矿废水排水沟土壤，从中筛选耐酸耐铅锌菌种。

通过 Zn^{2+}、Pb^{2+}浓度及 pH 的逐级驯化，考察混合菌对重金属的吸附能力和对 pH 的耐受性。驯化初始 Zn^{2+}、Pb^{2+}质量浓度分别为 25 mg/L、10 mg/L，然后分别以 25 mg/L、10 mg/L 的浓度梯度向上递增，直至 Zn^{2+}、Pb^{2+}质量浓度分别为 200 mg/L、80 mg/L；浓度驯化结束后，在 Zn^{2+}、Pb^{2+}质量浓度分别为 200 mg/L、80 mg/L 时，依次降低培养液的 pH 为 6.0、5.5、5.0、4.5、4.0、3.5、3.0。

制备分离培养基平板，冷却后，将最后阶段驯化的培养液用无菌水进行一系列梯度的稀释，将 10^{-4}、10^{-5}、10^{-6} 三个稀释度的菌悬液取 100 μL 分别滴加在平板上，用无菌玻璃涂布棒将菌液均匀地分散至整个平皿表面，在 30℃培养箱中培养 72 h 后，观察菌落生长情况。挑取平板上长势较好，具有不同菌落形态特点的菌株进行富集培养。初筛得到的不同菌落形态的 8 株单菌落形态描述见表 2.2。

表 2.2　菌落形态表

菌株	菌落形态						
	形状	直径/mm	边缘	隆起	颜色	透明度	黏稠度
T1	圆形	3～4	光滑整齐	无	黄色	透明	黏稠
T2	圆形	0.5～1	光滑整齐	有	白色	透明	黏稠
T3	圆形	5～6	辐射状	无	白色	不透明	不黏稠
T4	圆形	2～3	光滑整齐	有	红色	不透明	不黏稠
T5	圆形	1～2	光滑整齐	有	白色	不透明	黏稠
T6	圆形	3～4	辐射状	无	白边，中间有红点	不透明	黏稠
T7	圆形	2～3	锯齿状	有	白色	不透明	黏稠
T8	圆形	2～3	光滑整齐	有	白色	不透明	黏稠

将上述分离纯化得到的对重金属 Zn^{2+}和 Pb^{2+}有吸附能力的 8 株单菌落，挑取少量加入 100 mL 含 200 mg/L 的 Zn^{2+}和 50 mg/L 的 Pb^{2+}、pH＝4.0 的废水中，振荡吸附后，10 000 r/min 离心 5 min，取上清液分别测定 Zn^{2+}、Pb^{2+}的吸附率如表 2.3 所示。

表 2.3　重金属抗性菌株的分离纯化后单菌株的吸附性能

菌株	Zn^{2+}吸附率/%		Pb^{2+}吸附率/%		pH
	吸附 8 h	吸附 24 h	吸附 8 h	吸附 24 h	
T1	35.40	37.52	30.43	32.20	8.0
T2	16.76	17.63	25.26	27.30	7.6
T3	22.32	22.49	20.55	20.73	7.8
T4	15.11	15.02	10.92	11.00	5.4
T5	6.99	7.14	29.13	29.13	6.5
T6	29.23	30.05	34.82	37.93	8.0
T7	35.06	38.52	28.68	29.67	8.0
T8	13.16	13.54	27.41	27.30	7.2

对比 8 株菌株对 Zn^{2+}和 Pb^{2+}的吸附效果及废水 pH 的变化，发现吸附 24 h 菌株 T1 和 T7 对 Zn^{2+}的吸附率分别达到 37.52%和 38.52%，对 Pb^{2+}的吸附率分别为 32.20%和 29.67%。由此看出，针对吸附 Pb^{2+}的情况，菌株 T1 明显优于 T7。因此，综合考虑选择菌株 T1 作为后续的试验菌株。图 2.3 为菌株 T1 的菌落形态。基于 16S rDNA 序列测定，对菌株 T1 所构建的系统发育树如图 2.4 所示，由此可以确定菌种 T1 的分类地位属于芬式纤维微菌属（*Cellulosimicrobium funkei*）。

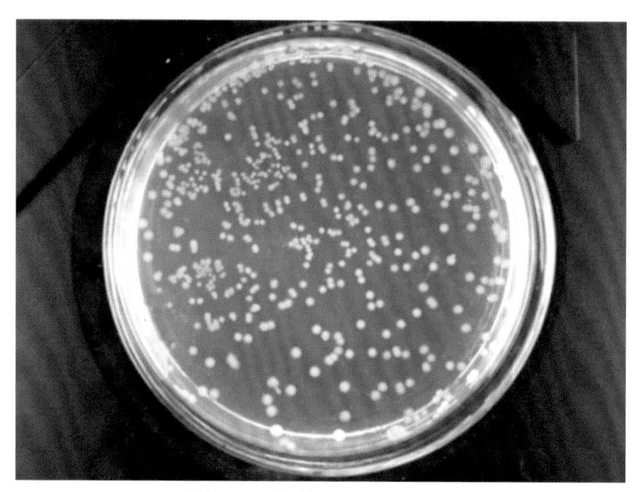

图 2.3 菌株 T1 菌落形态

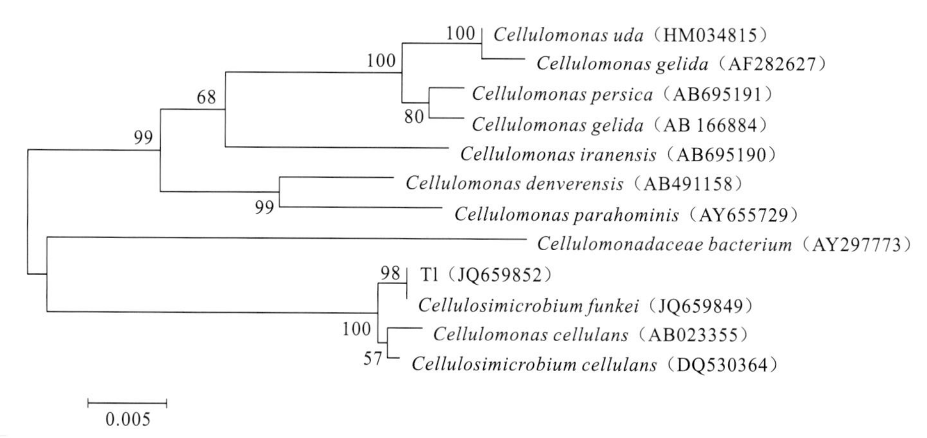

图 2.4 菌株 T1 系统发育树的构建

2.3 优选菌种对重金属的吸附性能

2.3.1 耐酸耐铜菌种对 Cu^{2+}的吸附性能

通过单因素试验，考察不同条件下优选菌种对重金属的吸附性能。规定条件：初始 Cu^{2+}质量浓度 100 mg/L、pH=3、温度 30 ℃、摇床转速 140 r/min、装液量 100 mL/250 mL

（摇瓶）、投菌量 2 g/L、吸附时间 12 h。试验过程中，改变一个参数，固定其他条件，以未加 Cu^{2+}的相应培养基为参比，测定废水中剩余 Cu^{2+}含量，研究 Cu^{2+}初始浓度、pH、温度、吸附时间、投菌量 5 个因素对菌株铜去除效率的影响，进而可确定菌株的最佳吸附条件。

1. Cu^{2+}初始浓度对菌株吸附 Cu^{2+}性能的影响

实际废水中的 Cu^{2+}浓度不稳定，可能会对菌株吸附效果有影响，因此，结合有色矿山实际废水中 Cu^{2+}浓度范围，研究 Cu^{2+}初始浓度对菌株吸附效果的影响具有重要意义。Cu^{2+}初始浓度对菌株 Z-6 吸附 Cu^{2+}性能的影响见图 2.5。

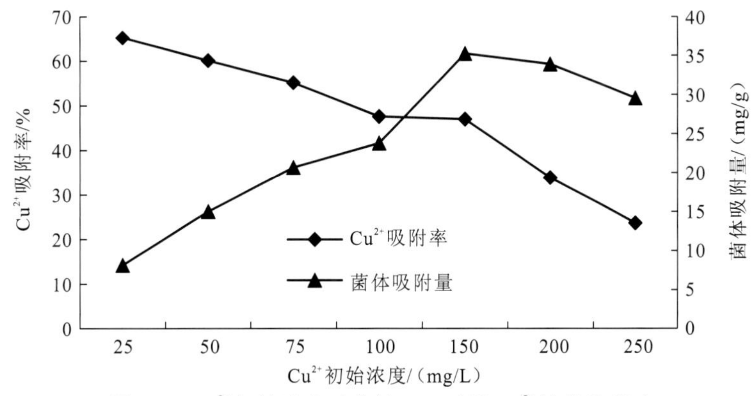

图 2.5　Cu^{2+}初始浓度对菌株 Z-6 吸附 Cu^{2+}性能的影响

结果表明，随着 Cu^{2+}初始浓度的增加，菌株 Z-6 对 Cu^{2+}的吸附率随之降低。当 Cu^{2+}初始质量浓度小于 150 mg/L 时，随着 Cu^{2+}初始浓度的增加，单位菌体吸附量逐渐增加。这是因为菌株浓度一定，Cu^{2+}初始浓度的增加使得同体积废水中有效 Cu^{2+}浓度增加，Cu^{2+}与菌体表面吸附位点的碰撞概率必然上升，增加了单位菌体对 Cu^{2+}吸附量（张子间，2005）。但是这种增加不是无止境的，当 Cu^{2+}初始质量浓度大于 150 mg/L 时，单位菌体吸附量开始减少，菌株 Z-6 对 Cu^{2+}的吸附率显著下降；到 Cu^{2+}初始质量浓度为 250 mg/L 时，菌株 Z-6 对 Cu^{2+}吸附率仅为 23.7%。这是因为重金属 Cu^{2+}本身是一种杀菌剂，对生物具有毒副作用，Cu^{2+}浓度过高会降低细菌活性甚至杀死菌株。

2. pH 对菌株吸附 Cu^{2+}性能的影响

对大多数生物吸附过程而言，pH 是影响重金属吸附量的决定性因素。由于酸性矿山废水 pH 较低，均小于 7，本小节试验将废水 pH 分别调节为 1.0、2.0、3.0、4.0、5.0、6.0，结果见图 2.6。

由图 2.6 可见，随着 pH 的升高，菌体浓度不断增加，相应的菌株对 Cu^{2+}的吸附率也随之升高，当 pH＜4 时，随着 pH 的升高，菌株对 Cu^{2+}的吸附率上升得较为明显。当 pH＝1.0 时，菌株 Z-6 对 Cu^{2+}的吸附率仅为 29.6%；当 pH＝4 时，吸附率升高至 51.2%，pH＝6 时吸附率达到 55.1%。出现这种现象可能是因为 pH 较低时，大量的水合氢离子与 Cu^{2+}存在竞争吸附作用，H^+占据了菌体大量的吸附活性点，从而阻止了 Cu^{2+}与吸附活性

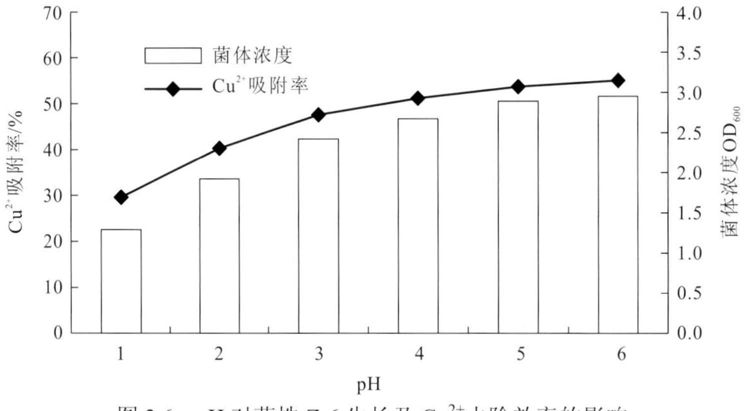

图 2.6　pH 对菌株 Z-6 生长及 Cu^{2+}去除效率的影响

点的接触，导致吸附率下降（臧运波，2010）。同时，pH 较低时能够影响酶的活性而使细菌代谢受到抑制，影响细菌生长。随着 pH 的升高，pH 超过细菌表面的等电点，细胞表面负电荷量增加，菌表面活性基团活性增强，有利于 Cu^{2+}的吸附（叶锦韶 等，2011）。

3. 温度对菌株吸附 Cu^{2+}性能的影响

微生物对重金属的吸附过程涉及物理化学变化，反应温度通常影响溶液中金属离子的稳定性、细胞壁化学成分离子化的稳定性，从而影响微生物对重金属的吸附特性（赵玉清 等，2009）。配置 Cu^{2+}质量浓度 100 mg/L、pH=3 的废水，将温度分别调至 20 ℃、25 ℃、30 ℃、35 ℃、40 ℃，在 140 r/min 转速下振荡吸附 12 h 后绘制吸附率曲线见图 2.7。

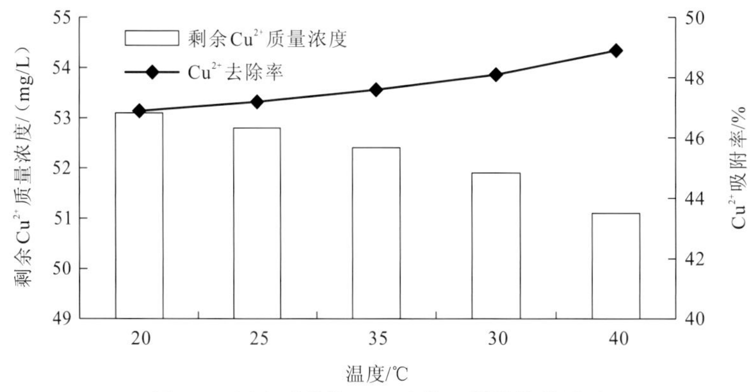

图 2.7　温度对菌株 Z-6 吸附 Cu^{2+}性能的影响

由图 2.7 可以看出，菌株 Z-6 对 Cu^{2+}的吸附能力随温度的升高而缓慢增大。在 40 ℃时对 Cu^{2+}的吸附率为 48.9%，相对于 20 ℃的 46.9%仅提高了 2 个百分点。菌株 Z-6 的吸附能力随温度略有升高的原因可能是温度会影响细菌的生理代谢活动、基团吸附热动力和吸附热容等因素。温度的升高增加了重金属与菌体活性基团的亲和力，同时，吸附过程可能存在的热效应，以及温度的升高都有利于重金属扩散到菌体中（Li et al.，2010；李中华 等，2007）。但试验选育的菌株 Z-6 吸附 Cu^{2+}效果受温度影响不大，说明该菌株对温度具有一定的适应性。因此，试验选用 30 ℃为最佳吸附温度。

4. 吸附时间对菌株吸附 Cu^{2+}性能的影响

图 2.8 为吸附时间对 Cu^{2+}吸附率的影响。在反应开始后的 4 h 内，菌株对 Cu^{2+}的吸附率随时间迅速升高，而在吸附时间达到 4 h 后，吸附率增加缓慢，基本趋于稳定，4 h 时吸附率可达到 46.2%。推测原因可能是菌株 Z-6 对 Cu^{2+}的吸附作用主要为表面吸附，不依靠细胞代谢而直接利用细胞壁上的氨基、羧基、羟基等化学基团结合 Cu^{2+}，这一过程进行迅速。因此，试验选取最佳吸附时间为 4 h。

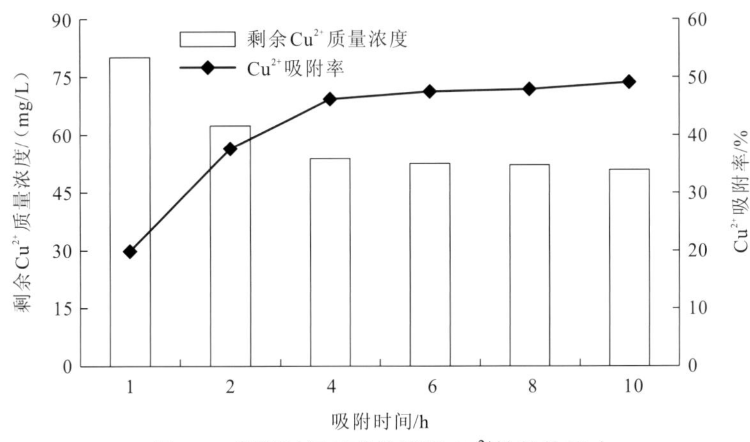

图 2.8　吸附时间对菌株吸附 Cu^{2+}性能的影响

5. 投菌量对菌株吸附 Cu^{2+}性能的影响

在 Cu^{2+}质量浓度 100 mg/L、pH=3 的废水中，改变投菌量分别为 1 g/L、2 g/L、3 g/L、4 g/L、5 g/L、6 g/L，30 ℃下 140 r/min 振荡吸附 4 h，绘制投菌量-吸附率曲线见图 2.9。

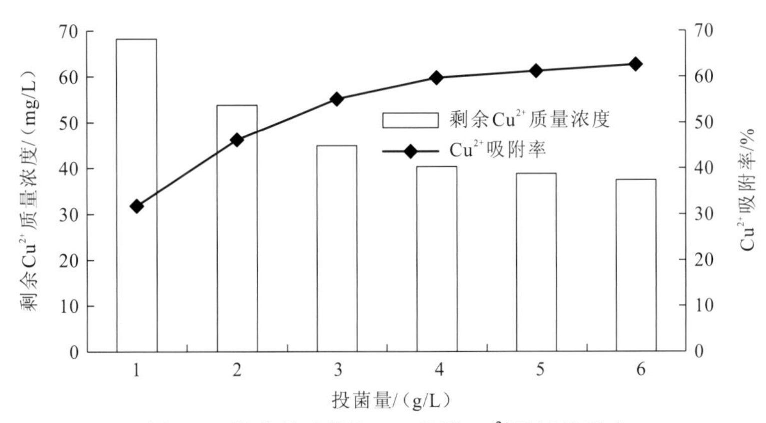

图 2.9　投菌量对菌株 Z-6 吸附 Cu^{2+}性能的影响

结果表明，随着菌株 Z-6 浓度的增加，Cu^{2+}的吸附率升高，在菌体质量浓度为 6 g/L 时，Cu^{2+}吸附率达到 62.6%。这是因为 Cu^{2+}的质量浓度一定，菌株质量浓度增加，活性吸附点增多，且菌体表面与金属离子接触和结合的机会也增加，必然有更多的 Cu^{2+}被吸附；但超过一定范围后，随着菌体质量浓度的增加，菌体细胞之间两性基团的相互结合作用不断增加，占据了部分有效的结合位点（黄富荣 等，2005），因而菌体吸附 Cu^{2+}的质量增加幅度减少。当投菌量少于 4 g/L 时，随着投菌量的增加，菌株 Z-6 对 Cu^{2+}的吸附率增加较为明显，当投菌量为 4 g/L 时吸附率达到 59.7%；而当投菌量大于 4 g/L 时，增大投菌量后，吸附率上升幅度并不显著。综合权衡吸附率和处理成本，投菌量以 4 g/L 较为适宜，此时单位菌体吸附量为 14.9 mg/g。

综上所述，通过单因素试验优化了吸附条件，结果表明，在投菌量为 4 g/L、温度为 30 ℃、吸附时间为 4 h 的条件下，游离菌株 Z-6 对 pH=3、Cu^{2+}100 mg/L 的废水吸附效果最优，溶液中 Cu^{2+}吸附率达到 59.7%。

2.3.2 耐酸耐铅锌菌种对 Pb^{2+}、Zn^{2+}的吸附性能

类似耐酸耐铜菌种对 Cu^{2+}的吸附性能研究，从 Zn^{2+}及 Pb^{2+}浓度、pH、吸附时间、温度及菌体浓度 5 个方面研究菌株 T1 对 Zn^{2+}、Pb^{2+}吸附性能。

1. Zn^{2+}、Pb^{2+}浓度对吸附效果的影响

在 pH=6.0，菌体质量浓度为 2 g/L，温度为 30 ℃的条件下，配制 Zn^{2+}、Pb^{2+}的质量浓度梯度分别为 25～200 mg/L，10～60 mg/L 的水溶液。振荡吸附 8 h 后，考察 Zn^{2+}、Pb^{2+}浓度对菌株 T1 吸附效果的影响，试验结果如图 2.10、图 2.11 所示。

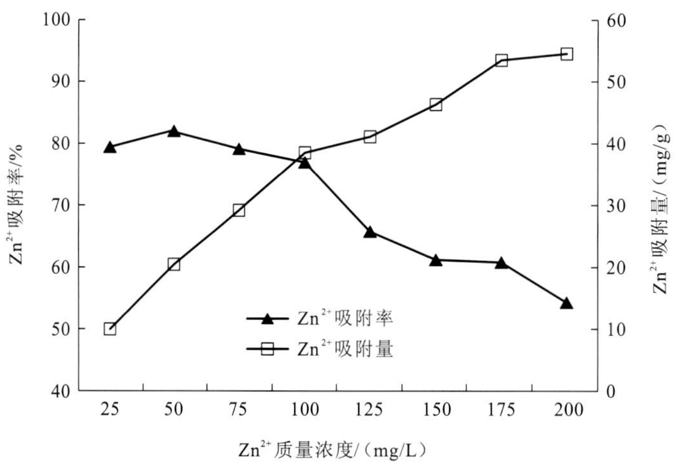

图 2.10 Zn^{2+}初始浓度对菌株 T1 吸附效果的影响

图 2.10 和图 2.11 表明，菌株 T1 对 Zn^{2+}、Pb^{2+}的吸附率随重金属离子浓度的升高而降低，吸附量则持续增加，由于 Zn 是生物的必要微量元素，Zn^{2+}质量浓度为 50 mg/L 时，吸附率还略有上升。当 Zn^{2+}、Pb^{2+}浓度较低时（Zn^{2+}质量浓度为 25～100 mg/L，Pb^{2+}质量浓度为 10～30 mg/L），菌株 T1 的吸附效果具有较好的稳定性；当 Zn^{2+}、Pb^{2+}浓度进一步增加后，吸附逐渐达到饱和，吸附率显著下降，菌株 T1 对 Zn^{2+}的吸附率由 82.21% 降到 54.43%，对 Pb^{2+}的吸附率由 64.35%降到 43.12%。这是因为微生物对重金属的吸附

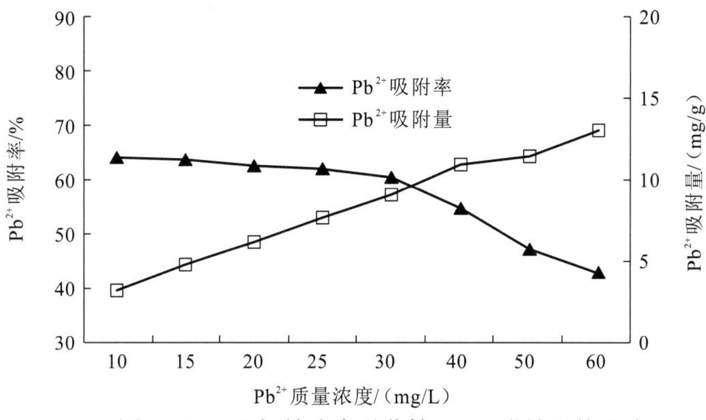

图 2.11 Pb^{2+}初始浓度对菌株 T1 吸附效果的影响

与其吸附位点的饱和度有关，并且菌体吸附结构也受重金属离子浓度的影响。重金属离子浓度低时，所有 Zn^{2+}、Pb^{2+}都可以与吸附剂表面的吸附位点发生相互作用；而在重金属离子浓度高时，只有部分离子能够与吸附位点作用（Ozer et al.，2004；Ho et al.，2000）。因此，菌株 T1 适合处理 Zn^{2+}、Pb^{2+}浓度低的酸性矿山废水。

2. pH 对吸附效果的影响

配制 Zn^{2+}、Pb^{2+}质量浓度为 100 mg/L、30 mg/L 的水溶液，由于矿山酸性废水 pH 较低，调节溶液 pH 在 3.0～6.0 变化，其他条件不变，结果如图 2.12 所示。

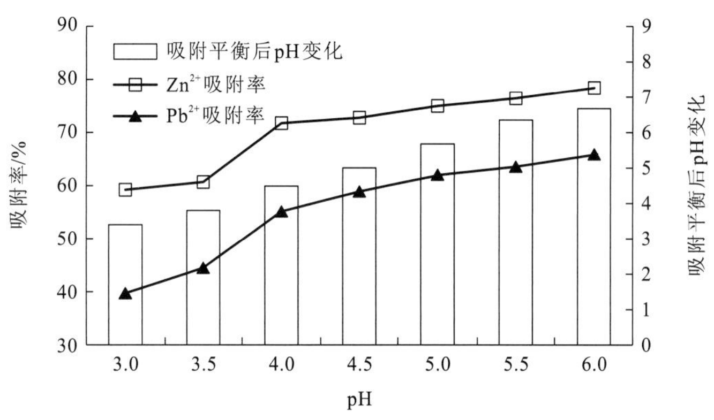

图 2.12 pH 对菌株 T1 吸附效果的影响

由图 2.12 可知，菌株 T1 对 Zn^{2+}、Pb^{2+}的吸附率随 pH 升高而逐渐增加，当 pH<4 时，吸附率较低，当 pH>4 时，吸附率显著升高。pH=4.0 时，Zn^{2+}吸附率为 71.96%，Pb^{2+}吸附率为 55.35%。当 pH 较低时，溶液中大量的 H^+和 H_3O^+会与 Zn^{2+}、Pb^{2+}竞争吸附位点从而影响离子交换反应平衡（Rios et al.，2008），并且使菌体细胞壁质子化，增加了细胞表面的静电斥力，造成 Zn^{2+}、Pb^{2+}的吸附率低，同时 pH 较低时能够影响酶的活性而使细菌代谢受到抑制。随着 pH 的升高，pH 超过细菌表面的等电点，细胞表面负电荷量增加，菌表面活性基团的 N、O 原子活性增加，利于对重金属的吸附（Perelomov et al.，2006）。由图 2.12 还可以看出，在初始 pH = 6.0 时，吸附结束后，溶液 pH 上升到 6.7，菌体起到改善酸性水质的作用。最终选取 4.0 为该菌株吸附的最佳 pH，说明该菌株适合酸性矿山废水处理。

3. 温度对吸附效果的影响

在 Zn^{2+}、Pb^{2+}浓度分别为 100 mg/L、30 mg/L，pH 为 4.0，菌量 2 g/L 的条件下研究温度对吸附效果的影响。将吸附温度分别调至 20 ℃、25 ℃、30 ℃、35 ℃、40 ℃，在 150 r/min 转速下振荡吸附 8 h 后绘制试验曲线见图 2.13。

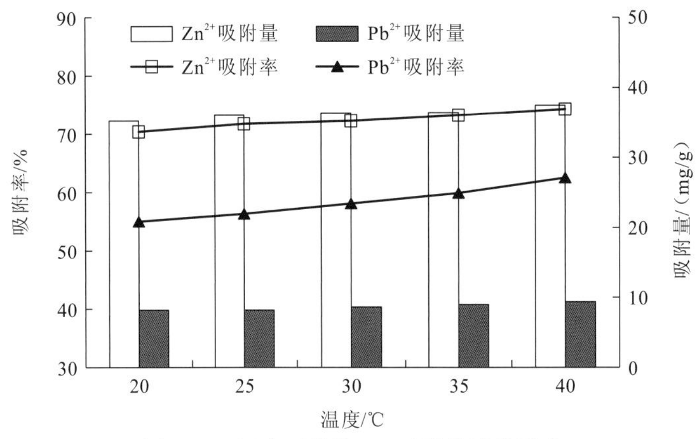

图 2.13 温度对菌株 T1 吸附效果的影响

由图 2.13 可知，菌株 T1 对 Zn^{2+}、Pb^{2+}的吸附率随温度升高而缓慢增加，Zn^{2+}的吸附率由 20 ℃时的 70.53%增加到 40 ℃的 74.02%，吸附量由 35.27 mg/g 增加到 37.51 mg/g；Pb^{2+}的吸附率由 20 ℃时的 55.18%增加到 40 ℃的 60.78%，吸附量由 8.28 mg/g 增加到 9.10 mg/g，这说明该吸附过程一个是吸热过程，因为温度的升高增加了细菌的新陈代谢能力，使重金属与菌体活性基团的亲和力增加，且有利于重金属在溶液中扩散（赵玉清 等，2009；Nourbakhsh et al.，2002）。由于在实际废水处理中，升高温度会带来运行成本的增加，而温度对处理效果的影响很小，试验温度选为 30 ℃较为适宜。

4. 吸附时间对吸附效果的影响

在 Zn^{2+}、Pb^{2+}质量浓度分别为 100 mg/L、30 mg/L，pH 为 4.0，菌量 2 g/L 的条件下振荡吸附，不同时间间隔取上清液检测，试验结果见图 2.14。吸附开始 6 h 内，吸附率增加较快，在 6 h 时 Zn^{2+}、Pb^{2+}的吸附率分别达到 75.38%和 62.58%，6 h 以后吸附率和吸附容量渐趋平衡。而一般 Zn^{2+}、Pb^{2+}处理的质量浓度不大于 60 mg/L 和 20 mg/L（李中华 等，2007；黄富荣 等，2005）。上述原因主要是细菌吸附金属离子分两个过程：首先是细胞表面直接结合，由于微生物可以分泌多聚糖、糖蛋白等胞外聚合物（陈灿 等，2006），并且细胞壁组分中含有与金属离子相互作用的化学基团（Wang et al.，2006），金属离子不依靠细胞代谢直接结合在其表面，这一过程进行迅速；然后是依靠细胞代谢向细胞内传输，这是主动运输的过程，非常缓慢。综合考虑，试验选取最佳吸附时间为 6 h。

5. 菌体浓度对吸附效果的影响

菌体质量浓度分别为 1 g/L、2 g/L、3 g/L、4 g/L、5 g/L，其他条件同上，吸附 6 h 后测定 Zn^{2+}、Pb^{2+}浓度，结果如图 2.15 所示。

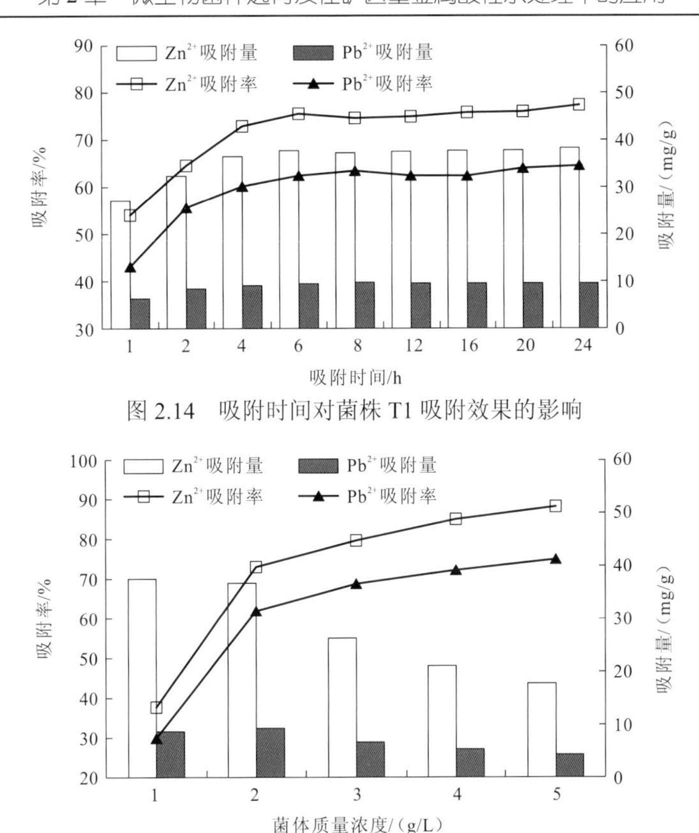

图 2.14　吸附时间对菌株 T1 吸附效果的影响

图 2.15　菌体浓度对菌株 T1 吸附效果的影响

由图 2.15 可知，随着菌体浓度的增加，Zn^{2+}、Pb^{2+}的吸附率明显增加，然而菌体的吸附量却下降。当菌株 T1 的菌体质量浓度超过 3 g/L 后吸附率趋于平缓。这是因为随着菌体浓度增大，吸附位点增加，吸附率得到提高。但是吸附率并不随菌体加入量的增加而成比例增加，其原因为增加生物量导致吸附位点间的相互作用加强，菌体细胞表面两性基团结合的概率加大，占据了一部分有效的吸附位点（赵瑞雪 等，2010；周微，2009）。综合经济成本考虑，试验选择菌体浓度为 3 g/L，菌株 T1 对 Zn^{2+}、Pb^{2+}的吸附率分别为 79.86%和 69.04%，此时的吸附量分别为 26.62 mg/g、6.9 mg/g。

2.4　固定化微生物及其对重金属的去除特性

2.4.1　固定化反应器的挂膜及启动

1. 曝气生物滤池挂膜及启动

本试验采用的反应器为曝气生物滤池（biological aerated filter，BAF），是一种采用颗粒滤料固定生物膜的好氧或缺氧生物反应器，该工艺集生物降解和固液分离于一体，具有有机物容积负荷高、水力负荷大、水力停留时间短、出水水质高的特点，因而所需占地面积小、基建投资少、能耗及运行成本低。

本试验所用的 BAF 反应器呈圆柱状，分为两段，并通过法兰连接，通体采用有机玻璃制成。BAF 反应器内水流形式为上流式，从位于反应器底部的进水口经泵送进水，由反应器顶部的出水口溢流出水。反应器底部设有曝气口，并安装圆盘状砂芯微孔曝气石，用以向反应器内供给生化反应所需的空气。空气与废水由反应器底部向上同向流动。

BAF 反应器从底部至顶部一共分为 4 个区域，分别为布水布气区、填料层、出水澄清区、超高区，布水布气区里安装曝气装置，实现气水的均匀混合，填料层装有载体滤料，当水流自下而上经过之后，进入出水澄清区，经出水澄清区后从出水口进入储水容器，另外在澄清区上部有超高区。固定化反应器装置示意图如图 2.16 所示，各区域的高度如表 2.4 所示。

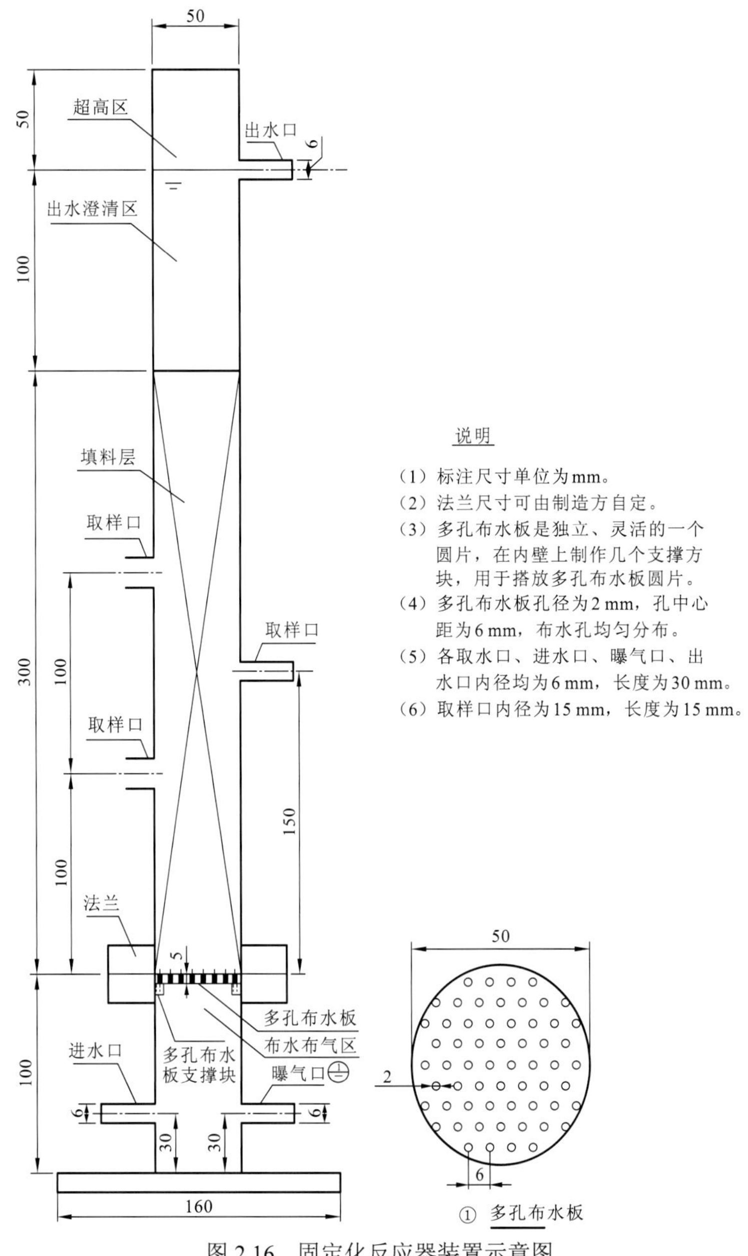

图 2.16　固定化反应器装置示意图

表 2.4　BAF 反应器各分区尺寸

项目	布水布气区	填料层	出水澄清区	超高区
高度/mm	100	300	100	50

本试验选择火山岩为载体，对优势菌种 Z-6 进行接种挂膜。火山岩是火山爆发后形成的多孔形石材，物理性质主要包括 4 个方面：① 外观形状，无尖粒状，对水流阻力小，不易堵塞，布水布气均匀，表面粗糙，挂膜速度快，反冲洗时微生物膜不易脱落；② 多孔性，火山岩是天然蜂窝多孔，是菌胶团最佳的生长环境；③ 机械强度，经测试为 5.08 Mpa，实践证明可以耐得住不同强度的水力剪切作用，使用寿命远远高于其他滤料；④密度，密度适中，反冲洗时容易悬浮且不跑料，可以节能降耗。

挂膜阶段应该采用较小的曝气强度，因为在曝气强度过大时，反应器内气水紊动程度强烈，容易对滤料表面产生较强烈的冲刷作用，影响微生物在滤料表面的附着生长，不利于挂膜。所以，本试验在挂膜阶段采用较小的气水比，气水比取为 1∶1。

混合液充满 BAF 反应器后，开启曝气装置，采用稍小的气量进行闷曝（不连续进水，只进行曝气）。闷曝一定时间后停止曝气，补充加入营养液至充满反应器，然后继续闷曝，按照此方式继续进行，闷曝结束后，可见载体表面出现生物膜附着。

火山岩挂膜前后的扫描电镜分析图如图 2.17 所示。从图 2.17（a）可以看出，火山岩挂膜前表面孔隙比较丰富，火山岩表面较光滑；对比分析图 2.17（b），可以看出挂膜后火山岩表面的部分孔隙被填充，火山岩表面变得较粗糙，可以推断有生物膜附着。

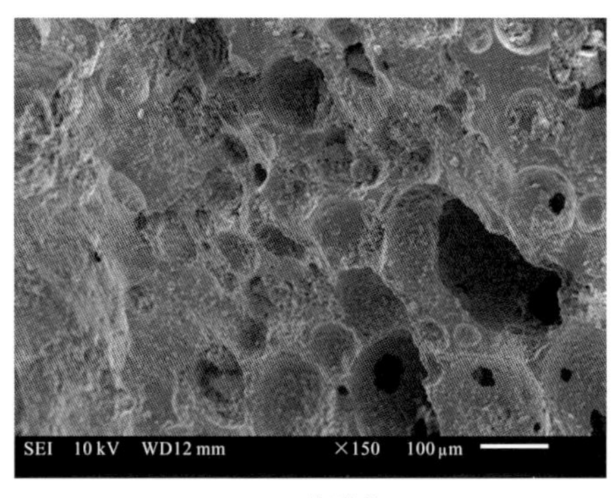

（a）挂膜前

（b）挂膜后

图 2.17　火山岩挂膜前后的扫描电镜图

2. 固定化生物活性炭反应器挂膜及启动

固定化生物活性炭（immobilized biological activated carbon，IBAC）反应器采用单菌种连续挂膜法，取 10 mL 富集菌液接入 100 mL 牛肉膏蛋白胨培养液于 250 mL 锥形瓶中，培养 24 h 后备用。

首先，搭建 IBAC 反应器，将预处理的活性炭填料装入反应器至预设的高度。然后把 100 mL 悬浮菌液和葡萄糖营养液组成的混合溶液从反应器的顶端注入直至反应器被充满。随后开启曝气装置进行曝气，采用稍小的气量进行闷曝，使菌种处于悬浮状态。

闷曝 1 d 后，将反应器内的菌液进行静置沉降 0.5～1.0 h，去掉反应器 2/3 体积的溶液，再加入新的菌种营养混合液充满反应器，继续闷曝，如此循环 3 d。第 4 d 时，可观察到反应器内填料层中下部活性炭颗粒表面明显附着白色絮绒状物。此后，向反应器中连续进水，以 0.2 $m^3/(m^2·h)$ 的水力负荷向 IBAC 反应器中连续泵入营养液，并调整气水比为 5∶1。连续进水运行后，开始连续监测出水化学需氧量（chemical oxygen demand，COD）值。在挂膜过程中，随着微生物不断繁殖，活性炭填料表面形成一定厚度的生物膜。生物膜形成和成熟过程中对有机物的降解作用逐渐显现并加强，表现为 IBAC 反应器出水 COD 值降低，由此可以根据 IBAC 反应器出水 COD 值及对其去除率间接表征 IBAC 挂膜情况。挂膜期间出水 COD 值及其去除率的变化情况如图 2.18 所示。

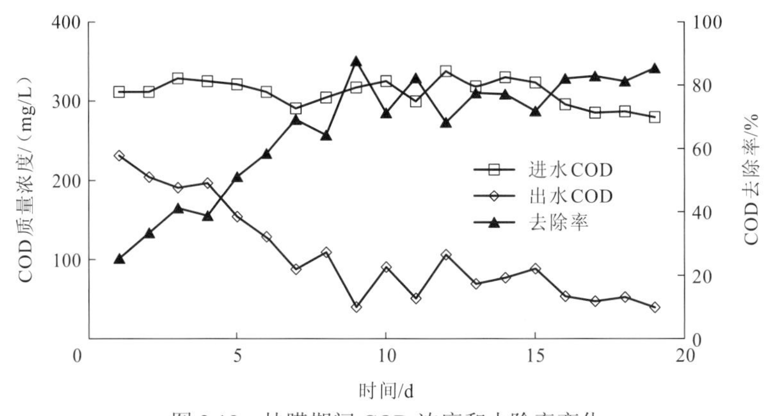

图 2.18　挂膜期间 COD 浓度和去除率变化

活性炭具有微孔结构和巨大的比表面积，易于微生物挂膜。从图 2.18 可以看出，整个挂膜阶段，COD 的去除率呈现逐渐增大的趋势，这是因为吸附在滤料表面的微生物以有机物为食，进行自身生命活动，在降解有机物的同时自身不断增殖，生物膜厚度逐渐增加，降解有机物的能力进一步加强；另一方面生物膜减少了填料之间的空隙，对水中的有机物起到一定的吸附、过滤作用。挂膜第 10 d，COD 的去除率已经达到了 71.49%，在之后的 5 d 内，COD 的去除率略有波动，维持在 70%左右；第 15 d 以后，COD 的去除率趋于稳定，维持在 81%以上，同时可以观察到活性炭填料表面附着明显的白色絮状物，并且絮状物向填料上层延伸，镜检絮状物可发现结构较密实的菌胶团和较多丝状菌，因此可以认为填料层表面形成比较完善的生物膜，挂膜成功。

在对生物膜进行重金属浓度驯化过程中，逐步提高铅锌离子的浓度。Zn^{2+}的质量浓度由 25 mg/L 提高到游离细菌的适宜浓度 100 mg/L，Pb^{2+}的质量浓度由 10 mg/L 提高到 30 mg/L，驯化过程如图 2.19、图 2.20 所示。由图 2.19、图 2.20 可以看出，随着 Zn^{2+}、Pb^{2+}浓度的增加，金属离子出水浓度增加，去除率减小。废水在填料的过程中与生物膜充分接触，一方面金属离子被吸附到生物膜表面，另一方面一部分已被吸附的金属离子由于热运动脱离吸附剂的表面又回到水中，当吸附速率和解吸速率相等时，达到吸附平衡，同时成熟的生物膜会周期性脱落，这部分积累了重金属的生物膜将重金属带离废水，降低了废水中重金属的浓度，最终三者之间会达到一个平衡。当重金属离子的浓度增加时，吸附平衡被打破，由于平衡常数不变，吸附平衡量会增加，同时废水中的金属离子

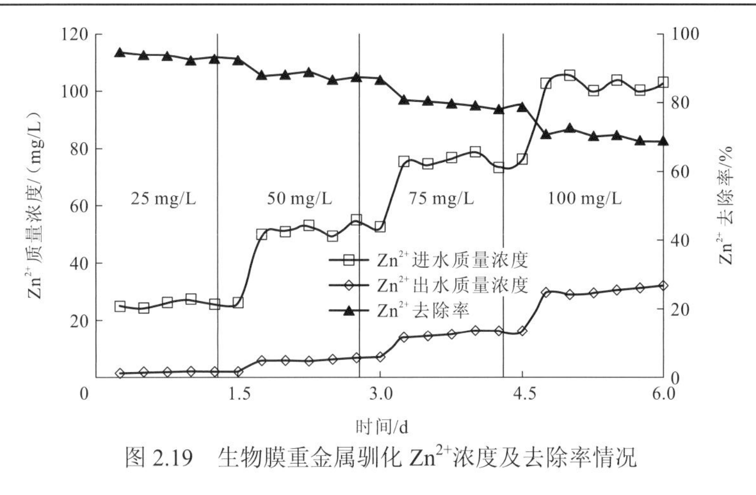

图 2.19　生物膜重金属驯化 Zn^{2+}浓度及去除率情况

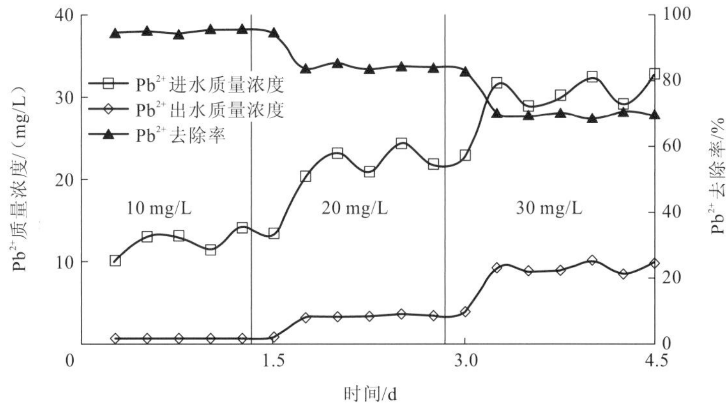

图 2.20　生物膜重金属驯化 Pb^{2+}浓度及去除率情况

浓度也会增加。经过铅锌离子的驯化后，仍然取 Zn^{2+}质量浓度 100 mg/L、Pb^{2+}质量浓度 30 mg/L 作为后续模拟酸性矿山废水 Zn^{2+}、Pb^{2+}的浓度。

对生物膜进行 pH 驯化，降低 pH 为 6、5、4，结果如图 2.21、2.22 所示。从以上生物膜对 pH 的驯化可以看出，通过前面试验中菌株对低 pH 的驯化，菌株对废水中 pH 的变化有比较好的适应性，对菌株吸附效果的影响不大。

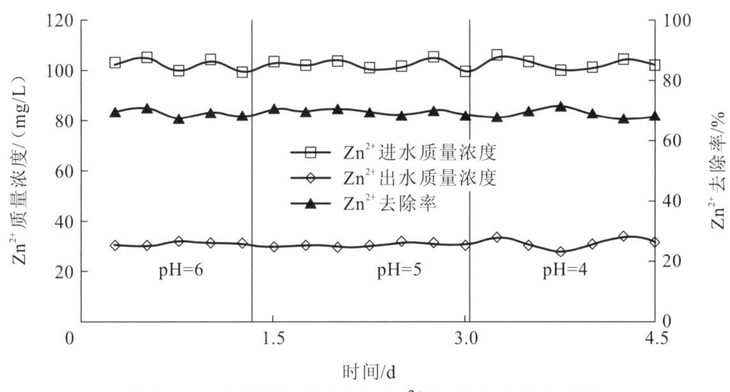

图 2.21　生物膜 pH 驯化 Zn^{2+}浓度及去除率情况

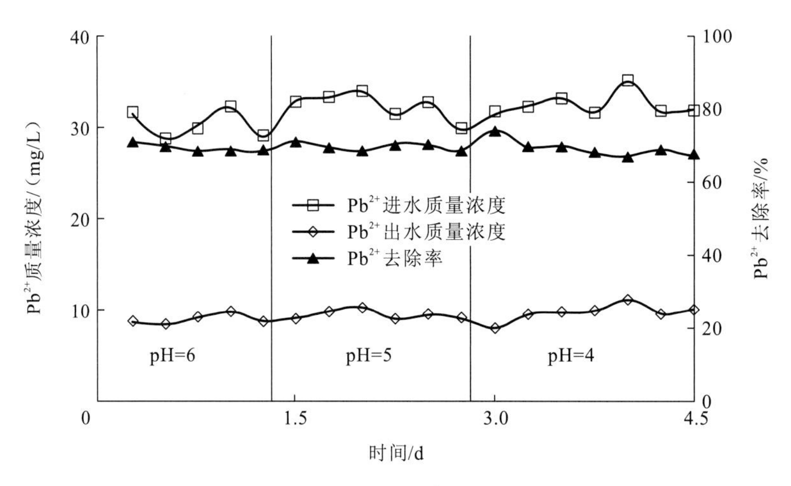

图 2.22　生物膜 pH 驯化 Pb^{2+}浓度及去除率情况

挂膜和驯化结束后，用高倍显微镜观察生物膜中的生物相，如图 2.23 所示。分析镜检结果可知，活性炭填料表面上的生物膜含有大量的丝状菌，油滴虫等鞭毛虫，敏捷半眉虫、梨形四膜虫等游泳型纤毛虫，线虫等后生动物，鲜见轮虫、钟虫等指示水质良好的后生动物，这与试验运行的结果相符，因为酸性矿山废水不利于微生物生存。在反应器内投入驯化过的对酸性废水适应性比较良好的菌株，能够有效地吸附废水中 Zn^{2+}、

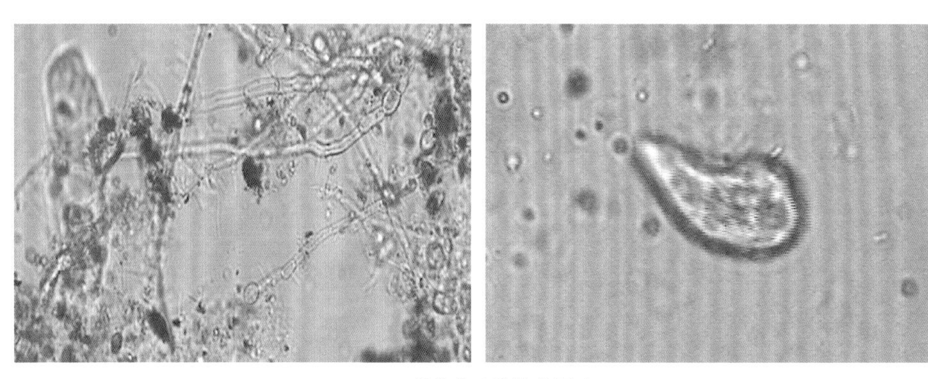

（a）丝状菌及敏捷半眉虫

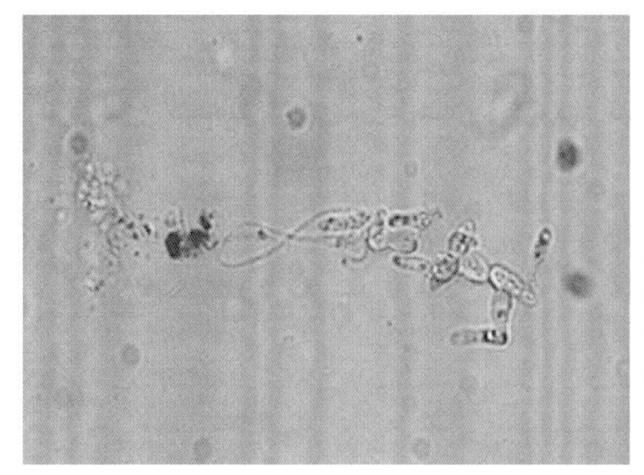
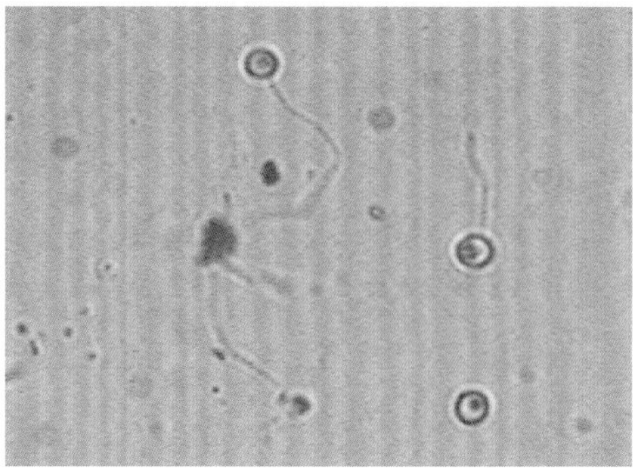

（b）假丝酵母油滴虫

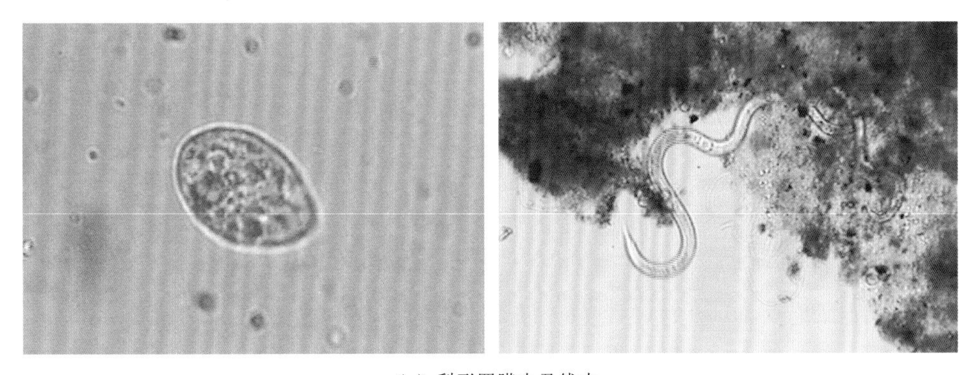

（c）梨形四膜虫及线虫

图 2.23 生物膜驯化后反应器中的生物相

Pb^{2+}，改善酸性水质。生物膜中观察到大量丝状菌，这与芬式纤维微菌的结构特征一致，说明生物膜中的微生物以最优菌株为主，但是反应器出水仍然含有重金属并且呈酸性，相对来说处理效果不理想，所以鲜见对水体环境要求较高、指示水质良好的生物。将脱落生物膜富集培养后稀释涂平板的结果见图 2.24，图中显示平板中以芬式纤维微菌的菌落为主。

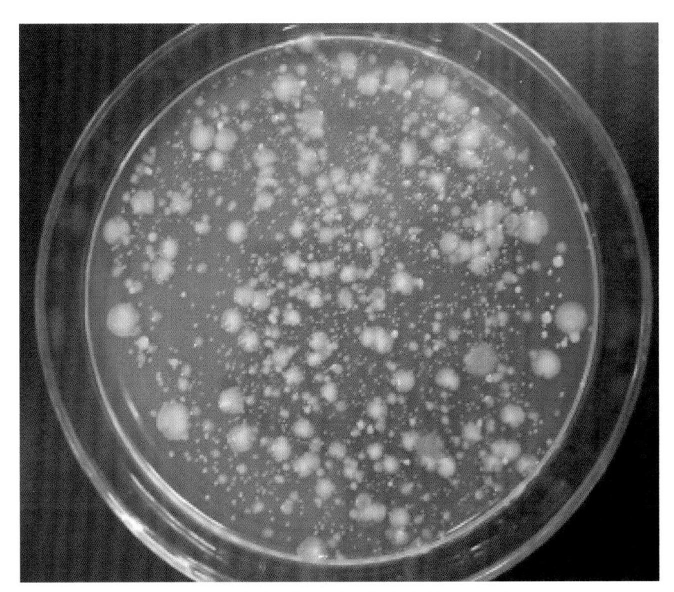

图 2.24 脱落的生物膜富集培养的菌落

2.4.2 曝气生物滤池对酸性水中 Cu^{2+}的去除特性

进水 pH、停留时间、气水比、Cu^{2+}初始浓度等工艺参数改变均会影响微生物的生化反应，从而影响 BAF 反应器去除 COD 和 Cu^{2+}的效果。本试验中，首先设计空白试验，研究火山岩滤料对酸性水中 Cu^{2+}的吸附效果；然后研究上述 4 种工艺参数对 BAF 反应器处理模拟废水效果的影响，得出使 BAF 反应器高效运行的最优工艺参数。

1. 火山岩滤料对 Cu^{2+}的吸附性能

本试验以火山岩作为 BAF 反应器的滤料固定生物膜，提高滤池内生物量，而附着在火山岩表面及内部微孔结构中的生物膜通过自身的新陈代谢等生命活动去除水中重金属铜，从而达到净化水质的目的。然而，废水中的 Cu^{2+}是否都是通过生物吸附作用去除，还是有部分是通过火山岩滤料本身对 Cu^{2+}的吸附作用而去除。因此，有必要对火山岩颗粒的 Cu^{2+}吸附性能进行研究。

将未挂膜的火山岩颗粒置于含 Cu^{2+}质量浓度分别为 25 mg/L、50 mg/L、75 mg/L、100 mg/L 的锥形瓶中，在不加任何碳源及营养物质的情况下，将锥形瓶放入 30 ℃、140 r/min 的恒温培养箱中进行 Cu^{2+}静态吸附 12 h，试验结果如图 2.25 所示。

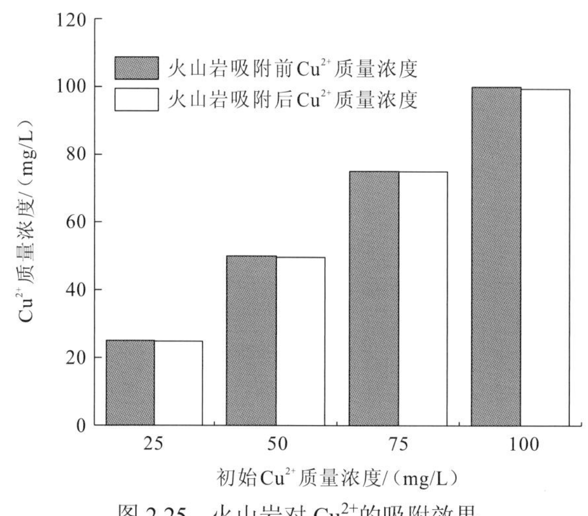

图 2.25　火山岩对 Cu^{2+}的吸附效果

从图 2.25 可以发现，将未挂膜的火山岩滤料用于 Cu^{2+}的吸附时，在各初始浓度的溶液中吸附 12 h 后，与吸附前液相中 Cu^{2+}浓度基本均无变化。由此可见火山岩颗粒对 Cu^{2+}没有亲和力，不具有吸附作用。由此可判断，在 BAF 反应器系统中，溶液中 Cu^{2+}的去除是通过火山岩表面生物膜的作用，而非火山岩滤料。

2. 进水 pH 对 Cu^{2+}去除效果的影响

pH 能够影响细胞膜的通透性、胞内物质的溶解性或电离性、酶促反应的速率等，了解固定化微生物生长的最适 pH 有助于微生物在工业中的应用。

固定停留时间 2h，气水比为 2∶1，进水 Cu^{2+}质量浓度为 50 mg/L，调节进水 pH 分别为 2、3、4、5、6、7，使反应器连续进水运行，连续监测出水 Cu^{2+}质量浓度，试验结果如图 2.26 所示。

从图 2.26 可以看出，pH 对微生物去除 Cu^{2+}效率的影响十分显著。在 pH 为 1 时，Cu^{2+}的去除率较低，仅为 43.7%，且能观察到滤池中的滤料表面生物膜部分脱落，火山岩颗粒表面逐渐裸露。当 pH 升高至 3 时，滤池中微生物对 Cu^{2+}的去除率显著增高，达到 69.8%。当进水 pH 为 5～6 时，滤池中微生物对 Cu^{2+}的去除效果较好，在 pH 为 6 时，

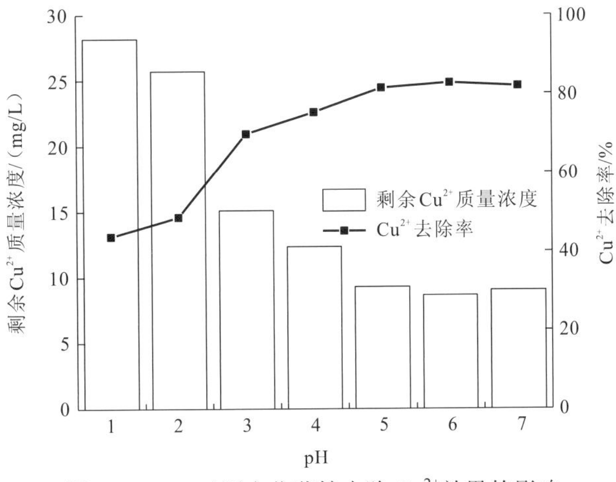

图 2.26　pH 对固定化菌株去除 Cu^{2+}效果的影响

Cu^{2+}去除率最高，达到 82.7%。分析认为，进水 pH 过低时可能会影响细菌等微生物体内酶的活性，从而影响微生物的新陈代谢活性；并且，进水 pH 过低时，大量的水合氢离子与重金属 Cu^{2+}存在竞争吸附作用，H^+占据了菌体大量的吸附活性点，从而阻止了 Cu^{2+}与吸附活性点的接触，导致吸附率较低。另外，进水 pH 过低时，细菌等微生物的表面电荷可能会被改变，以致影响细菌等微生物向体内运输营养物质的活动，从而影响微生物对废水中污染物的去除。

3. 停留时间对 Cu^{2+}去除效果的影响

对于一定的反应器容积和进水污染物浓度来说，水力停留时间越长，水力负荷越低，反应器对该污染物的去除率也会相应提高。而延长水力停留时间，反应器容积就需要相应增加，从而增加基建投资，因而在工程实际中，确定合适的停留时间有十分重要的意义。

固定气水比为 2∶1，进水 pH 为 3，进水 Cu^{2+}质量浓度为 50 mg/L，停留时间分别取 2 h、3 h、4 h、5 h、6 h，使反应器系统连续进水运行，连续监测出水 Cu^{2+}质量浓度，结果如图 2.27 所示。

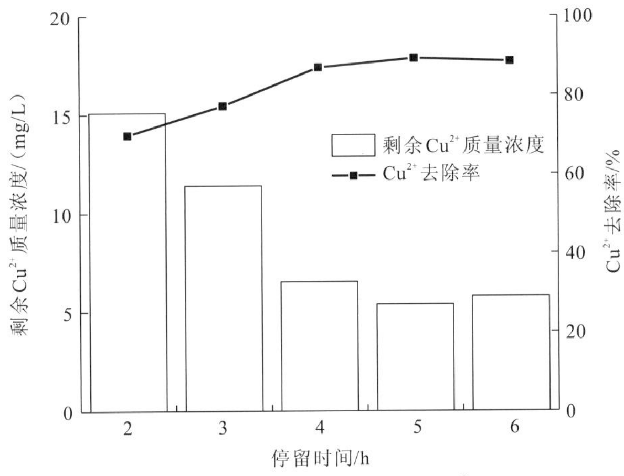

图 2.27　停留时间对固定化菌株去除 Cu^{2+}效果的影响

从图 2.27 可以看出，当停留时间小于 4 h 时，固定化微生物对 Cu^{2+}去除率随着时间的延长而逐渐提高，停留时间为 4 h 时达到 86.9%；当停留时间大于 4 h 时去除率几乎趋于平稳；停留时间为 5 h 时，Cu^{2+}去除率最高，为 89.2%。这种现象可能是因为停留时间过短时，废水与火山岩滤料上的微生物接触时间太短，废水中的 Cu^{2+}还未与火山岩滤料上的微生物充分接触反应便随水流出反应器，造成出水 Cu^{2+}浓度高，去除率较低；延长停留时间，BAF 反应器内火山岩滤料上的微生物可以与废水充分接触，使微生物能够得到充足的营养物质进行新陈代谢，增加了生物量及生物活性，同时给予微生物充分的时间去除废水中的 Cu^{2+}，提高了 Cu^{2+}去除率。当停留时间为 5 h 时，反应器中火山岩滤料上的微生物对 Cu^{2+}去除率仅比 4 h 时提高了 2.3 个百分点，综合考虑成本问题，选择停留时间 4 h 为反应器最佳停留时间。

4. 气水比对 Cu^{2+}去除效果的影响

溶解氧对曝气生物滤池微生物的除污能力有重要影响，供氧不足会使好氧生物膜对 Cu^{2+}的去除能力降低，同时，内层生物膜由于供氧不足而附着能力降低，容易脱落，从而使滤料上的生物量减少，影响微生物对 Cu^{2+}的去除效率。

固定进水 pH 为 3，进水 Cu^{2+}质量浓度为 50 mg/L，反应器系统的停留时间为 4 h，气水比分别取为 1∶1、2∶1、3∶1、4∶1、5∶1，使反应器系统连续进水运行，连续监测出水 Cu^{2+}浓度。试验结果如图 2.28 所示。

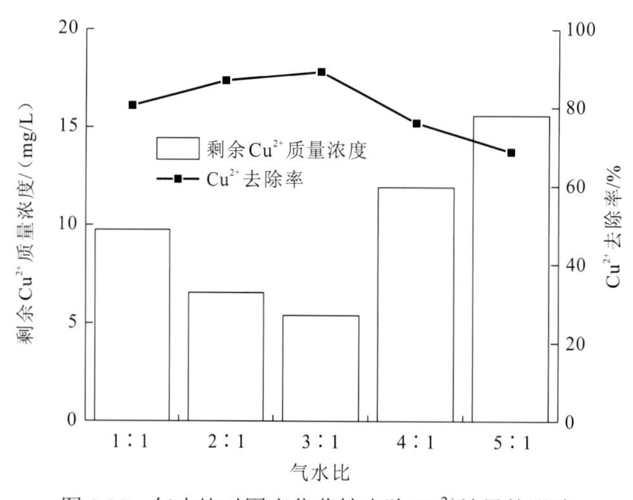

图 2.28　气水比对固定化菌株去除 Cu^{2+}效果的影响

由图 2.28 可知，BAF 反应器对 Cu^{2+}的去除率随着气水比的提高呈现出先升高后降低的趋势。当气水比为 3∶1 时，Cu^{2+}去除率最大，为 89.2%；气水比为 5∶1 时，Cu^{2+}去除率最小，为 68.8%。当气水比小于或等于 3∶1 时，Cu^{2+}去除率随着气水比的增大而提高，气水比为 3∶1 时的 Cu^{2+}去除率比气水比为 1∶1 时提高了 8.7 个百分点。

出现这种结果的原因可能是增大气水比有利于提高反应器内废水中的溶解氧浓度，能够给火山岩滤料上的微生物提供更充足的其新陈代谢所需的氧，从而提高微生物的活性，使微生物去除 Cu^{2+}的能力增强；增大气水比有利于提高 BAF 反应器内部的气水紊动程度，增大火山岩滤料上生物膜表面的水力剪切力，促进生物膜的脱落更新，使生物膜保持较高活性，同时还加快了生物膜表面的液膜更新频率，优化了传质条件，从而使 BAF 反应器对 Cu^{2+}的去除率提高。当气水比由 3∶1 继续提高到 5∶1 后，Cu^{2+}的去除率由 89.2%下降到 68.8%，去除率减少了 20.4 个百分点。分析其原因可能是过大的气水比使火山岩滤料上生物膜受到的水力冲刷作用过强而过度脱落，从而影响固定化微生物对 Cu^{2+}的去除效果；过大的气水比导致废水中溶解氧浓度过高，活性炭滤料上微生物的新陈代谢作用过强，废水中的营养物质不能满足代谢需求，而促进微生物的内源呼吸作用使生物膜老化，从而使固定化微生物对 Cu^{2+}的去除率下降。因此，最优气水比取定为 3∶1。

5. 初始 Cu^{2+}浓度的影响

实际废水中的 Cu^{2+}浓度是不稳定的，可能会对反应器中滤料上的微生物去除效果有重要影响，因此，结合有色金属矿山实际废水中 Cu^{2+}浓度范围，研究 Cu^{2+}初始浓度对固定化菌株 Cu^{2+}去除效果的影响。

固定进水 pH 为 3，调整反应器系统的停留时间为 4 h，气水比为 3∶1，调节进水 Cu^{2+}初始质量浓度分别为 25 mg/L、50 mg/L、75 mg/L、100 mg/L、150 mg/L，使反应器系统连续进水运行，连续监测出水 Cu^{2+}浓度。Cu^{2+}初始浓度对固定化菌株去除 Cu^{2+}效果的影响见图 2.29。

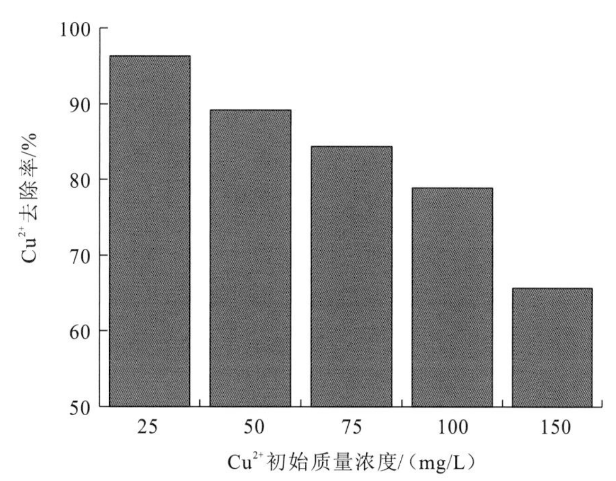

图 2.29　Cu^{2+}初始浓度对固定化菌株去除 Cu^{2+}效果的影响

从图 2.29 可以看出，随着 Cu^{2+}浓度的升高，固定化菌株对 Cu^{2+}去除率逐渐减小。当 Cu^{2+}质量浓度为 25 mg/L 时，Cu^{2+}去除率达到 96.3%，剩余 Cu^{2+}浓度 0.92 mg/L；当 Cu^{2+}质量浓度为 100 mg/L 时，微生物对 Cu^{2+}去除率为 78.9%；当 Cu^{2+}质量浓度为 150 mg/L 时，去除率显著降低，只有 65.7%。可能是因为随着 Cu^{2+}初始浓度的增加，菌体表面吸附位点被逐渐占满，并且 Cu^{2+}本身是一种杀菌剂，对生物具有毒副作用，Cu^{2+}浓度过高会降低细菌活性甚至杀死菌株。

考虑实际酸性矿山废水的水质，试验设计模拟废水进水水质为Cu^{2+}质量浓度100 mg/L，pH=3，根据上述试验结果，BAF反应器中火山岩滤料上的菌株对该条件模拟废水中Cu^{2+}的去除率为78.9%，废水中剩余Cu^{2+}质量浓度为21.1 mg/L。相对于游离菌株在最优条件下对相同水质模拟废水中Cu^{2+}的去除率（59.7%），固定化菌株的除铜效率显著增加，提高了19.2个百分点。但反应器出水水质并未达到《污水综合排放标准》（GB 8978—1996）二级标准的出水水质指标，即Cu^{2+}质量浓度小于或等于1 mg/L。

6. 两段BAF对Cu^{2+}去除效果

由于单段BAF反应器出水水质并未达到《污水综合排放标准》二级标准的出水水质，本试验设计两个BAF反应器串联，以达到目标出水水质，试验装置系统如图2.30所示。

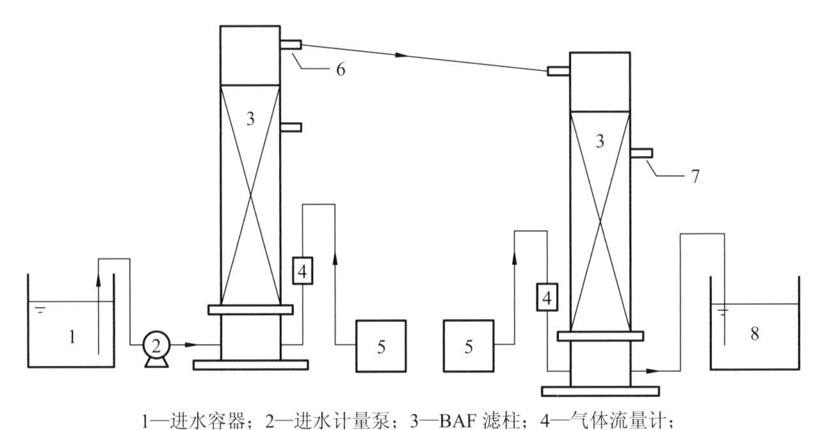

1—进水容器；2—进水计量泵；3—BAF滤柱；4—气体流量计；

5—曝气风机；6—出水口；7—取样口；8—出水容器

图2.30 试验装置系统示意图

将两个BAF反应器串联，第一个反应器采用下进上出的上向流方式使模拟废水流经BAF反应器，其出水采用上进下出的下向流方式直接进入第二个BAF反应器。在最佳运行条件下，即停留时间4 h，气水比3∶1，调节进水Cu^{2+}质量浓度为100 mg/L，pH=3，连续监测两个反应器的出水水质，测定结果如表2.5所示。第一个BAF反应器进水Cu^{2+}质量浓度为100 mg/L，对Cu^{2+}的平均去除率为78.2%，平均出水Cu^{2+}质量浓度为21.8 mg/L；第二个BAF反应器进水Cu^{2+}质量浓度为21.8 mg/L，平均Cu^{2+}去除率达到96.4%，平均出水Cu^{2+}质量浓度为0.78 mg/L，达到了《污水综合排放标准》（GB 8978—1996）二级标准的出水水质指标。

表2.5 系统进出水水质

反应器	进水Cu^{2+}质量浓度/（mg/L）	出水Cu^{2+}质量浓度/（mg/L）	Cu^{2+}去除率/%
BAF（1）	100	21.8	78.2
BAF（2）	21.8	0.78	96.4

2.4.3　固定化生物活性炭反应器对酸性水中Pb^{2+}、Zn^{2+}的去除特性

IBAC反应器挂膜启动成功后，完成重金属浓度和pH的驯化，开始连续进水，本小节研究水力负荷、气水比、水力停留时间、共存离子、反冲洗等工艺参数对反应器Pb^{2+}、Zn^{2+}去除效能的影响。

1. 水力负荷

在气水比为10∶1及反冲洗周期为48 h的条件下，调整水力负荷分别为0.08 m^3/（m^2·h）、0.19 m^3/（m^2·h）、0.30 m^3/（m^2·h）、0.42 m^3/（m^2·h）、0.54 m^3/（m^2·h）进行试验，测定铅锌离子的出水浓度，得出IBAC反应器最优的水力负荷。调整IBAC反应器水力负荷为0.08 m^3/（m^2·h）的条件下连续进水40 h，并间隔相应的时间测定出水的Zn^{2+}、Pb^{2+}浓度，试验结果如图2.31所示。

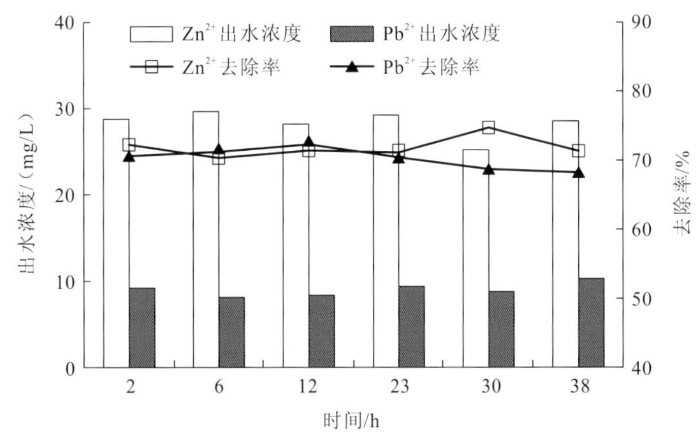

图2.31　水力负荷为0.08 m^3/（m^2·h）时Zn^{2+}、Pb^{2+}出水浓度及去除率

由图2.31可知，铅锌离子的去除率变化比较稳定，在进水6 h时，Zn^{2+}去除率最低，为71.29%，30 h时Zn^{2+}去除率达到最高，为74.94%，平均去除率为72.01%；进水12 h，Pb^{2+}最高去除率为72.47%，38 h时去除率较低，为68.34%，平均去除率为70.47%。

水力负荷为0.19 m^3/（m^2·h）的条件下连续进水40 h，测定结果如图2.32所示。从图2.32得出，水力负荷为0.19 m^3/（m^2·h）时，Zn^{2+}、Pb^{2+}的去除率曲线变化与图2.31相比有较大的波动，Zn^{2+}的最高去除率为76.10%，最低去除率为69.49%，平均去除率为72.74%；Pb^{2+}的最高去除率为73.82%，最低去除率为69.49%，平均去除率为71.29%，比水力负荷为0.08 m^3/（m^2·h）时去除率略有增加，主要原因是随着水力负荷的增加，营养物质供应充足，生物生长旺盛，活性增强，从而吸附性能增强。

水力负荷设定为0.30 m^3/（m^2·h）的情况下连续进水40 h，出水铅锌离子浓度和去除率与运行时间的关系曲线如图2.33所示。前30 h内，Zn^{2+}的去除率曲线比较稳定，12 h达到最高去除率71.44%；38h时去除率最低，为63.61%，是因为此时生物膜吸附达到饱和，需要反冲洗；Pb^{2+}的去除率从12 h以后开始稳定，在进水6 h时Pb^{2+}的去除率最低，为62.18%，而最好的去除效果出现在38 h，去除率为68.66%，这可能是因为

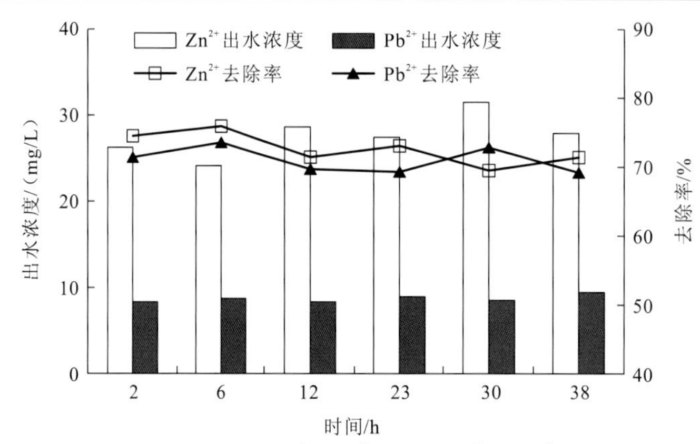

图 2.32　水力负荷为 0.19 m^3/（$m^2 \cdot h$）时 Zn^{2+}、Pb^{2+}出水浓度及去除率

Pb^{2+}浓度较低，没有受到生物膜吸附饱和的影响。Zn^{2+}、Pb^{2+}的平均去除率分别降为68.20%、66.19%，比水力负荷为 0.19 m^3/（$m^2 \cdot h$）时低，推测主要原因可能是重金属离子与生物膜接触时间较短，没有达到吸附平衡就随水排出，去除率较低。

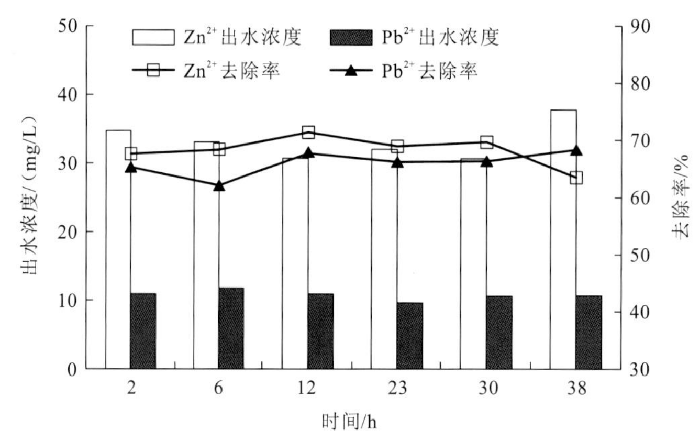

图 2.33　水力负荷为 0.30 m^3/（$m^2 \cdot h$）时 Zn^{2+}、Pb^{2+}出水浓度及去除率

在水力负荷为 0.42 m^3/（$m^2 \cdot h$）的情况下，出水 Zn^{2+}、Pb^{2+}浓度与去除率的试验结果如图 2.34 所示。由图中曲线变化可以看出，相比水力负荷 0.19 m^3/（$m^2 \cdot h$）和 0.30 m^3/（$m^2 \cdot h$）的条件，Zn^{2+}、Pb^{2+}的出水浓度持续升高，去除率降低。Zn^{2+}的平均去除率为 61.39%，Pb^{2+}的平均去除率为 58.22%。究其原因为随着水力负荷增大，虽然营养物质更为充足，然而废水的水力停留时间缩短，金属离子与生物膜的接触时间减少，金属离子没有来得及被微生物吸附就随水流出，金属离子在水相和生物膜表面没有达到吸附平衡，因此去除率较低。

进一步调整 IBAC 反应器水力负荷为 0.54 m^3/（$m^2 \cdot h$）连续进水 40 h，试验结果如图 2.35 所示。由图 2.35 可知，Zn^{2+}、Pb^{2+}去除率波动较大，在进水 6 h 时 Zn^{2+}去除率最高，为 61.57%，但随后在进水 23 h 时 Zn^{2+}去除率下降为 50.58%；在进水 12 h 时 Pb^{2+}去除率最低，为 49.32%，在进水 30 h 时 Pb^{2+}去除率最高，为 58.41%。Zn^{2+}、Pb^{2+}的平均去除率分别为 56.12%、52.93%，相比于水力负荷为 0.19 m^3/（$m^2 \cdot h$）时的平均去除率，分别下降 16.62 个百分点、18.36 个百分点，水质处理效果较差。

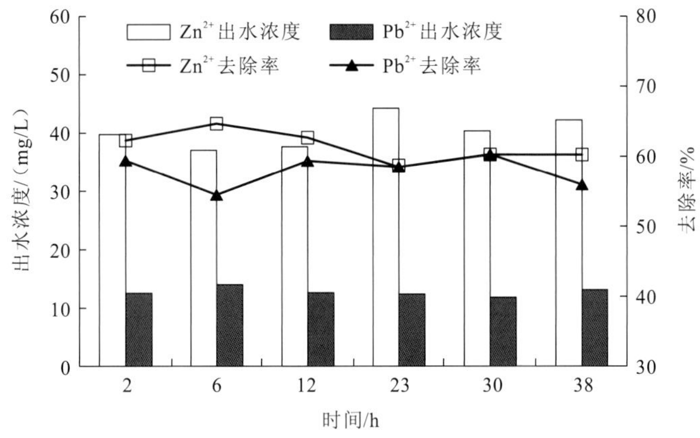

图 2.34　水力负荷为 0.42 m^3/（m^2·h）时 Zn^{2+}、Pb^{2+}出水浓度及去除率

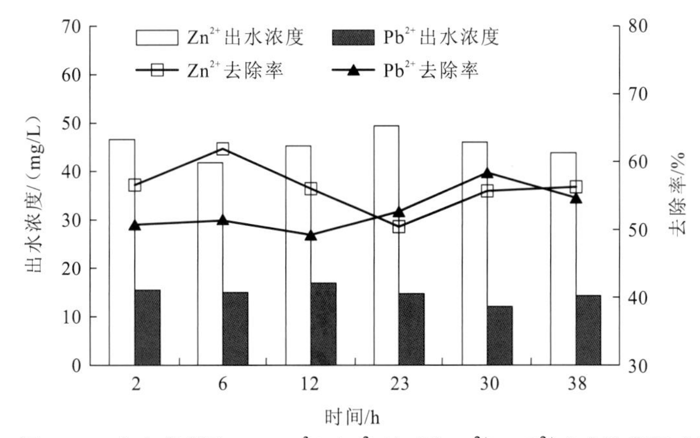

图 2.35　水力负荷为 0.54 m^3/（m^2·h）时 Zn^{2+}、Pb^{2+}出水浓度及去除率

根据连续进水 40 h 内测定的 Zn^{2+}、Pb^{2+}出水浓度，计算 5 个水力负荷条件下 Zn^{2+}、Pb^{2+}平均去除率，绘制水力负荷与 Zn^{2+}、Pb^{2+}去除率关系曲线图，如图 2.36 所示。

结果显示，Zn^{2+}、Pb^{2+}离子去除率随水力负荷的提高呈现先略微升高后逐渐下降的趋势。当水力负荷为 0.08 m^3/（m^2·h）时，Zn^{2+}、Pb^{2+}的平均去除率分别为 72.01%、70.47%，随着水力负荷增加到 0.19 m^3/（m^2·h）时，其平均去除率略有升高，分别达到 72.74%、71.29%，分析认为是随着进水水力负荷的提高，微生物增殖所需的营养物质充足，微生物生长旺盛，生物膜活性增强，对金属离子的吸附能力增强，同时水力负荷提高使 IBAC 反应器内部活性炭填料生物膜表面的水力剪切力增大，利于生物膜的脱落和更新，还有利于生物膜表面液膜的更新，使传质条件得以改善，从而使传质效率增加，利于细菌吸附。

水力负荷从 0.19 m^3/（m^2·h）上升至 0.54 m^3/（m^2·h）的过程中，Zn^{2+}、Pb^{2+}平均去除率逐渐下降，水力负荷在 0.30 m^3/（m^2·h）、0.42 m^3/（m^2·h）、0.54 m^3/（m^2·h）时，Zn^{2+}、Pb^{2+}平均去除率分别降至 68.20%、66.19%，61.39%、58.22%及 56.12%、52.93%。虽然水力负荷增加使营养物质更加充足、传质速率进一步提高，但是废水水力停留时间缩短，Zn^{2+}、Pb^{2+}与生物膜的接触时间减少，金属离子在水相和生物膜表面没有达到吸附平衡就被水流带出。同时，较大的水力负荷使 IBAC 反应器内部气水紊动程度较强，

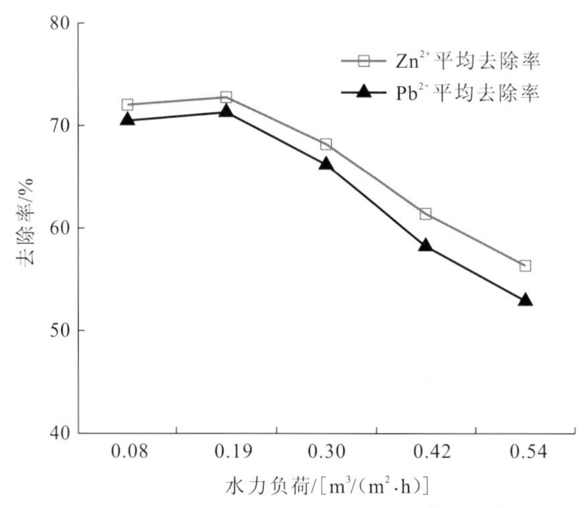

图 2.36 不同的水力负荷条件下 Zn^{2+}、Pb^{2+}去除率

生物膜表面水力剪切力较大而使生物膜脱落过多，无法保证正常的生物量，最终导致去除率下降。

由图 2.36 可知，水力负荷为 0.19 m^3/（m^2·h）时，IBAC 反应器对 Zn^{2+}、Pb^{2+}的去除率最高，故将最优水力负荷确定为 0.19 m^3/（m^2·h）。

2. 气水比

在水力负荷为 0.19 m^3/（m^2·h）及反冲洗周期为 48 h 的条件下，调整气水比分别为 5∶1、10∶1、15∶1、20∶1 进行试验，测定 Zn^{2+}、Pb^{2+}的出水浓度，得出 IBAC 反应器最适宜的气水比。在气水比 5∶1 条件下，40 h 内出水铅锌离子浓度和去除率与运行时间的关系曲线如图 2.37 所示。

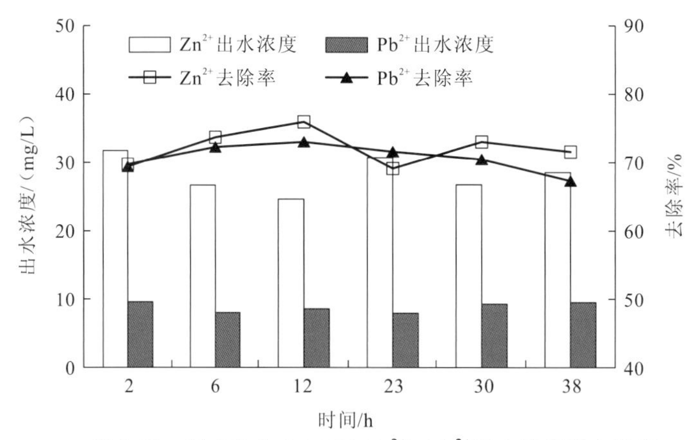

图 2.37 气水比为 5∶1 时 Zn^{2+}、Pb^{2+}出水浓度及去除率

由图 2.37 可知，在进水 12 h 时，Zn^{2+}的去除率最高，为 76.15%，23 h 时，去除率最低，为 69.35%，平均去除率为 72.42%；对于 Pb^{2+}来说，进水 12 h 时，去除率最高，为 73.38%，进水 38 h 时，去除率最低，为 67.66%，平均去除率为 71.09%。

调整气水比为 10∶1，在设定的时间间隔内测定 Zn^{2+}、Pb^{2+}的出水浓度，计算相应的去除率，试验结果如图 2.38 所示。对比图 2.37、图 2.38 可以看出，当气水比为 10∶1 时，Zn^{2+}、Pb^{2+}的去除率有了一定的提高，Zn^{2+}的最高去除率为 79.11%，最低去除率为 73.11%，平均去除率为 75.18%；Pb^{2+}的最高去除率为 76.87%，最低去除率为 70.23%，平均去除率为 74.31%。推测原因可能是气水比的显著提高使废水中的溶解氧浓度增加，微生物代谢活动加强，金属离子去除率提高，同时气水比的提高增强了 IBAC 反应器内部的气水紊动程度，活性炭填料上生物膜表面的水力剪切力增大，利于生物膜的脱落更新，传质条件得以改善，去除率得以提高。

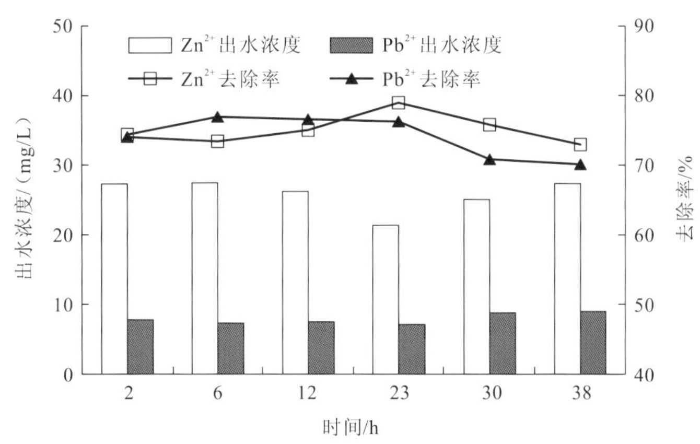

图 2.38　气水比为 10∶1 时 Zn^{2+}、Pb^{2+}出水浓度及去除率

进一步调整气水比为 15∶1，考察反应器对 Zn^{2+}、Pb^{2+}去除率的影响，结果如图 2.39 所示。Zn^{2+}、Pb^{2+}去除率曲线在前 23 h 之内比较平缓，之后下降。Zn^{2+}的最高去除率出现在 6 h 时，为 72.78%，最低去除率出现在 38 h，为 69.56%，平均为 71.45%；Pb^{2+}的最高去除率出现在 12 h 时，为 71.63%，最低去除率为 67.13%，平均为 69.63%，整体的去除效果比气水比为 10∶1 时有所下降。气水比的进一步提高，加大了反应器的气水紊动程度，填料层表面的生物膜脱落较多，而新的新生物膜形成较慢，从而对 Zn^{2+}、Pb^{2+}的吸附能力减弱，导致去除率下降。

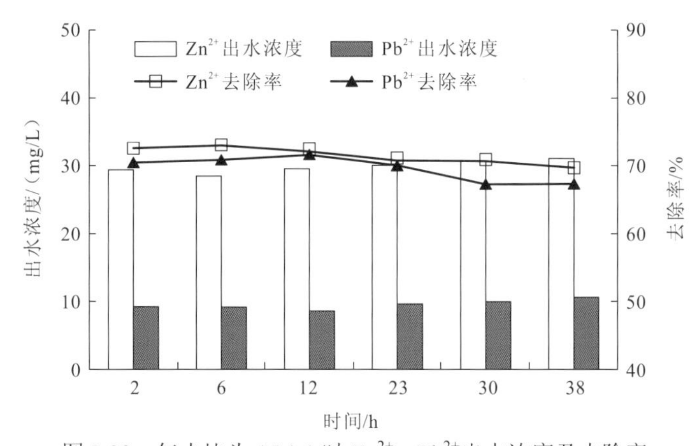

图 2.39　气水比为 15∶1 时 Zn^{2+}、Pb^{2+}出水浓度及去除率

当反应器的气水比设定为 20∶1 时，Zn^{2+}、Pb^{2+}的出水浓度和去除率随时间的变化如图 2.40 所示。Zn^{2+}、Pb^{2+}去除率在测定时间范围有明显的波动。Zn^{2+}去除率在 6 h 时下降到了 64.18%，12 h 时又上升到 74.34%，然后呈现逐渐下降的趋势，在 30 h 降至 61.08%；Pb^{2+}去除率在 23 h 之前呈现上升的趋势，在 23 h 时，去除率达到 73.98%，随后在 30 h 时下降到 59.65%。Zn^{2+}、Pb^{2+}平均去除率分别为 66.50%和 65.81%，与气水比为 10∶1 时相比，气水比为 20∶1 时去除率分别下降 8.68 个百分比和 8.50 个百分比。

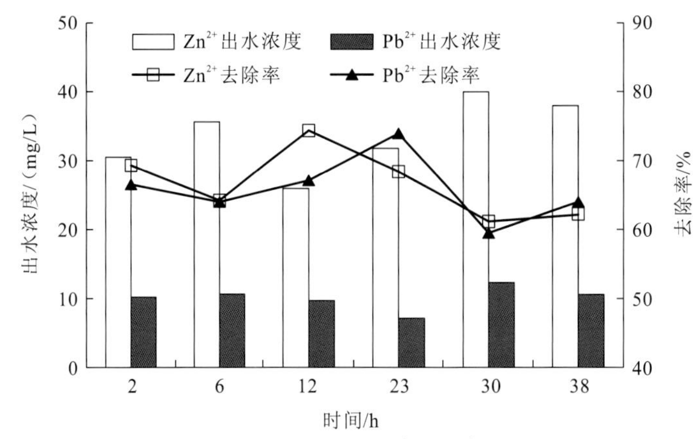

图 2.40　气水比为 20∶1 时 Zn^{2+}、Pb^{2+}出水浓度及去除率

在最优的水力负荷下，根据连续进水 40 h 内测定的 Zn^{2+}、Pb^{2+}出水浓度，计算得到 Zn^{2+}、Pb^{2+}平均去除率，绘制 4 个不同的气水比条件下，气水比与 Zn^{2+}、Pb^{2+}平均去除率关系曲线图，如图 2.41 所示。

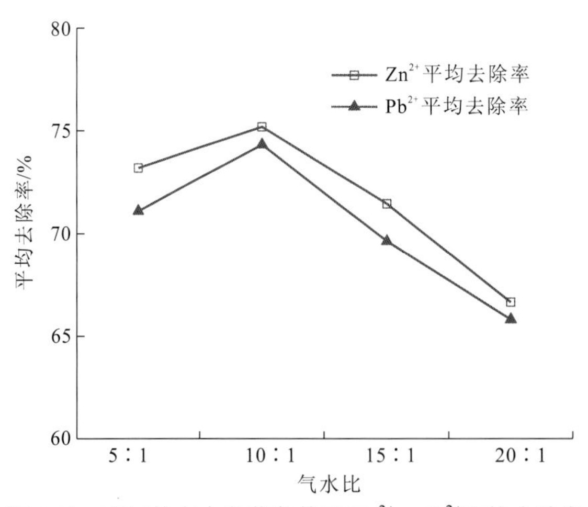

图 2.41　不同的水力负荷条件下 Zn^{2+}、Pb^{2+}平均去除率

图 2.41 结果显示，Zn^{2+}、Pb^{2+}平均去除率随着气水比的提高呈现先升高后逐渐下降的趋势。当气水比为 5∶1 时，Zn^{2+}、Pb^{2+}的平均去除率分别为 72.42%和 71.09%，当气水比调整为 10∶1 时，Zn^{2+}、Pb^{2+}的平均去除率达到最大值，分别为 75.18%和 74.31%。其原因为溶解氧是微生物生命代谢活动的必要条件，增大气水比可以提高 IBAC 反应器

内的溶解氧浓度，活性炭填料上的微生物获得充足的氧，微生物活性增强，生物膜活跃，对 Zn^{2+}、Pb^{2+}的吸附能力增强；另一方面，气水比提高使反应器气水紊动程度增加，生物膜表面上的水力剪切力增大有利于生物膜的脱落更新，同时加快了液膜的更新频率，传质条件得以优化，从而使微生物吸附能力增强。当气水比提高到 20∶1 时，与气水比为 10∶1 时相比去除率分别下降了 8.68 个百分比和 8.50 个百分比。这是因为气水比过大，过强的水力冲刷作用使活性炭填料上的生物膜过度脱落，致使 IBAC 反应器出水浑浊，微生物没有稳定的生存环境，生物膜对金属离子的吸附减弱，同时由于气水的扰动，金属离子在水相和生物膜表面不易达到吸附平衡，没有被吸附的 Zn^{2+}、Pb^{2+}随水流出反应器，反应器的去除效果持续下降。

3. 水力停留时间

在设定的水力负荷条件下，考察水力停留时间对 Zn^{2+}、Pb^{2+}去除率的影响，结果如图 2.42 所示。

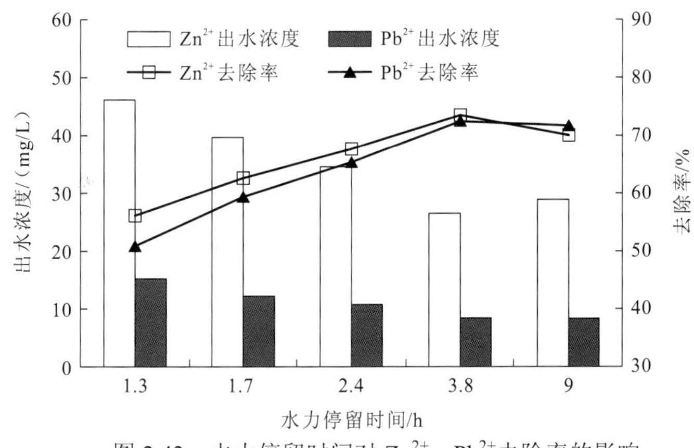

图 2.42 水力停留时间对 Zn^{2+}、Pb^{2+}去除率的影响

从图 2.42 可以看出，随着水力停留时间的延长，Zn^{2+}、Pb^{2+}去除率呈现先逐渐上升后略微下降的趋势。营养物质、废水与生物相的接触都会影响反应器的去除率。在营养物质充足的情况下，水力停留时间延长可以使微生物充分与 Zn^{2+}、Pb^{2+}接触将其吸附，同时微生物有代谢的时间，生物膜可以完成自身的脱落更新，提高了对金属离子的吸附。然而水力停留时间的进一步延长，去除率略微降低，这是因为营养物质和溶解氧匮乏，不利于细菌的增殖，生物膜老化，对 Zn^{2+}、Pb^{2+}的吸附能力降低。

4. 共存离子

由于实际的酸性矿山废水中含有铜、铁、镉、镍等多种重金属离子，在最优的水力负荷和气水比条件下，分别投加 25 mg/L 的 Fe^{3+}、Cu^{2+}、Cd^{2+}、Ni^{2+}，吸附一段时间后，测试 Zn^{2+}、Pb^{2+}的去除率，观察这些重金属离子对 Zn^{2+}、Pb^{2+}去除效果的影响，如图 2.43 所示。

在投加重金属离子同等浓度的条件下，IBAC 反应器对 Fe^{3+}、Cu^{2+}、Cd^{2+}、Ni^{2+}的去除率分别为 36.57%、7.62%、16.83%、29.26%，IBAC 反应器对这四种重金属的吸附能

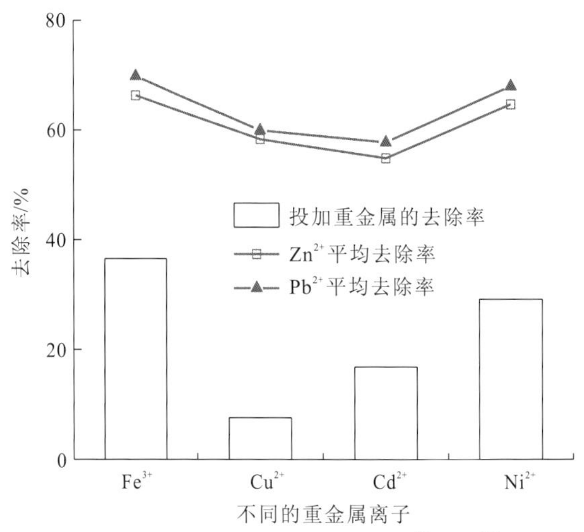

图 2.43　不同重金属对反应器去除 Zn^{2+}、Pb^{2+}效果的影响

力表现为 $Fe^{3+}>Ni^{2+}>Cd^{2+}>Cu^{2+}$。与主要含有重金属 Zn^{2+}、Pb^{2+}的体系相比，在加入其他重金属的多元体系中，微生物对 Zn^{2+}、Pb^{2+}的去除率均有不同程度的降低（未加干扰重金属离子时 Zn^{2+}、Pb^{2+}的最高去除率分别为 75.18%、74.31%），但是降低的比例却不同，对比 Fe^{3+}、Cu^{2+}、Cd^{2+}、Ni^{2+}四种金属离子的影响，Zn^{2+}的去除率分别降低了 8.88 个百分点、16.83 个百分点、20.29 个百分点、10.48 个百分点，Pb^{2+}的去除率分别降低了 4.54 个百分点、14.36 个百分点、16.52 个百分点、6.32 个百分点。这说明重金属离子中 Cu^{2+}、Cd^{2+}对生物膜吸附 Zn^{2+}、Pb^{2+}的影响远大于 Fe^{3+}、Ni^{2+}。

5. 反冲洗

维持 IBAC 反应器高效运行的重要因素之一是反冲洗，适当进行反冲洗能够去除堵塞反应器的颗粒物，去除老化的生物膜，使生物膜长时间具有较好的净化能力。

若反冲洗方式仅用水反冲洗，只利用了水流剪切力、滤料颗粒间的碰撞摩擦力；而若仅用气反冲洗，在滤料内部主要是气流剪切力，滤床表层是剪切力和碰撞摩擦力；气水同时反冲洗时，污泥脱落是水流剪切、空气剪切和滤料颗粒间碰撞摩擦综合作用的结果，因而气水联合反冲洗是降低能耗、加强反冲洗效果和延长运行周期的最佳选择（邱力平 等，2011）。因此，根据反应器的运行情况，确定采用气洗-气水联合-水洗的反冲洗方式，实现了炭粒间的相互摩擦和气、水对炭层的良好冲刷。具体操作参数如表 2.6 所示。反冲洗后，IBAC 系统对铅锌离子的去除效率短期内会有所降低，但 1～2 d 便可以恢复稳定。

表 2.6　反冲洗操作参数

项目	气洗	气水联合	水洗	炭床膨胀率/%	周期/h
强度/[L/（m^2·s)]	6～8	8～12	8～12	8～13	48
时间/min	2～3	3～5	9～11		

6. IBAC 反应器沿程重金属去除效果的研究

调整IBAC反应器各工艺参数为试验确定的最适宜值，即水力负荷为 0.19 $m^3/(m^2·h)$，气水比为 10∶1，反应器连续进水 24 h 后，从反应器的 5 个取样口及出水口取样，测定其 Zn^{2+}、Pb^{2+}浓度，绘制 IBAC 沿程出水 Zn^{2+}、Pb^{2+}浓度及其去除率与活性炭填料层高度的关系曲线，结果如图 2.44、2.45 所示。

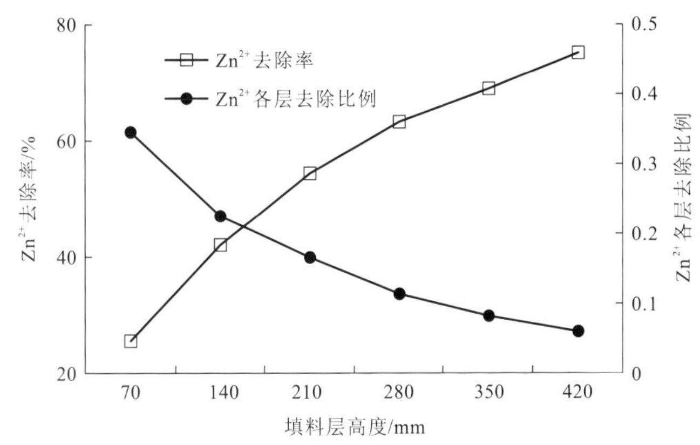

图 2.44　不同填料层高度 Zn^{2+}去除率及各层去除比例

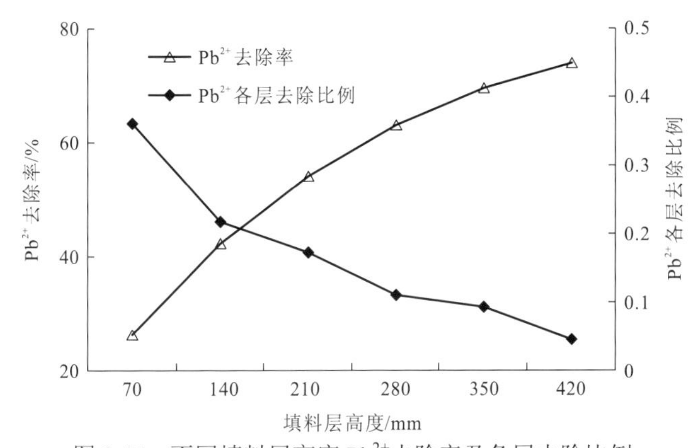

图 2.45　不同填料层高度 Pb^{2+}去除率及各层去除比例

Zn^{2+}、Pb^{2+}的去除率随着活性炭填料层高度的升高而增加，然而两者并不是呈线性关系，在填料层高度为 140 mm，Zn^{2+}、Pb^{2+}的去除率分别为 42.28%和 42.36%，在 140 mm 以上的高度段，Zn^{2+}、Pb^{2+}的去除率增加缓慢，在 210 mm 以上时，去除率在 40%以下，所以填料层 0～140 mm 段是 Zn^{2+}、Pb^{2+}去除的高效段。这表明，该 IBAC 反应器采用升流式曝气生物滤池工艺，进水和曝气都从反应器的底部开始，填料层中下部有机物浓度高，微生物营养丰富，溶解氧充足，微生物生长旺盛，代谢活跃，对 Zn^{2+}、Pb^{2+}的吸附能力比较强。填料层高度增加后，废水中的养分和溶解氧不断被微生物消耗，同时由于填料层的阻力作用，溶解氧不能充分到达，好氧菌没有得到充足的营养供其生长增殖，微生物的生命活动受到抑制，活性减弱，从而对 Zn^{2+}、Pb^{2+}的吸附能力下降，去除率随之下降。由于金属离子不能被微生物代谢分解，只能积累，所以 210 mm 以上的高度段中的微生物仍然对废水中未被吸附的金属离子具有吸附作用。

2.4.4 生物膜中重金属的回收

1. Cu 的回收

对生物膜进行反冲洗，收集脱落的生物膜，冷冻干燥后测定生物膜中 Cu 的质量分数为 1.49%，即 14.9 mg/g；将生物膜在烘箱中烘干后置于坩埚中，在 550℃的马弗炉中焚烧 5 h，收集焚烧后的残渣，测定其中 Cu 的质量分数为 4.32%，即 43.2 mg/g；与热处理之前相比，富集倍数为 2.9 倍。因此，菌体处理含 Cu^{2+}的废水后可以通过焙烧的方式回收 Cu。

2. Pb 和 Zn 的回收

收集 IBAC 反应器脱落及反冲洗后的生物膜，将生物膜在常温条件下干燥后用硝酸与硫酸（比例为 5∶2）消解，测得生物膜中 Zn、Pb 的质量分数分别为 23.58 mg/g、6.4 mg/g；同时将收集的生物膜在烘箱中烘干后置于坩埚中，在干燥器中冷却后，在 650℃的马弗炉中焚烧 4 h，收集焚烧后的残渣，冷却干燥称重，消解后测定 Zn、Pb 的质量分数，分别为 133.93 mg/g 和 33.02 mg/g，富集的倍数可达到 5.68 倍和 5.16 倍。

2.5 优选菌种对重金属的去除机理

2.5.1 耐酸耐铜菌种对 Cu^{2+}的去除机理

1. 吸附等温线试验

调节废水中 Cu^{2+}质量浓度分别为 25 mg/L、50 mg/L、75 mg/L、100 mg/L、150 mg/L，pH=3，在游离菌的最佳吸附条件下，即投菌量 4 g/L，30℃、140 r/min 吸附 4 h 后，10 000 r/min 离心 5 min，取上清液测定溶液中 Cu^{2+}浓度，分别绘制 Langmuir 拟合曲线（郑永良 等，2006）和 Freundlich 拟合曲线（赵瑞雪 等，2010），结果如图 2.46 和图 2.47 所示。

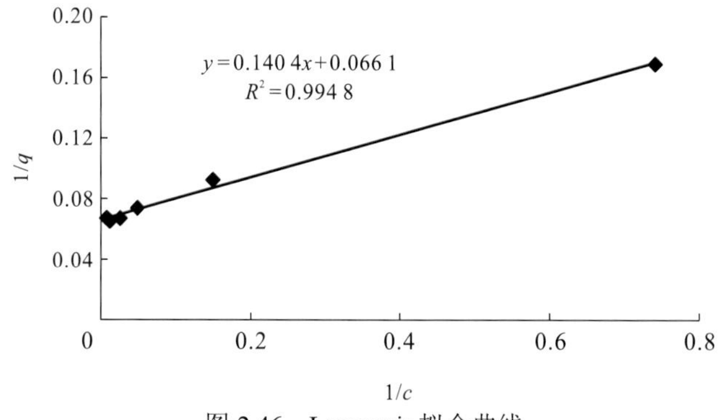

图 2.46 Langmuir 拟合曲线

c 为 Cu^{2+}质量浓度，q 为吸附量，后同

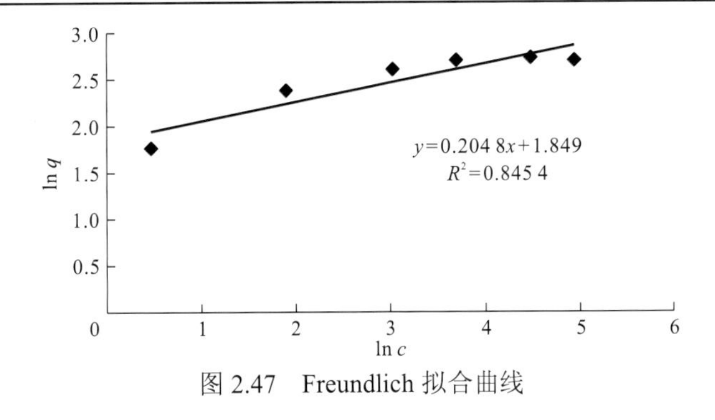

图 2.47　Freundlich 拟合曲线

比较两图相关系数发现，菌株 Z-6 对 Cu^{2+}的吸附过程更符合 Langmuir 吸附等温方程，吸附质呈单分子层形式附着在吸附剂表面，是一个均匀表面吸附的过程（Han et al.，2005）。初步推测，吸附位点主要是胞外聚合物中多糖、蛋白质的羟基、羰基和酰胺基等。

吸附常数 b 可用来量度吸附质与吸附剂结合的稳定程度，b 越大，表明两者之间结合的稳定度越大。由表 2.7 可见菌株 Z-6 对 Cu^{2+}的吸附常数为 0.47 L/mg，表明菌株 Z-6 与 Cu^{2+}的结合稳定度较强且吸附容量较大。由 Langmuir 模型计算出的菌株 Z-6 对 Cu^{2+}的最大吸附容量 Q_{max} 为 15.15 mg/g，与试验得出的吸附量 14.93 mg/g 接近。

表 2.7　Langmuir 等温线常数

Q_{max}/（mg/g）	b/（L/mg）	R^2
15.15	0.47	0.994

注：R^2 为相关系数，后同

2. 细菌富集特性试验

试验采用 Tris-Mes 缓冲液洗脱细胞壁螯合的 Cu^{2+}，离心后测定上清液中的 Cu^{2+}浓度，可认为是细菌通过表面吸附去除的 Cu^{2+}；采用超声波细胞破碎仪对离心后的沉淀进行破碎处理后，用 Tris-Mes 缓冲液洗脱，测定洗脱液中 Cu^{2+}浓度，可认为是细菌通过主动运输或扩散作用去除的 Cu^{2+}。试验结果如表 2.8 所示。

表 2.8　富集特性试验

位置	Cu^{2+}质量浓度/（mg/L）	占比/%
细胞壁上	13.8	92.3
细胞质内	1.2	7.7

试验测定菌株 Z-6 去除的 Cu^{2+}，有 92.3%分布在细胞壁上，其余 7.7%分布在细胞质内。数据显示该菌除 Cu^{2+}的主要方式是通过细胞壁的作用，而通过主动运输或扩散作用等进入细胞内的 Cu^{2+}很少，这也验证了 Langmuir 模型的测定结果。

3. 傅里叶红外光谱测试

红外光谱法是测定有机化学官能团的一种常用方法，其基本原理是频率小于 100 cm^{-1}

左右的红外辐射被有机化合物分子吸收并转化为分子的转动能，这种吸收是量子化的。同时，由于一种单纯振动能的改变伴随着许多转动能的改变，振动光谱是以谱线而不是以谱带出现的。透光度是透过样品后的辐射能与样品照射前辐射能的比值（Donat et al.，2005）。

为了研究细菌表面基团对其吸附能力的影响，采用傅里叶红外光谱仪对吸附铜离子前后的细菌进行检测。图 2.48 为菌株 Z-6 未吸附铜离子时的红外光谱图，查阅相关文献可知，波数为 3 425 cm^{-1}（3 300～3 500 cm^{-1}）处的强宽峰为—OH 伸缩振动峰和—NH 伸缩振动峰共同作用的结果；在 2 923 cm^{-1}（2 925±10 cm^{-1}）处为脂肪族—CH_2 的—CH 伸缩振动吸收峰；1 655 cm^{-1}（1 620～1 670 cm^{-1}）处为—C＝O 缔合的伸缩振动仲酰胺 I 峰，1 544 cm^{-1} 处为—$CONH_2$ 的变形振动酰胺 II 峰（—C—N—H 弯曲振动），这 3 个峰为蛋白质的特征吸收峰；1 384 cm^{-1} 处为羧酸 COOH 中 C—O 的伸缩振动峰，1 236 cm^{-1} 处为 C—N 的振动吸收峰；1 104 cm^{-1} 处为脂类—CO 的伸缩振动峰与硫羰基的 C＝S 的伸缩振动峰共同作用的结果。细菌 Z-6 的细胞成分中含有—OH、—CH、C—N、—C＝O、—CH_2、—$CONH_2$ 等活性基团，这些基团大多是蛋白质和糖类的特征基团，它们在细菌吸附过程中起重要作用。

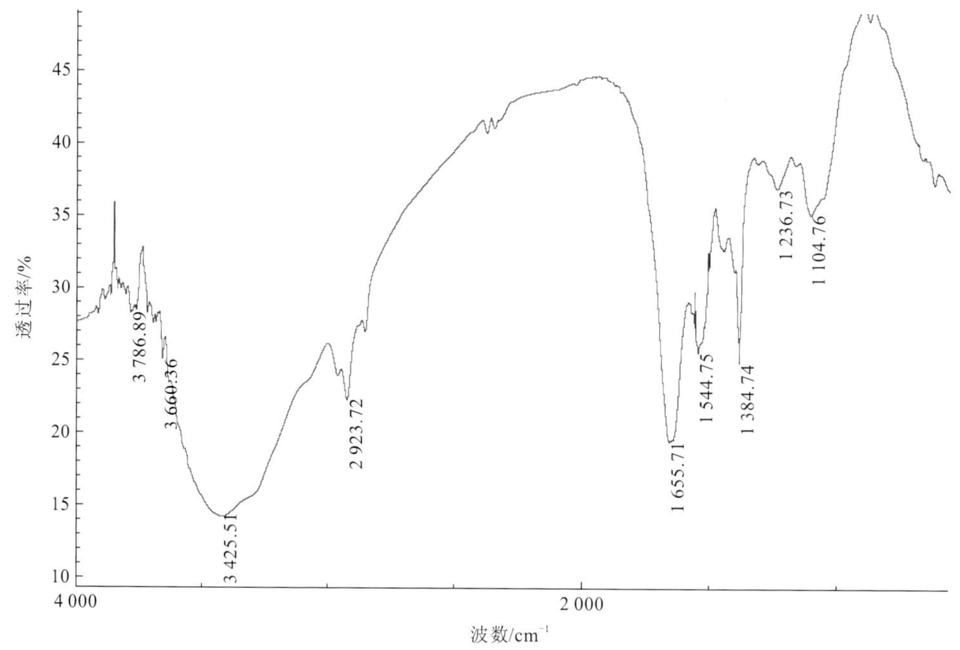

图 2.48　未吸附 Cu^{2+} 的菌株红外光谱图

图 2.49 为菌株 Z-6 吸附铜离子后的红外光谱图。通过对比 Z-6 吸附铜离子前后的红外光谱图可以看出，Z-6 吸附铜离子后红外光谱谱峰并没有明显的改变，只是出现了漂移，并没有新的谱带出现，这表明 Z-6 吸附金属离子后，自身结构并没有发生改变。

对比图 2.48 和 2.49 可以看出，图 2.49 所有波峰较图 2.48 都有明显上升。其中，—OH 和—NH 共同作用的伸缩振动蓝移了 18.95 cm^{-1}，酰胺 II 带的—$CONH_2$ 变形振动蓝移了 15.85 cm^{-1}，其余波峰并没有发生明显偏移，说明细菌的—OH、—NH 及—$CONH_2$ 基团在细菌表面发生了化学吸附，其余—CH、—C＝O、C—O、C—N 基团则以物理吸附的方式吸附铜离子。

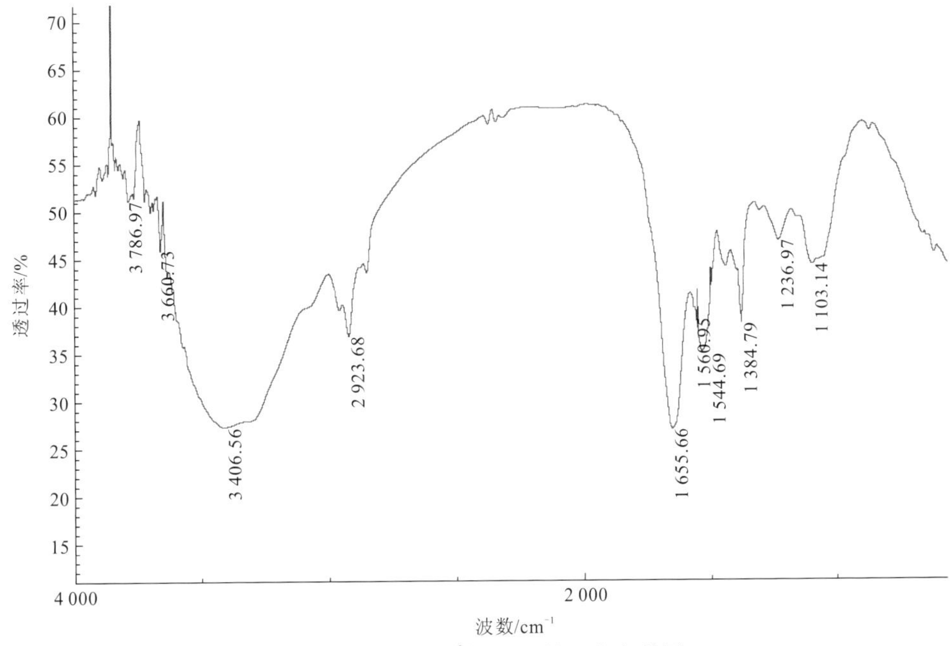

图 2.49　吸附 Cu^{2+}后的菌株红外光谱图

2.5.2　耐酸耐铅锌菌种对 Pb^{2+}、Zn^{2+}的去除机理

1. 吸附等温方程

数学模型对于吸附过程优化十分重要，一个好的过程模型不仅有助于分析和解释试验数据，而且可以准确估计吸附条件变化的影响，以确定最佳吸附条件，从而指导工业设计。目前，在游离细胞的热力学研究中，广泛被用来进行试验数据拟合的数学模型有 Langmuir 吸附等温方程和 Freundlich 吸附等温方程。

在上述得到的最佳条件（pH=4，温度为 30℃，吸附时间为 6 h，菌量为 3 g/L）下开展吸附试验，配制 Zn^{2+}、Pb^{2+}浓度范围分别在 25～125 mg/L 和 10～50 mg/L，离心后测定上清液的 Zn^{2+}、Pb^{2+}浓度，计算吸附量，得到的吸附等温线见图 2.50～图 2.53，分析结果列于表 2.9。

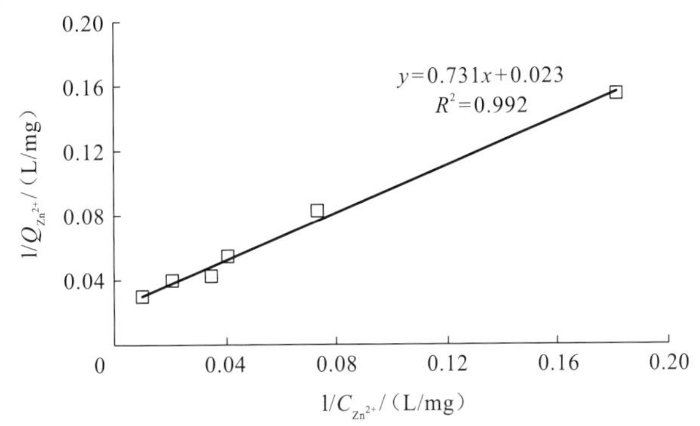

图 2.50　菌株 T1 对 Zn^{2+}的 Langmuir 吸附等温线

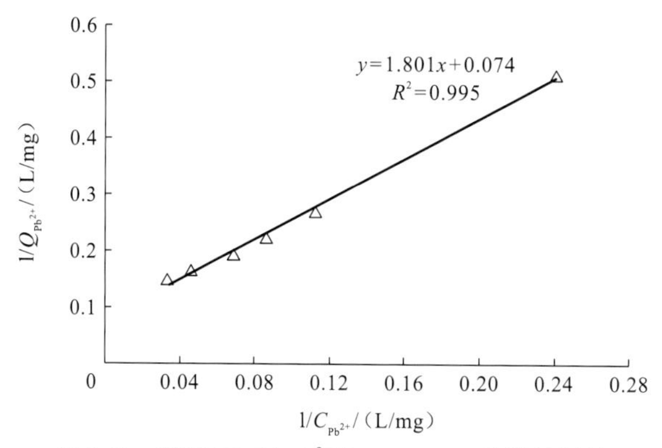

图 2.51　菌株 T1 对 Pb^{2+}的 Langmuir 吸附等温线

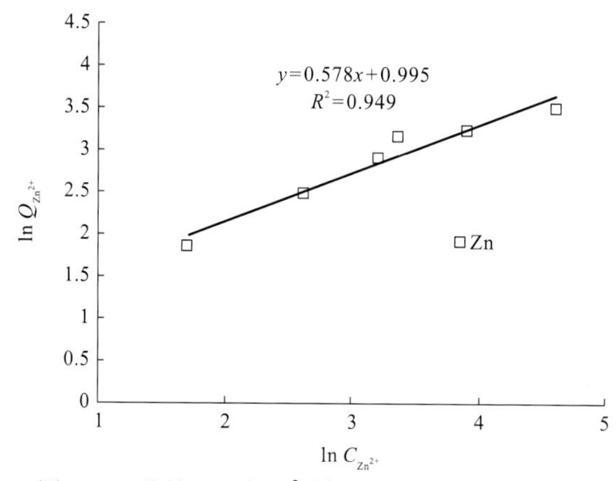

图 2.52　菌株 T1 对 Zn^{2+}的 Freundlich 吸附等温线

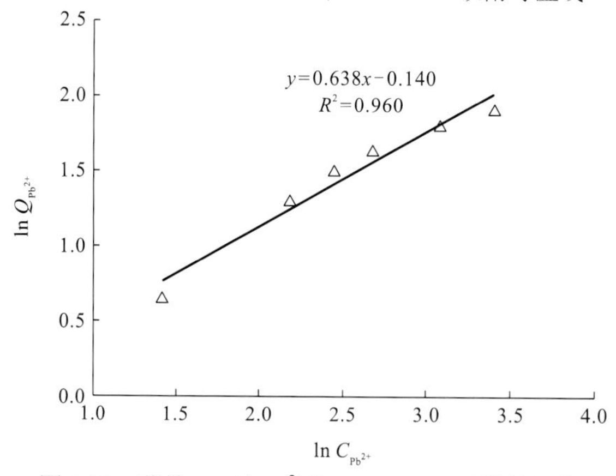

图 2.53　菌株 T1 对 Pb^{2+}的 Freundlich 吸附等温线

表 2.9　Langmuir 和 Freundlich 吸附方程常数

金属离子	Langmuir 吸附等温方程			Freundlich 吸附等温方程		
	Q_{max}/（mg/g）	b/（L/mg）	R^2	KF	n	R^2
Zn^{2+}	43.48	0.031	0.992	2.70	1.73	0.949
Pb^{2+}	13.51	0.041	0.995	0.87	1.57	0.960

比较相关系数 R^2 的值可以得出：在所研究的试验条件下，T1 菌株对 Zn^{2+}、Pb^{2+}的吸附更符合 Langmuir 吸附等温方程，说明该吸附过程以表面吸附为主，并且菌株 T1 对两种重金属离子的吸附互不干扰。初步推测，吸附位点主要是胞外聚合物中多糖、蛋白质的羟基、羰基和酰胺基等。同时，Zn^{2+}、Pb^{2+}的吸附也比较符合 Freundlich 吸附等温方程，因此，两者用于评价 T1 对 Zn^{2+}、Pb^{2+}的吸附性能是合适的。菌株 T1 对 Zn^{2+}、Pb^{2+}的理论最大吸附容量分别为 43.48 mg/g 和 13.51 mg/g。

2. 扫描电镜观察

图 2.54 为菌株 T1 吸附 Zn^{2+}、Pb^{2+}前后吸附表面的 SEM 照片。通过比较可以发现，细胞表面并无很大差异，但是纤维状细胞的直径有所膨胀，菌体个体之间的黏聚性更强，葛小鹏等（2004）研究发现蜡状芽孢杆菌吸附重金属 Pb^{2+}后细胞体积发生膨胀，这与本小节的结论一致，是由细胞在基底表面的横向铺展变形作用引起的，可能与细胞表面电荷影响细胞在基底表面的黏附性能密切相关，并受溶液 pH、离子强度及金属离子的暴露与吸附等外界因素影响而发生改变。

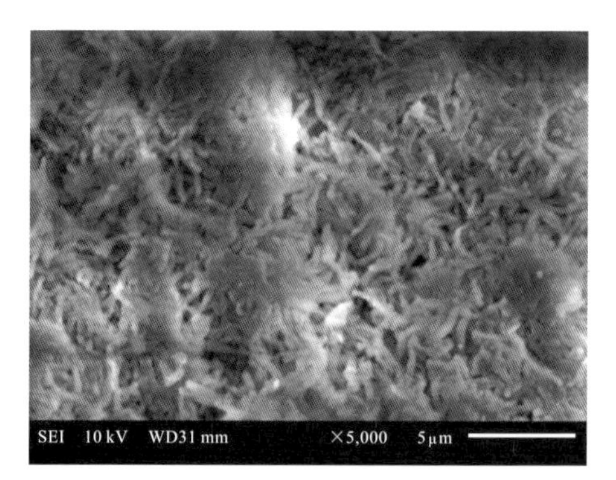

（a）5 000倍电镜下吸附 Zn^{2+}、Pb^{2+}前

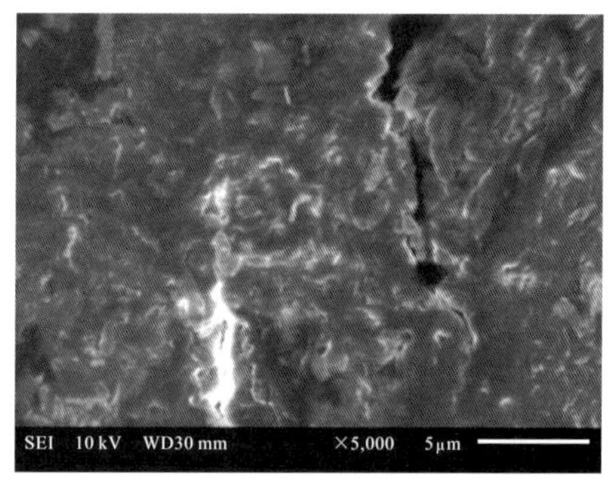

（b）5 000倍电镜下吸附 Zn^{2+}、Pb^{2+}后

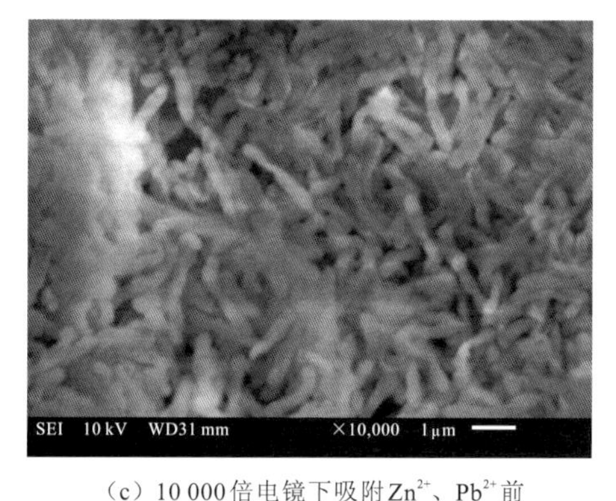

（c）10 000倍电镜下吸附 Zn^{2+}、Pb^{2+}前

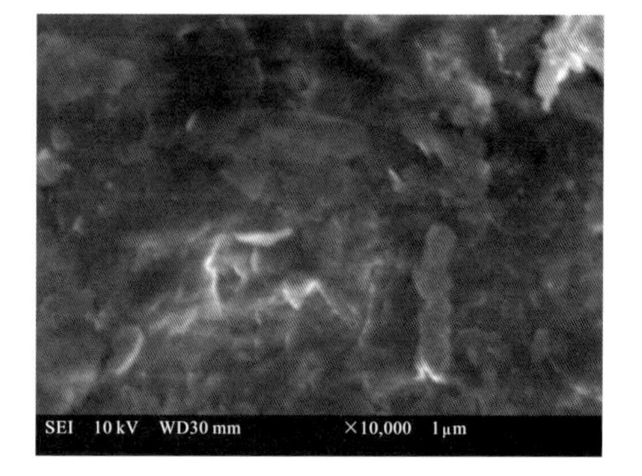

（d）10 000倍电镜下吸附 Zn^{2+}、Pb^{2+}后

图 2.54　菌株 T1 吸附 Zn^{2+}、Pb^{2+}前后菌体形态的变化

3. 菌株 T1 吸附重金属前后表面能谱分析

菌株 T1 吸附重金属 Zn^{2+}、Pb^{2+}前后的表面能谱分析如图 2.55 所示。

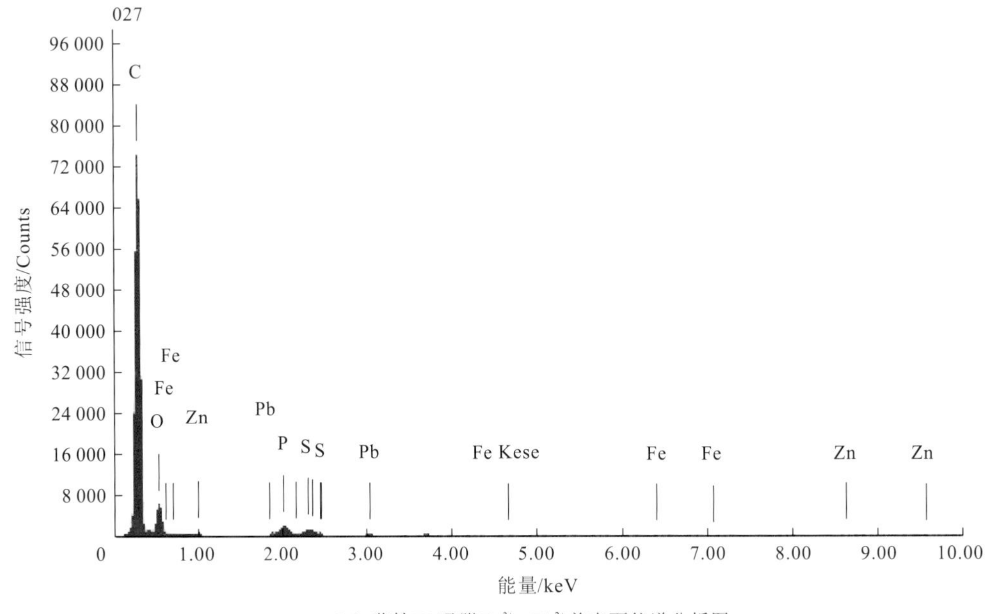

（a）菌株T1吸附Zn^{2+}、Pb^{2+}前表面能谱分析图

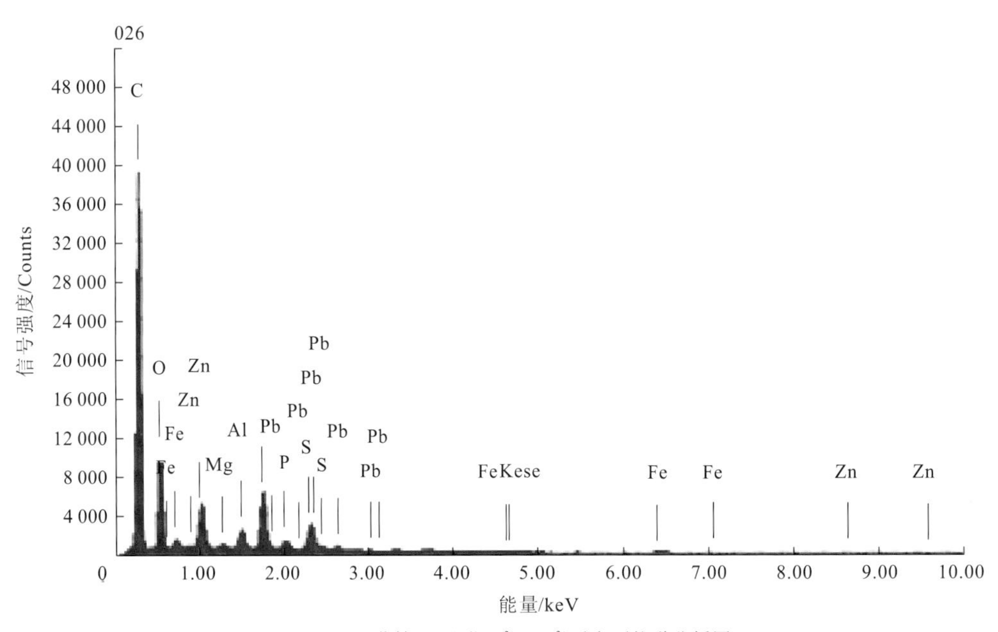

（b）菌株T1吸附Zn^{2+}、Pb^{2+}后表面能谱分析图

图 2.55 菌株 T1 吸附重金属前后表面能谱分析图

由图 2.55 可知，菌株 T1 吸附重金属 Zn^{2+}、Pb^{2+}前的主要元素为 C、O、P、S，还有半微量元素 Fe，这些都是微生物细胞的基本元素，除此以外，还有微量元素 Zn、Pb，这是转接培养微生物时剩余的元素。吸附 Zn^{2+}、Pb^{2+}重金属后，除上面的基本元素外，出现了大量的 Zn、Pb，并且 O、S、P 的含量有所增加，这说明菌种 T1 确实起到了吸附 Zn、Pb 的作用，而且由于这种吸附作用，微生物有机物含量增加，代谢活动增强。

4. 活性炭挂膜前后颗粒的扫描电镜观察

图 2.56 显示的是在 1 000 倍、5 000 倍电镜下，活性炭挂膜前后颗粒表面形貌的变化。未挂膜的活性炭颗粒表面比较粗糙，凹凸不平，具有大小不一的微孔，这样的表面性状有利于微生物的附着生长和固定化，以及生物膜的生长，有利于提高附着生物量。挂膜后，活性炭表面被纤维状的微生物附着掩盖，表面更为粗糙，空隙更大更多。结合反应器出水的平板菌落图，说明以芬氏纤维微菌为优势菌的生物膜成功在活性炭颗粒表面附着生长，覆盖了活性炭原始表面。

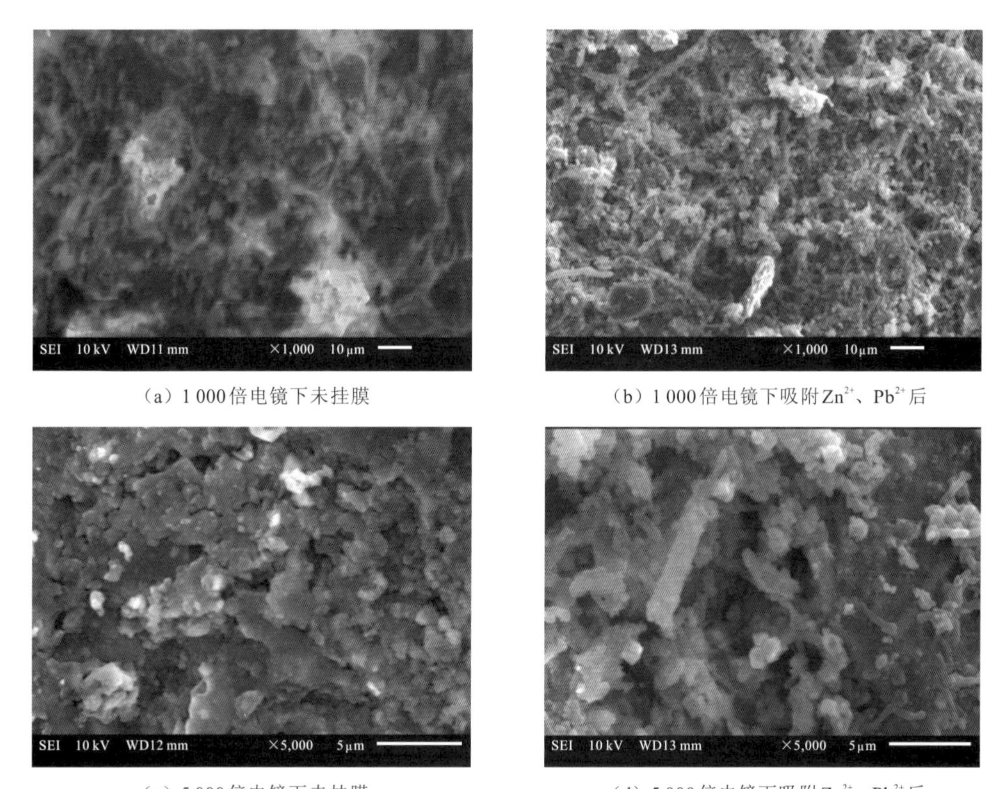

（a）1 000 倍电镜下未挂膜　（b）1 000 倍电镜下吸附 Zn^{2+}、Pb^{2+} 后

（c）5 000 倍电镜下未挂膜　（d）5 000 倍电镜下吸附 Zn^{2+}、Pb^{2+} 后

图 2.56　挂膜前后活性炭颗粒电镜照片

5. 活性炭挂膜前后颗粒表面能谱分析

挂膜前后的活性炭颗粒表面的能谱分析如图 2.57 所示。对比图 2.57 挂膜前后活性炭颗粒表面能谱分析图，除组成活性炭的 C、O、Si、Na、Mg、Al 等元素外，出现了大量的 Zn、Pb 元素，这说明 Zn、Pb 被吸附。从图中还可以看出，氧元素的含量增加，出现了磷元素，这些元素是组成微生物细胞的基本元素，说明在活性炭表面微生物挂膜成功。这说明用活性炭固定微生物是可行的，并且固定在活性炭颗粒表面的微生物吸附了大量 Zn、Pb。

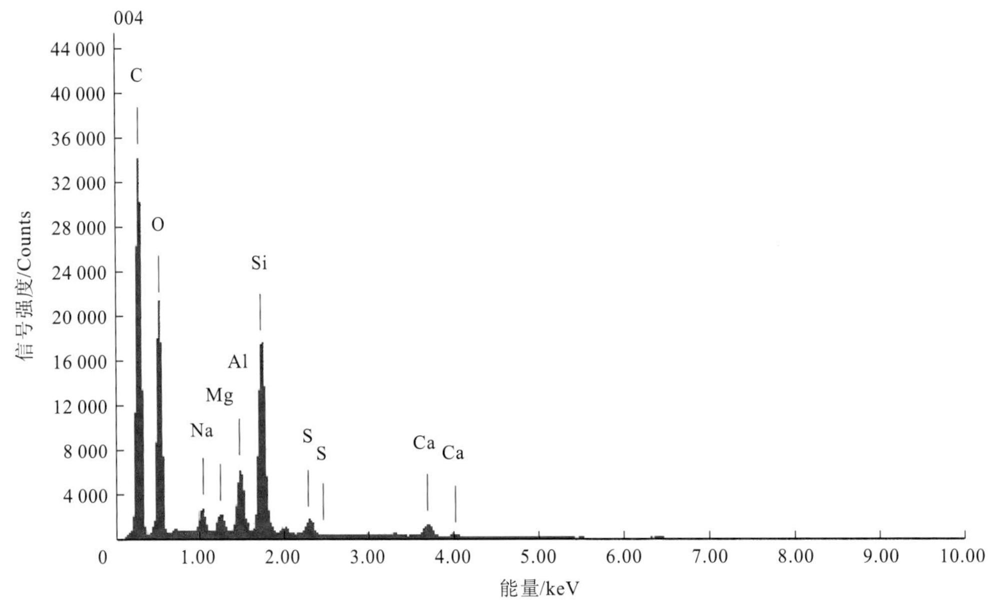

（a）挂膜前活性炭颗粒表面能谱分析图

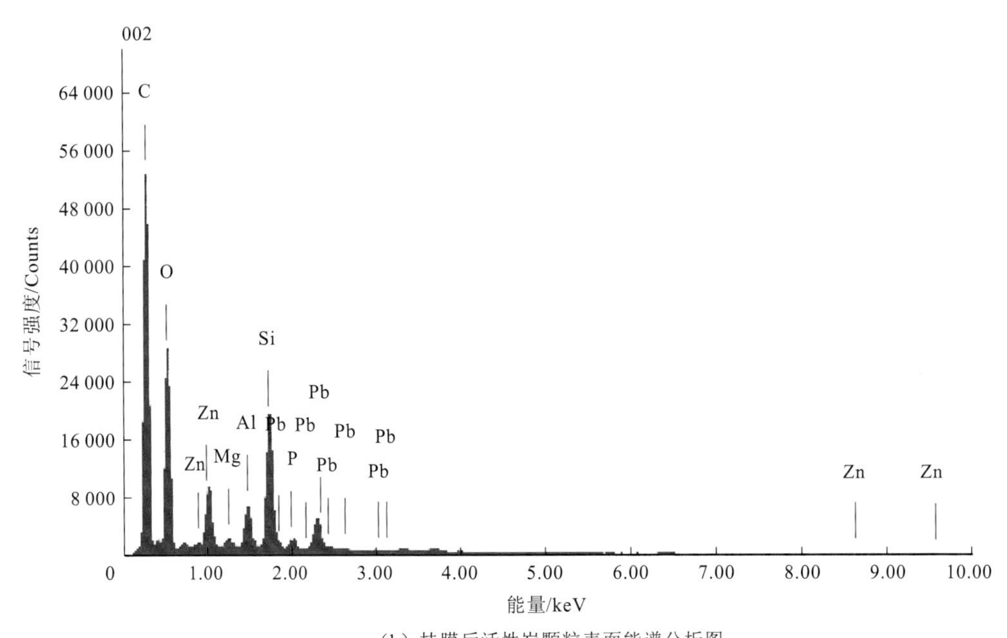

（b）挂膜后活性炭颗粒表面能谱分析图

图 2.57　挂膜前后活性炭颗粒表面能谱分析图

参 考 文 献

陈灿, 王建龙, 2006. 酿酒酵母吸附重金属离子的研究进展. 中国生物工程杂志, 26(1): 69-76.

崔振红, 2009. 矿山酸性废水治理的研究现状及发展趋势. 现代矿业, 10(10): 26-28.

葛小鹏, 潘建华, 刘瑞霞, 等, 2004. 重金属生物吸附研究中蜡状芽孢杆菌菌体微观形貌的原子力显微镜观察与表征. 环境科学学报, 24(5): 753-761.

黄富荣, 尹华, 彭辉, 等, 2005. 红螺菌对 Cu^{2+}的吸附研究. 工业微生物, 35(1): 16-20.

李中华, 尹华, 叶锦韶, 等, 2007. 固定化菌体吸附矿山废水中重金属的研究. 环境科学学报, 27(8): 1245-1250.

潘科, 李正山, 2007. 矿山酸性废水治理技术及其发展趋势. 四川环境, 26(5): 83-96.

邱立平, 王广伟, 张守彬, 等, 2011. 上向流曝气生物滤池反冲洗实验研究. 环境工程学报, 5(7): 1522-1526.

叶锦韶, 赵时真, 尹华, 等, 2011. 氧化节杆菌对铜溶液的吸附特性. 环境工程学报, 5(10): 2221-2225.

臧运波, 2010. 啤酒酵母对重金属离子生物吸附的研究进展. 广东化工, 37(4): 22-24.

张子间, 2005. 酸性矿山废水处理技术研究进展. 金属矿山(z1): 10-12.

赵瑞雪, 薛丹, 高达, 等, 2010. 固定化酵母菌吸附混合重金属离子的研究. 长春理工大学学报, 33(4): 161-163.

赵玉清, 陈吉群, 张凤杰, 等. 2009. 嗜铅菌对水中重金属 Pb^{2+}的吸附研究. 离子交换与吸附, 25(6): 519-526.

郑永良, 刘德定, 高强, 2006. 甲胺磷农药降解菌 HS-A32 的分离鉴定及降解特性. 应用与环境生物学报, 12(3): 399-403.

周薇, 2009. 耐铅锌微生物的筛选及吸附性能的研究. 雅安: 四川农业大学.

DONAT R, AKDOGAN A, ERDERN E, et al., 2005. Thermodynamics of Pb^{2+} and Ni^{2+} adsorption onto natural bentonite from aqueous solutions. Journal of Colloid and Interface Science, 286(1): 43-52.

HAN R P, ZHANG J H, ZHOU W H, et al., 2005. Equilibrium biosorption isotherm for lead ion on chaff. Journal of Hazardous Materials, 125(1): 266-271.

HO Y S, MCKAY G, 2000. The kinetics of sorption of divalent metal ions onto sphagnum moss peat. Water Research, 34(3):735-742.

LI X J, LIANG S, CUO X Y, 2010. Progress of precious metals recovery from electronic waste by biosorption. Precious Metals, 31(3):64-68.

NOURBAKHSH M N, KILLCARSLAN S, ILHAN S, et al., 2002. Biosorption of Cr^{6+}, Pb^{2+} and Cu^{2+} ions in industrial waste water on *Bacillus* sp. Chemical Engineering Journal, 85(2): 351-355.

ÖZER A, ÖZER D, EKIZ H, 2004. The equilibrium and kinetic modelling of the biosorption of copper(II) ions on *Cladophora crispate*. Adsorption:Joumal of The International Adsorption Society, 10(4): 317-326.

PERELOMOV L, KANDELER E, 2006. Effect of soil microorganisms on the sorption of zinc and lead compounds by goethite. Journal of Plant Nutrition and Soil Science, 169(1): 95-100.

RIOS C A, WILLIAMS C D, ROBERTS C L, 2008. Removal of heavy metals from acid mine drainage (AMD) using coal fly ash, natural clinker and synthetic zeolites. Journal of Hazardous Materials, 156 (1-3): 23-35.

WANG J L, CHEN C, 2006. Biosorption of heavy metals by Saccharomyces cerevisiae: a review. Biotechnology Advances, 24(5): 427-451.

第3章　水生植物对矿区复合重金属污染水体的修复

3.1　概　　述

随着矿产资源开采和矿冶加工业的迅速发展，矿区及其周边水体和土壤受到不同程度的重金属污染。据统计，我国小型矿山有26万座，大型矿山达9 000多座，开采过程中形成的废石、废水、粉尘等污染周边环境，使得周边水体和土壤重金属超过背景值，而且由于尾矿整体管理水平不高，尾矿库周边重金属污染时有发生（张金远，2015）。重金属会通过生物富集、食物链等途径进入人体从而危及人类健康，且重金属滞留在环境中具有长期性、隐蔽性和不可逆性等特点。因此，矿区周边水体重金属污染的治理与修复尤为重要。

党的十八大以来，随着生态文明建设的全面推进和“绿水青山就是金山银山”理念的大力实践，尤其是水源地矿区周边的环境保护引起国家和广大学者的关注。重金属污染水体修复与治理主要有两条基本途径：一是降低重金属在水体中的迁移能力和生物可利用性；二是将重金属从被污染水体中彻底清除（张秋卓 等，2018）。目前，针对工业污水的处理，研究较多的是物理化学方法，包括沉淀法、螯合树脂法、高分子捕集剂法、吸附法、膜技术、离子交换法等。植物修复作为一种低投资、环境效益好的方法，被认为在重金属污染水体修复领域具有非常良好的应用前景。目前针对流域河道重金属污染的修复研究则较少，更是缺乏相应的工程应用实例（任芸芸，2018）。

本章将主要基于矿区小流域河道重金属污染特征，进行水生植物修复矿区复合重金属污染水体的研究。以水生植物生长量和重金属富集性能为主要指标，优选高效富集特征重金属的优势植物，包括挺水植物、浮水植物和沉水植物，研究各类植物对重金属的富集特征及河道营养条件对重金属富集性能的影响规律；探讨河道水文条件对水生植物富集重金属性能的影响，分析不同水生植物搭配对重金属的富集机理；进而构建水生植物-微生物耦合体系，研究微生物与水生植物协同去除水体中重金属的作用机制。基于实验室研究和现场中试，设计生态浮床，构建水生植物修复带，并进行工程应用，为矿区河道水体重金属污染的治理与修复提供理论基础和应用经验。

3.2　河道特征重金属污染修复水生植物的优选

3.2.1　优势挺水植物的筛选及对重金属的富集性能

结合当地已有水生植物种类和文献报道，试验选择菖蒲、芦苇、空心莲子草和香蒲作为挺水植物备选物种开展研究，通过考察 4 种挺水植物对水体中重金属的富集效果及生长情况，优选出优势挺水植物。试验所需的挺水植物的基本信息如表 3.1 所示。

表 3.1　试验用挺水植物基本信息

中文名称	科名	属名	拉丁名	习性	吸附重金属
菖蒲	天南星科	菖蒲属	*Acorus calamus* L.	多年生草木，根茎粗壮	Pb、Cd
芦苇	禾本科	芦苇属	*Phragmites australis*（Cav.）Trin. ex Steud	多年生水生或湿生的高大禾草	Pb、Cd、Cr
香蒲	香蒲科	香蒲属	*Typha orientalis* Presl	多年生水生或沼生草本植物	Cd、Cu、Pb
空心莲子草	苋科	莲子草属	*Alternanthera philoxeroides*	多年生草本，外来入侵物种	Cu、Zn

1. 重金属复合污染下挺水植物生物量的变化规律

不同挺水植物在重金属复合污染条件下随时间的生物量变化情况如图 3.1 所示，通过计算获得相对生长速率和耐性系数，结果见表 3.2。

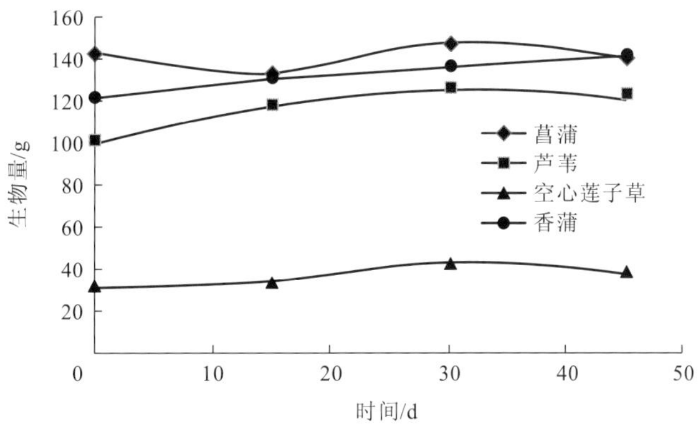

图 3.1　不同挺水植物生物量随时间变化图

表 3.2　重金属污染条件下不同挺水植物生长情况

植物种类	相对生长速率/%			耐性系数/%		
	15 d	30 d	45 d	15 d	30 d	45 d
菖蒲	0.12	0.93	−0.24	109.08	113.18	103.49
芦苇	9.46	0.92	0.07	64.52	73.37	76.32
空心莲子草	6.90	0.07	−0.53	120.00	260.00	112.00
香蒲	0.22	0.45	0.56	87.34	94.87	100.45

由图 3.1 可以看出，芦苇、空心莲子草和香蒲的生物量随时间的延长而逐渐增加，菖蒲的生物量则随时间先降低而后增加。由表 3.2 可以发现，4 种挺水植物中，香蒲的生物量增长最多，在第三周期(45 d)结束时相对生长速率达到 0.56%，耐性系数为 100.45%；其次是芦苇，在 45 d 时相对生长速率达到 0.07%，耐性系数为 76.32%。从生物量变化情况看，在 45 d 内按照生物量增加从高到低排序为：香蒲＞芦苇＞空心莲子草＞菖蒲。

2. 不同挺水植物对水体重金属去除效果

分别在第一周期 15 d、第二周期 30 d、第三周期 45 d 结束时，取水样测试水中重金属浓度，计算重金属去除率，结果如图 3.2 和表 3.3 所示。

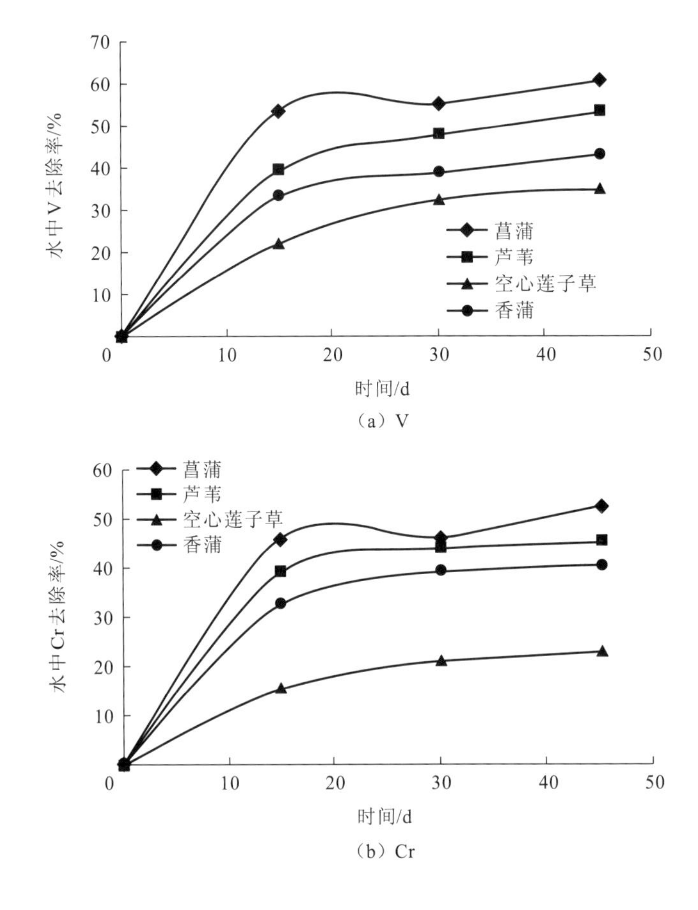

（a）V

（b）Cr

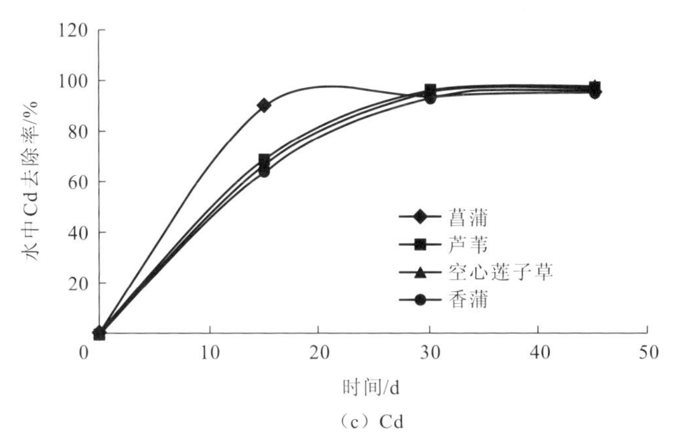

(c) Cd

图 3.2 不同挺水植物对水中重金属去除率随时间的变化图

表 3.3 不同挺水植物对三种重金属的平均去除率 （单位：%）

挺水植物	V	Cr	Cd
菖蒲	56.71	48.07	92.76
芦苇	50.73	42.64	86.84
空心莲子草	46.40	19.82	86.09
香蒲	29.73	37.19	84.51

由图 3.2、表 3.3 可知，芦苇、空心莲子草、香蒲对 V、Cr、Cd 的去除率随时间的增加而升高，而菖蒲对 V、Cr、Cd 的去除率随时间的增加先升高后下降再升高；4 种挺水植物均表现出对 Cd 的去除能力最强，对 Cr 的去除能力最弱，从平均去除率看，菖蒲对 V、Cr、Cd 的去除率均最高，分别为 56.71%、48.07%、92.76%。对重金属 V、Cd 的平均去除能力从高到低排序为菖蒲＞芦苇＞空心莲子草＞香蒲；对重金属 Cr 的平均去除能力从高到低排序为菖蒲＞芦苇＞香蒲＞空心莲子草。综上可得，菖蒲和芦苇对 V、Cr、Cd 的综合去除能力较强。

3. 不同挺水植物的重金属富集特性

挺水植物去除水体重金属试验结束后，将植物洗净晒干，经过消解测得植物体内重金属富集量，结果见图 3.3。

从图 3.3 可以看出，对 V 的富集能力从高到低依次是芦苇＞菖蒲＞香蒲＞空心莲子草；对 Cr 的富集能力从高到低依次是空心莲子草＞芦苇＞菖蒲＞香蒲；对 Cd 的富集能力从高到低依次是菖蒲＞芦苇＞香蒲＞空心莲子草。通过比较 4 种挺水植物对重金属富集能力发现，芦苇对 V 的富集量最高，达到 60.45 mg/kg；空心莲子草对 Cr 的富集量最高，达到 73.58 mg/kg；菖蒲对 Cd 的富集量最高，达到 159.83 mg/kg。

综合比较 4 种挺水植物对 V、Cr、Cd 的富集能力可以看出，菖蒲和芦苇可以作为应用于复合特征重金属修复的优势挺水植物。

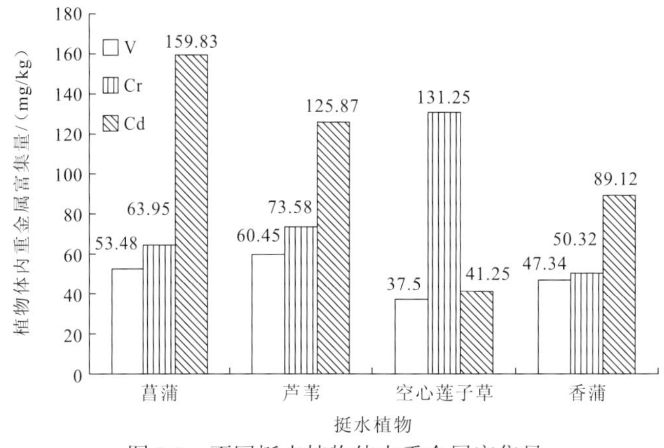

图 3.3　不同挺水植物体内重金属富集量

3.2.2　优势浮水植物的筛选及对重金属的富集性能

根据现场调研结果和文献资料，试验选取了田字草、睡莲、凤眼蓝、菱 4 种浮水植物为试验材料，主要研究不同浮水植物对水体中重金属的去除能力。试验所需的浮水植物的基本信息如表 3.4。

表 3.4　试验用浮水植物基本信息

中文名称	科名	属名	拉丁名	习性	吸附重金属
睡莲	睡莲科	睡莲属	*Nymphaea tetragona* Georgi	多年生水生草本	Pb、Cd、Cr
菱	菱科	菱属	*Trapa bispinosa* Roxb.	一年生浮水水生草本	Pb、Cd
田字草	苹科	苹属	*Marsilea quadrifolia* L.	多年生挺水蕨类植物	Hg、Mn、Cd、Cu、Pb
凤眼蓝	雨久花科	凤眼蓝属	*Eichhornia crassipes*	多年生宿根性草本水生植物	Pb、Cd、Cr

1. 重金属复合污染下浮水植物生物量的变化规律

根据不同浮水植物分别在第 0 d、第 15 d、第 30 d、第 45 d 生物量的变化，绘出图 3.4，并分别计算出相对生长速率和耐性系数，见表 3.5。

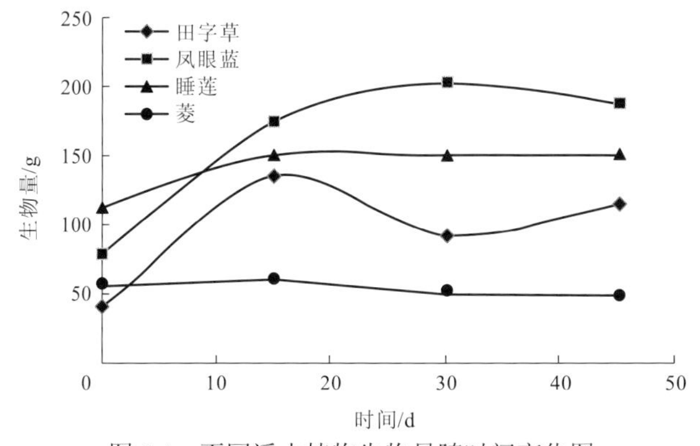

图 3.4　不同浮水植物生物量随时间变化图

表 3.5　重金属污染条件下不同浮水植物生长情况

植物种类	相对生长速率/%			耐性系数/%		
	15 d	30 d	45 d	15 d	30 d	45 d
田字草	8.76	0.09	2.01	112.22	166.85	112.50
凤眼蓝	4.76	4.52	2.52	93.02	157.50	235.90
睡莲	0.28	0.68	0.71	77.88	86.33	92.14
菱	1.05	−0.45	−0.98	88.50	79.45	66.34

由图 3.4 可以看出，凤眼蓝和睡莲的生物量随时间的增加而增加，菱的生物量随时间增加而降低，而田字草生物量先升高后降低而后又升高。表 3.5 可以发现，4 种浮水植物中，凤眼蓝的生物增长量最多，在第三周期（45 d）结束时相对生长速率达到 2.52%，耐性系数为 235.90%；其次是田字草，在第三周期结束时相对生长速率达到 2.01%，耐性系数为 112.50%；菱的生物量减少最多，且低于空白对照组。从生物量变化情况看，在 45 d 内按照生物量增加从高到低排序为凤眼蓝＞田字草＞睡莲＞菱。

2. 不同浮水植物对水体重金属去除效果

不同浮水植物对水体中重金属去除效果见图 3.5 和表 3.6。由图 3.5、表 3.6 可知，4 种浮水植物对 Cd 的去除能力最强，对 Cr 的去除能力最弱。随时间的增加，田字草、凤眼蓝和睡莲对 V、Cr、Cd 的去除率升高，菱对 V、Cr、Cd 的去除率先升高后降低，这可能与菱的生长状况有直接关系。从平均去除率看，田字草对 V 的去除率最高，平均去除率为 73.94%；田字草对 Cr 的去除率最高，平均去除率为 54.45%；凤眼蓝对 Cd 的去除率最高，平均去除率为 95.70%。

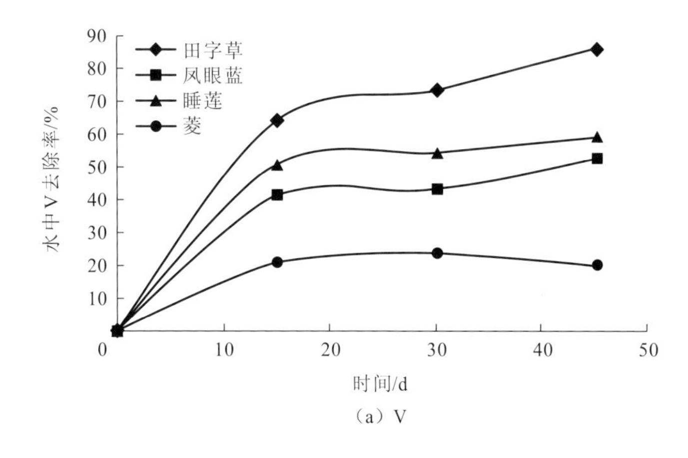

（a）V

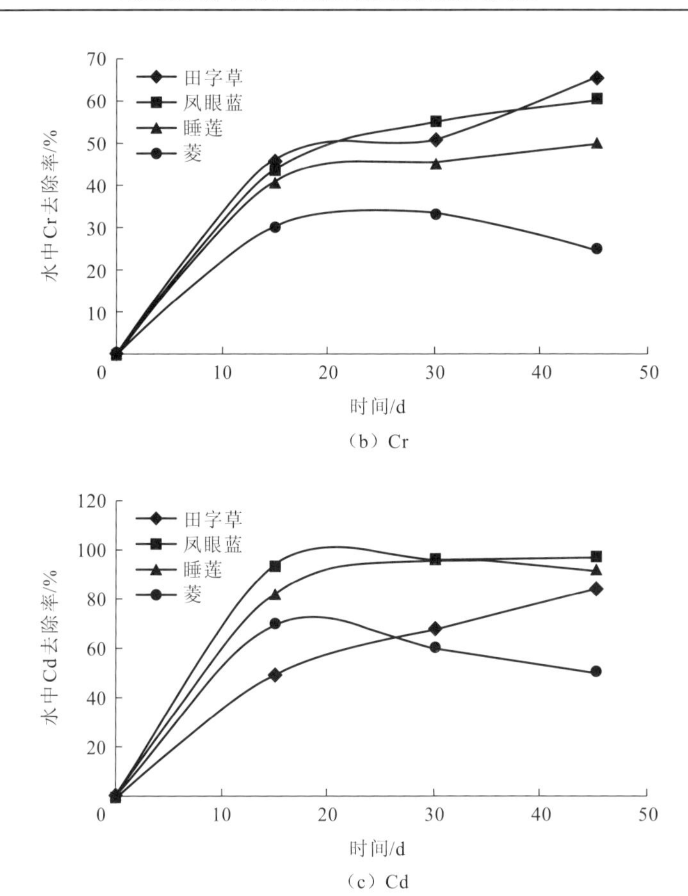

（b）Cr

（c）Cd

图 3.5 不同浮水植物对水中重金属去除率随时间的变化图

表 3.6 浮水植物对三种重金属的平均去除率 （单位：%）

浮水植物	V	Cr	Cd
田字草	73.94	54.16	67.20
凤眼蓝	45.01	52.86	95.70
睡莲	54.45	45.45	90.27
菱	20.92	29.45	60.28

对重金属 V 的平均去除能力从高到低排序为田字草＞睡莲＞凤眼蓝＞菱；对重金属 Cr 的平均去除能力从高到低排序为田字草＞凤眼蓝＞睡莲＞菱；对重金属 Cd 的平均去除能力从高到低排序为凤眼蓝＞睡莲＞田字草＞菱。综上可得，田字草和睡莲对 V、Cr、Cd 复合重金属的综合去除能力较强。

3. 不同浮水植物的重金属富集特性

从图 3.6 中可以看出，对 V、Cr 的富集能力从高到低依次是田字草＞凤眼蓝＞睡莲＞菱；对 Cd 的富集能力从高到低依次是田字草＞睡莲＞菱＞凤眼蓝。比较 4 种浮水植

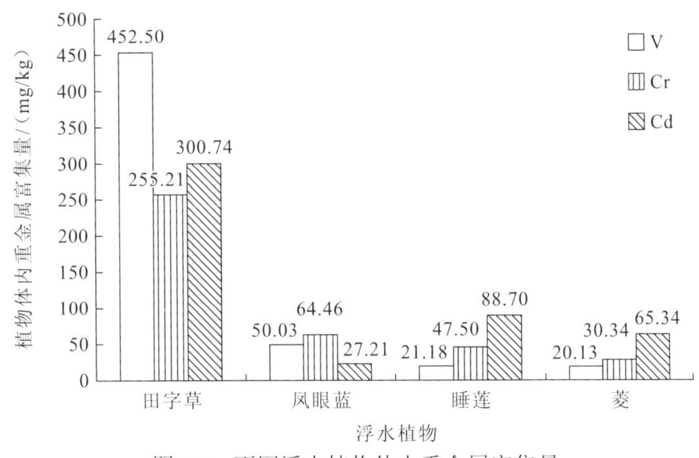

图 3.6　不同浮水植物体内重金属富集量

物对 V、Cr、Cd 的富集能力可以发现，田字草对这三种重金属的富集量最高，分别达到 452.50 mg/kg、255.21 mg/kg 和 300.74 mg/kg；其次为睡莲，两者可以作为应用于复合特征重金属修复的优势浮水植物。

3.2.3　优势沉水植物的筛选及对重金属的富集性能

试验选取狐尾藻、小眼子菜、伊乐藻、菹草 4 种沉水植物为试验材料，试验所需的沉水植物的基本信息如表 3.7 所示。

表 3.7　试验用沉水植物基本信息

中文名称	科名	属名	拉丁名	习性	吸附重金属
狐尾藻	小二仙草科	狐尾藻属	*Myriophyllum verticillatum*	多年生粗壮沉水草本	Hg、Cr、Pb
小眼子菜	眼子菜科	眼子菜属	*Potamogeton pusillus* L.	沉水草本，无根茎	Pb、Cd、Cr
伊乐藻	水鳖科	水蕴藻属	*Elodea nuttallii*	多年生草本水生植物	Cd
菹草	眼子菜科	眼子菜属	*Potamogeton crispus* L.	多年生沉水草本，可越冬	As、Cd、Pb

1. 重金属复合污染下沉水植物生物量的变化规律

不同沉水植物随时间生物量的变化结果见图 3.7，相对生长速率和耐性系数见表 3.8。

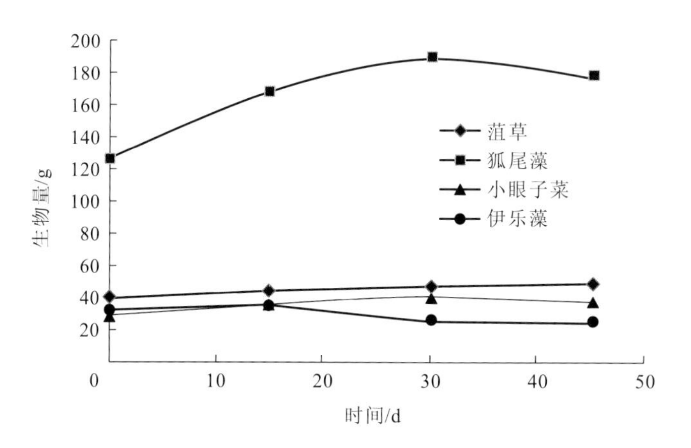

图 3.7 不同沉水植物生物量随时间变化图

表 3.8 重金属污染条件下不同沉水植物生长情况

植物	相对生长速率/%			耐性系数/%		
	15 d	30 d	45 d	15 d	30 d	45 d
菹草	1.09	0.73	0.70	83.40	61.90	58.99
狐尾藻	1.23	1.13	1.69	89.99	94.95	103.60
小眼子菜	0.31	0.72	−1.18	51.69	62.93	71.25
伊乐藻	1.12	0.76	0.62	89.45	76.30	49.22

由图 3.7、表 3.8 可以看出，菹草、狐尾藻和小眼子菜的生物量随时间的增加而增加，伊乐藻的生物量则随时间的增加先升高后降低。4 种沉水植物中，狐尾藻的生物增长量最多，在第三周期（45 d）结束时相对生长速率达到 1.69%，耐性系数为 103.60%；其次是菹草，在 45 d 时相对生长速率达到 0.70%，耐性系数为 58.99%；而伊乐藻生物量减少最多，且低于空白对照组。从生物量变化情况看，在 45 d 内按照生物量增加从高到低排序为狐尾藻＞菹草＞小眼子菜＞伊乐藻。

2. 不同沉水植物对水体重金属去除效果

由图 3.8、表 3.9 可知，4 种沉水植物对 Cd 的去除能力最强，对 Cr 的去除能力最弱。随时间的增加，菹草、狐尾藻、小眼子菜对 V、Cr、Cd 的去除率升高，而伊乐藻对 V、Cr、Cd 的去除率先升高后降低。从平均去除率层面分析，狐尾藻对 V、Cr、Cd 的平均去除率最高，分别是 72.16%、53.53%、93.73%。

综上可以发现，对重金属 V 的平均去除能力从高到低排序为狐尾藻＞菹草＞小眼子菜＞伊乐藻；对重金属 Cr 的平均去除能力从高到低排序为狐尾藻＞伊乐藻＞小眼子菜＞菹草；对重金属 Cd 的平均去除能力从高到低排序为狐尾藻＞小眼子菜＞菹草＞伊乐藻。对比可得，狐尾藻对 V、Cr、Cd 复合重金属的去除率最高。

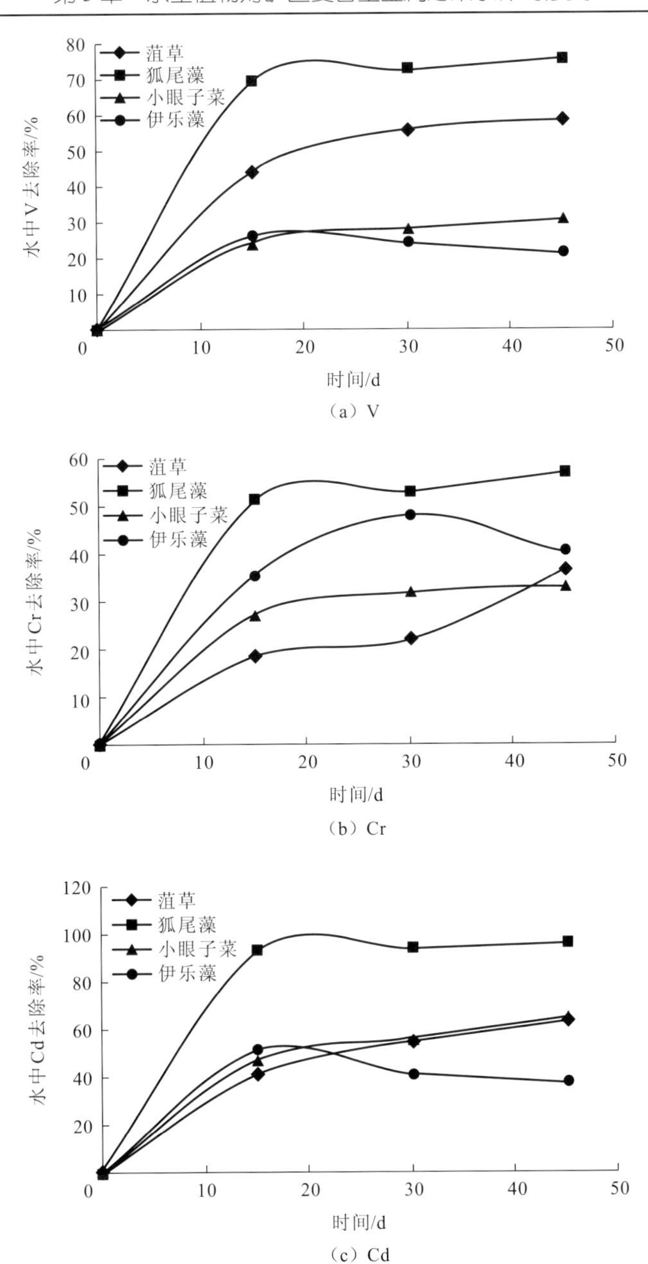

图 3.8　不同沉水植物对水中重金属去除率随时间的变化图

表 3.9　不同沉水植物对三种重金属的平均去除率　（单位：%）

沉水植物	V	Cr	Cd
菹草	52.40	25.87	52.95
狐尾藻	72.16	53.53	93.73
小眼子菜	27.45	30.90	56.28
伊乐藻	23.55	41.30	42.63

3. 不同沉水植物的重金属富集特性

从图 3.9 中可以看出，对 V 的富集能力从高到低依次为狐尾藻＞菹草＞小眼子菜＞伊乐藻；对 Cr 的富集能力从高到低依次为菹草＞小眼子菜＞狐尾藻＞伊乐藻：对 Cd 的富集能力从高到低依次为菹草＞狐尾藻＞伊乐藻＞小眼子菜。比较四种沉水植物对 V、Cr、Cd 的富集能力发现，狐尾藻对 V 的富集量最高，达到 98.53 mg/kg，菹草对 Cr、Cd 的富集量最高，分别达到 150.78 mg/kg 和 140.57 mg/kg。

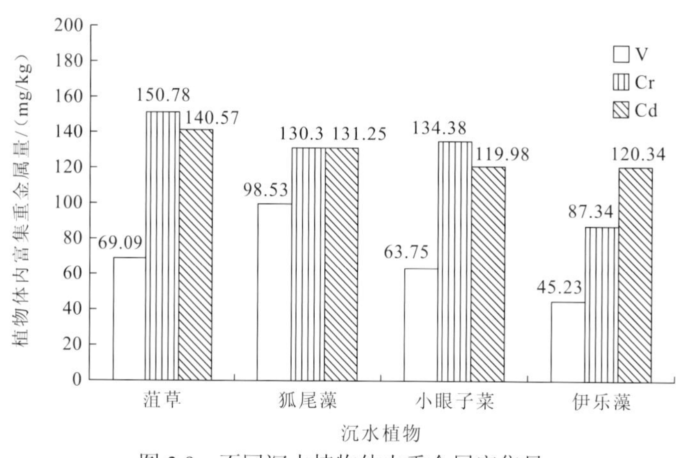

图 3.9 不同沉水植物体内重金属富集量

综合比较 4 种沉水植物对三种重金属的富集能力可以看出，菹草和狐尾藻对 V、Cr、Cd 的富集能力突出，可以作为应用于复合特征重金属修复的优势沉水植物。

3.2.4 水体中 N、P 浓度对水生植物富集重金属的影响

1. N、P 浓度对挺水植物富集重金属的影响

1）N、P 浓度对挺水植物富集 V 的影响

由图 3.10 可以发现，水体中 P 浓度升高会抑制菖蒲和芦苇对重金属 V 的吸收，而 N 会促进对重金属 V 的吸收。菖蒲在水体中 P 质量浓度为 9 mg/L 时，对重金属 V 质量浓度为 1 mg/L 和 5 mg/L 的去除率达到最低，分别是 31%和 35%；在水体中 N 质量浓度为 9 mg/L 时，对重金属 V 质量浓度为 1 mg/L 和 5 mg/L 的去除率达到最大，分别是 38%和 58%。芦苇在水体中 P 质量浓度为 9 mg/L 时，对重金属 V 质量浓度为 1 mg/L 和 5 mg/L 的去除率较低，分别是 27%和 37%；在水体中 N 质量浓度为 9 mg/L 时，对重金属 V 质量浓度为 1 mg/L 和 5 mg/L 的去除率达到最大，分别为 44%和 59%。

2）N、P 浓度对挺水植物富集 Cr 的影响

由图 3.11 可以发现，菖蒲和芦苇吸收 P 均会抑制对重金属 Cr 的吸收，吸收 N 会促进对重金属 Cr 的吸收。菖蒲在水体中 P 质量浓度为 9 mg/L 时，对重金属 Cr 质量浓度为 1 mg/L 和 5 mg/L 的去除率达到最低，分别是 34%和 46%；在水体中 N 质量浓度为 9 mg/L 时，

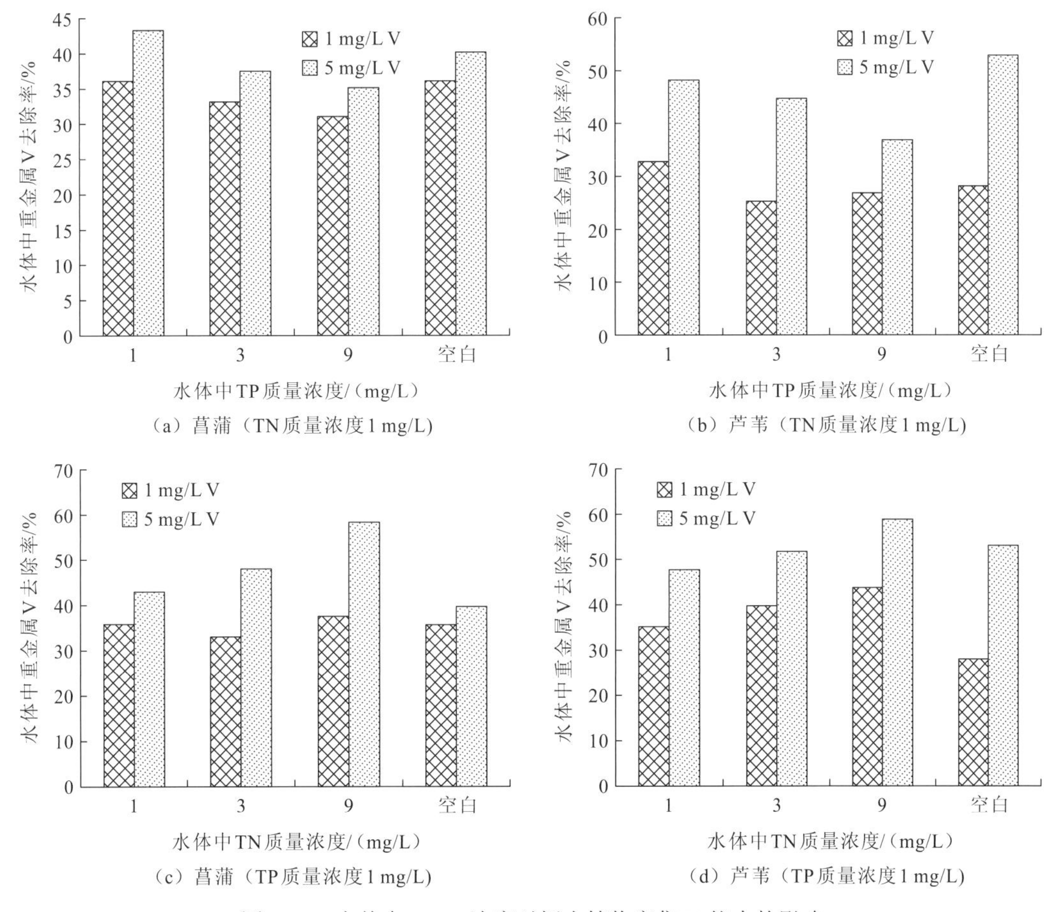

(a) 菖蒲（TN质量浓度1 mg/L）　(b) 芦苇（TN质量浓度1 mg/L）

(c) 菖蒲（TP质量浓度1 mg/L）　(d) 芦苇（TP质量浓度1 mg/L）

图 3.10　水体中 N、P 浓度对挺水植物富集 V 能力的影响

对重金属 Cr 质量浓度为 1 mg/L 和 5 mg/L 的去除率达到最大，分别是 64%和 69%。芦苇在水体中 P 为 9 mg/L 时，对重金属 Cr 质量浓度为 1 mg/L 和 5 mg/L 的去除率达到最低，分别是 29%和 32%；在水体中 N 质量浓度为 9 mg/L 时，对重金属 Cr 质量浓度为 1 mg/L 和 5 mg/L 的去除率达到最大，分别是 56%和 60%。

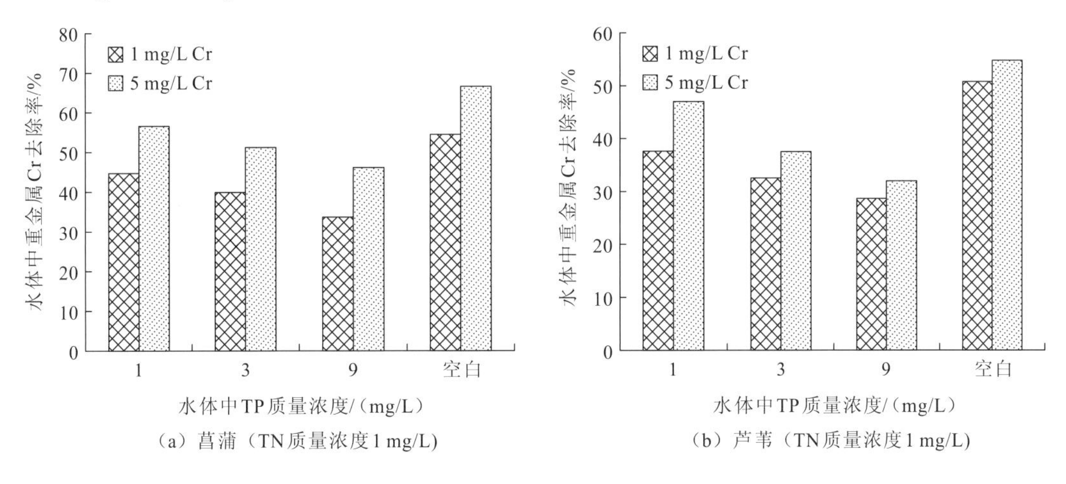

(a) 菖蒲（TN质量浓度1 mg/L）　(b) 芦苇（TN质量浓度1 mg/L）

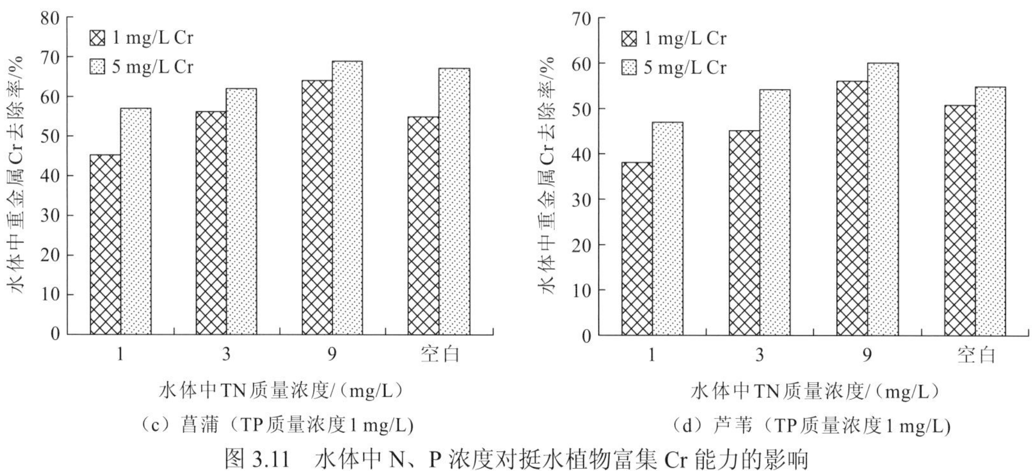

（c）菖蒲（TP质量浓度1 mg/L）
（d）芦苇（TP质量浓度1 mg/L）

图 3.11 水体中 N、P 浓度对挺水植物富集 Cr 能力的影响

3）N、P 浓度对挺水植物富集 Cd 的影响

从图 3.12 可以发现，菖蒲吸收 P 均会抑制对重金属 Cd 的吸收，芦苇吸收 N 促进对重金属 Cd 的吸收。当菖蒲在水体中 N、P 质量浓度达到 9 mg/L 时，对重金属 Cd 的去

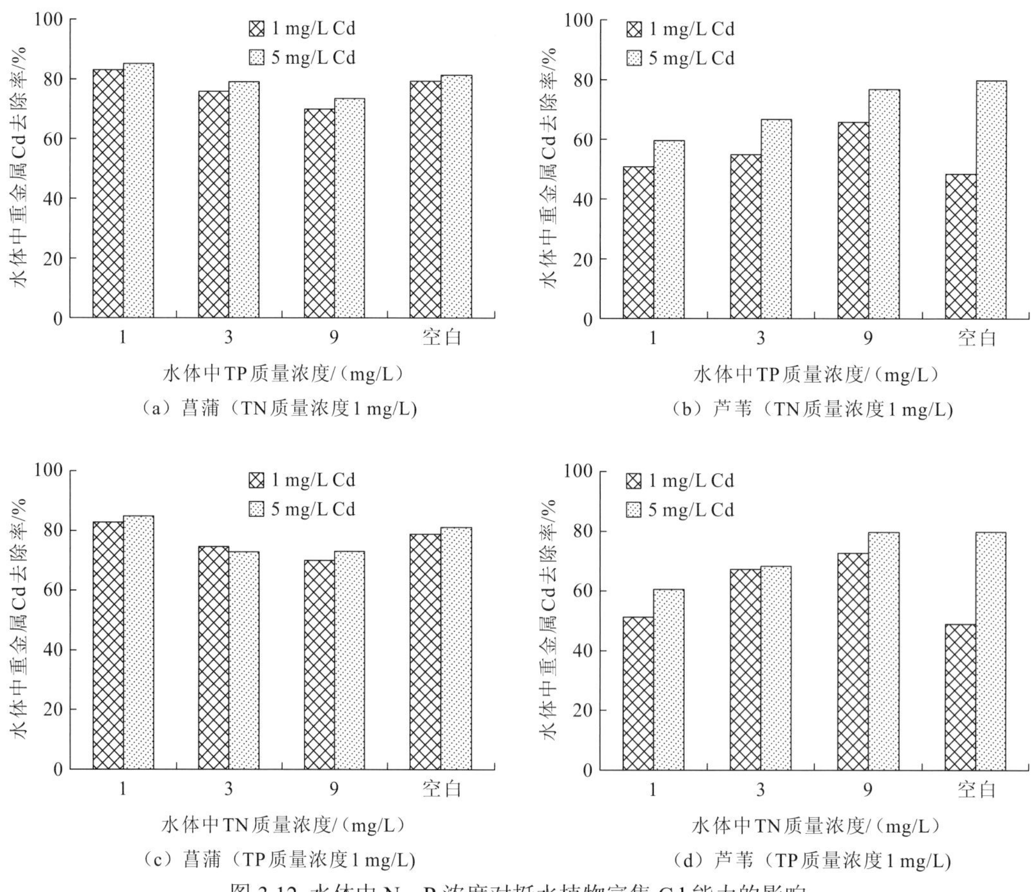

（a）菖蒲（TN质量浓度1 mg/L）
（b）芦苇（TN质量浓度1 mg/L）
（c）菖蒲（TP质量浓度1 mg/L）
（d）芦苇（TP质量浓度1 mg/L）

图 3.12 水体中 N、P 浓度对挺水植物富集 Cd 能力的影响

除率达到最低。而芦苇在水体中P质量浓度为9 mg/L时，对重金属Cd质量浓度为1 mg/L和5 mg/L的去除率达到最高，分别是67%和79%；在水体中N质量浓度为9 mg/L时，对重金属Cd质量浓度为1 mg/L和5 mg/L的去除率达到最大，分别是73%和80%。

2. N、P浓度对浮水植物富集重金属的影响

1）N、P浓度对浮水植物富集V的影响

N、P浓度对浮水植物富集V的影响试验结果见图3.13，结果发现，睡莲吸收P和田字草吸收N会促进对重金属V的吸收，睡莲吸收N和田字草吸收P会在一定范围内先促进后抑制对重金属V的吸收。睡莲在水体中P质量浓度为9 mg/L时，对重金属V质量浓度为1 mg/L和5 mg/L的去除率达到最大，分别是58%和63%；在水体中N为3 mg/L时，对重金属V质量浓度为1 mg/L和5 mg/L的去除率达到最大，分别是60%和75%。田字草在水体中P质量浓度为3 mg/L时，对重金属V质量浓度为1 mg/L和5 mg/L的去除率达到最大，分别是54%和59%；在水体中N质量浓度为9 mg/L时，对重金属V质量浓度为1 mg/L和5 mg/L的去除率达到最大，分别是51%和64%。

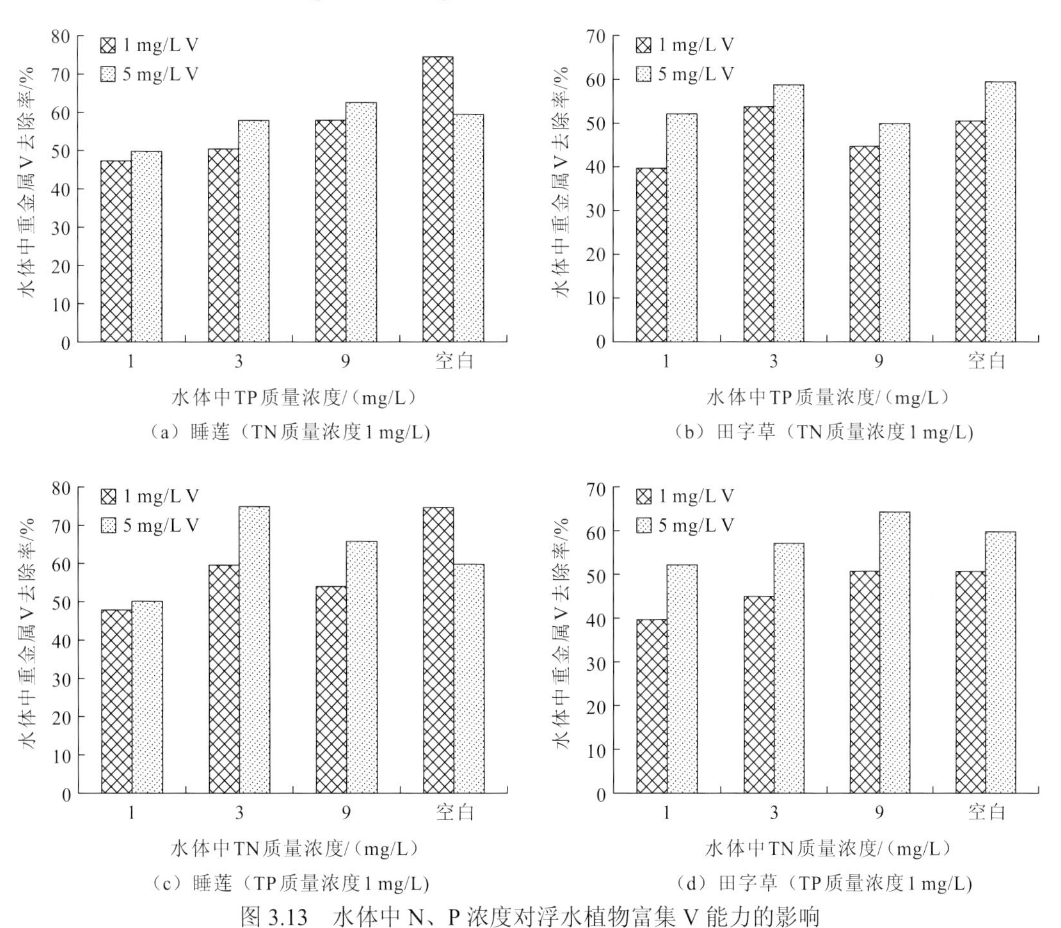

（a）睡莲（TN质量浓度1 mg/L） （b）田字草（TN质量浓度1 mg/L）

（c）睡莲（TP质量浓度1 mg/L） （d）田字草（TP质量浓度1 mg/L）

图3.13 水体中N、P浓度对浮水植物富集V能力的影响

2）N、P 浓度对浮水植物富集 Cr 的影响

由图 3.14 可以发现，睡莲吸收 P 和田字草吸收 N 会促进对重金属 Cr 的吸收，睡莲吸收 N 和田字草吸收 P 会在一定范围内先促进后抑制对重金属 Cr 的吸收。睡莲在水体中 P 质量浓度为 9 mg/L 时，对重金属 Cr 质量浓度为 1 mg/L 和 5 mg/L 的去除率达到最大，分别是 58%和 71%；在水体中 N 质量浓度为 3 mg/L 时，对重金属 Cr 质量浓度为 1 mg/L 和 5 mg/L 的去除率达到最大，分别是 61%和 75%。田字草在水体中 P 为 3 mg/L 时，对重金属 Cr 质量浓度为 1 mg/L 和 5 mg/L 的去除率达到最大，分别是 70%和 74%；在水体中 N 质量浓度为 9 mg/L 时，对重金属 Cr 质量浓度为 1 mg/L 和 5 mg/L 的去除率达到最大，分别是 69%和 79%。

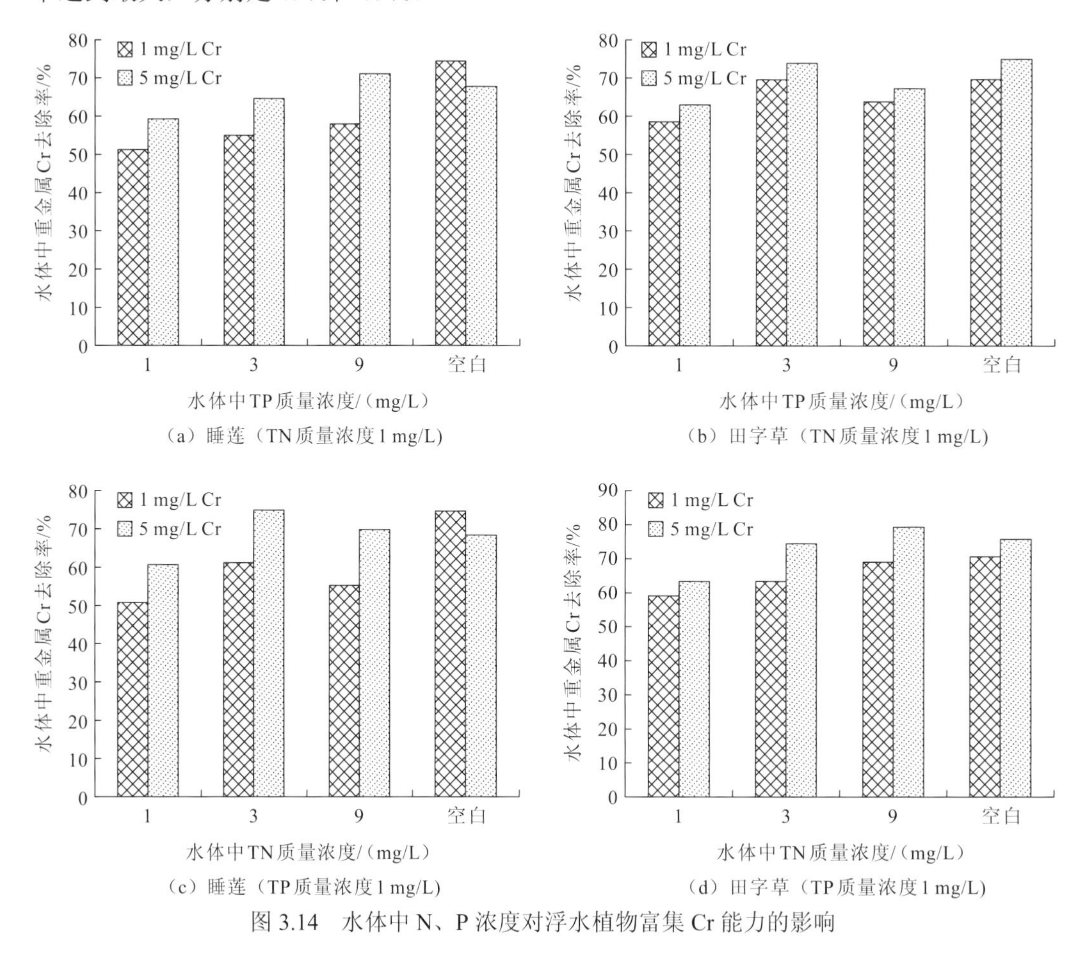

图 3.14　水体中 N、P 浓度对浮水植物富集 Cr 能力的影响

3）N、P 浓度对浮水植物富集 Cd 的影响

由图 3.15 可以发现，睡莲吸收 P 会促进对重金属 Cd 的吸收，吸收 N 会在一定范围内先促进后抑制对重金属 Cd 的吸收；田字草吸收 N、P 会促进对重金属 Cd 的吸收。睡莲在水体中 P 质量浓度为 9 mg/L 时，对重金属 Cd 质量浓度为 1 mg/L 的去除率达到最大，为 65%；而在 P 质量浓度为 1 mg/L 时，对重金属 Cd 质量浓度为 5 mg/L 的去除率最

大，达到 80%；在水体中 N 质量浓度为 3 mg/L 时，对重金属 Cd 质量浓度为 1 mg/L 和 5 mg/L 的去除率达到最大，分别是 84%和 80%。田字草在水体中 P 质量浓度为 9 mg/L 时，对重金属 Cd 质量浓度为 1 mg/L 和 5 mg/L 的去除率达到最大，分别是 83%和 89%；在水体中 N 质量浓度为 9 mg/L 时，对重金属 Cd 质量浓度为 1 mg/L 和 5 mg/L 的去除率达到最大，分别是 85%和 91%。

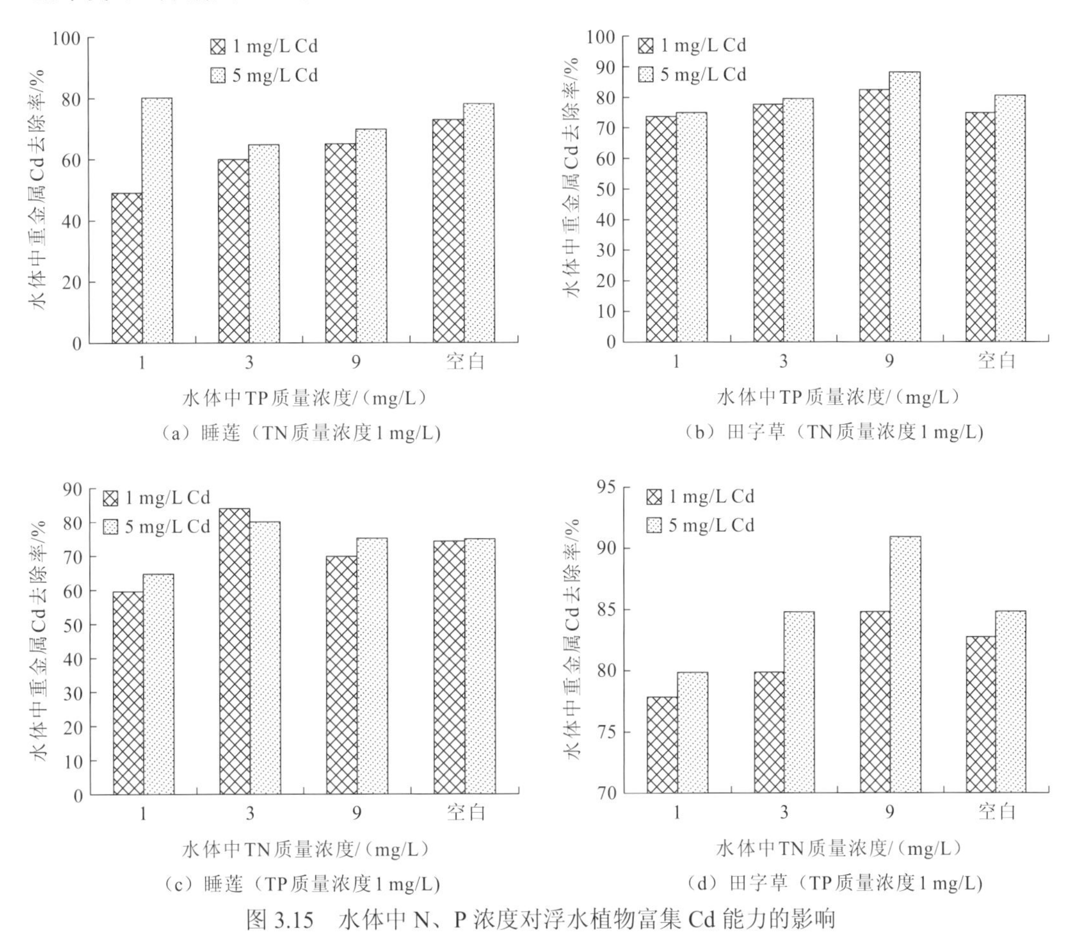

图 3.15　水体中 N、P 浓度对浮水植物富集 Cd 能力的影响

综上，P 质量浓度为 9 mg/L 时，睡莲对 V、Cr 和 Cd 的去除率均较大，N 质量浓度为 3 mg/L 时，睡莲对 V、Cr 和 Cd 的去除率达到最大；P 质量浓度为 3 mg/L 时，田字草对 V、Cr 的去除率达到最大，P 质量浓度为 9 mg/L 时对 Cd 的去除率达到最大，N 质量浓度为 9 mg/L 时，田字草对 V、Cr 和 Cd 的去除率达到最大。

3. N、P 浓度对沉水植物富集重金属的影响

1）N、P 浓度对沉水植物富集 V 的影响

由图 3.16 可以发现，菹草吸收 P、N 和狐尾藻吸收 P、N 会在一定范围内先促进后抑制对重金属 V 的吸收。菹草在水体中 P 为 3 mg/L 时，对重金属 V 质量浓度为 1 mg/L 和 5 mg/L 的去除率达到最大，分别是 58%和 60%；在水体中 N 质量浓度为 3 mg/L 时，

对重金属 V 质量浓度为 1 mg/L 和 5 mg/L 的去除率达到最大，分别是 52%和 63%。狐尾藻在水体中 P 质量浓度为 3 mg/L 时，对重金属 V 质量浓度为 1 mg/L 和 5 mg/L 的去除率达到最大，分别是 66%和 68%；在水体中 N 质量浓度为 3 mg/L 时，对重金属 V 质量浓度为 1 mg/L 和 5 mg/L 的去除率达到最大，分别是 69%和 71%。

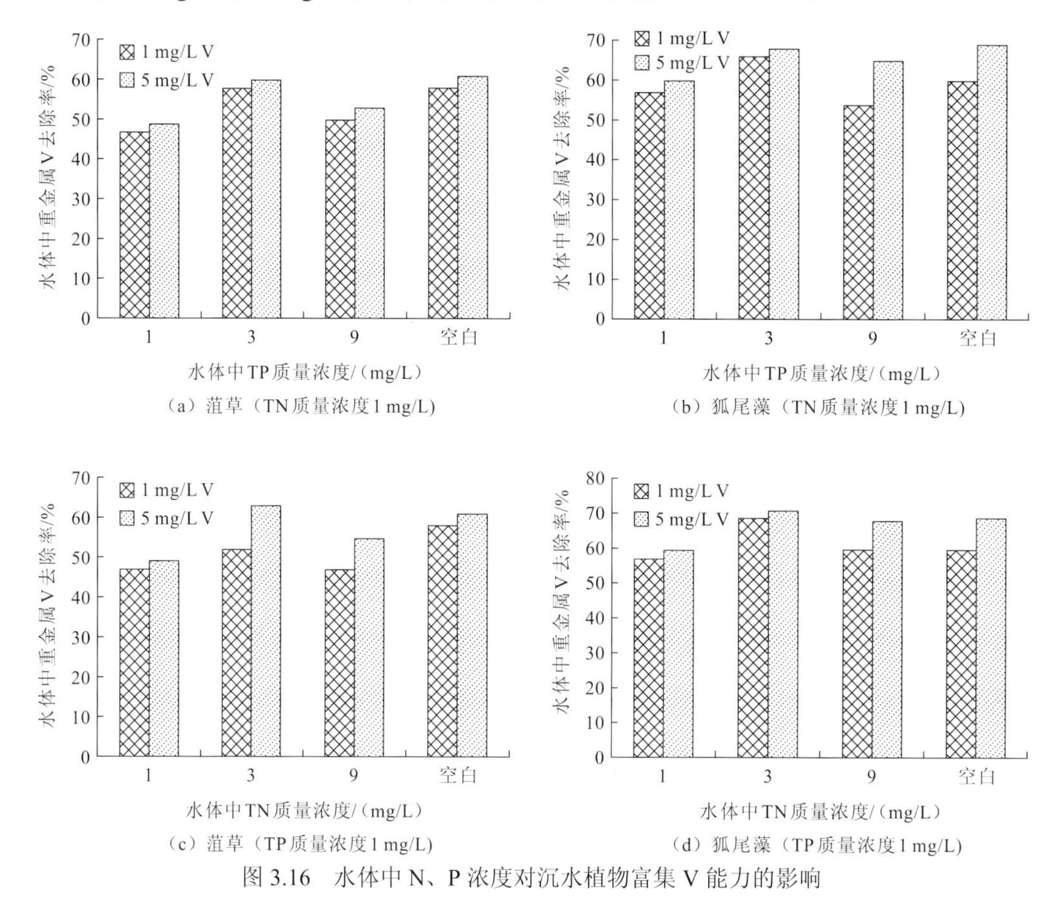

图 3.16 水体中 N、P 浓度对沉水植物富集 V 能力的影响

2）N、P 浓度对沉水植物富集 Cr 的影响

N、P 浓度对沉水植物富集 Cr 的影响试验结果见图 3.17，结果表明，菹草吸收 P、N 和狐尾藻吸收 P、N 会在一定范围内先促进后抑制对重金属 Cr 的吸收。菹草在水体中 P 质量浓度为 3 mg/L 时，对重金属 Cr 质量浓度为 1 mg/L 和 5 mg/L 的去除率达到最大，分别是 67%和 70%；在水体中 N 质量浓度为 3 mg/L 时，对重金属 Cr 质量浓度为 1 mg/L 和 5 mg/L 的去除率达到最大，分别是 69%和 78%。狐尾藻在水体中 P 质量浓度为 3 mg/L 时，对重金属 Cr 质量浓度为 1 mg/L 和 5 mg/L 的去除率达到最大，分别是 70%和 73%；在水体中 N 质量浓度为 3 mg/L 时对重金属 Cr 质量浓度为 1 mg/L 和 5 mg/L 的去除率最大，分别是 72%和 74%。

3）N、P 浓度对沉水植物富集 Cd 的影响

由图 3.18 可以发现，菹草和狐尾藻吸收 P、N 会在 Cd 质量浓度为 1mg/L 时先促进后

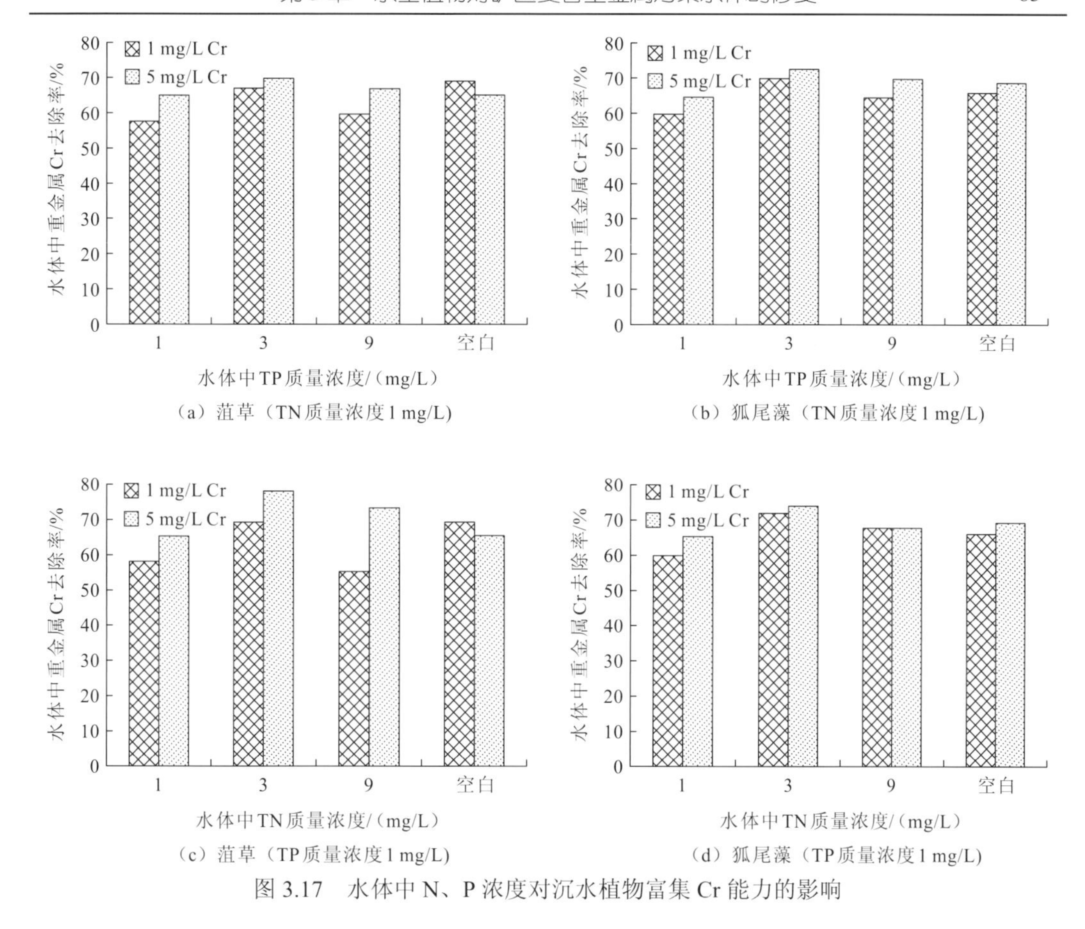

（a）菹草（TN质量浓度1 mg/L）　（b）狐尾藻（TN质量浓度1 mg/L）

（c）菹草（TP质量浓度1 mg/L）　（d）狐尾藻（TP质量浓度1 mg/L）

图 3.17　水体中 N、P 浓度对沉水植物富集 Cr 能力的影响

抑制对重金属 Cd 的吸收。菹草在水体中 P 质量浓度为 3 mg/L 时，对重金属 Cd 质量浓度为 1 mg/L 和 5 mg/L 的去除率达到最大，分别是 85%和 88%；在水体中 N 质量浓度为 3 mg/L 时，对重金属 Cd 质量浓度为 1 mg/L 和 5 mg/L 的去除率达到最大，分别是 82%和 89%。狐尾藻在水体中 P 质量浓度为 3 mg/L 时，对重金属 Cd 质量浓度为 1 mg/L 和 5 mg/L 的去除率均较大，分别是 79%和 83%；在水体中 N 质量浓度为 3 mg/L 时，对重金属 Cd 质量浓度为 1 mg/L 和 5 mg/L 的去除率分别是 80%和 86%。

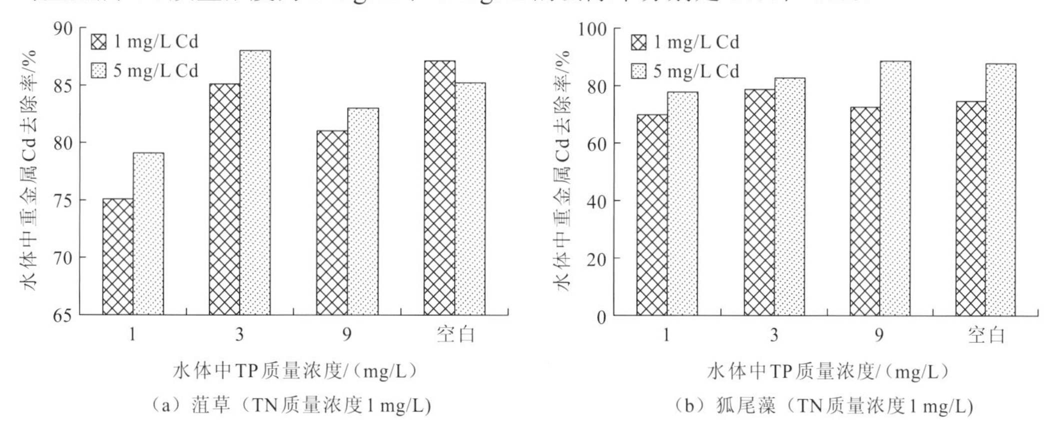

（a）菹草（TN质量浓度1 mg/L）　（b）狐尾藻（TN质量浓度1 mg/L）

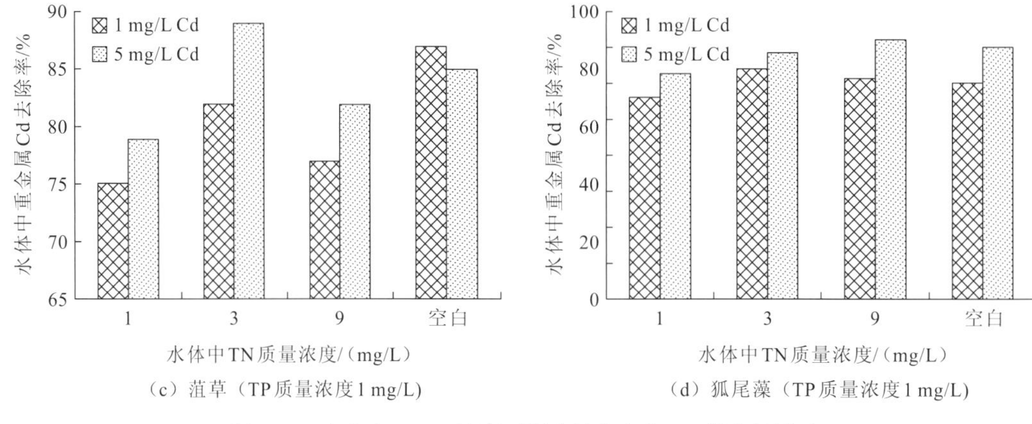

图 3.18 水体中 N、P 浓度对沉水植物富集 Cd 能力的影响

综合分析认为，P 质量浓度为 3 mg/L 时，菹草对 V、Cr 和 Cd 的去除率达到最大，N 质量浓度为 3 mg/L 时，菹草对 V、Cr 和 Cd 的去除率达到最大；P 质量浓度为 3 mg/L 时，狐尾藻对 V、Cr 的去除率达到最大，N 质量浓度为 3 mg/L 时，对 V、Cr 的去除率达到最大，N 质量浓度为 9 mg/L 时，狐尾藻对 Cd 的去除率达到最大。

通过总结以上试验规律，各个植物在不同 P、N 浓度下的最大重金属去除率如表 3.10 所示。根据 6 种水生植物对重金属总体去除率可以发现，最优水体氮磷浓度范围均不超过 3 mg/L；综合比较 6 种植物对重金属的去除率，发现狐尾藻在总磷质量浓度为 3 mg/L、总氮质量浓度为 1 mg/L 时对 V、Cr 的去除率最大，田字草在总磷质量浓度为 1 mg/L、总氮质量浓度为 9 mg/L 时对 Cd 的去除率达到最大。

表 3.10 不同水生植物的最大重金属去除率及其相应的 N、P 组合浓度

植物种类	TP 质量浓度/(mg/L)	TN 质量浓度/(mg/L)	V 去除率/%		Cr 去除率/%		Cd 去除率/%	
			1 mg/L	5 mg/L	1 mg/L	5 mg/L	1 mg/L	5 mg/L
菖蒲	1	9	38	58	64	69	70	73
芦苇	1	9	44	59	56	60	73	80
睡莲	1	3	60	75	61	75	83	89
田字草	1	9	51	64	69	79	85	91
菹草	1	3	52	63	69	78	82	89
狐尾藻	3	1	69	71	72	74	80	86

菖蒲、芦苇、田字草均在 P 质量浓度不超过 1 mg/L、N 质量浓度不低于 9 mg/L 时，对重金属 V、Cr、Cd 的去除率达到最大；睡莲、菹草均在 P 质量浓度不超过 1 mg/L、N 质量浓度在 1～3 mg/L 时，对重金属 V、Cr、Cd 的去除率达到最大；狐尾藻在 P 质量浓度在 1～3 mg/L、N 质量浓度在不超过 1 mg/L 时，对重金属 V、Cr、Cd 的去除率达到最大。

3.3　水生植物搭配模式优选及其富集重金属特性

3.3.1　不同水生植物搭配模式优选及其对重金属的富集能力

1. 挺水植物组合对水体中重金属的去除效果

挺水植物的根或根茎生长在水的底泥之中，茎、叶挺出水面，分布于 0.0～1.5 m 的浅水处，有的种类生长于潮湿岸边。其中，芦苇、香蒲等有忍耐高浓度重金属和富集重金属的能力。结合文献中富集重金属的先驱植物和现场优势植物种类，选取挺水植物菖蒲、芦苇、空心莲子草，以棵数作为搭配比例，设置三组试验。表 3.11 为挺水植物搭配具体比例。

表 3.11　挺水植物组合搭配比例　（单位：棵）

项目	空心莲子草	芦苇	菖蒲
组合 A	10	5	5
组合 B	5	10	5
组合 C	5	5	10

图 3.19 为试验周期 21 d 内三种挺水植物组合对水体中 Cd、Cr、V 的去除率随时间的变化趋势。

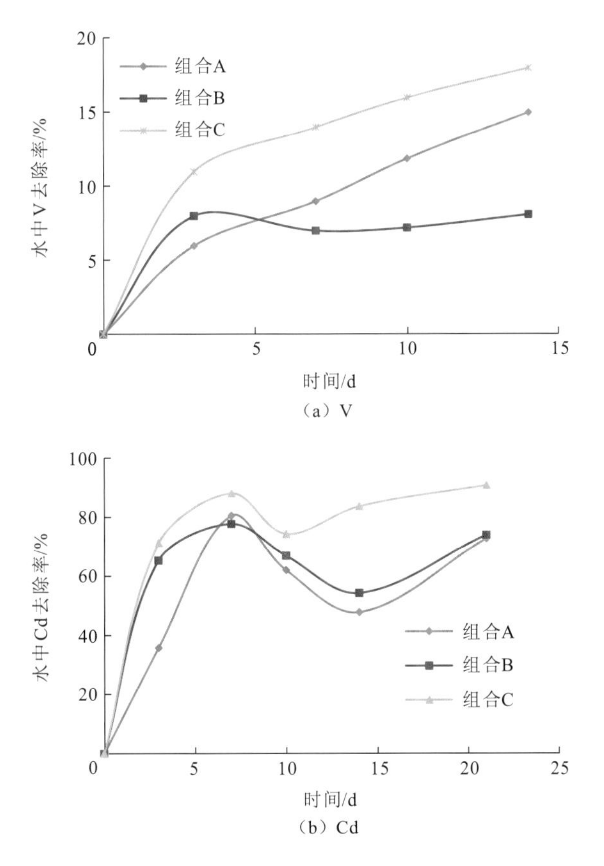

（a）V

（b）Cd

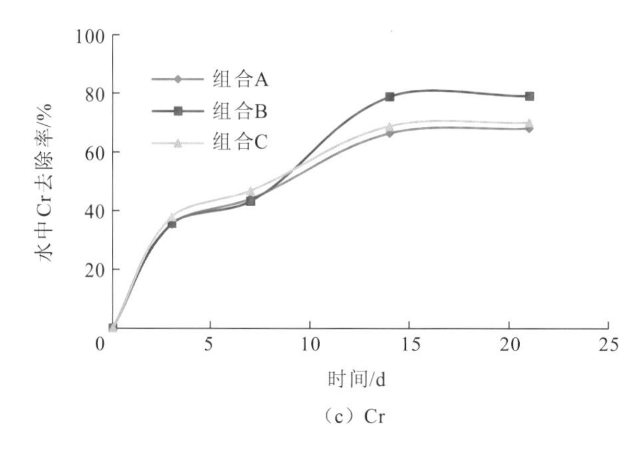

（c）Cr

图 3.19　不同挺水植物搭配模式对水体中重金属的去除率

图 3.19 结果表明，三种挺水植物的搭配模式对水中 V 的去除有很大差别，其中组合 C 的去除效果最好，组合 B 的去除效果最差；21 d 结束后去除率分别为 21%、11%。试验 21 d 后组合 C 的 Cd 去除率远高于组合 B、组合 A，达到 90.8%，而组合 A、B 对 Cd 的去除率分别为 72.8%、74.0%。图 3.19（c）数据显示，21 d 后组合 B 对 Cr 的去除率达到了 79.0%，明显高于组合 A、C（68%、70%）。

分析发现：在试验开始第 3 d 植物搭配组合 B 对 V 的去除速率开始减慢，组合 A、C 在试验周期内一直保持缓慢的匀速吸附速率。挺水植物搭配在试验开始的 6 d 内对 Cd 去除速率很快；在试验开始的 6～15 d 内去除率减小。图 3.19（c）显示了试验周期内三种组合对水中 Cr 的去除率随时间的变化趋势一致，在试验第 15 d 之后去除速率基本不变。

图 3.20 显示了挺水植物组合对三种重金属中 Cd 的去除效果最好，而对 V 去除率较低。21 d 后，组合 C 对水中三种金属的复合去除率最高，尤其是对 V、Cd 的去除效果要明显高于其他两种组合；组合 B 对水中 Cr 的去除效果最高，但是对水中 V 的去除率明显低于其他两种组合。

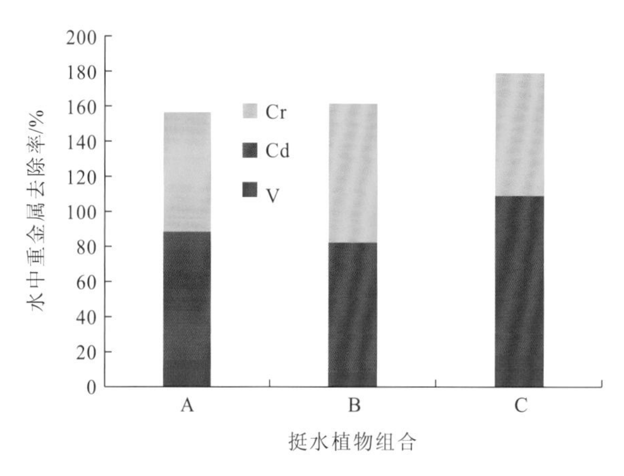

图 3.20　不同挺水植物组合对 3 种重金属的去除效果对比图

2. 浮水植物组合对水体中重金属的去除效果

浮水植物为漂浮在水中生长或根固定在水底，叶浮在水面的高等水生植物。本试验选取三种浮水植物睡莲、菱、凤眼蓝进行组合。睡莲有较大的种根，凤眼蓝则轻而根须发达，因此单位水面面积的浮水植物质量差异较大，因此浮水植物以棵数作为搭配比例。表 3.12 为浮水植物搭配具体比例。

表 3.12　浮水植物组合搭配比例　（单位：棵）

项目	凤眼蓝	菱	睡莲
组合 D	1	1	1
组合 E	2	0	2
组合 F	0	2	2
组合 G	2	2	0

图 3.21 为试验周期 21 d 内四种浮水植物组合分别对水体中 Cd、Cr、V 的去除率随时间的变化趋势图。

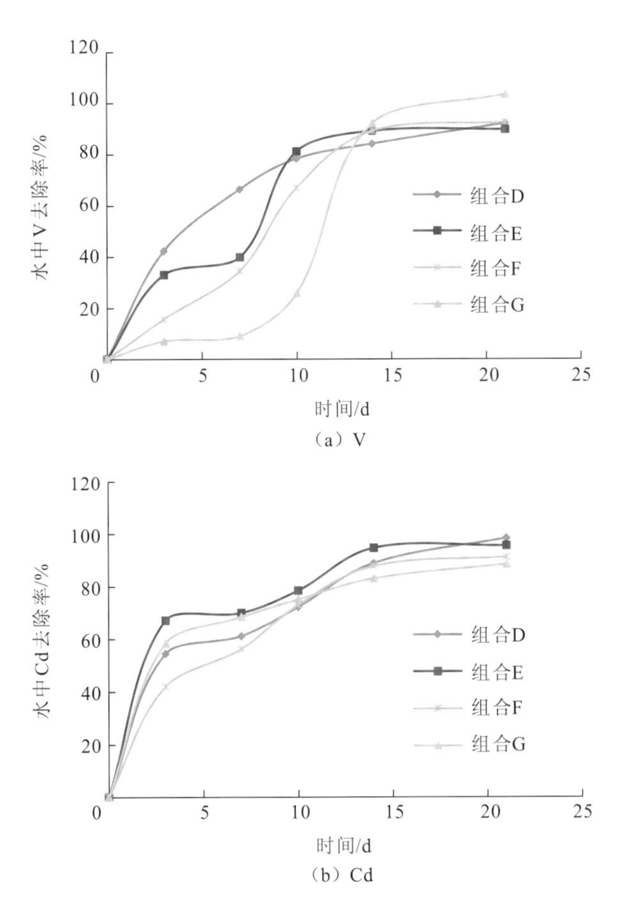

（a）V

（b）Cd

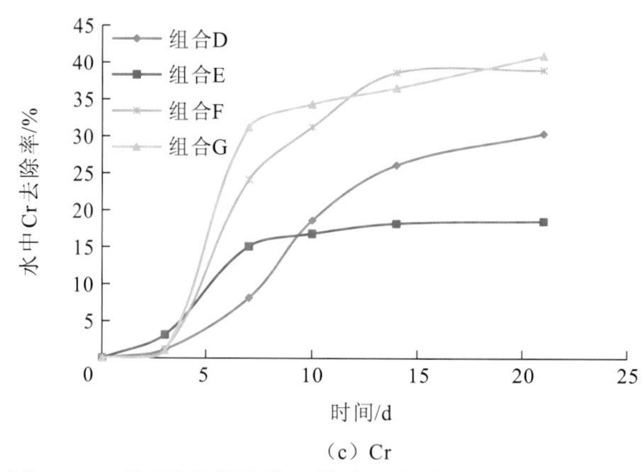

（c）Cr

图 3.21 不同浮水植物搭配模式对水体中重金属的去除率

图 3.21 表明，试验周期结束后浮水植物组合 G 对 V 的去除率最高达到了 43.1%，组合 D、E、F 对水中 V 的去除率均在 38%左右。4 种组合对水中 Cd 去除率从大到小依次为 D>E>F>G，其中组合 D 对水中 Cd 的去除率达到了 98.4%。浮水植物组合对 Cr 的去除率结果表明，组合 G 的 Cr 去除率最高，达到了 40.0%；组合 E 的 Cr 去除率最低，为 18.5%。

从趋势分析，在试验开始第 3 d 植物组合对 Cd 的去除速率开始减慢，15 d 后去除率基本不变。浮水植物组合 D、E、F 在试验第 15d 对水中 V 的去除速率减小，而在试验第 10 天组合 G 对水中 V 的去除率开始趋于稳定；图 3.21（c）表明，在试验第 7 d 组合 E 对 Cr 去除率基本不变，组合 G 对 Cr 的去除速率减缓，组合 D、F 在试验第 15 d 去除速率减小。

图 3.22 显示了 4 种浮水植物组合的总去除率，并对比出了每种组合对三种金属的去除效果。4 种浮水植物组合对水体中 Cd 去除效果最好，对 V 去除效果最差。浮水植物组合 E 相对其他三种组合对水中 V、Cd、Cr 的总去除率较小，其中组合 F、G 对 V 的去除效果较好，因此浮水植物组合 F、G 可用于修复钒含量较高并伴有重金属 Cr、Cd 的污染河段；组合 G（菱与睡莲水面比 1∶1）对 Cd 的去除效果较好，可适用于 V 含量较低而 Cd 含量较高的污染河段。

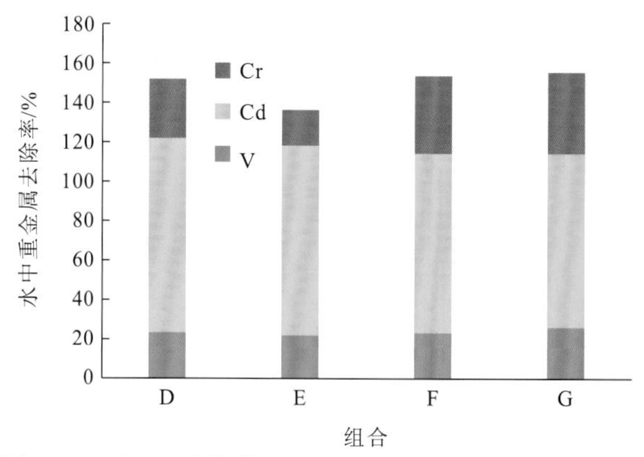

图 3.22 不同浮水植物组合对 3 种重金属的去除效果对比图

3. 沉水植物组合对水体中重金属的去除效果

沉水植物是指植物体全部位于水层下面营固着生活的大型水生植物，这类植物的各部分都可以吸收水和养料，叶子呈带状或丝状。沉水植被是湖泊生态系统的重要组成部分，不仅对湖泊生态系统结构和功能有十分重要的影响，而且可净化污染改善湖泊水环境质量。

本试验选取沉水植物狐尾藻、黑藻、伊乐藻、田字草 4 种植物搭配，每箱的植物质量为 40 g，按照质量设置比例（表 3.13）。

表 3.13　沉水植物组合搭配比例　（单位：g）

项目	狐尾藻	伊乐藻	黑藻	田字草
组合 H	8	8	8	16
组合 I	8	8	16	8
组合 J	8	16	8	8
组合 K	16	8	8	8

图 3.23 为四种沉水植物搭配组合对水中重金属 V、Cd、Cr 的去除效果。图 3.24 为沉水植物组合 21 d 对水中三种复合重金属的总去除率。

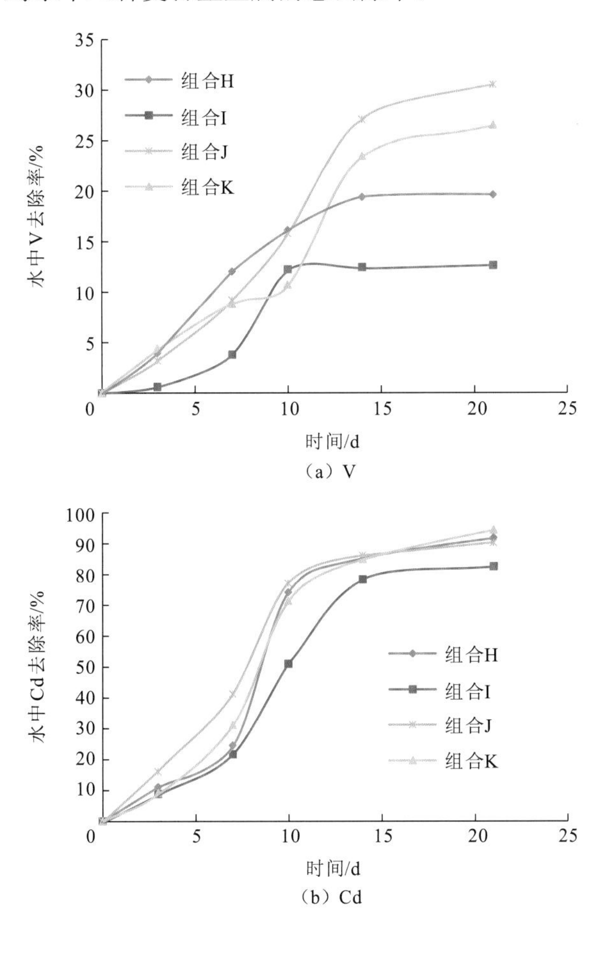

（a）V

（b）Cd

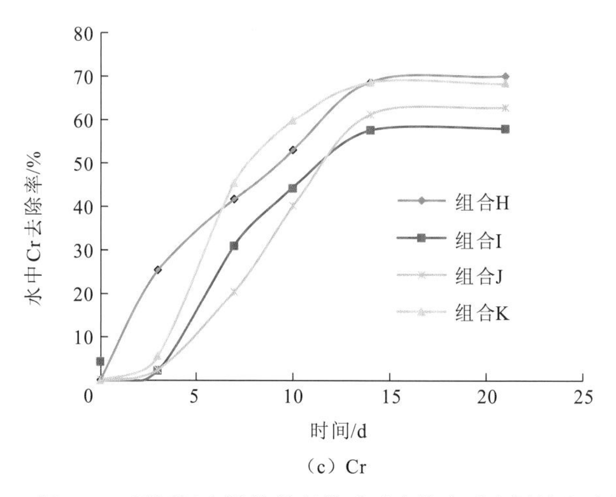

（c）Cr

图 3.23　不同沉水植物搭配模式对水体中重金属的去除率

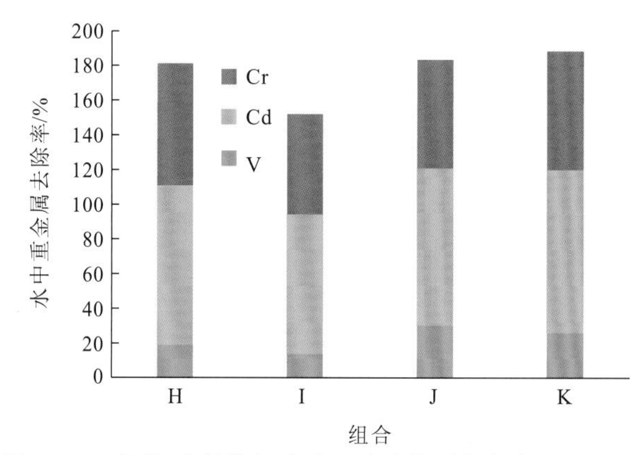

图 3.24　不同沉水植物组合对 3 种重金属的去除效果对比图

图 3.23 的数据显示出，沉水植物组合对 Cd 的去除效果较好，且组合间差异性不大；试验周期结束后组合 H、I、J、K 对 Cd 的去除率分别为 91.6%、82.2%、90.3%、94.2%。沉水组合对 Cr 的去除效果顺序为 H＞K＞J＞I，去除率依次为 70.1%、68.3%、63%、58.17%。四种组合对水中 V 的去除率均不高，从大到小依次为 30.6%（J）＞26.5%（K）＞19.6%（H）＞12.6%（I）。综上，同时对三种金属有较高去除率的是以种植伊乐藻为主的沉水植物组合 J。

从趋势上分析，V 去除率变化趋势显示，沉水植物组合 H、J、K 均在试验第 12 d，去除率开始出现平稳，组合 I 在试验第 9 d 去除率已经趋于不变。而 Cd 去除率则出现相反的现象，沉水植物组合 H、J、K 去除率均在试验第 9 d 开始减缓，组合 I 去除率曲线在第 12 d 才趋于平缓。图 3.23（c）显示，沉水植物组合均在试验前 15 d 对水中 Cr 的去除速率较快，而 15 d 后趋于稳定。

图 3.24 显示 4 种沉水植物组合对复合重金属的总去除率，并对比每种组合对水中三种金属的去除效果。发现沉水植物组合 J 相对其他三种组合对水中 V、Cd、Cr 的总去除率最高。

对比挺水植物组合、沉水植物与浮水植物组合对水中重金属去除效果可知：挺水植物、浮水植物对水中Cd均有较高的去除率，最优组合的Cd去除率均可达到95%以上。三种植物组合对水中的V去除率均较低，其中浮水植物组合的V去除能力（去除率35%～45%）较优于挺水植物组合（去除率8%～20%）与沉水植物组合（去除率13%～30%）。挺水植物组合对Cr去除率（60%～80%）显著高于沉水植物组合（60%～70%）和浮水植物组合（15%～40%）。

水生植物沉水、浮水、挺水组合筛选试验得出：挺水植物组合C（菖蒲、芦苇与空心莲子草质量比2∶1∶1）对水中三种金属的复合去除率最高，试验21 d后水中V、Cd、Cr的去除率分别为18%、95.1%、70%。以种植伊乐藻为主的沉水植物组合J同时对三种重金属有较高去除率，21 d后Cd、Cr、V去除率分别达到了90.3%、63%、30.6%。以凤眼蓝、菱种植为主的浮水植物组合G对水中三种重金属去除效果最佳，21 d后对V、Cd、Cr的去除率分别达到43.1%、91.3%、40.0%。

4. 沉水、浮水、挺水植物垂直搭配模式

根据已筛选出的最佳挺水、浮水、沉水植物搭配，进行单位面积内植物比例搭配研究，筛选最佳搭配比例并验证水生植物搭配对重金属去除效果。试验以水面面积为设置标准进行三种比例的搭配研究。其中A′、B′、C′三组沉水∶浮水∶挺水搭配比例（种植面积比）分别为2∶1∶3、3∶2∶1、1∶3∶2，试验结果如图3.25所示。

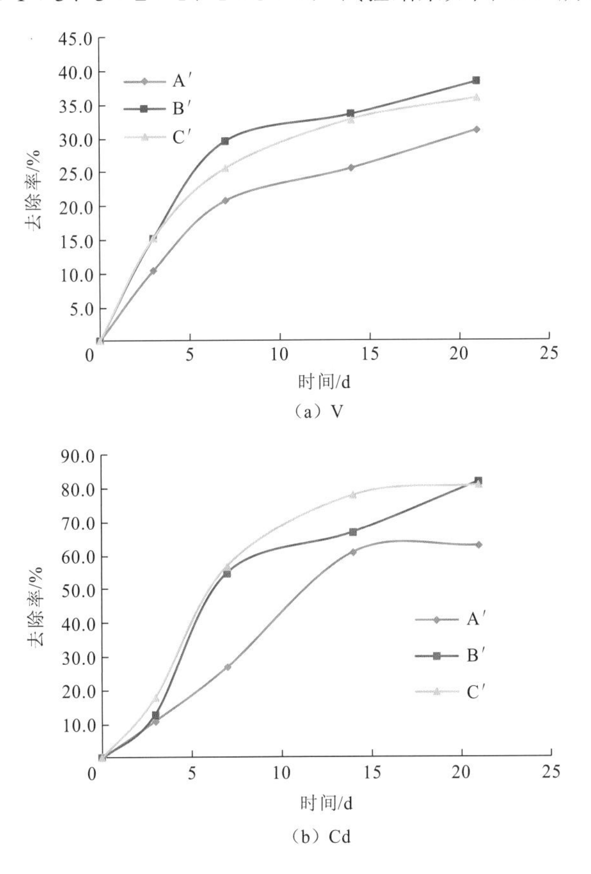

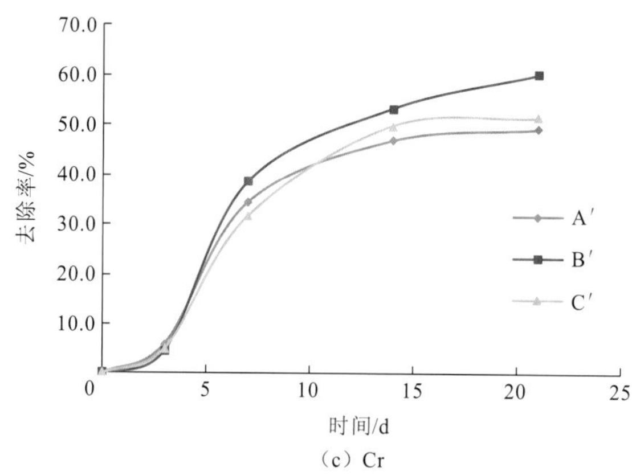

（c）Cr

图 3.25　不同水生植物垂直搭配模式对水体中 V、Cd、Cr 的去除率

由图 3.25 可知，试验 21 d 后，搭配比例 B′组植物对水中 V、Cr 去除率高于其他两组搭配比例，分别达到了 38.4%、60.1%；而搭配 A′和 C′的水中 V 的去除率分别为的 31%、36%，Cr 去除率分别为 49%、51%。植物搭配 B′、C′对水中 Cd 的去除率差异不大，分别为 83%、81%；搭配 A′的 Cd 的去除率相对最小，为 63%。三种搭配的 V 的吸附速率从试验第 7 d 均开始减缓；搭配 A′和 C′的 Cd 去除率曲线也在第 7 d 趋于平缓，而搭配 B′处于上升趋势。在试验第 15 d，搭配 A′和 C′的 Cr 去除率开始平缓，而搭配 B′的去除率仍有明显增加。

综合分析认为，沉水∶浮水∶挺水搭配比例为 3∶2∶1 的 B′组对水中重金属 V、Cd、Cr 去除效果最好，21 d 对 V、Cr、Cd 去除率分别达到了 38.4%、60.1%、83.0%。

3.3.2　河道水文与水质对水生植物去除水体重金属的影响

在水生生境中，水文因子常常是影响水生植物生存的主要因子，如水位通过改变净光能合成直接影响水生植物；通过改变底泥特性、水体透明度、风浪的作用而间接影响水生植物。适度的水位波动有利于植物物种多样性的提高，是决定水生植物分布、物种结构和生物量的重要因素。在流动水体中，水生植物还会受水体波动作用及水流等多因素的影响；单向性的水流所产生的机械应力对水生植物的结构与分布都有重要的影响。

1. 河道水质营养条件

水生植物生长需要有适宜营养物质浓度，过高或过低的氮磷浓度变化会导致水生植物的生理变化。但关于氮磷浓度对水生植物生长影响的文献并不多见，尤其是含重金属的水体中氮磷的影响研究更为少见。

为研究营养条件对水生植物最佳垂直搭配模式下对富集重金属效果的影响，设计了 4 种营养浓度，分别为富营养条件、1/10 霍格兰溶液浓度（筛选试验用浓度）、地表Ⅱ类水标准、朝北河河流浓度（河水实际水质）。图 3.26 为不同营养条件下水生植物组合对 V、Cr、Cd 去除率随时间的变化结果。

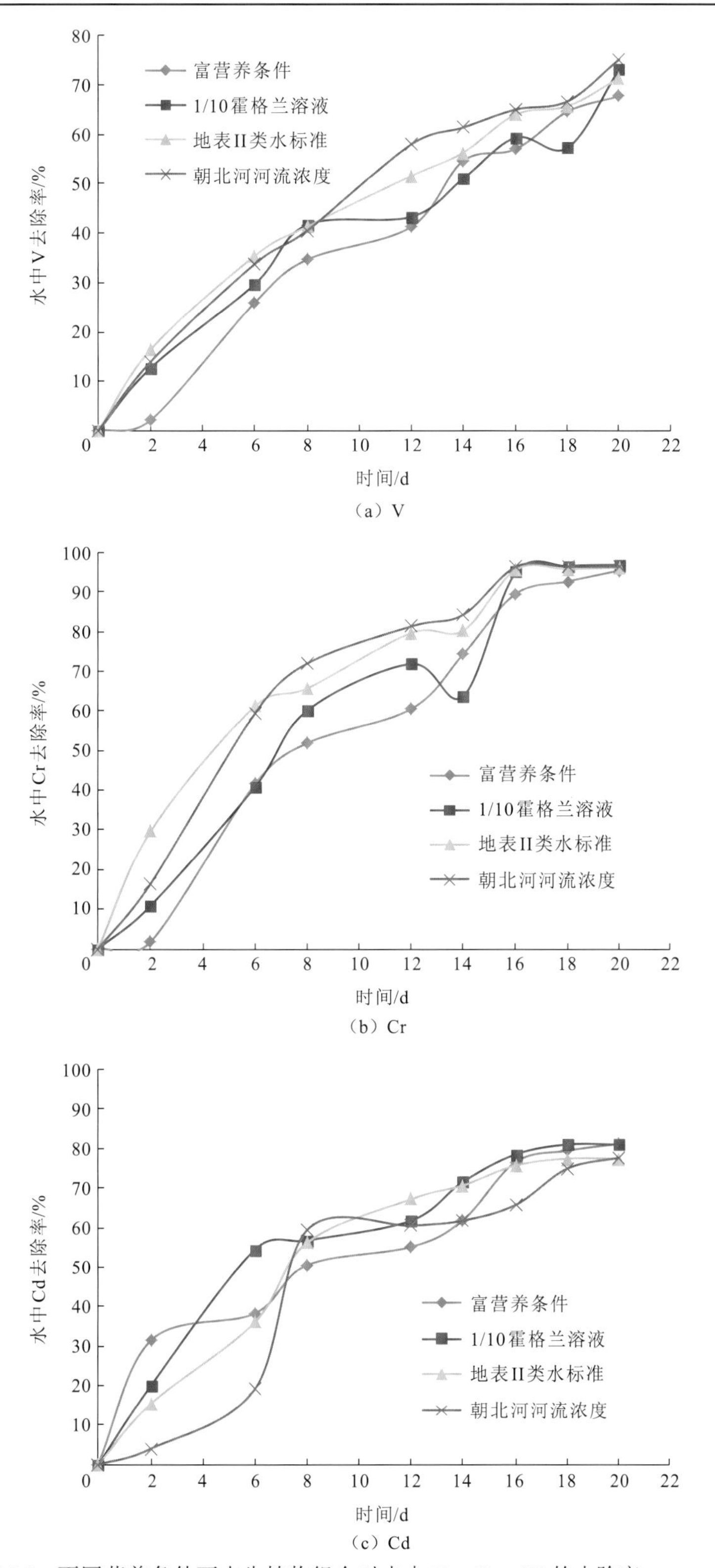

（a）V

（b）Cr

（c）Cd

图3.26　不同营养条件下水生植物组合对水中V、Cr、Cd的去除率

在较低氮磷浓度的地表II类水标准、朝北河营养条件下培养的水生植物，对V的去除效果明显优于高氮磷浓度的两组，尤其是富营养条件培养下的植物组合对V的去除率最低（67.7%）。试验20 d后，按照氮磷浓度从大到小，水中V的去除率依次为：67.7%、73.1%、71.3%、75.1%。

由图3.26（b）可知，试验开始的第16 d，所有营养试验组的Cr去除率均达到96%左右。在较低氮磷浓度的地表II类水标准、朝北河营养条件下培养的水生植物在试验前半期（0～15 d）对Cr的去除效果明显优于较高氮磷浓度的两组，说明在低浓度营养条件下培养的植物更快达到对水中Cr的吸附饱和。

试验初期阶段（0～6 d）高浓度氮磷营养条件的Cd去除率显著高于低浓度，试验开始8 d后植物的Cd速率均趋于平缓，在试验20 d后，各组植物对水中Cd的去除率大小顺序为：富营养条件（81.1%）＞1/10霍格兰溶液（80%）＞朝北河河流浓度（77.6%）＞地表II类水标准（76.4%）。

2. 河道水位

在自然生境中，水位很少保持不变，面对这种动态条件，植物通常会产生形态可塑性及改变地下生物量和地上生物量的分配方式确保生存；对于整个群落而言，水位变动产生的影响也很显著。水位改变不仅会影响植物生理生态的变化，对于整个水生群落的演变也有巨大的影响。

考虑正常河流在丰水期、枯水期等时段的水位差异进行水位条件影响试验。在实验室设置15 cm（L组）、20 cm（M组）、30 cm（N组）三种水位进行研究，并根据水量不同调整植物量，种植密度为150 g（植物鲜重）/10 L（水量）。

图3.27为不同水位条件下水生植物对水中V、Cr、Cd的去除率随时间变化图。水位对水生植物生长影响较大在试验15 d后，低水位试验组出现腐烂现象。图3.27显示出水位对V、Cr的去除速率影响较大，不同水位间有显著差异，对Cd没有明显变化。试验周期结束时水位最高的N组对水中三种金属的去除率最高。较高水位的组合N（30 cm）在试验第7 d去除率曲线开始平缓。而组合L和组合M的V、Cr去除率曲线在试验第14 d仍保持着同样速率的上升趋势，Cd去除率曲线在第3 d呈现下降趋势。说明在较低水位的植物组合对V和Cr未达到吸附极限，而对Cd的富集已达到上限。去除率最高的组合N对水中V、Cr、Cd的去除率依次为72.6%、85.9%、80.1%。

研究发现水位条件对水生植物的生长及重金属富集影响很大。高水位下的水生植物组合对重金属富集量明显高于低水位，而低水位下的水生植物在试验后期出现了严重腐烂现象，魏华等（2010）的研究也说明了这个现象；对于不同生活型的植物而言，水位影响其生物量的机理是不一样的，水位直接地影响挺水植物群落的生物量。通过减少光照强度间接地影响沉水植物群落生物量，对于同种植物，水位的变动能改变地下生物量和地上生物量的分配比例；例如挺水植物随着水位的增加，茎重在整株生物量中的比例上升，地下部分比例就会降低；分配到根和根状茎的生物量降低，在风浪的作用下更容易被连根拔起。

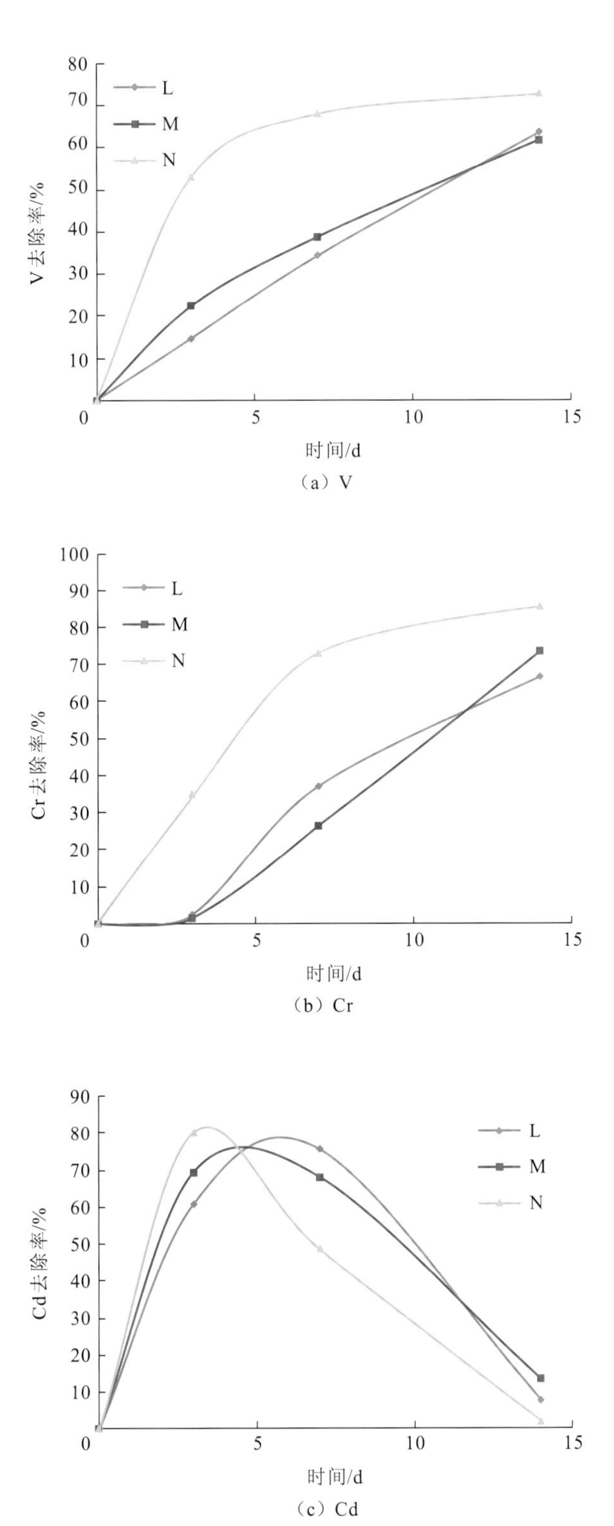

图3.27　不同水位下水生植物组合对水中V、Cr、Cd的去除率

3. 水体流速

不同的水体流速不仅会影响植物正常的新陈代谢、生殖繁衍，还会造成植物富集重金属的停留时间发生变化。河流湖泊中，植物对水流结构、沉积物再悬浮及污染物迁移规律具有显著影响。大量研究发现，水生植物会对河流的紊动特性产生直接影响，植物对水流剪切应力、紊动强度的影响程度与植物密度及相对高度有关。本试验研究了不同水流速度对水生植物富集重金属的影响。

在实验室条件下设置三种流速进行研究，试验时间为 1 h。试验进水经三级串联植物组合，使用 30 cm×40 cm×20 cm 的试验箱，每组水量为 10 L，并装有植物 150 g。在试验开始及结束时分别取进水、出水水样。表 3.14～表 3.16 分别为三种流速下出水 V、Cr、Cd 试验前后浓度变化及植物对重金属的去除效果。

表 3.14　流速（15 L/h）对水生植物去除重金属的影响

项目	V	Cr	Cd
设计浓度/（μg/L）	300	60	10
起始浓度/（μg/L）	320	55.1	9.3
结束浓度/（μg/L）	310.2	54.75	8.21
去除率/%	2.75	0.64	11.7
绝对去除量/μg	88	3.5	10.86

表 3.15　流速（7.5 L/h）对水生植物去除重金属的影响

项目	V	Cr	Cd
设计浓度/（μg/L）	300	60	10
起始浓度/（μg/L）	370	56.4	12.1
结束浓度/（μg/L）	320	54	10.98
去除率/%	13.5	2.8	11.2
绝对去除量/μg	500	16	9.2

表 3.16　流速（4 L/h）对水生植物去除重金属的影响

项目	V	Cr	Cd
设计浓度/（μg/L）	300	60	10
起始浓度/（μg/L）	344.3	67.3	11.0
结束浓度/（μg/L）	311.0	55.7	8.5
去除率/%	9.7	17.3	24.9
绝对去除量/μg	333	116.4	24.8

试验结果表明较快流速的试验组（15 L/h）对 V、Cr、Cd 的绝对去除量最小，分别为 88 μg、3.5 μg、10.86 μg。流速较慢的试验组（4 L/h）对 Cr、Cd 的绝对去除量最大，分别为 116.4 mg、24.8 mg。试验组（7.5 L/h）对 V 的绝对去除量最大，为 500 μg。

在 15 L/h、7.5 L/h 流速条件下，水生植物组合对 Cd 绝对去除量相差不大，分别为 10.86 μg、9.2 μg，而在最慢的流速 4 L/h 高达 24.8 μg；Cr 绝对去除量随着流速减慢而增加，在最快流速的流速 15 L/h 中 V 的绝对削减量（88 μg）明显低于其他两组（330 μg、500 μg）。

4. 水体溶解氧

水体中氧气含量的多少通常用溶解氧（dissolved oxygen，DO）来表示。一般认为，水体溶解氧质量浓度在 8.0～14.0 mg/L。当溶解氧质量浓度在 2 mg/L 以下时，水体为低氧或缺氧，溶解氧为 0 时，水体为无氧。水体中溶解氧的多少在一定程度上影响了生活在其中的动植物。

在实验室进行三种溶解氧浓度试验：2 mg/L、5 mg/L、7.8 mg/L。实验室条件下，溶解氧可维持在 5 mg/L，通过每天曝气 2 h 可使溶解氧达到 7.8 mg/L。在试验箱加上透明塑料罩（置透气孔一个，直径 5 cm）以隔绝氧气交换，使水中溶解氧质量浓度为 2 mg/L。图 3.28（a～c）分别为不同溶解氧条件下水生植物对水中 V、Cr、Cd 的去除率随时间变化图。

试验结果表明，溶解氧浓度对 Cd 去除量影响最大，其次为 V；并且对三种重金属的吸附速率都有显著影响。

试验前期，低溶解氧时植物对重金属的去除速率最快，富溶解氧时最慢。在试验第 16 d，Cd 去除率曲线开始趋于平缓，第 16 d Cr 的去除率达到最大值，第 10 d V 去除率上升开始加快。试验周期结束时各溶解氧条件的水样 Cd 浓度无较大差异，均在 95%以上。溶解氧质量浓度为 5 mg/L 时，V 去除率最大，为 35%，其次是 2 mg/L（29%），7.8 mg/L（26.5%）。试验周期结束后（21 d），Cr 的去除率从大到小依次为 7.8 mg/L（82.6%）＞2 mg/L（76.82%）＞5 mg/L（55.6%）。

国内外学者的研究表明水生植物在水体缺氧环境时，往往是通过加速通气组织的分化来完成植物体与外界的氧气交换，或是通过自身合成一种厌氧蛋白，使其在缺氧环境下能够进行一定程度的呼吸作用。植物的这些结构变化可能是形成上述试验结果的原因，以及在低氧浓度时植物富集重金属能力反而更好。通气组织的增加可能会使重金属离子更容易进入植物细胞。

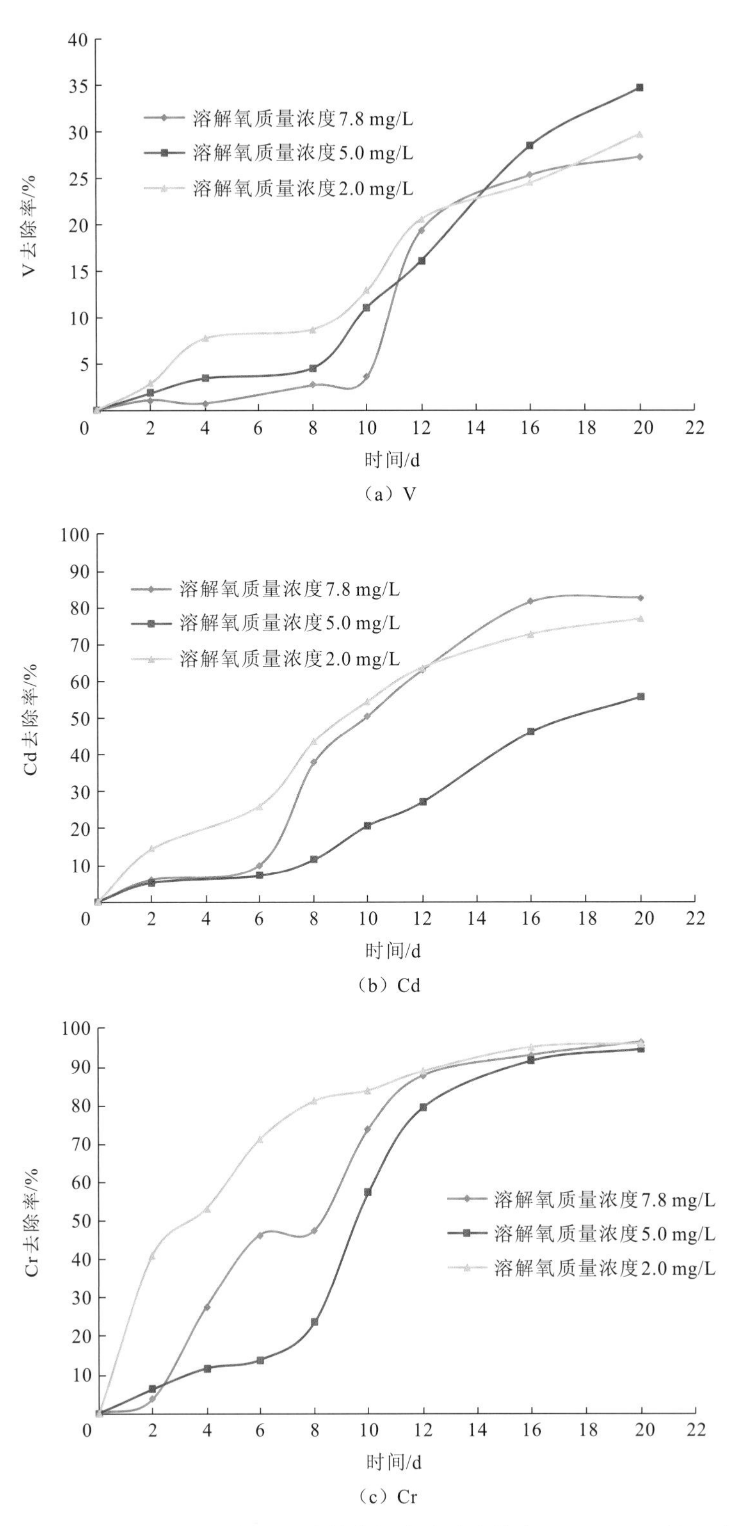

图 3.28 不同溶解氧对水生植物组合去除水体中 V、Cd、Cr 的影响

5. 动态条件下水生植物搭配对水体重金属去除效果

为了模拟河流水体流动条件下水生植物对重金属的去除效果，在实验室进行了动态模拟试验。流速为 90 L/d，以 45 L 为一次循环水量，取出水作为进水循环至试验植物组，每次循环结束后在出水处取水样。图 3.29 分别为动态条件下水生植物搭配对地表径流出水中重金属 V、Cd、Cr 的去除效果。22 d 后植物搭配对水中 V、Cd、Cr 的去除率依次为 55.0%、83.5%、61.3%。

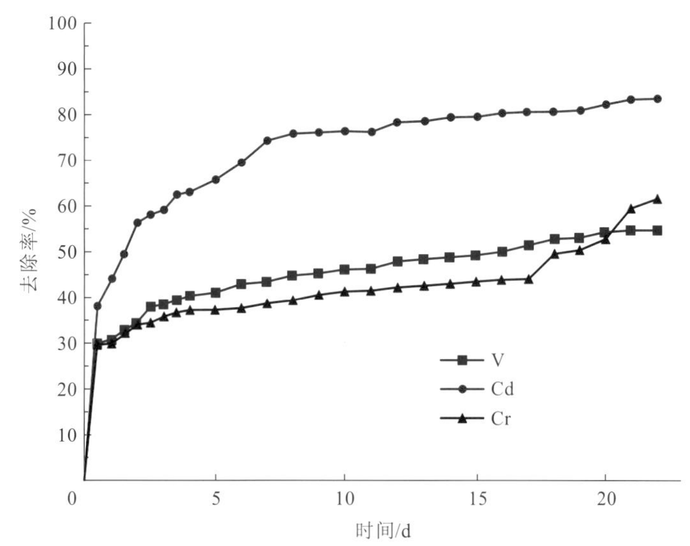

图 3.29　动态条件下水生植物搭配对 V、Cd、Cr 的去除效果

表 3.17 为试验周期开始与结束后三种重金属浓度与地表 II 类水标准对比结果表，结果发现，V、Cd、Cr 经过动态 22 d 处理后去除率均超过 50%，并达到 II 类地表水标准。

表 3.17　出水重金属浓度与地表 II 类水标准对比表　（单位：mg/L）

项目	Cd	Cr	V
开始时浓度	0.008	0.040	0.10
结束时浓度	0.001	0.015	0.045
地表 II 类水标准	0.005	0.050	0.050（饮用水标准）

3.3.3　水生植物搭配对重金属的富集机理

1.　水生植物组合富集重金属的速率

随着重金属在植物中累积，金属离子产生的斥力增强，游离重金属离子进一步深入微孔内部的阻力增加。因此要达到吸附饱和需要的时间比较长。以上是吸附剂的一般性质，但是活体生物吸附剂还存在生物富集这一特性（Zheng et al., 2012; Pratas et al., 2012;

Sato et al.，2003）。植物的重金属富集水平与其生长环境的重金属浓度相关性较明显，环境背景中重金属含量越高，植物富集重金属的含量也越高。但当环境中的重金属含量超过一定限度时，植物中重金属含量也将达到一定限度而不再增加。

为研究水生植物组合富集重金属的速率及吸附能力，设置了 42 d 即三个周期的试验。每周期结束后重新配水，以保持周期开始时植物组合均在相同重金属浓度下进行试验，并在周期间测试对 V、Cr、Cd 的去除率，以分析在各周期间三种金属去除速率的变化。图 3.30 为三个周期内水生植物对 V、Cr、Cd 的去除率曲线。

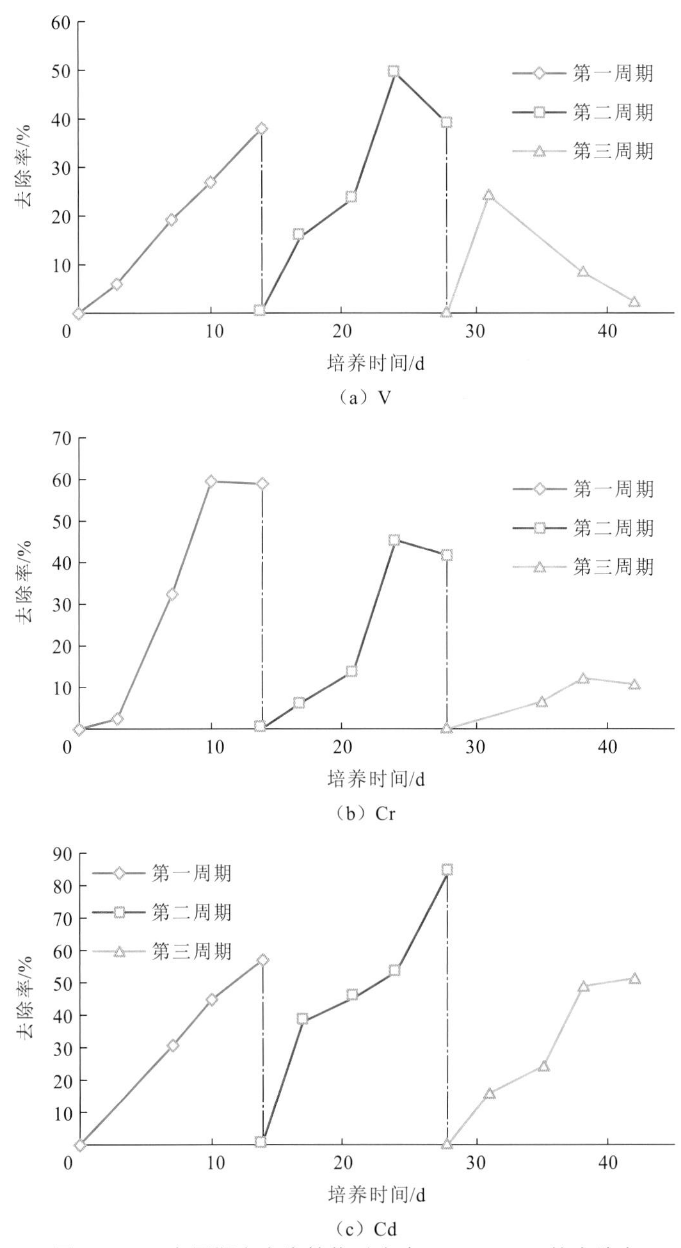

图 3.30 三个周期内水生植物对水中 V、Cr、Cd 的去除率

图 3.30（a）所示，第一周期内水中 V 的去除率呈上升趋势，周期结束后水中 V 的去除率达到 38.2%。第二周期前期 V 去除率持续增加，25 d 时去除率最高，为 49.1%；25 d 后出现去除率下降的现象，说明植物向环境中释放 V 离子。第三周期初期（28～32 d）去除率骤然升高达到 24.9%，而在剩下的周期内持续下降，说明组合中植物已不再富集环境中的 V 离子，而是向环境中释放 V 离子。

图 3.30（b）显示出，水中 Cr 去除率在三个周期中均呈上升趋势，但是随着试验周期的进行而逐渐减小。第一周期的 Cr 去除率最高可达到 59.9%，而第二周期的最高去除率为 44.7%，第三周期最高去除率仅为 11.9%。

由图 3.30（c）可知，水中 Cd 去除率在三个周期内均随着时间增加，在第二个周期的 14 d（总试验周期的 28 d）达到最大值，为 84.3%。说明植物组合在三个周期内的对 Cd 的吸附速率先增大后减小。

2. 水生植物组合对重金属的吸附动力学特征

水生植物组合对 V、Cd、Cr 的单位吸附量的计算方法为

$$q_t = (C_0 - C_t) \times V / W \tag{3.1}$$

$$q_{\mathrm{e}} = (C_0 - C_{\mathrm{e}}) \times V / W \tag{3.2}$$

式中：q_t，q_{e} 分别为时间为 t、吸附平衡时的植物组合对金属的吸附量，μg/g；C_0 为初始浓度，C_t、C_{e} 分别为时间为 t、吸附平衡时的重金属质量浓度，μg/L；V 为溶液体积，L；W 为植物样品的鲜重，g。

由图 3.31 可知，在吸附动力学试验中，植物组合吸附 V 在第 9 d 基本达到平衡，在第 11 d 对 Cr、Cd 基本达到平衡。为了研究水生植物组合对 V、Cr、Cd 的吸附过程，采用 Lagergern 一级动力学方程和伪二级动力学方程来拟合吸附过程。

$$\ln(q_{\mathrm{e}} - q_t) = \ln q_{\mathrm{e}} - Kt \tag{3.3}$$

$$t / q_t = 1 / (2K' \times q_{\mathrm{e}}^2) + t / q_{\mathrm{e}} \tag{3.4}$$

式中：K 为一级动力学方程速率常数，min^{-1}；K' 为伪二级动力学方程速率常数，g/（mg·min）。

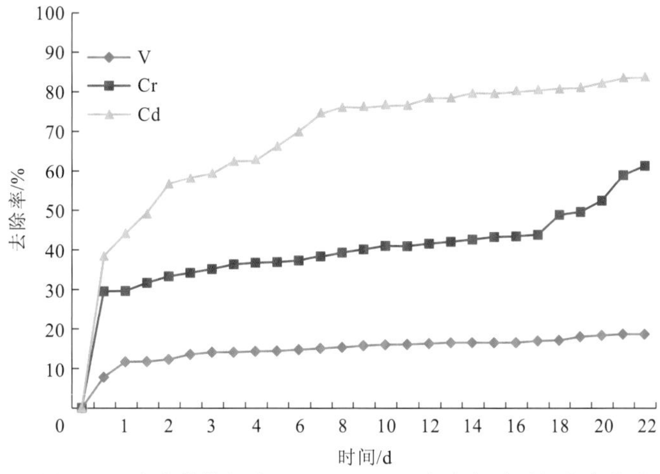

图 3.31　水生植物组合对 V、Cr、Cd 去除率随时间的变化曲线

通常生物吸附采用的是 Lagergern 一级动力学方程表达（于波 等，2015），而本试验中用伪二级动力学方程更符合试验数据，根据方程式拟合出的斜率和截距可求出 K 及 q_e。

表 3.18 的数据表明，描述植物组合对 V、Cr、Cd 的吸附用伪二级动力学方程更合适。用伪二级动力学方程得到的相关系数分别为 0.999 3、0.996 6、0.992 4，比用 Lagergern 一级动力学方程得到的数值更接近 1（0.959 9、0.865 7、0.951 9）。并且使用伪二级动力学方程对 V、Cr、Cd 的吸附平衡时计算得到的期望值更接近实际的数值的吸附量，而一级动力学方程得到的数值误差较大。因此，本试验植物组合对 V、Cr、Cd 的吸附最适用方程为伪二级动力学方程。

表 3.18　植物组合对 V、Cr、Cd 的动力学方程参数

金属种类	q_{exp}	一级动力学方程			伪二级动力学方程		
		q_e	K	R^2	q_e	K'	R^2
V	345	221.36	0.556 8	0.959 9	370.37	2.2×10^{-8}	0.999 3
Cr	396	235.57	0.428 8	0.865 7	400	1.4×10^{-8}	0.996 6
Cd	98	105.01	0.563 7	0.951 9	104.2	1.5×10^{-6}	0.992 4

注：q_{exp} 为试验数值

3. 水生植物组合对水体重金属去除的贡献率

一般认为对重金属的生物吸附机理主要由以下步骤完成：重金属离子→吸附剂固液边界层→吸附剂表面→吸附剂微孔→与活性位点结合从而被去除。如果吸附剂是活体，重金属将会在胞内进行生物富集（Jha et al.，2016；Li et al.，2015）。因植物种类不同，各种水生植物对重金属的吸收能力各有差异（Li et al.，2012）。

试验周期结束后，将植物风干、磨碎、消解，测试其中重金属含量。部分植物按水上部分、水下部分分开消解、测试。其中去除贡献率计算式为

$$R=\frac{C\times M}{M_0}\times100\% \tag{3.5}$$

式中：C 为消解后植物样品中重金属浓度，M 为植物干重，M_0 为水中重金属绝对去除量。

图 3.32 分别为组合中各水生植物对 V、Cr、Cd 的去除贡献比例。图 3.32（a）表明，睡莲和芦苇为富集 V 贡献最大的两种植物，分别占水中 V 总去除量的 39.4%、30.0%。其次，沉水植物狐尾藻占总绝对去除量最高，达到 11.89%。而藻类（黑藻、伊乐藻）的 V 总去除量最少，在组合中仅为 2.1%。这些结果说明生物量大的植物如睡莲、芦苇、狐尾藻对水中 V 去除贡献率较大；而藻类植物虽然单位植物富集量大，但是去除总量不如其他植物高。植物水上、水下部分的 V 含量差异表明：空心莲子草的转运 V 能力较好，转运系数可达 1.31；而菖蒲的转运能力较差，仅为 0.3。

图 3.32（b）数据显示，睡莲、芦苇、狐尾藻这三种生物量相对较大的植物对水中 Cr 去除率最大，在组合中的贡献率依次为 24.29%、21.44%、18.47%。空心莲子草对 Cr 去除率也有较大贡献率，约为 19.0%；并且其转运系数也较高，可达到 1.41。而菖蒲的转

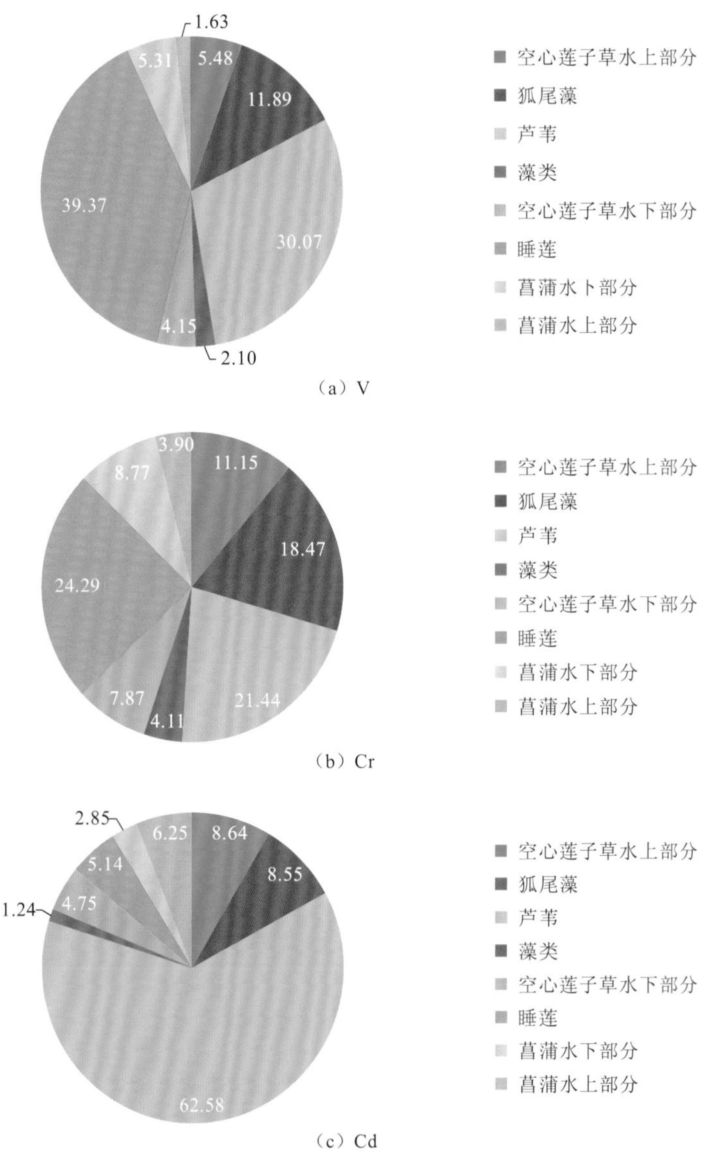

（a）V

（b）Cr

（c）Cd

图 3.32　水生植物组合中各植物对 V、Cr、Cd 的去除贡献率

移系数仅为 0.44，对 Cr 去除的贡献率为 12.67%。

图 3.32（c）结果表明，水生植物组合中对水中 Cd 去除贡献最大的植物为芦苇，而其他植物对 Cd 富集的贡献率均小于 15%。因此，芦苇在植物组合去除水中 Cd 过程中起了主要作用。菖蒲、空心莲子草对 Cd 的转移系数均超过 1，分别为 1.8、2.1。

综上，水生植物可以吸收重金属，并能够积累一定的重金属，且植物对重金属的吸收具有选择性（Samecka-CymermanA et al.，2004）。芦苇在整个水生组合去除 V、Cr、Cd 凸显出很大的贡献，睡莲对 V、Cr 具有较强的贡献率，空心莲子草、菖蒲对 Cd 具有较大的贡献。沉水植物中贡献较大的植物为狐尾藻。说明生物量较大的植物对重金属的绝对去除量较大。

3.4 水生植物与微生物耦合对水体重金属去除特性

3.4.1 水生植物搭配与微生物耦合对水体重金属的去除

由于挺水、浮水和沉水植物和水体的接触状态不同，对水体中污染物的去除效果各异，单一采用很难达到最优的污染物去除效果。因此，研究三种不同类型的水生植物之间最优搭配模式，对于提高水体植物修复效果具有重要意义。

1. 水生植物搭配模式筛选

根据文献中已有报导的对重金属 As、Hg 有较好富集效果的水生植物种类，结合本土优势植物种类和植物个体大小，本试验选取挺水植物三种（芦苇∶香蒲∶菖蒲=1∶1∶1）、浮水植物两种（睡莲∶田字草=1∶5）、沉水植物三种（狐尾藻∶伊乐藻∶黑藻=1∶2∶2）。购买的水生植物在 1/10 的霍格兰溶液中培养两周，使其生长良好。

根据现场河道中 As、Hg 的浓度及地表 II 类水水质标准，确定模拟试验污水为中 As、Hg 的浓度，在 1/10 的霍格兰溶液中加入一定量 NaH_2AsO_4 和 $HgCl_2$ 进行配制，使模拟污水中 As、Hg 质量浓度分别为 80 μg/L 和 1 μg/L。

按照挺水植物、浮水植物、沉水植物的面积比，将三种不同类型水生植物搭配模式分为 A、B、C、D、E、F 共 6 组，其具体的每种搭配模式中三种类型水生植物之间的搭配比例见表 3.19。

表 3.19 水生植物搭配模式表

组别	挺水植物∶浮水植物∶沉水植物
A	3∶1∶2
B	2∶2∶2
C	1∶3∶2
D	2∶1∶3
E	1∶2∶3
F	1∶1∶4

实验用 TH-167 号水箱（48 cm×34 cm×27 cm）6 个，每个水箱配制模拟污染水体 10 L。在每个水箱中放置 1 个面积为 30 cm×20 cm 大小的模拟浮床，每个浮床分为同等大小的 6 块，每块面积为 10 cm×10 cm。根据植物种类和大小的不同，每块 10 cm×10 cm 的面积上若种植同一种植物时，密度分别为挺水植物 3 棵、浮水植物 6 棵、沉水植物 5 棵，见图 3.33。

图 3.33　不同水生植物搭配模式去除水中 As、Hg 试验图

1）不同水生植物搭配模式对水体中 As、Hg 去除效果对比

在静态体系中，当水体中的 As 和 Hg 质量浓度分别为 80 μg/L 和 1 μg/L 时，不同水生植物搭配模式条件下对水体中 As 和 Hg 的去除效果见图 3.34 和图 3.35。结果表明：随着时间的延长，6 组搭配模式下污染水体中 As 和 Hg 的浓度都逐渐降低，去除率随之升高。在 36 d 时 6 组搭配模式下出水中 As 质量浓度分别降到了 22.21 μg/L、7.83 μg/L、34.46 μg/L、11.63 μg/L、20.13 μg/L、16.99 μg/L；Hg 质量浓度分别降到了 0.297 μg/L、0.200 μg/L、0.432 μg/L、0.290 μg/L、0.375 μg/L 和 0.371 μg/L。6 组搭配模式下 As 去除率分别为 72.24%、90.21%、56.93%、85.46%、74.84%和 78.76%，Hg 去除率分别达到 70.32%、79.97%、56.82%、71.03%、62.52%和 62.87%。

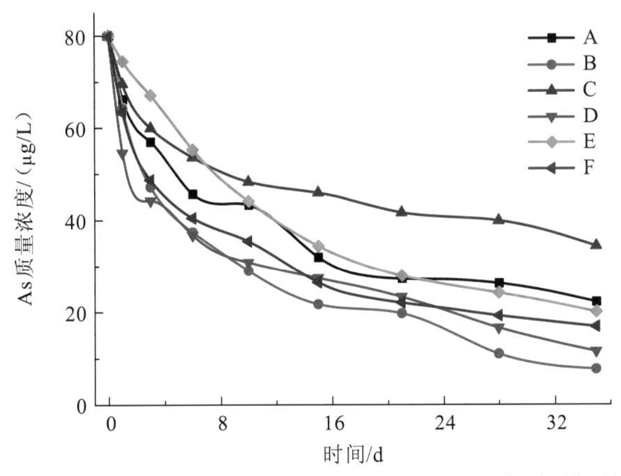

图 3.34　不同水生植物搭配模式下水体 As 浓度随时间的变化

可以看出，挺水植物较少的 C、E、F 组中 As、Hg 浓度下降相对较少，而挺水植物较多的 B、D 组重金属浓度下降最大，说明挺水植物有发达的根系，在富集重金属方面

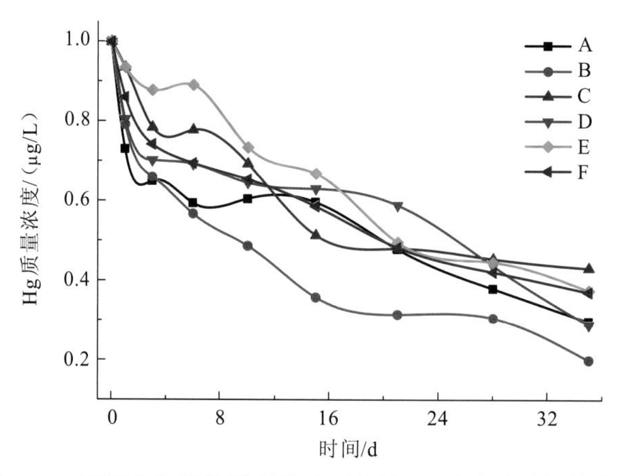

图 3.35　不同水生植物搭配模式下水体 Hg 浓度随时间的变化

还是有比较强的优势。但 B 组中三种类型水生植物较为均匀而效果最好，说明在去除多种重金属时，往往需要多种类型水生植物搭配才能获得最佳去除效果。

2）不同水生植物搭配模式去除重金属效果评价

6 种搭配模式中对 As、Hg 的去除效果有所差异，因此需要对 6 种搭配模式进行综合评价和优选。对多因子的综合评价一般采用多因子评价法，这种方法是基于事物的普遍联系，提取影响事物结果的各个因子并分别给出适宜权重，通过对影响结果进行加权评价并最终得出评价结果的一种方法。其计算式为

$$I=\sum_{i=1}^{n}(P_i \times W_i) \tag{3.6}$$

式中：I 为总评分；P_i 为无量纲化指标值，W_i 为权重值。由于此次评价只涉及 As、Hg 两种重金属，故式（3.6）可以简化为

$$I = P_1W_1 + P_2W_2 \tag{3.7}$$

式中：P_1、P_2 分别为 6 种搭配模式对水体中 As、Hg 的去除率，W_1、W_2 分别为权重值。综合评价结果见表 3.20。

表 3.20　不同水生植物搭配模式去除 As、Hg 评价表

组别	P_1	P_2	I
A	72.24%	70.32%	0.212 9
B	90.21%	79.97%	0.250 2
C	56.93%	56.82%	0.170 6
D	85.46%	71.03%	0.227 5
E	74.84%	62.52%	0.199 9
F	78.76%	62.87%	0.204 5

总体来看，6 种搭配模式的效果顺序为 B 组＞D 组＞A 组＞F 组＞E 组＞C 组。因此，挺水植物、浮水植物和沉水植物在去除污染水体中 As、Hg 的最佳搭配模式为 2∶2∶2。

2. 水生植物与微生物耦合去除水体中 As、Hg

微生物的强化作用是复合生态浮床构建的重要一环。在去除水体中 As、Hg 方面，微生物与不同类型植物之间的耦合效果，对于生态浮床研发及耦合机理研究都至关重要。

本试验在三个容积为 32 L 的并联的整理箱（41.5 cm×30 cm×26.5 cm）中进行，污水的停留时间为 1 d。三个整理箱分别放置单独微生物、单独水生植物、水生植物＋微生物。填料为丝直径 0.45 mm、长 120 mm 的弹性立体填料，填料长度为 25 mm，以 3 行×3 列悬挂在浮床正下方。试验装置示意图如图 3.36 所示。

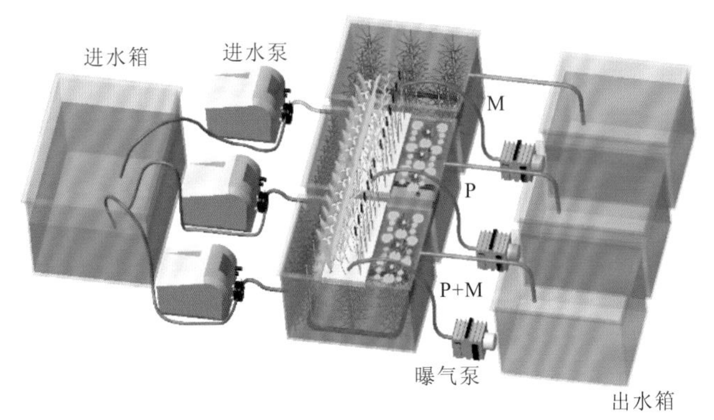

图 3.36　水生植物与微生物耦合去除水体中 As、Hg 试验装置图

图中 P 代表植物，M 代表微生物

挂膜时进水采用生活污水和自来水按 1∶3 混合后加入 NaH_2AsO_4 和 $HgCl_2$，调节 As 和 Hg 质量浓度分别为 100 μg/L 和 1 μg/L。采用“快速排泥挂膜法”，即在微量曝气的条件下，将填料浸入含有重金属的混合污水中静置 6～8 h 后排干，此后每天重复这一过程并使进水水量从小到大逐渐增长，一般半个月左右挂膜成熟，此时肉眼可以观察到填料丝上覆盖了一层黄褐色的黏性物质。通过显微镜观察如图 3.37 所示，可以在生物膜上发现变形虫等原生动物及轮虫、线虫等微型后生动物，说明生物膜活性良好，食物链长，生物相非常丰富。

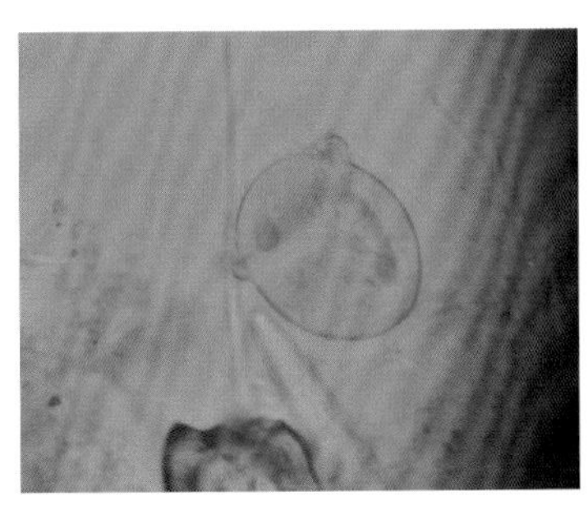

轮虫

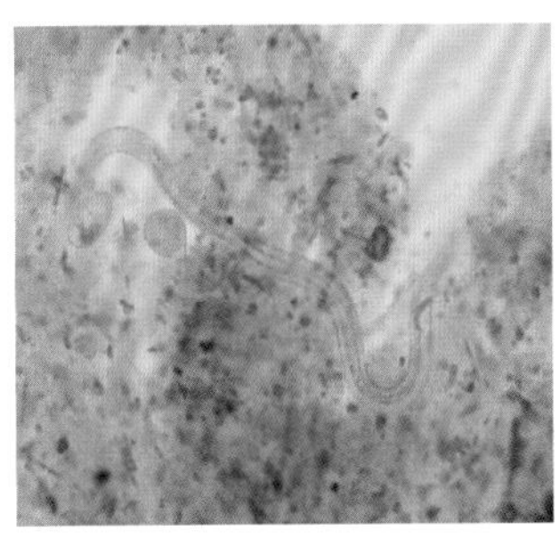

线虫

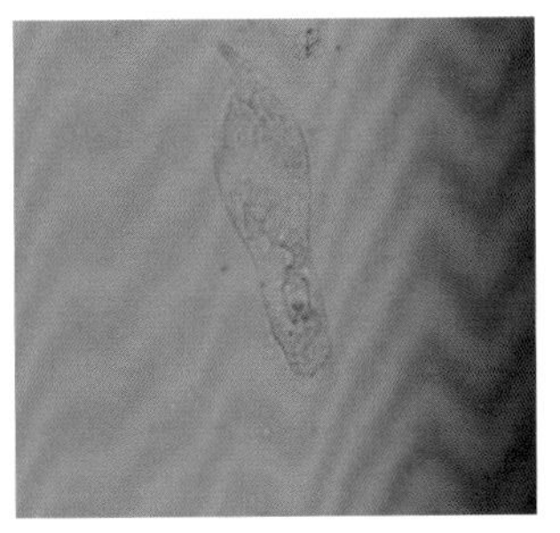

变形虫

图 3.37　生物膜上微生物镜检图

挂膜并驯化成功后分别放入挺水、浮水和沉水植物。选取的植物为经过预筛选并在1/10的霍格兰溶液中培养两周并生长良好的7种植物，两个整理箱中的植物种类和大小相同，分别为挺水植物三种（香蒲10棵、菖蒲10棵、空心莲子草10棵）、浮水植物两种（睡莲4棵、田字草20棵）、沉水植物两种（黑藻20棵、金鱼藻20棵）。挂膜成功、种植植物后，每2 d取样一次水样，周期20 d，通过检测出水中As、Hg浓度，分析不同类型水生植物与微生物耦合去除水体中As、Hg的效果。

1）出水重金属浓度

由图3.38、图3.39可知，当进水As和Hg质量浓度分别为50 μg/L和0.5 μg/L时，随着时间的延长，三个净化体系对As和Hg的去除率都随之升高。20 d时单独微生物、单独植物和植物+微生物三个净化体系出水中As质量浓度分别降到了48.14 μg/L、35.14 μg/L和37.89 μg/L；Hg质量浓度分别降到了0.477 μg/L、0.284 μg/L和0.311 μg/L。三个体系对As的去除率分别达到3.72%、29.72%和24.22%，对Hg的去除率分别达到4.6%、43.2%和37.8%。

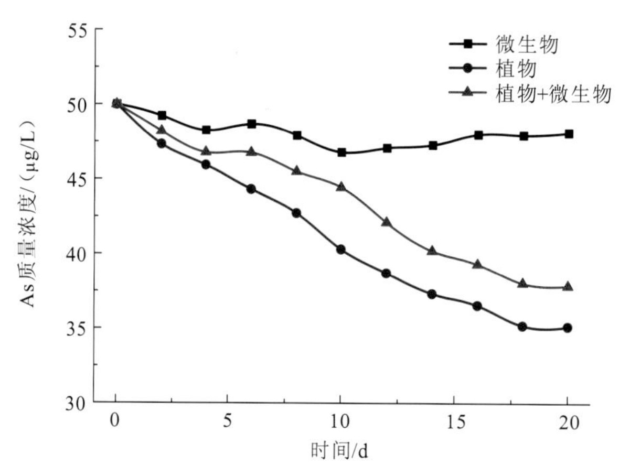

图3.38　微生物、植物、植物+微生物三个系统出水As浓度随时间的变化图

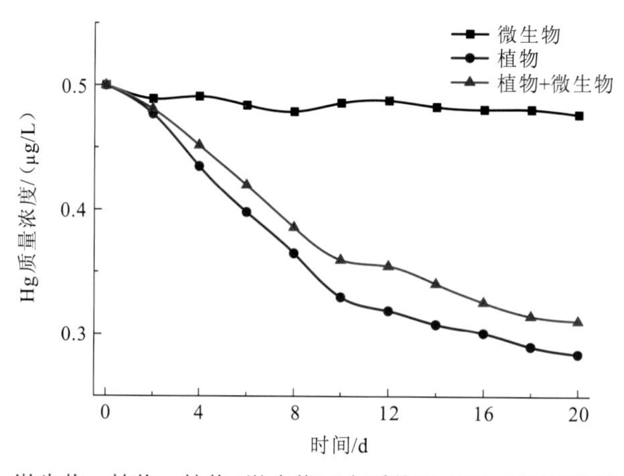

图3.39　微生物、植物、植物+微生物三个系统出水Hg浓度随时间的变化图

单独植物组和植物+微生物组的重金属浓度下降较为明显，都超过了 20%。相比之下，单独微生物对 As 和 Hg 的处理效果并不明显，去除率均不超过 5%。由此可见，植物在重金属的去除中起主要作用。

2）植物体内重金属富集量

将植物消解后进行检测，得出植物体内 As、Hg 含量分别如图 3.40 和图 3.41 所示。由图3.40可知，单独植物组中香蒲、菖蒲和空心莲子草体内As质量分数分别为0.264 mg/kg、0.956 mg/kg 和 1.216 mg/kg，而植物+微生物组中三种植物富集 As 质量分数分别为 2.524 mg/kg、2.168 mg/kg 和 1.803 mg/kg，分别较单独植物组增长了约 8.56 倍、1.27 倍和 0.48 倍。单独植物组中睡莲和田字草体内 As 质量分数分别为 2.677 mg/kg 和 5.394 mg/kg，而植物+微生物组中睡莲和田字草体内 As 质量分数为 0.513 mg/kg 和 3.330 mg/kg，分别只有单独植物组的 19.16%和 61.74%。单独植物组中黑藻和金鱼藻体内 As 质量分数分别为 42.764 mg/kg 和 52.271 mg/kg，而植物+微生物组中 As 质量分数分别为 8.107 mg/kg、7.972 mg/kg，分别只有单独植物组的 18.96%和 15.25%。

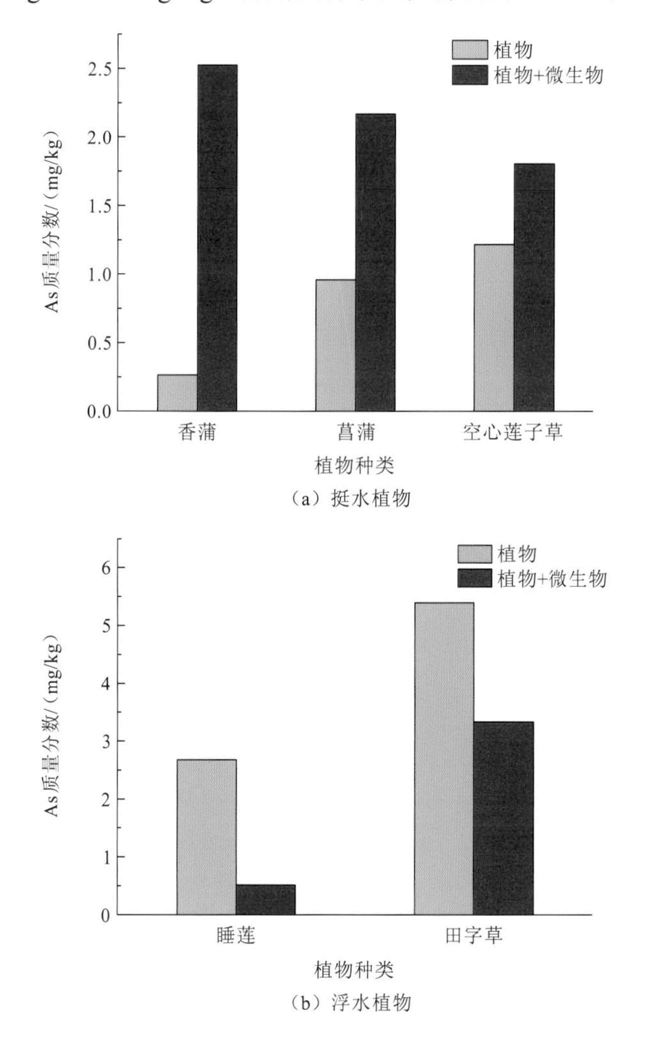

（a）挺水植物

（b）浮水植物

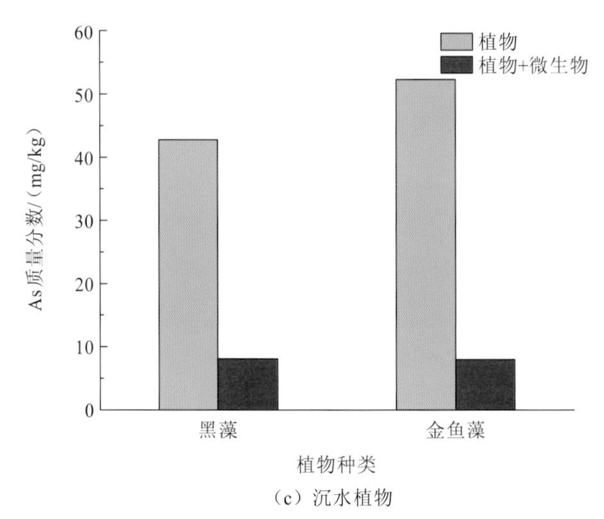

（c）沉水植物

图 3.40 植物、植物+微生物两个系统中不同类型水生植物体内 As 含量

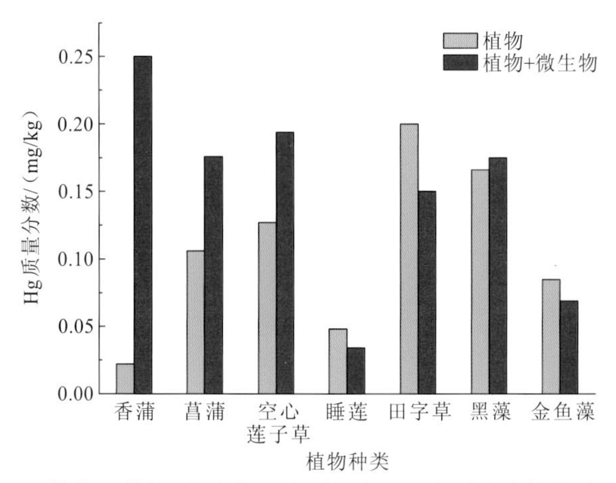

图 3.41 植物、植物+微生物两个系统中不同类型水生植物体内 Hg 含量

由图 3.41 可知，单独植物组中菖蒲、香蒲和空心莲子草体内 Hg 质量分数分别为 0.022 mg/kg、0.106 mg/kg 和 0.127 mg/kg，而植物+微生物组中三种植物富集 Hg 质量分数分别为 0.250 mg/kg、0.176 mg/kg 和 0.194 mg/kg，分别较单独植物组增长了 10.36 倍、66.04%和 52.76%。单独植物组中睡莲和田字草体内 Hg 质量分数分别为 0.048 mg/kg 和 0.200 mg/kg，而植物+微生物组中睡莲和田字草体内 Hg 质量分数分别为 0.034 mg/kg、0.150 mg/kg，分别为单独植物组的 70.83%和 75.00%。单独植物组中黑藻和金鱼藻体内 Hg 质量分数分别为 0.166 mg/kg 和 0.085 mg/kg，而植物+微生物组中黑藻和金鱼藻体内 Hg 的质量分数分别为 0.175 mg/kg、0.069 mg/kg。

综上分析，从植物类型来看，在增加了微生物作用后，三种挺水植物对重金属的富集明显增加，均超过了 40%。尤其是香蒲，其 As、Hg 富集量较没有微生物时增长 5 倍以上。而浮水植物和沉水植物在微生物存在的条件下对 As 和 Hg 富集并无明显促进作用。因此，后续进一步研究挺水植物与微生物耦合对水体中重金属的去除性能。

3.4.2　挺水植物与微生物耦合对水体重金属的去除

本小节选取的植物为经过预筛选并在 1/10 的霍格兰溶液中培养两周并生长良好的香蒲、菖蒲、空心莲子草三种挺水植物。植物组、植物+微生物组的整理箱中的植物种类和大小相同，分别为香蒲 30 棵、菖蒲 30 棵、空心莲子草 30 棵。重金属污染水体在实验装置中为动态流动模式，停留时间为 1 d，试验周期为 20 d。

1. 重金属去除效果

单独微生物、单独植物及既有植物又有微生物（即植物+微生物）三个整理箱出水的 As、Hg 浓度分别如图 3.42、图 3.43 所示。随着时间的延长，三个净化体系对 As 和 Hg 的去除率都随之升高并逐渐趋于稳定。在 20 d 时，三个净化体系出水中 As 质量浓度分别降到了 96.60 μg/L、94.73 μg/L 和 88.33 μg/L，Hg 质量浓度分别降到了 0.929 μg/L、0.845 μg/L 和 0.685 μg/L。三个体系对 As 去除率分别为 3.40%、5.27%和 11.67%，Hg 去除率分别达到 7.1%、15.5%和 31.5%。植物+微生物组对 As 的去除率高于单独植物组和单独微生物组去除率之和，对 Hg 的去除率也高于单独植物组和单独微生物组去除率之和，说明微生物和挺水植物之间起到协同作用，微生物大大促进了挺水植物富集 As 和 Hg。

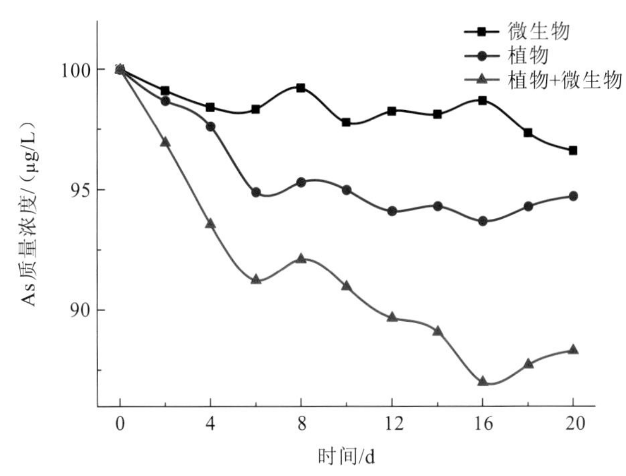

图 3.42　微生物、植物、植物+微生物三个系统出水 As 浓度随时间的变化图

2. pH、电导率和 ORP 测试

在试验周期内，分别对单独微生物组、单独植物组、植物+微生物组三个净化体系的 pH、电导率和氧化还原电位（oxidation-reduction potential，ORP）进行了测试。pH 测试结果如图 3.44 所示，可以看出，进水 pH 为 7.3～7.4，单独植物组为 7.4～7.5，有微生物的两组 pH 明显升高，为 7.9～8.1，这说明进水中营养物质在经过微生物转化后生成了碱性物质。pH 增加会造成生物膜表面带更多负电荷，这样会导致吸附重金属阳离子的能力更强（Wang et al.，2003）。

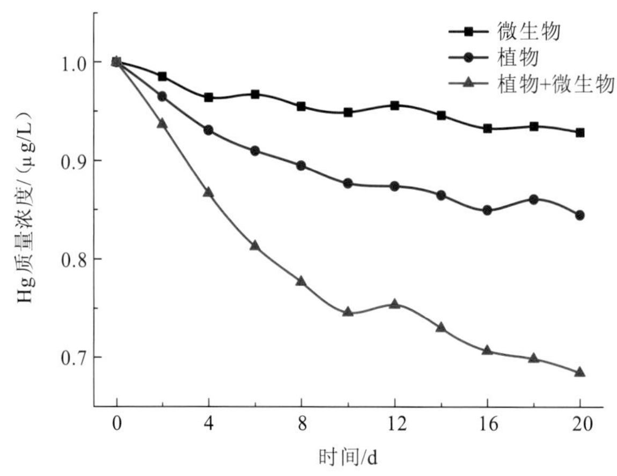

图 3.43　微生物、植物、植物+微生物三个系统出水 Hg 浓度随时间的变化图

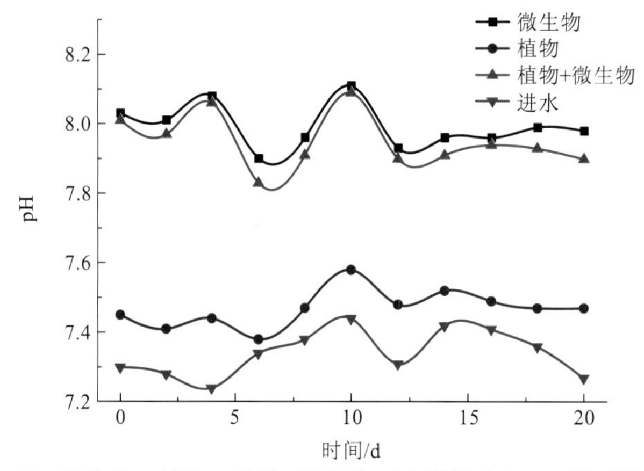

图 3.44　微生物、植物、植物+微生物三个系统出水 pH 随时间的变化图

电导率的测试结果如图 3.45 所示。可以看出，进水的电导率为 600～620 μS/cm；三个净化系统出水的电导率较进水电导率明显降低，降低了约 20～30 μS/cm。

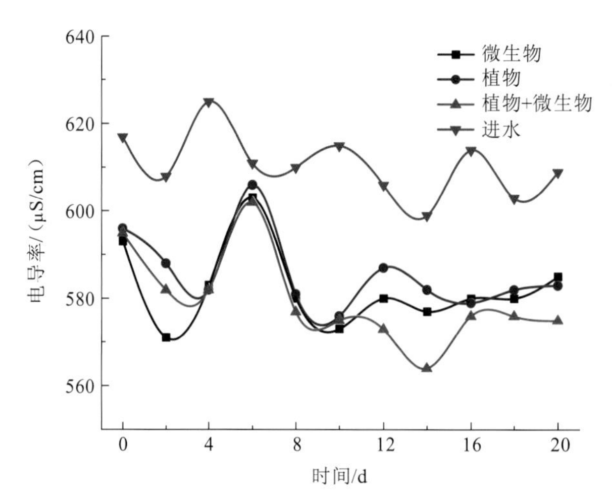

图 3.45　微生物、植物、植物+微生物三个系统出水电导率随时间的变化图

ORP 测试结果如图 3.46 所示，可以看出，进水 ORP 为 185～195 mV。单独植物组略有降低，为 180～190 mV；有微生物的两组 ORP 明显降低，为 160～170 mV。ORP 测试结果说明，整个反应体系是一个好氧环境，微生物组出水 ORP 降低是由生物膜上发生的耗氧反应消耗了氧气所致。

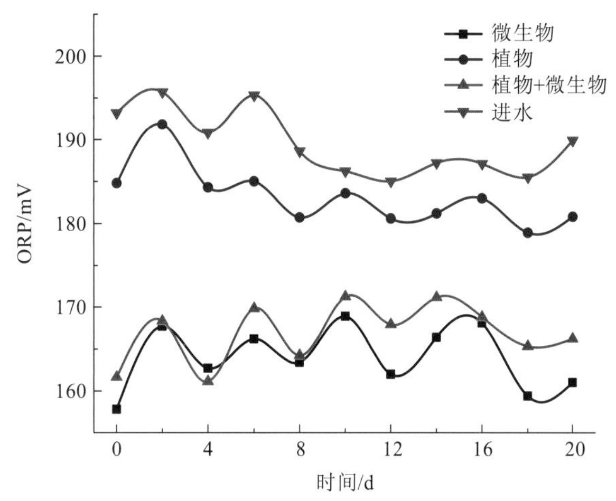

图 3.46　微生物、植物、植物+微生物三个系统出水 ORP 随时间的变化图

3. 植物体内重金属富集量

植物体内 As、Hg 含量测试结果如图 3.47、图 3.48 所示。结果显示，单独植物组中菖蒲、香蒲和空心莲子草中 As 质量分数分别为 0.877 mg/kg、0.539 mg/kg 和 0.478 mg/kg，而植物+微生物组中菖蒲、香蒲和空心莲子草中 As 质量分数分别达 1.032 mg/kg、0.995 mg/kg 和 0.536 mg/kg，比单独植物组分别提高了 17.67%、84.60%和 12.13%。单独植物组中菖蒲、香蒲和空心莲子草中 Hg 质量分数分别为 0.683 mg/kg、1.182 mg/kg 和 1.329 mg/kg，而植物+微生物组中菖蒲、香蒲和空心莲子草中 Hg 质量分数分别达 0.905 mg/kg、1.503 mg/kg 和 1.984 mg/kg，比单独植物组分别提高了 32.50%、27.16%和 49.29%。

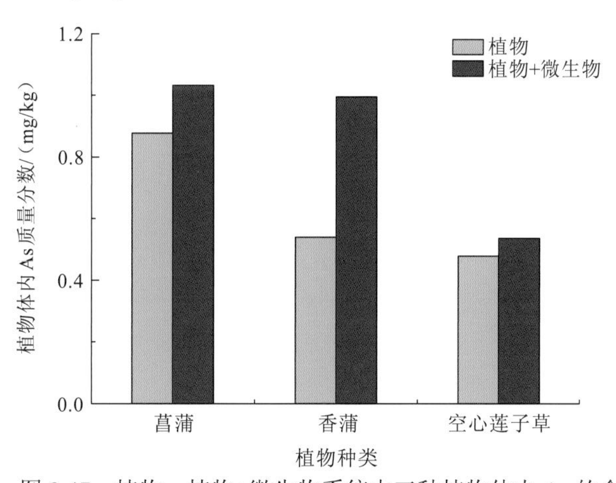

图 3.47　植物、植物+微生物系统中三种植物体内 As 的含量

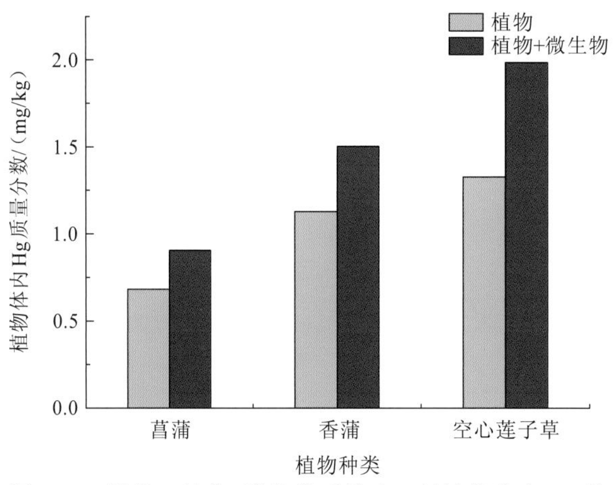

图 3.48 植物、植物+微生物系统中三种植物体内 Hg 的含量

4. 植物根部 As 和 Hg 的面分布

植物根部横切面的重金属面分布情况，是在不破坏植物根系的情况下，观察重金属在植物体内富集的另一个窗口，能反映植物体内重金属从根部向上输送过程中的瞬时状况。菖蒲、香蒲和空心莲子草的根部横切面 As 密度如表 3.21 所示，As 面分布图如图 3.49 所示。

表 3.21 植物根部横切面 As 的密度 （单位：c/s）

项目	菖蒲	香蒲	空心莲子草
植物	0.26	0.12	0.22
植物+微生物	0.47	0.70	0.52

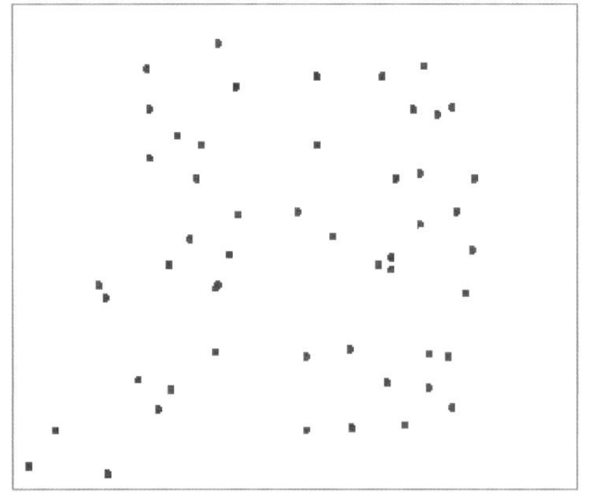
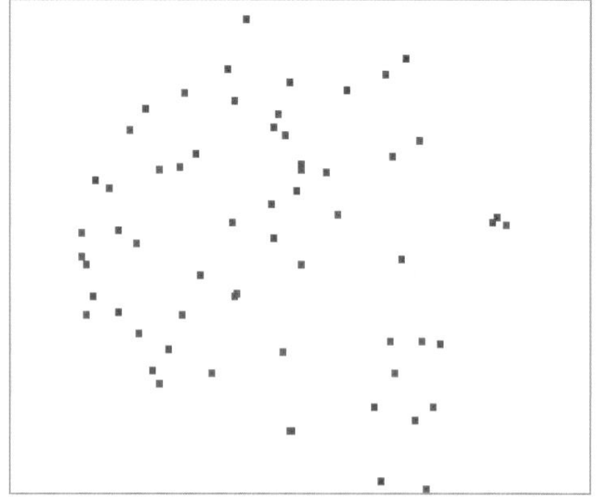

（a）菖蒲（左：植物组；右：植物+微生物组）

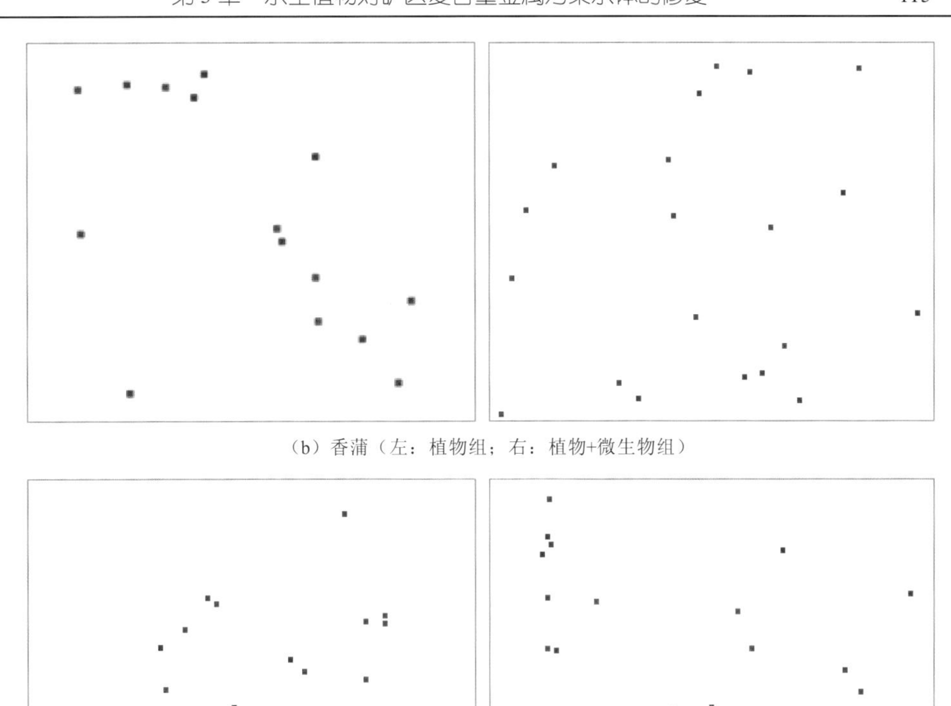

（b）香蒲（左：植物组；右：植物+微生物组）

（c）空心莲子草（左：植物组；右：植物+微生物组）

图 3.49　单独植物组、植物+微生物组三种植物根部 As 面分布密度图

三种挺水植物菖蒲、香蒲和空心莲子草的根部横切面 Hg 密度如表 3.22 所示，Hg 面分布图如图 3.50 所示。

表 3.22　植物根部横切面 Hg 的密度　（单位：c / s）

项目	菖蒲	香蒲	空心莲子草
植物	0.58	0.33	0.65
植物+微生物	1.02	0.67	1.07

分别从植物组、植物+微生物组中三种挺水植物根部 As、Hg 面分布的结果可以看出，不管是可见的以点代表的 As、Hg 元素，还是精确测出来的 As、Hg 的面分布密度，植物+微生物组的植物富集重金属都要多于单独植物组，说明微生物对植物富集 As、Hg 两种重金属起到了促进作用。

5. 驯化前后生物膜微生物群落结构分析

1）测序质量评价

将驯化前的生物膜和重金属驯化后的生物膜各取出 0.5～1.0 g 生物膜样品，冷冻后

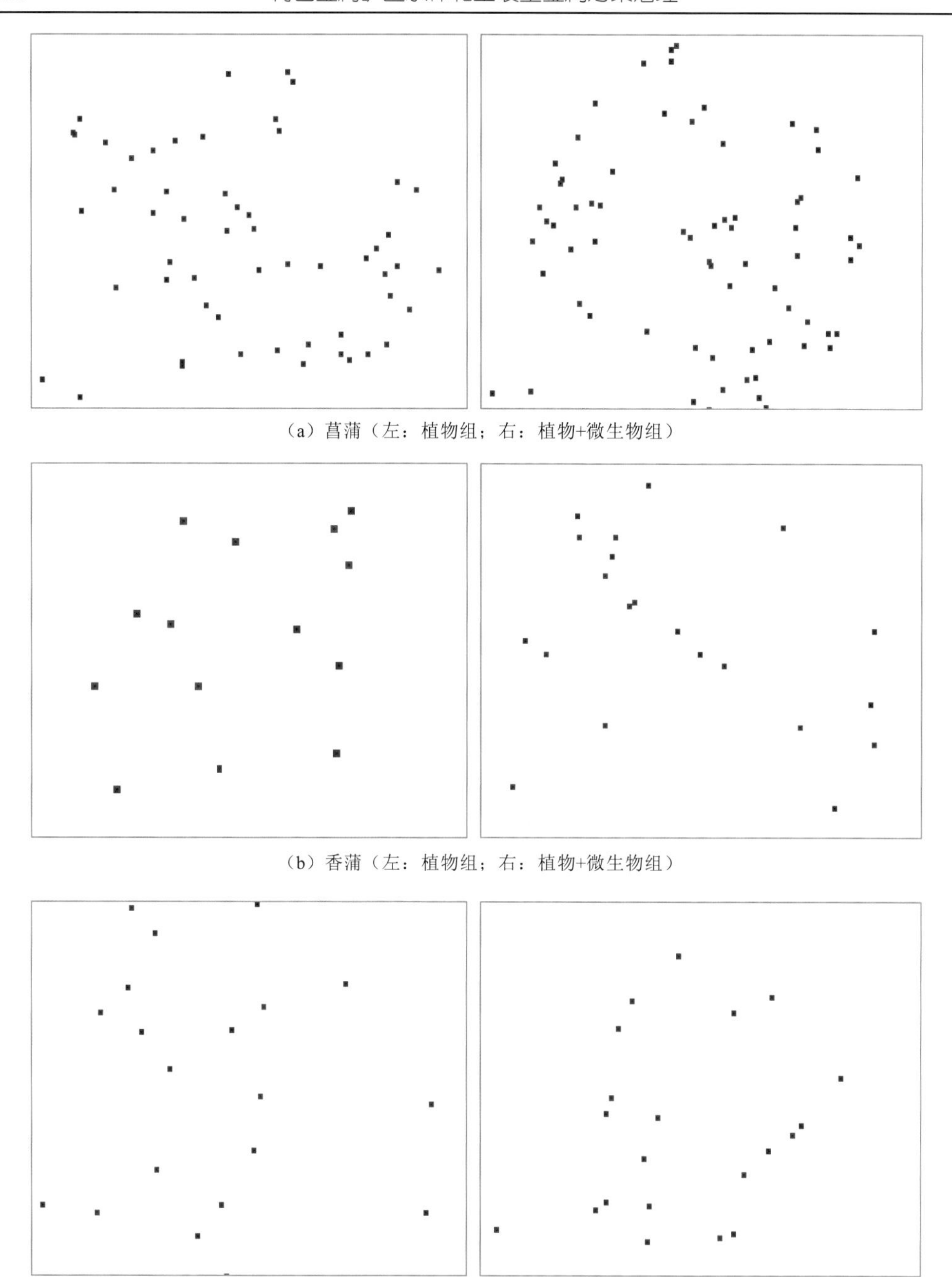

（a）菖蒲（左：植物组；右：植物+微生物组）

（b）香蒲（左：植物组；右：植物+微生物组）

（c）空心莲子草（左：植物组；右：植物+微生物组）

图 3.50 单独植物组、植物+微生物组三种植物根部 Hg 面分布密度图

用高通量 16 s 测序测定其各自的微生物群落结构。由表 3.23 可以看出，经过重金属驯化后的生物膜微生物（hm）共获得 37 879 条有效序列和 35 469 条优化序列，测序覆盖深度（coverage 指数）为 0.997 613，经过 97%相似度归并后共有 305 个 OTUs；未经重金属驯化的生物膜微生物（nhm）共获得 21 627 条有效序列和 20 508 条优化序列，测序覆盖深度为 0.998 526，经过 97%相似度归并后共有 385 个 OTUs。

表 3.23 生物膜细菌测序及多样性统计表

细菌	测序量/条	97%相似水平			
		OTUs	Chao 指数	Shannon 指数	coverage 指数
hm	35 469	305	304.031	5.978 49	0. 997 613
nhm	20 508	385	388.037	6.910 63	0. 998 526

从理论上说，coverage 指数指的是在样品所有的微生物种类中，能在基因文库中找到的种类占样品中总微生物种类的比例。因此，coverage 指数越接近 1，说明测试结果越能有效反映样品菌群组成。在本试验中，两个样品的 coverage 指数都超过了 0.997，说明测试结果能够很好地描述和反映样品的群落结构差异。

2）群落多样性分析

Chao 指数一般作为菌群丰度的衡量指标，其数值越大说明菌群的丰度越高；而 Shannon 指数一般作为菌群多样性的衡量指标，Shannon 指数越大，说明细菌群落多样性越高。

如表 3.23 所示，经重金属驯化后的生物膜 Chao 指数和 Shannon 指数都较未经重金属驯化的生物膜有所降低，这是由于环境中同时存在的重金属 As、Hg 对微生物生长产生了一定的胁迫，对这两种重金属敏感的微生物代谢生长受到了抑制。

3）相似性分析

图 3.51 所示的维恩图显示了两个样品中细菌的相似性和重叠情况。这是通过识别共同的和不同的分类单元数（OTUs）来分析的。经过重金属驯化的生物膜样品中独有的 OTUs 为 128 个，约占总 OTUs 的 41.97%；未经过重金属驯化的生物膜样品中独有的 OTUs 为 208 个，约占总 OTUs 的 54.03%。由此可见，虽然经过驯化过程后，生物膜中细菌群落中超过一半的细菌群的生长繁殖受到抑制，但仍有 45.98%的细菌能适应新环境而生存，说明生物膜细菌群落驯化前后有相当的相关性。

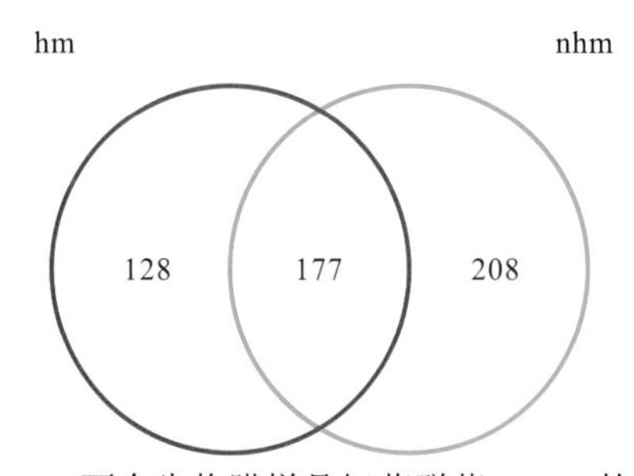

图 3.51 两个生物膜样品细菌群落 OTUs 的维恩图

4）菌群分类学和群落结构分析

分类学分析结果如图 3.52 所示。其中，图 3.52（a）为门水平上的细菌群落结构图。可以发现，经过重金属驯化后的生物膜微生物菌群（hm）中，在门水平除未找到分类的（unidentified）占 0.059%以外，以 Proteobacteria（变形菌门，占比 71.99%）为主，其余为 Bacteroidetes（拟杆菌门，占比 11.35%）、Chloroflexi（绿弯菌门，占比 5.67%）、Planctomycetes（浮霉菌门，占比 3.94%）、Verrucomicrobia（疣微菌门，占比 2.93%）等。未经重金属驯化的生物膜微生物菌群（nhm）中，除未找到分类的（unidentified）占 4.23%以外，以变形菌门为主（占比 52.97%），其余为绿弯菌门（占比 12.17%）、拟杆菌门（占比 9.93%）、Chlorobi（绿菌门，占比 4.38%）、浮霉菌门（占比 2.54%）、疣微菌门（占比 1.39%）等。可见，从门的水平看，两个生物膜细菌群落结构比较相似，生物膜上的细菌中变形菌都超过一半，说明变形菌对 As、Hg 复合重金属污染的适应性最强。经过驯化过程，原生物膜上绿弯菌门细菌大幅降低，而变形菌门、拟杆菌门和浮霉菌门都有所增加，且这五类细菌的总占比从 81.99%上升到 95.88% ，细菌门类集中度提高。

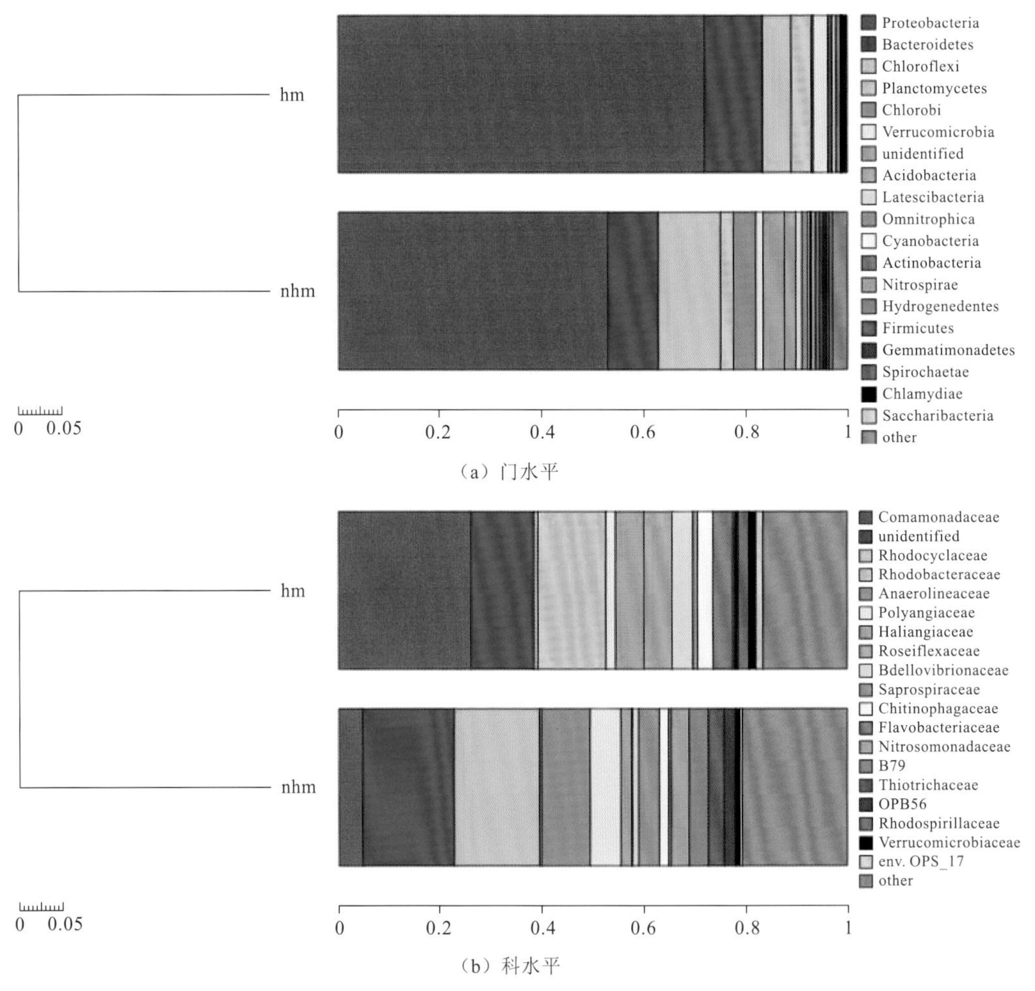

（a）门水平

（b）科水平

图 3.52　生物膜上微生物菌群在门水平和科水平上的相对丰度图

进一步在科水平上进行群落结构分析如图 3.51（b）所示。结果显示，在科（family）的水平上，驯化前微生物主要为 Rhodocyclaceae（红环菌科，占比 16.69%）、Anaerolineaceae（厌氧绳菌科，占比 9.46%）、Polyangiaceae（多囊粘菌科，占比 6.04%）、

Comamonadaceae（丝毛单胞菌科，占比 4.75%）、Saprospiraceae（腐螺旋菌科，占比 4.06%）、B79（3.70%）、Nitrosomonadaceae（亚硝化单胞菌科，占比 3.54%）、Thiotrichaceae（硫发菌科，占比 3.18%）；而驯化后微生物主要为 Comamonadaceae（占比 26.14%）、Rhodobacteraceae（占比 13.21%）、Roseiflexaceae（占比 5.59%）、Haliangiaceae（占比 5.55%）、Bdellovibrionaceae（蛭弧菌科，占比 4.06%）Flavobacteriaceae（黄杆菌科，占比 3.93%）。

可见，在科的水平上，两个生物膜细菌群落有相似构成，但各个菌落含量有较大变化。其中，红环菌科、厌氧绳菌科、多囊粘菌科分别降低了 95.19%、98.90%、69.54%，而从毛单胞菌科、红杆菌科分别增加了 4.5 倍和 29.5 倍，占比也分别达到了 26.14%和 13.21%。生物膜上细菌生物群落发育树见图 3.53。从该图可以看出，厌氧绳菌科和多囊粘菌科同属厌氧绳菌目，从毛单胞菌科和红杆菌科同属伯克霍尔德氏菌目。因此，在 As、Hg 复合重金属污染的条件下红环菌及厌氧绳菌目的菌群的生长繁殖受到抑制，而伯克霍尔德氏菌受影响较小而成为最占优势的菌群。

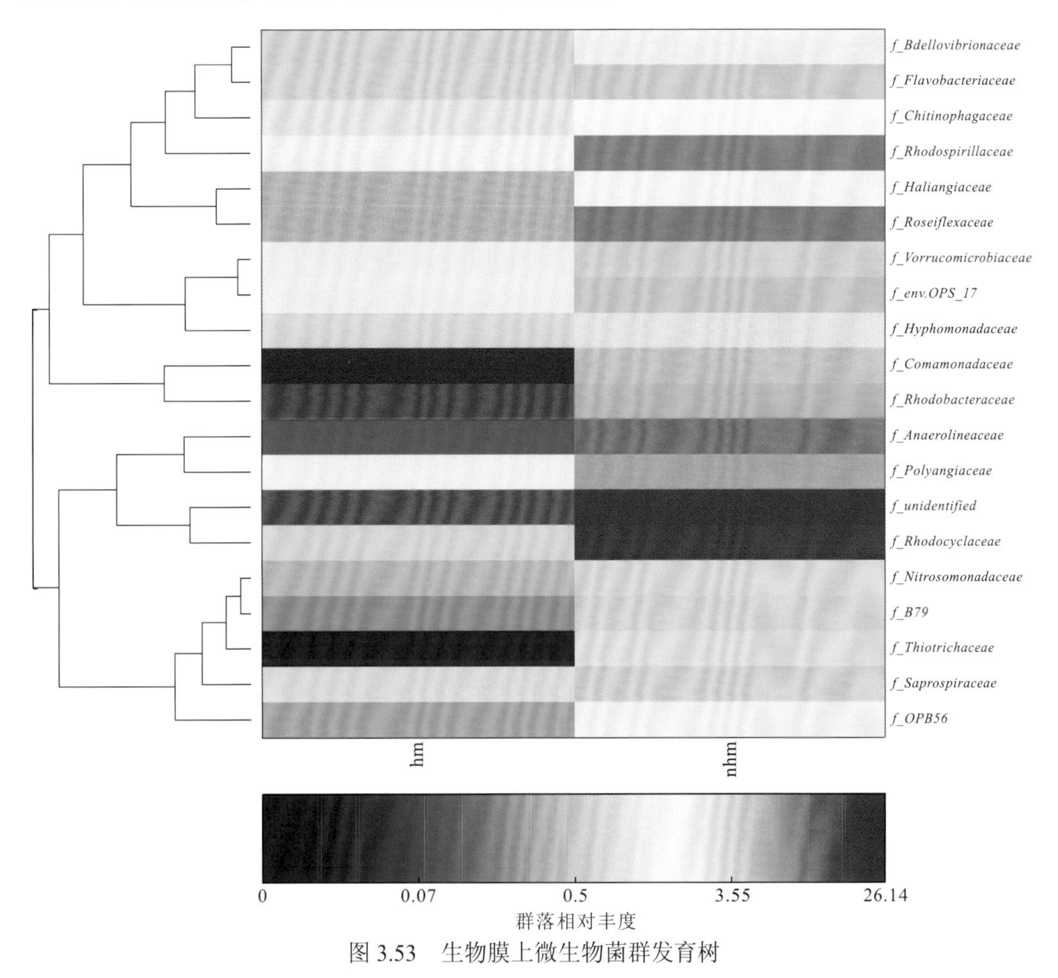

图 3.53　生物膜上微生物菌群发育树

据张波等（1996）的研究表明球形红杆菌不论是在厌氧条件下还是微好氧条件下对 As 均具有很强的抗性，即使 $NaAsO_3$ 浓度高达 20 mg/100 mL，也仍然不影响球形红杆菌的生长，与本小节的结论一致。对于 Hg 来说，只要 $HgCl_2$ 浓度在 0.2 mg/100 mL 以内，除起初时会对菌体产生严重抑制外，随着时间的延长，菌体对 Hg 的适应性会逐渐提高，慢慢的菌体生长状况会和无 H 的对照趋于一致。赵燕等（2012）综述了丛毛单胞菌在降解多种污染物时的效果及影响因素，指出不同的丛毛单胞菌降解污染物的最适温度普遍在 25～35℃，能耐受的 pH 也较为广泛，对溶解氧的需求各异。可见，本小节条件中温度、pH、溶解氧都在最适范围内。

3.4.3　水生植物与微生物耦合去除水体重金属机理

1. 微生物对植物根部富集重金属的促进作用

挺水植物大部分都在水面以上，其对营养物质和重金属的富集主要靠根部作用，在一个动态体系中，单纯植物自身根部表面对重金属吸附效果有限，迅速截留流动水体中重金属，增加植物根部与重金属的接触，是植物对重金属富集量增加的基本保证。而弹性立体填料上的生物膜具有很大的表面积和很强的亲水性，因而具有很强的吸附性能，能将生物膜表面黏附的重金属通过生物膜运输到植物根部，使植物对 As 和 Hg 的富集量大大增加。对于浮水植物和沉水植物，没有发达的根系，如睡莲的根部呈块状结构，微生物与其根部的接触面比挺水植物要小很多，难以发挥微生物的促进作用。此外，对于沉水植物来说，光照是一个很重要的因素，生物膜会沿着植物叶片生长并包裹植物叶片，造成植物光合作用下降，进而生长受抑制而对重金属的富集量随之下降。

2. 微生物对重金属的吸附与解毒作用

对生物膜细菌的 16S 基因测序结果显示：测序结果能很好地描述样品菌群组成，经重金属驯化的微生物菌群多样性有所降低，但仍有相当程度的相关性。从门水平来看，都是变形菌门占多数，其次为拟杆菌门、绿弯菌门等，但比例各有不同。在科的水平上，两个生物膜细菌群落有相似构成，但各个菌落的含量有较大变化。其中，红环菌科、厌氧绳菌科、多囊粘菌科大幅降低，而丛毛单胞菌科、红杆菌科大幅增加而成为优势菌属。

研究表明，在微生物对重金属的去除机制中，与其他去除机制（如生物积累或细胞内积累）相比，细胞外吸附占主要作用（Mahmoudkhani et al.，2014）。生物膜是微生物及其胞外聚合物的聚集地，其胞外聚合物（extracellular polymeric substance，EPS）主要成分是多糖、蛋白质和腐殖酸等（Wei et al.，2011），上面含有大量如氨基、羧基、羟基等官能团，对重金属有吸附能力（罗丽卉 等，2012；Fang et al.，2010）。据贾培等（2011）的综述，广泛存在于生物界的金属硫蛋白（metallothionein）可被重金属诱导表达，通过与重金属离子结合，降低重金属离子对细胞本身的毒性，因而增强了微生物对重金属的吸附性。Cain 等（2008）研究发现，*Aphanothece flocculosa* 在 10mg/L 的初始 Hg^{2+} 质量浓度下其平衡富集量为 96.2 mg/g，且初始 Hg^{2+} 浓度越高，菌体的平衡富集量与初始质量浓度比越小。白红娟等（2007，2006）研究了球形红细菌、红假单胞菌对 Cd^{2+} 的富集，也发现同样的规律。因此，对于低浓度重金属污染水体，更能凸显微生物对植物富集重金属的促进作用。

3.5　水生植物对矿区复合重金属污染水体修复工程案例

3.5.1　工程概况

湖北天河流域朝北河支流周边矿种丰富，由于地形、成土母质和植被等自然因素影响，再加上开采过程中的重金属排放，钒、铅、砷、汞等重金属进入水体，破坏库区土壤和水生生态环境。钒矿冶炼产生大量的尾渣，或散堆在山沟河谷，或进入尾渣库堆存。含有重金属的尾渣、废石在雨水淋滤或水力搬运等作用下导致重金属进入周围土壤、河流和地下水中，造成汇水区域的重金属污染。因此，针对水源区天河流域重金属污染现状，进行“5 km 朝北河河道重金属污染水生植物修复工程”的建设，通过修复工程的运行，使河道水质指标中特征重金属浓度低于地表水 II 类标准限值，保障饮用水源地水质长效安全。该工程主要内容包括：河道疏浚清淤、拦水坝建设、生态浮床制作与安装、水生植物购置与种植、植物养护等。

3.5.2　工程技术参数

1. 水生植物修复工程主要技术参数

（1）沉水植物∶浮水植物∶挺水植物=1∶1∶2（面积比），其中挺水植物选择香蒲、空心莲子草、菖蒲；沉水植物选择金鱼藻、黑藻；浮水植物选择睡莲、田字草，水生植物修复带单元布置图如图 3.54 所示。

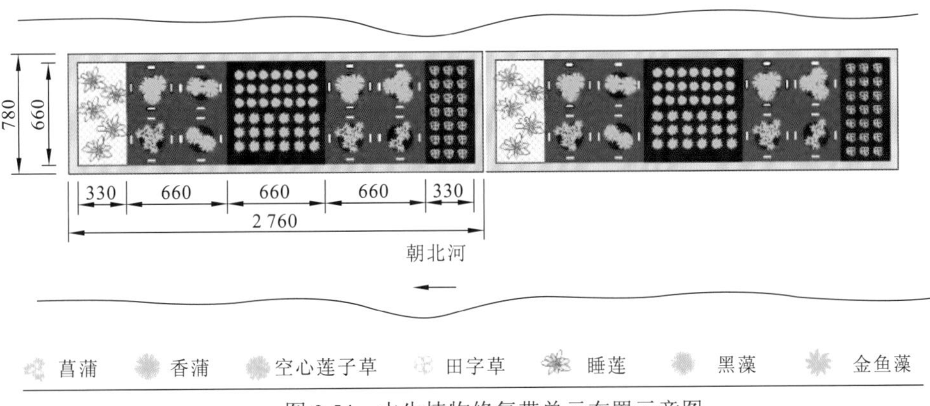

图 3.54　水生植物修复带单元布置示意图

（2）单个生态浮床（水生植物修复带）尺寸：2.6 m×1.1 m，数量 84 个；

（3）双排生态浮床（水生植物修复带）尺寸：2.6 m×2.1 m，数量 110 个；

（4）三排生态浮床（水生植物修复带）尺寸：2.6 m×3.1 m，数量 20 个；

（5）挺水植物种植密度：香蒲和菖蒲每个种植杯栽植 3 棵，空心莲子草种植 6 棵；3

种植物各需要种植 4026 棵；

（6）浮水植物种植密度：睡莲和田字草每单个浮床种植 10 棵、54 棵，其中睡莲需要种植 3660 棵，田字草需要种植 19760 棵；

（7）沉水植物种植密度：黑藻和狐尾藻每单个浮床种植 50 棵，2 种植物各需要种植 18300 棵；

（8）水生植物修复带总面积：1100 m^2；

（9）水生植物修复带施工量：建设拦水坝 9 座；河道疏浚清淤量约为 3000 m^3，河道水深 1.5 m 左右；修复护坡长度 350 m。

2. 生态浮床主要技术参数

为实现浮水、沉水、挺水植物立体搭配模式及其种植比例，对生态浮床进行了设计。每个单独的生态浮床的立体图如图 3.55 所示。每个生态浮床长 2.76 m、宽 0.78 m、高 0.5 m，由挺水区、浮水区和沉水区三部分组成，面积比为 2∶1∶1。

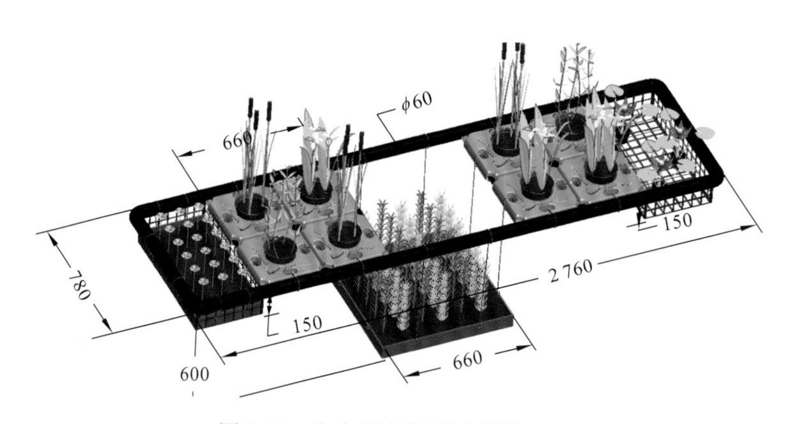

图 3.55　生态浮床立体示意图

（1）挺水区分为两块，每块为 4 个 330 mm×330 mm×60 mm 的浮板组成。浮板中间的种植孔使用 D170 mm 的营养钵，其中栽植挺水植物。浮板之间用浮板专用卡扣进行连接。浮板和外框用绳子或者 30 cm 长的扎带进行连接。

（2）沉水区位于浮床中间位置。由底盘和盘框两部分组成，底盘为边长为 660 mm 的方形 PVC 板，盘框高度为 50 mm，底盘和盘框均由厚度为 6 mm 的 PVC 板组成。底盘下部每 50 mm 有一个 D8 mm 的通孔。盘框四边各有 2 个 D10 mm 的连接孔。盘框底部距浮床最高处 500 mm。

（3）浮水区位于浮床两侧，分为两块，每块由 330 mm×660 mm 的尼龙网组成。睡莲种植区尼龙网分两层，之间相隔 50 mm。下层尼龙网网孔为 30～50 mm，上层为 80～100 mm；田字草种植区只有单层尼龙网，网孔为 30～50 mm，并配置田字草种植盘。尼龙网和 PE 管用 150 mm 扎带连接。

3.5.3 工程建设内容

1. 河道疏浚清淤

朝北河河道因多年未疏通，部分段河道泥沙淤积严重，给工程建设造成了一定的影响；同时进入水环境的重金属绝大部分会迅速地转移至沉积物中，造成沉积物中重金属的积累，这些重金属污染物可能会随着水质变化缓慢释放，对整个生态系统造成潜在威胁。因此，为达到工程设计目标，需对河道进行清淤治理。主要采用挖掘机施工，该工程河道清淤、疏浚总长 1 000 m，淤泥总挖方量约为 900 m^3。建设过程如图 3.56 所示。

图 3.56 河道清淤、疏浚

2. 拦水坝修筑

根据矿区小流域水深较浅的现状，需对河段分段进行拦水坝修筑，修筑拦水坝数量 9 个，技术要求为拦水坝稳固，混凝土浇筑，拦水后有效水深 1.5 m 左右。如图 3.57 所示。

图 3.57 水坝修建及效果

3. 生态浮床制作与安装

根据设计的兼顾挺水、浮水、沉水水生植物生长需求的生态浮床参数，进行生态浮床制作和安装，具体步骤如下。

（1）准备好浮床施工的所有材料，包括 330 mm×330 mm 的浮板、外径 50 mm 粗的 PE 管、浮板卡扣、300 mm 和 150 mm 的扎带、尼龙网、尼龙绳等。

（2）采用热熔连接，将 PE 管按设计尺寸连接成一个整体。然后将 4 个 330 mm×330 mm 的浮板连接成一个方形大块浮板，中间用扎带和卡扣固定好，两块大块浮板中间留 660 mm 距离，并将两个大块浮板用扎带固定于 PE 管上。同时按设计要求将浮水区尼龙网与 PE 管连接。至此，浮床单体连接完成。

（3）组装好的浮床单体根据设计要求放入河道指定位置，单体间采用尼龙绳连接。

（4）在浮床的前端和后端用钢管打桩，采用尼龙绳捆绑固定的方式将浮床固定于河道中，同时固定的尼龙绳预留 1 m 的富余长度，使得整个生态浮床体系与最前端钢管有 1 m 的距离。浮床中间位置每隔 5 m 用长 1.5 m、直径 6 cm 的钢管进行打桩，钢管下部插入底泥不少于 30 cm。用直径 6～8 mm 的尼龙绳在距离固定桩向后 1 m 的浮床框体位置连接并固定于钢管。整个浮床体系每隔 5 m，用抗腐蚀的尼龙网装填大尺寸石块，以抛锚的方式沉于水底，并将其埋于河床中，然后通过尼龙绳将其固定于浮床上，石块抛锚于浮床固定处上游，绳长大于水深 1 m，使其对浮床起到牵拉的作用。

4. 水生植物种植

准备好种植所需营养袋、种植杯、底盘、植物等材料，并根据要求和施工进度定点放置材料，再分类种植，如图 3.58 所示。

图 3.58　水生植物种植

1）挺水植物种植

考虑到挺水植物根、根茎生长在水的底泥中，茎、叶挺出水面的生长特性，工程现场所选挺水植物需种植在浮床单体的种植杯中。考虑冬季部分植物枯萎，传统浮床失去其净化效果，为了使浮床冬天继续发挥其净化水质特性，挺水植物种植时，种植杯最下层铺一层粒径较大的石子（1～2 cm），中间层用当地土壤和绿沸石（粒径 4～6 mm）以 1∶3 混合。绿沸石能为植物生长提供一定的营养物质，同时其自身还具有一定的吸附重金属能力，而当地土壤能为本土植物提供一个适生环境。最上层再铺设一层粒径较小的绿沸石（2～3 mm），主要起美观作用。

2）沉水植物种植

沉水植物在生长过程中，需沉入水体，对于光照要求不是很高。根据浮床设计，在

660 mm×660 mm 沉水植物种植盘上均匀放置底泥 30 mm 左右，将金鱼藻、黑藻按比例扦插。将种植盘上的绳子系在浮板和 PE 管上，然后将种植盘逐渐下沉到指定高度，并检查种植盘是否和地面平行。

3）浮水植物种植

用于工程的浮水植物有两种，睡莲和田字草。睡莲采用营养袋种植模式，将睡莲块茎放入营养袋中并加入底泥作为基质，营养袋放入下层尼龙网上；而田字草株高较小，设计种植在打孔托盘中，托盘中放置 30 mm 底泥固定，种植后将含田字草托盘整体放入右侧浮水区尼龙网上。该种植模式下，浮水植物根系沉于水中，叶片浮于水面。

5. 水生植物的养护

水生植物浮床的养护分为生长期、旺盛期、枯萎期三部分。

（1）水生植物生长期的养护主要包括施肥、预防病虫害、及时清理死苗，若植物幼苗未成活，应在一周内补植同原来的种类一样并力求规格与原来植株接近，以保证优良的景观效果。

（2）水生植物生长旺盛期的养护主要为防止病虫害，注意植物的通风透气，合理追肥，增强植物生长势，做到花繁叶茂，有良好的景观效果。

（3）水生植物枯萎期的养护，大部分的水生植物在示范区冬季地上部分会枯萎，通过冬季收割的方式，将枯萎的枝叶清除，避免水体的二次污染。同时对水生植物做好防冻工作。

3.5.4　工程实施效果

工程建设完成后连续多次对朝北河不同断面进行水质监测，河道特征重金属 V、Cd、Cr 质量浓度分别由修复前的 0.080 mg/L、0.000 96 mg/L、0.005 mg/L 降低到 0.028 mg/L、0.000 70 mg/L、0.000 1 mg/L，大大削减了重金属污染浓度。对照地表 II 类水三种重金属浓度限值要求，表明工程建成后朝北河出水中重金属 V、Cd、Cr 浓度稳定低于地表 II 类水标准限值，实现了工程目标。

参 考 文 献

白红娟, 张肇铭, 杨官娥, 等, 2006. 球形红细菌转化去除重金属镉及其机理研究. 环境科学学报, 26(11): 1809-1814.

白红娟, 张肇铭, 贠妮, 等, 2007. 沼泽红假单胞菌去除镉的研究. 微生物学通报, 34(4): 659-662.

贾培, 邓旭, 2011. 光合细菌处理重金属废水的研究进展. 工业水处理, 31(1): 13-17.

罗丽卉, 谢翼飞, 李旭东, 2012. 生物硫铁复合材料处理含铜废水及机理研究. 中国环境科学, 32(2): 249-253.

任芸芸, 2018. 重金属污染水体修复研究. 内蒙古科技与经济(6): 53.
魏华, 成水平, 吴振斌, 2010. 水文特征对水生植物的影响. 现代农业科技, 7: 13-16.
于波, 何江, 吕昌伟, 等, 2015. 基于水生植物分区的湖泊DOM与重金属离子的结合特性研究. 农业环境科学学报, 34(12): 2343-2348.
张波, 李斌, 张肇铭, 1996. 七种重金属对球形红杆菌生长的影响. 山西大学学报, 19(4): 455-458.
张金远, 2015. 铀矿区重金属污染现状与重金属富集植物筛选. 南昌: 江西农业大学.
张秋卓, 魏琰, 戴炜, 等, 2018.水生植物与微生物对含镉水体修复效果的比较. 环境科学与技术, 41(S1): 166-171.
赵燕, 薛林贵, 李琳, 等, 2012.丛毛单胞菌在环境污染物降解方面的研究进展. 微生物学通报, 39(10): 1471-1478.
CAIN A, VANNELA R, WOO L K, 2008. Cyanobacteria as a biosorbent for mercuric ion. Bioresource Technology, 99 (14): 6578-6586.
FANG L C, HUANG Q Y, WEI X, et al., 2010. Microcalorimetric and potentiometric titration studies on theadsorption of copper by extracellular polymeric substance (EPS), minerals and their composites. Bioresource Technology, 101(15): 5774-5779.
JHA V N, TRIPATHI R M, SETHY N K, et al., 2016. Uptake of uranium by aquatic plants growing infresh water ecosystem around uraniummill tailing spondat Jaduguda, India. Science of the Total Environment, 539: 175-184.
LI J, YU H X, LUAN, Y N, 2015. Meta-analysis of the copper, zinc, and cadmium absorption capacities of aquatic plants in heavy metal-polluted water. International Journal of Environmental Research and Public Health, 12(12): 14958-14973.
LI W H, SHI Y L, GAO L H, et al., 2012. Occurrence of antibiotics in water, sediments, aquaticplants, and animals from Baiyangdian Lake in North China. Chemosphere, 89(11): 1307-1315.
MAHMOUDKHANI R, TORABIAN A, HASSANI A H, et al., 2014. Copper, cadmium and ferrous removal by membrane bioreactor. APCBEE Procedia (10): 79-83.
PRATAS J, FAVAS P J C, PAULO C, et al., 2012. Uranium accumulation by aquatic plants from uranium-contaminated water in Central Portugal. International Journal of Phytoremediation, 14(3): 221-334.
SAMECKA-CYMERMAN A, KEMPERS A J, 2004. Toxic metals in aquatic plants surviving in surface water polluted by copper mining industry. Ecotoxicology and Environmental Safety, 59 (1): 64-69.
SATO K, SAKUI H, SAKAI Y, et al., 2003. Long-term experimental study of the aquatic plant system for polluted river water. Water Science and Technology, 46(11-12): 217-224.
WANG J, HUANG C P, ALLEN H E, 2003. Modeling heavy metal uptake by sludge particulates in the presence of dissolved organic matter. Water Research (37): 4835-4842.
WEI X, FANG L C, CAI P, et al., 2011. Influence of extracellular polymeric substances (EPS) on Cd adsorption by bacteria. Environmental Pollution, 159(5): 1369-1374.
ZHENG J, MA X T, ZHOU L, et al., 2012. Development characteristics of aquatic plants in a constructed wet land for treating urban drinking water source atits initial operation stage. Environmental Science, 32(8): 2247-2253.

第 4 章　陆生植物对矿区复合重金属污染土壤的修复

4.1　概　　述

据 2014 年公布的《全国土壤污染状况调查公报》，我国土壤环境状况总体不容乐观，部分地区土壤污染较重，耕地土壤环境质量堪忧，工矿业废弃地土壤环境问题突出。工矿业、农业等人为活动及土壤环境背景值高是造成土壤污染或超标的主要原因。在调查的 70 个矿区的 1672 个土壤点位中，超标点位占 33.4%，主要污染物为镉、铅和砷等重金属（甘凤伟 等，2018）。

植物和动物直接或间接地依靠土壤而生活，土壤一旦被重金属污染，不仅会造成土壤退化、作物产量和品质降低，还会通过径流和下渗作用污染地表和地下水，最后危害动物和人类的健康，甚至危及生命安全。同时，重金属在土壤中的释放和迁移具有很强的隐蔽性，其污染和危害更加严重（宋想斌 等，2014），因此重金属污染土壤的修复已成为全世界学者关注的重点。

传统的重金属污染土壤的修复方法主要包括：换土法、隔离法、淋洗法、电动修复法等，但存在对土壤扰动大、修复费用高、治理规模小且易造成二次污染等问题，工程实施起来比较困难（郭世财 等，2015）。植物修复是一种环保的、廉价的，并且不会破坏土壤理化性质的原位生物修复技术，不仅可以使重金属污染土壤得到修复和改良，还可以产生生态效益和经济效益，具有良好的推广应用价值；与此同时，植物修复引起二次污染问题的可能性小，而且可以回收某些具有较高市场价值的金属（王卫华 等，2015）。因此，植物修复法已成为重金属污染土壤修复的研究热点。

本章将在调研某矿区及其周边土壤重金属的污染特征的基础上，开展陆生植物修复矿区重金属污染土壤的研究。首先全面调研矿区周边陆生植物，掌握各本土植物对重金属的富集特征，优选出适生且重金属富集效果好的植物，包括草本植物和乔灌木；研究草本植物和乔灌木对特征重金属的富集特性，并初步探讨植物富集特征重金属的机理；进行草本植物搭配及草本植物与乔灌木搭配研究，优选最佳搭配模式，并研究草木灰、粪肥、表面活性剂及微生物耦合等强化措施对植物富集重金属的促进作用，初步探讨各措施的强化机理；在现场中试的基础上，开展矿区土壤重金属污染陆生植物修复工程示范，为植物修复土壤提供理论基础和工程实践借鉴。

4.2 冶炼厂区土壤重金属污染状况及陆生植物富集能力

4.2.1 冶炼厂区重金属污染状况

1. 冶炼厂区土壤采样点布置

该冶炼厂占地面积 18 hm^2，根据冶炼厂周边可能的土壤重金属污染源，将采样点分为原矿堆放区（采样点 1）、沉矿废水池（采样点 2）、焙烧炉（采样点 3）、堆浸废水池（采样点 4）、尾渣库南坡（采样点 5）、尾渣库（采样点 6）、尾渣库北坡（采样点 7），采样点布置如图 4.1 所示。在每个采样区域内按梅花布点法，随机采集三个土壤样品，将三个土壤样品均匀混合为一个样，采样深度为 0～20 cm。

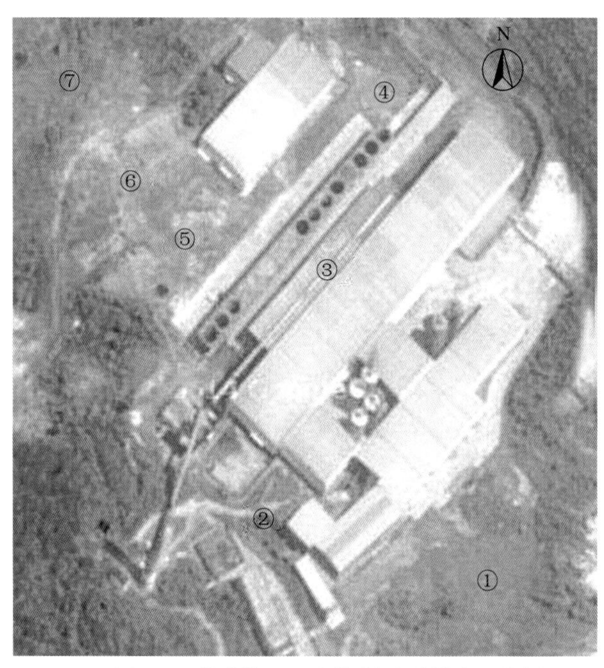

图 4.1 某冶炼厂区土壤样品采样点示意图

2. 冶炼厂区采样点土壤重金属含量

厂区各采样点土壤样品中重金属种类和平均含量如表 4.1 所示。7 个土壤样品中除重金属 Mn 外，重金属 V、Cr、Cd、Pb 含量均显著高于全国土壤背景值，重金属 V、Cr、Cd 和 Pb 污染最严重的是原矿堆放区，其含量分别为全国土壤背景值的 212 倍、63 倍、71 倍和 6 倍。尾渣库内长期的尾渣堆放，地表径流侵蚀使重金属从尾渣中溶出并迁移至土壤中，造成此区域土壤中重金属 V、Cr、Cd、Pb 均超标。

表 4.1　采样点土壤重金属元素含量　（单位：mg / kg）

采样点	采样区域	V	Cr	Cd	Pb	As
1	原矿堆放区	17 451.7	3 842.1	7.11	152.9	56.41
2	沉钒废水池	4 431.2	1 230.5	1.67	58.2	19.34
3	焙烧炉	760.6	498.8	0.53	50.5	29.64
4	堆浸废水池	1 438.8	543.9	1.56	54.3	18.34
5	尾渣库南坡	366.5	220.8	0.55	40.4	19.64
6	尾渣库	1 171.0	800.0	1.52	58.6	24.01
7	尾渣库北坡	196.3	168.0	0.43	37.4	18.29

7 个采样点的土壤中重金属 V 含量由高到低依次为原矿堆放区＞沉钒废水池＞堆浸废水池＞尾渣库＞焙烧炉＞尾渣库南坡＞尾渣库北坡，原矿堆放区重金属 V 污染最为严重，其 V 含量超过土壤环境质量二级标准的规定限值 133 倍。尾渣库北坡土壤重金属 V 污染相对较轻，其含量超过土壤环境质量二级标准的规定限值 0.5 倍左右。

土壤中重金属 Cr 含量由高到低依次为原矿堆放区＞沉钒废水池＞尾渣库＞堆浸废水池＞焙烧炉＞尾渣库南坡＞尾渣库北坡，原矿堆放区土壤重金属 Cr 污染现象最严重，其含量超过土壤环境质量二级标准的规定限值 18 倍左右。

土壤中重金属 Cd 含量由高到低依次为原矿堆放区＞沉钒废水池＞堆浸废水池＞尾渣库＞尾渣库南坡＞焙烧炉＞尾渣库北坡，原矿堆放区土壤重金属 Cd 污染现象最严重，其含量超过土壤环境质量二级标准的规定限值 15 倍左右。尾渣库北坡中土壤重金属 Cd 未超过土壤环境质量二级标准的规定限值。

7 个采样点中，原矿堆放区土壤中 Pb、As 含量超标，超过土壤环境质量二级标准的规定限值 1.0 倍左右。

综上分析，该冶炼厂厂区土壤普遍存在 V、Cr、Cd 污染，个别区域重金属 Pb、As 含量也超过土壤环境质量二级标准规定值。调研区域 V、Cr 污染问题较突出，且其污染程度与所处的地理位置、地表径流流向、风向有一定的关系。调研区域整体呈现重金属污染南重北轻趋势，冶炼厂南部区域是导致地表径流进入朝北河产生重金属污染的主要污染源。

4.2.2　冶炼厂区流域重金属富集本土植物调查与识别

1. 冶炼厂区流域重金属富集植物物种清单

本土植物调研区域为冶炼厂区附近河道、冶炼厂区（原矿堆、冶炼厂和尾渣库周边等），其中冶炼厂区植物采样点与土壤采样点一致。根据采集植物的根、茎、叶、花、果实形态特征及其生境等，共识别出 37 种植物，其中包括草本植物 23 种（隶属于 14 科、23 属，如小飞蓬、野胡萝卜、商陆、蜈蚣草等）；乔灌木 8 种（隶属于 7 科、8 属，如构树、胡枝子等）；水生植物 13 种（隶属于 11 科，如芦苇、菖蒲、金鱼藻等）。这些本土植物可作为河道特征重金属富集植物优选研究的供试植物，值得注意的是，在厂区原矿堆、冶炼厂及河道周边均有发现大量的 As 超富集植物蜈蚣草。

2. 冶炼厂区流域本土植物重金属富集特征

1）调研区域优势植物重金属含量

调研区域优势植物体内重金属含量测试结果见表 4.2。本土植物体内重金属 V 的含量表现出物种间差异性和区域间差异性。不同的植物对重金属的富集量有着显著的差别，蜈蚣草根部对 V 的富集量（质量分数）最大，可达 600～800 mg/kg，其他多数植物，如野菊花、白茅、狗尾草等，根部对 V 的富集量只有 30～60 mg/kg。

表 4.2 调研区域优势植物体内重金属含量 （单位：mg / kg）

采样点	植物名称	V		Cr		Cd		Pb	
		地上	地下	地上	地下	地上	地下	地上	地下
1	蜈蚣草	59.61	591.37	8.01	90.33	0.86	5.23	8.81	26.13
	矛叶荩草	49.93	412.37	22.55	69.43	6.05	16.11	7.81	10.75
	野胡萝卜	28.80	17.23	14.86	14.45	15.84	3.54	5.86	5.65
	地肤	24.55	59.20	9.91	17.31	3.35	6.86	4.38	4.31
2	泥胡菜	29.69	59.45	6.55	13.21	2.23	2.76	2.77	3.67
	野菊花	29.40	51.37	8.73	35.71	5.44	1.93	3.69	4.51
	矛叶荩草	60.21	621.55	29.32	72.57	7.89	18.88	8.21	12.56
	小飞蓬	59.62	190.55	34.22	60.61	9.31	12.11	7.95	7.88
	商陆	39.90	38.81	19.18	15.65	1.77	1.89	4.96	5.11
	白茅	26.21	36.42	10.02	15.27	0.62	0.88	4.03	5.79
	辣蓼	30.03	30.78	8.41	6.62	1.98	2.01	3.57	5.12
	艾蒿	39.97	61.90	9.92	8.51	2.02	1.09	4.92	3.81
3	蜈蚣草	86.51	814.25	13.81	92.46	0.91	0.97	15.21	9.04
4	白花三叶草	34.21	60.33	10.11	13.33	1.28	1.56	33.51	20.18
	鹅观草	26.17	90.07	10.51	12.66	1.08	1.06	11.05	11.25
5	艾蒿	28.97	41.90	9.92	8.51	2.02	1.09	4.92	3.81
	苘麻	39.61	51.77	7.07	11.34	1.07	0.92	11.63	12.86
	狗尾草	32.43	35.63	7.12	15.85	0.74	0.78	3.27	3.67
6	小飞蓬	58.59	170.75	29.60	56.46	8.05	10.61	9.04	9.31
	艾蒿	45.75	100.19	12.85	11.25	5.75	4.12	5.25	4.62
	狗尾草	39.21	50.56	8.21	13.66	1.43	1.55	5.33	5.65
7	野胡萝卜	39.77	27.89	16.68	17.55	18.56	5.66	6.68	6.77
	艾蒿	26.10	36.67	4.19	5.91	0.84	0.50	2.41	1.63

不同采样点的同种植物间，表现出不同的重金属 V 富集量。原矿堆放区的蜈蚣草地下部分 V 质量分数接近 600 mg/kg，而焙烧炉周边的蜈蚣草地下部分 V 质量分数高达 814.25 mg/kg，显著高于原矿堆放区的蜈蚣草，但是原矿堆放区土壤中 V 的平均质量分数（17 451.7 mg/kg）远高于焙烧炉周边土壤中 V 的平均质量分数（760.6 mg/kg），并

未表现出富集量随外界环境中重金属含量升高而升高的趋势。沉钒废水池土壤中V含量显著低于原矿堆放区，沉钒废水池周边矛叶荩草体内V含量高于原矿堆放区的矛叶荩草V含量。其他区域由于重金属污染主要来自原矿碎石、尾渣堆放和厂区扬尘等，土壤中植物能富集的有效态重金属无较大差异，因此，植物体内的重金属含量随土壤环境重金属含量升高而升高。

以优势植物体内地上部分V含量为第一评价指标，体内V、Cr、Cd、Pb含量排名前10的植物如图4.2所示。可以发现，焙烧炉周边蜈蚣草地上部分和地下部分对V的富集量均最高，分别达到86.51 mg/kg、814.25 mg/kg；沉钒废水池周边矛叶荩草次之，原矿堆放区蜈蚣草体内V含量略低于前两者。原矿堆放区和焙烧炉周边的蜈蚣草体内V含量均位居前3，此结果表明，蜈蚣草对重金属V具有相对较强的富集能力。

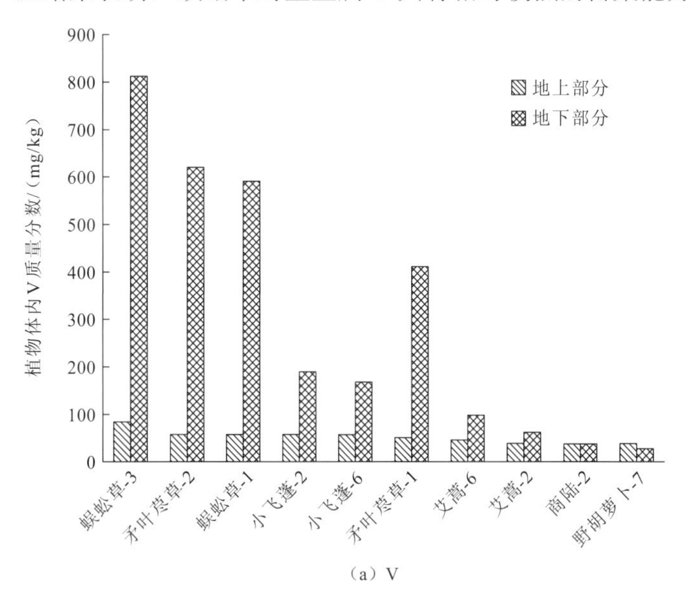

（a）V

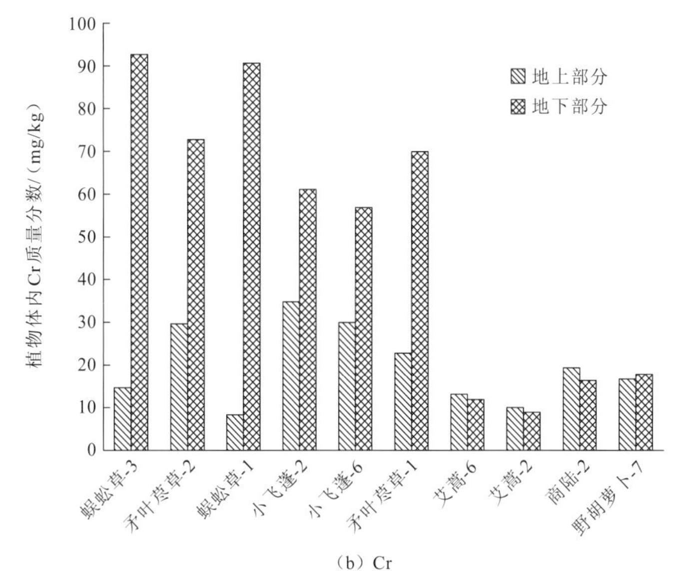

（b）Cr

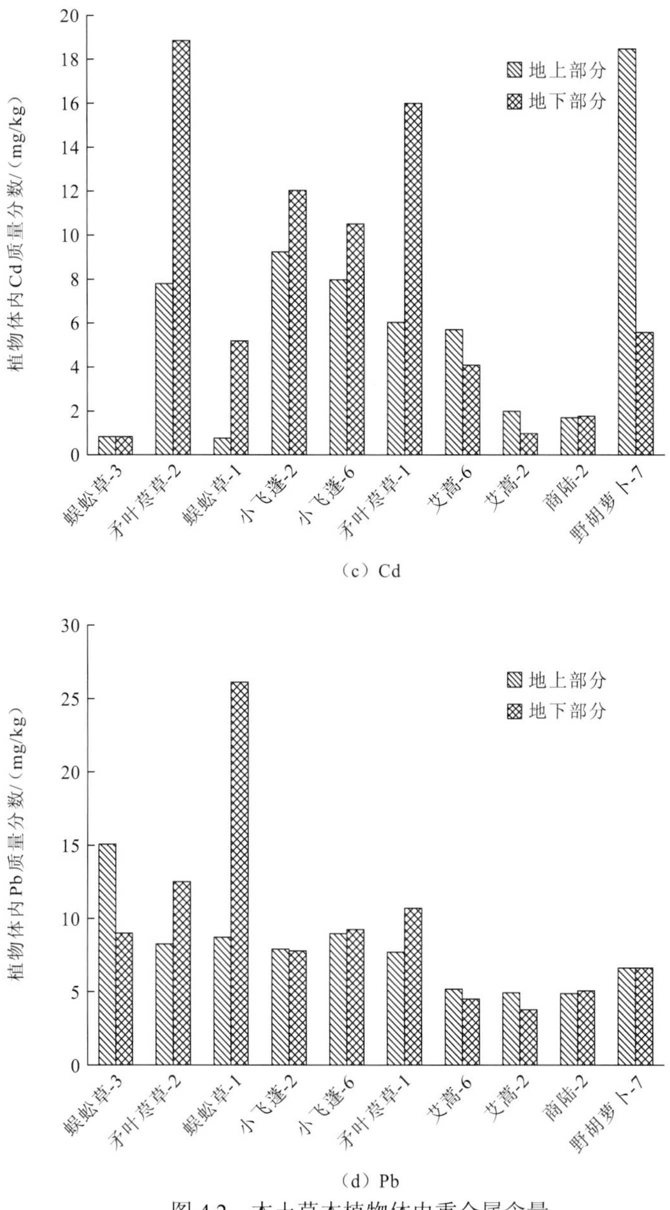

（c）Cd

（d）Pb

图 4.2　本土草本植物体内重金属含量

调研区优势植物地上部分对重金属 Cr 的富集量相差不大，且均低于植物体内 V 的富集量。原矿堆放区和焙烧炉周边蜈蚣草地下部分 Cr 含量显著高于其他植物，分别达到了 90.33 mg/kg 和 92.46 mg/kg，沉钒废水池周边矛叶荩草地下部分次之，为 72.57 mg/kg。蜈蚣草对 Cr 的富集量未达到 Cr 超富集植物标准，但蜈蚣草所生长的原矿堆放区和焙烧炉周边土壤中重金属 Cr 污染严重，其表现出了较强的耐性，正常生长未受到影响，能够维持较大的生物量，形成蜈蚣草群落。

同时可以发现，尾渣库北坡野胡萝卜地上部分对 Cd 的富集量显著高于其他植物，达到了 18.56 mg/kg；矛叶荩草地下部分表现出对 Cd 较高的富集量，原矿堆放区和沉钒废水池的矛叶荩草地下部分 Cd 质量分数在 15～20 mg/kg。各优势植物体内 Pb 质量分数基本在 5.0～25 mg/kg，蜈蚣草地下部分 Pb 含量略高于其他植物，但未表现出显著的差异，并未发现对 Pb 表现突出富集能力的植物物种。

调研区域 5 种乔灌木地上部分重金属含量如图 4.3 所示。银合欢和构树地上部分重金属 V 含量高于加杨、弓茎悬钩子和蚣、杠柳，其 V 质量分数分别达到了 36.7 mg/kg 和 30.41 mg/kg；5 种乔灌木地上部分重金属 Cr 和 Cd 含量无明显差距，均在 9.0 mg/kg 和 1.5 mg/kg 左右；银合欢地上部分 Pb 含量最高，Pb 质量分数为 18.73 mg/kg。综上分析可知，乔灌木对重金属的富集能力弱于草本植物，但乔灌木生物量大于草本植物，重金属富集总量较大，且乔灌木与草本植物的搭配种植可提高物种多样性，有利于重金属污染土壤生态修复，同时对于地表径流中重金属的生态拦截也具有一定应用价值。

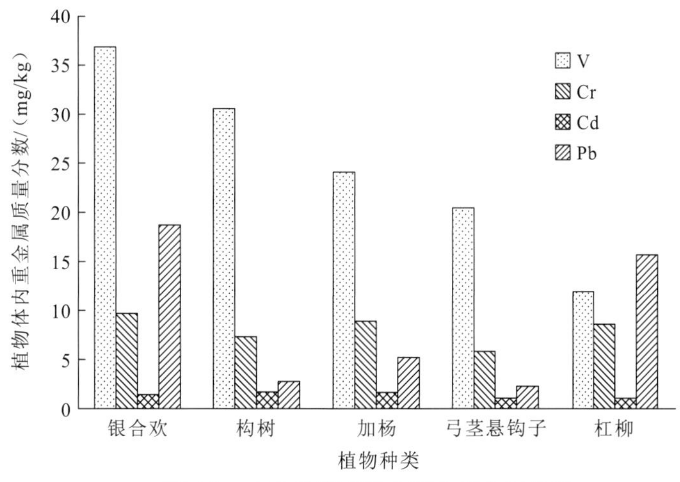

图 4.3 本土乔灌木地上部分重金属含量

2）调研区域优势植物富集和转运特征

根据调研所取植物样品和土壤样品分析结果，计算上述 10 种优势草本植物样品根部富集系数（BCF_{root}）和转运系数（TF）。如表 4.3 所示，焙烧炉周边蜈蚣草对 V 的根部富集系数为 1.07，其余植物对 V 的根部富集系数均远小于 1，表明蜈蚣草根部对土壤中 V 的富集能力显著好于其他植物。在复合重金属污染环境下，蜈蚣草能够保持较大的生物量而成为优势植物，而且具有良好的重金属富集能力，因此，蜈蚣草在重金属 V 污染土壤修复中具有良好的应用前景。

表 4.3 调研区本土植物根部富集系数和转运系数计算结果

植物种类	采样点	V		Cr		Cd		Pb	
		BCF_{root}	TF	BCF_{root}	TF	BCF_{root}	TF	BCF_{root}	TF
蜈蚣草	1	0.03	0.10	0.02	0.09	0.74	0.16	0.17	0.34
矛叶荩草	1	0.02	0.12	0.02	0.32	2.27	0.38	0.07	0.73
矛叶荩草	2	0.14	0.10	0.06	0.40	11.30	0.42	0.21	0.65

续表

植物种类	采样点	V		Cr		Cd		Pb	
		BCF_{root}	TF	BCF_{root}	TF	BCF_{root}	TF	BCF_{root}	TF
小飞蓬	2	0.04	0.31	0.05	0.56	7.25	0.77	0.14	1.01
艾蒿	2	0.01	0.66	0.01	1.67	0.65	1.85	0.07	1.29
商陆	2	0.01	1.03	0.01	1.23	1.13	0.94	0.08	0.97
蜈蚣草	3	1.07	0.11	0.19	0.15	1.83	0.94	0.18	1.68
小飞蓬	6	0.15	0.34	0.08	0.52	6.98	0.76	0.17	0.97
艾蒿	6	0.09	0.46	0.01	1.14	2.71	1.39	0.08	1.34
野胡萝卜	7	0.14	1.32	0.10	0.95	13.16	3.28	0.18	0.98

野胡萝卜对 Cd 的根部富集系数和转运系数均显著高于其他植物，分别达到了 13.16 和 3.28，根部富集系数远大于 1，表明野胡萝卜对土壤中 Cd 具有较强的富集能力，同时野胡萝卜对 Cd 的转运能力也显著强于其他植物，能够将体内大部分 Cd 从根部转运到茎叶部位，因此，野胡萝卜可以应用在钒冶炼产生重金属 Cd 污染土壤生态修复中。

除商陆和野胡萝卜外，其他植物对 V 的转运系数均小于 1，说明重金属 V 在艾蒿和小飞蓬等植物体内由根部向茎叶部转移比较困难，体内大部分 V 积累在其根部。

调研区草本植物对 Cr 和 Pb 的根部富集系数、转运系数表现基本一致，富集系数在 0.01～0.21，说明调研区域植物对 Cr、Pb 的富集能力较差。

综上可知，蜈蚣草对重金属 V 的富集能力显著高于其他植物，虽然未达到超富集植物的标准，但其对冶炼厂复合重金属污染有极强的耐性、生物量大且根系发达，在重金属 V 污染生态削减中有一定的应用前景，而且可作为进一步研究 V 富集植物耐性和富集机理的可靠供试植物。草本植物野胡萝卜表现出对 Cd 较强的富集能力和转运能力，可用于重金属 Cd 污染土壤的生态修复。

4.3　陆生植物对矿区土壤中重金属的富集特征及机理

4.3.1　草本植物优选及其对重金属 V、Cd、Cr 富集特征

结合冶炼厂区流域本土富集重金属植物调研结果和国内外研究进展，以蜈蚣草、白花三叶草、紫花苜蓿、鱼腥草、蒌蒿 5 种草本植物为供试植物，开展盆栽试验，考察各植物对特征重金属 V、Cd 和 Cr 的富集能力，筛选出生物量大、重金属富集能力强且适生的草本植物。

1. 不同重金属污染水平对草本植物生物量的影响

植物的生物量和体内重金属的含量对其重金属富集的绝对积累量起着决定作用。图 4.4

为不同重金属污染水平对草本植物干重的影响，1HM 代表 V、Cd、Cr 质量分数分别为 70 mg/kg、4 mg/kg、30 mg/kg，5HM 代表 V、Cd、Cr 质量分数分别为 350 mg/kg、20 mg/kg、150 mg/kg，10HM 代表 V、Cd、Cr 质量分数分别为 700 mg/kg、40 mg/kg、300 mg/kg，20HM 代表 V、Cd、Cr 质量分数分别为 1 400 mg/kg、80 mg/kg、600 mg/kg，可以看出，在重金属 V、Cd、Cr 复合污染条件下，蜈蚣草的生长受复合重金属抑制作用最小，表现出了较高的生物量和对复合重金属较强的耐受性，其他 4 种草本植物的生物量随着土壤重金属含量升高而降低幅度更为明显，但总体变化幅度不大。

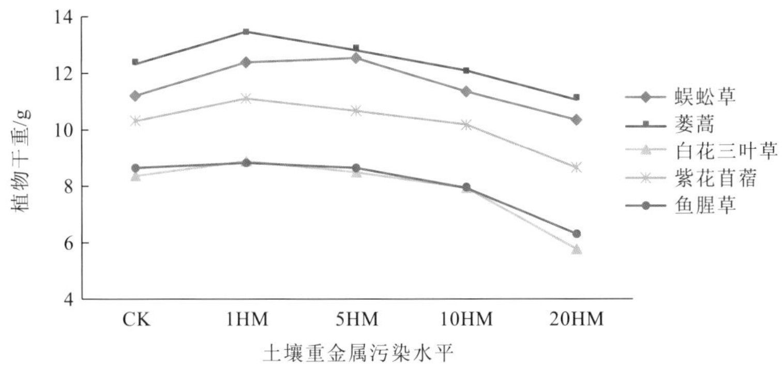

图 4.4　不同重金属污染水平下对草本植物生长量的影响

2. 不同重金属污染水平下草本植物对重金属的富集量

1）不同重金属污染水平下草本植物对 V 的富集量

不同重金属污染水平下，5 种草本植物地上部分重金属 V 含量如图 4.5 所示。5 种植物地上部分重金属 V 的平均含量由高到低的排序为蜈蚣草>蒌蒿>白花三叶草>鱼腥草>紫花苜蓿，其中蜈蚣草地上部分富集重金属 V 质量分数可达 1 800 mg/kg 干重左右。

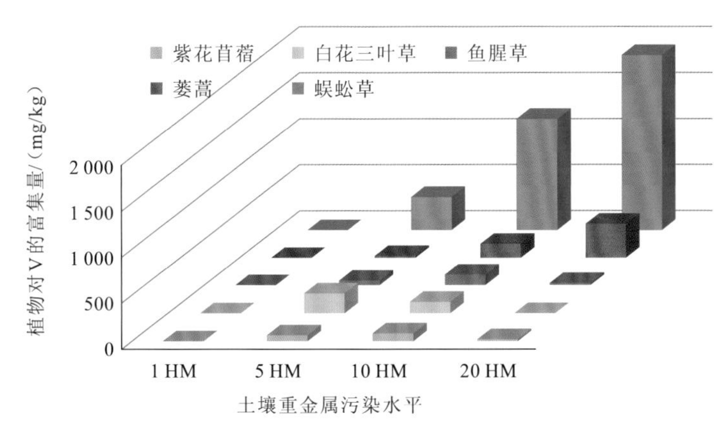

图 4.5　不同重金属污染水平下植物地上部分重金属 V 含量

不同重金属污染水平下，5 种草本植物地下部分重金属 V 含量如图 4.6 所示。不难发现，5 种植物地下部分重金属 V 的平均含量排序与地上含量排序一致。

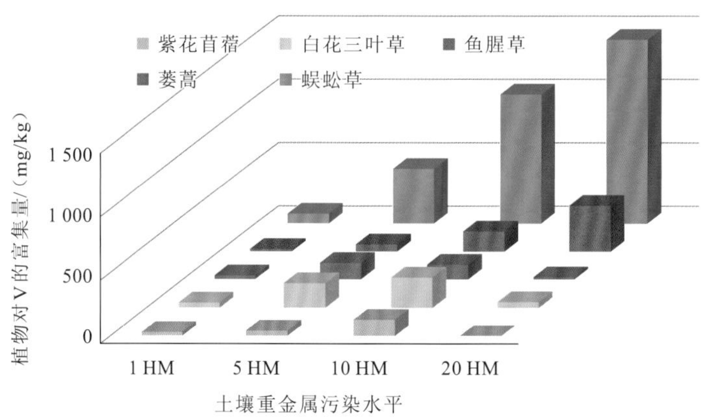

图 4.6　不同重金属污染水平下植物地下部分重金属 V 含量

2）不同重金属污染水平下草本植物对 Cr 的富集量

不同重金属污染水平下，5 种草本植物地上和地下部分重金属 Cr 含量分别如图 4.7 和图 4.8 所示，结果表明，5 种植物无论地上还是地下部分重金属 Cr 的平均含量均是蜈蚣草最高，其次是蒌蒿、白花三叶草，而鱼腥草和紫花苜蓿相对较低。

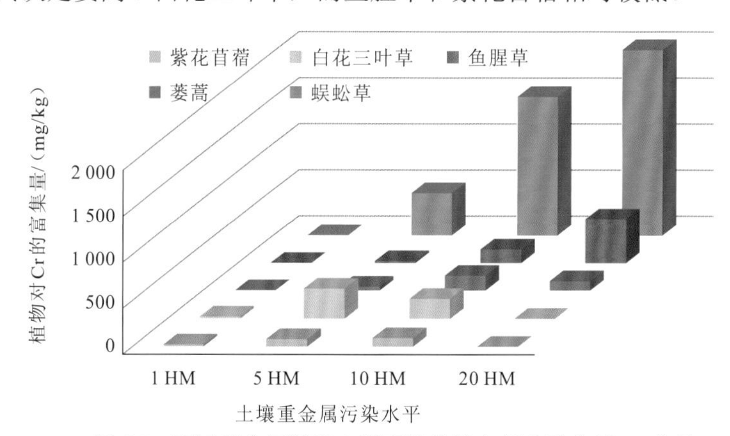

图 4.7　不同重金属污染水平下植物地上部分重金属 Cr 含量

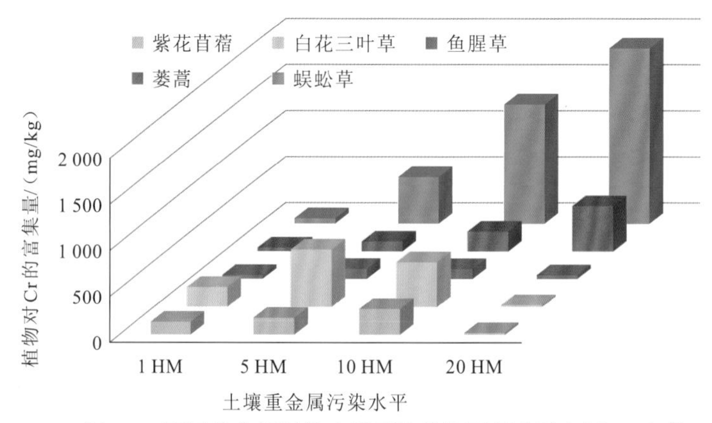

图 4.8　不同重金属污染水平下植物地下部分重金属 Cr 含量

3）不同重金属污染水平下草本植物对 Cd 的富集量

图 4.9 和图 4.10 为 5 种草本植物地上、地下部分重金属 Cd 的平均含量，可以看出，无论地上还是地下，植物体内重金属富集量由高到低的排序均为白花三叶草>紫花苜蓿>鱼腥草>蒌蒿>蜈蚣草，说明白花三叶草富集 Cd 的能力最强。

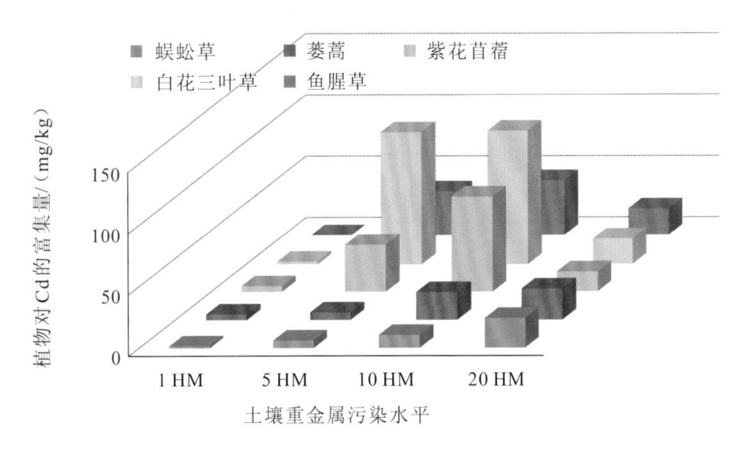

图 4.9　不同重金属污染水平下植物地上部分重金属 Cd 含量

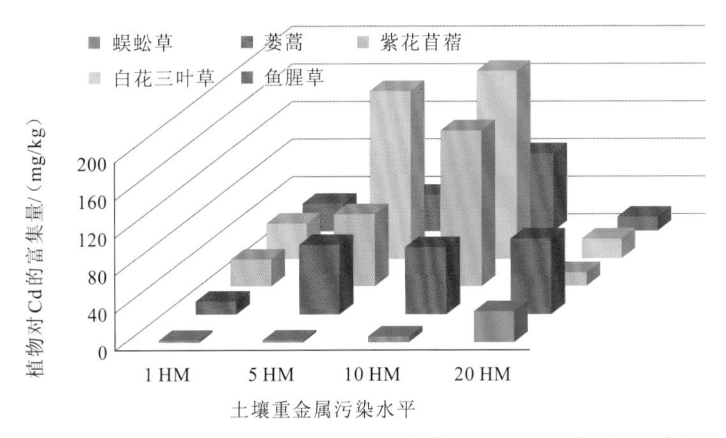

图 4.10　不同重金属污染水平下植物地下部分重金属 Cd 含量

综合上述结果可以看出，蜈蚣草对重金属 V 和 Cr 的富集能力要强于其他植物，而白花三叶草和紫花苜蓿则表现出了对 Cd 较强的富集能力，与蜈蚣草相比，鱼腥草和蒌蒿对重金属 Cd 的富集能力较强。

3. 不同重金属污染水平下草本植物对重金属的转运系数

不同重金属污染水平下，5 种植物对重金属 V、Cr 和 Cd 的转运系数分别如表 4.4、表 4.5 和表 4.6 所示。

表 4.4 5 种植物对重金属 V 的转运系数

植物种类	土壤重金属含量			
	1 HM	5 HM	10 HM	20 HM
蜈蚣草	0.16	0.84	1.22	1.33
蒌蒿	0.12	0.35	0.88	1.05
白花三叶草	0.31	1.16	0.55	0.22
鱼腥草	0.29	0.46	0.97	1.88
紫花苜蓿	0.32	1.38	0.68	1.49

表 4.5 5 种植物对重金属 Cr 的转运系数

植物种类	土壤重金属含量			
	1 HM	5 HM	10 HM	20 HM
蜈蚣草	0.14	0.93	1.14	1.05
蒌蒿	0.14	0.20	0.79	0.99
白花三叶草	0.12	0.51	0.47	0.68
鱼腥草	0.06	0.44	1.44	2.32
紫花苜蓿	0.17	0.45	0.35	0.67

表 4.6 5 种植物对重金属 Cd 的转运系数

植物种类	土壤重金属含量			
	1 HM	5 HM	10 HM	20 HM
蜈蚣草	1.43	2.62	1.51	0.78
蒌蒿	0.33	0.08	0.32	0.32
白花三叶草	0.06	0.61	0.46	0.88
鱼腥草	0.03	0.91	0.55	1.36
紫花苜蓿	0.18	0.51	0.48	1.18

可以看出，不同植物对同一重金属的转运能力有显著区别，但是蜈蚣草对重金属 V、Cr、Cd 均表现出较高的转运能力，均出现大于 1 的转运系数。

4. 不同重金属污染水平下草本植物对重金属的绝对积累量

1）草本植物对 V 的绝对积累量

不同重金属污染水平下，5 种草本植物对 V 的绝对积累量如图 4.11 所示。结果表明，不同污染水平下，蜈蚣草对 V 的绝对积累量介于 0.69～16 mg。

2）草本植物对 Cr 的绝对积累量

从图 4.12 中可看出，蜈蚣草和蒌蒿对重金属 Cr 的绝对积累量随着土壤重金属含量升高而升高，在土壤重金属含量达到 20 HM 时，其绝对积累量达到最大值，分别为 20.13 mg

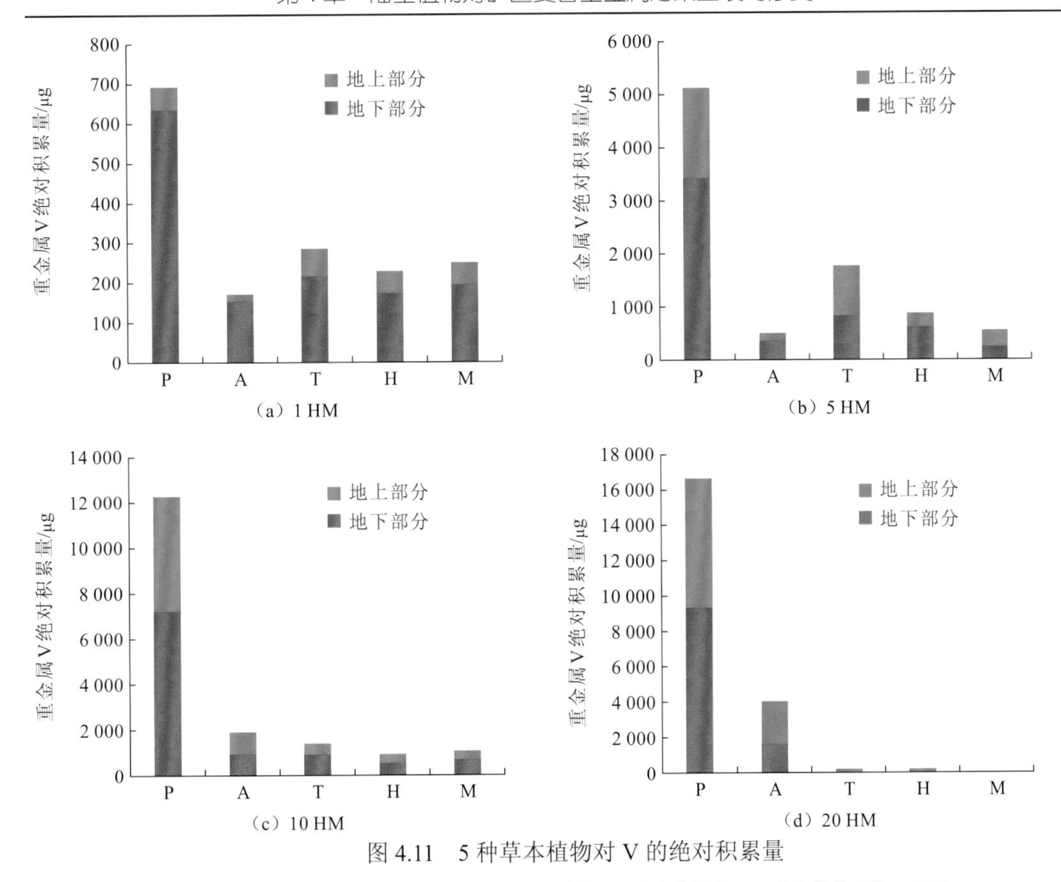

图 4.11　5 种草本植物对 V 的绝对积累量

P 代表蜈蚣草；A 代表蒌蒿；T 代表白花三叶草；H 代表鱼腥草；M 代表紫花苜蓿，后同

和 0.54 mg。鱼腥草和紫花苜蓿对重金属 Cr 的绝对积累量随着土壤重金属含量升高先升高而后降低，在土壤重金属含量达到 10 HM 时，鱼腥草和紫花苜蓿对重金属 Cr 的绝对积累量达到最大值，分别为 0.11 mg 和 0.21 mg。白花三叶草对 Cr 的富集表现出与鱼腥草和紫花苜蓿相同的规律，但在土壤重金属含量为 5 HM 处，白花三叶草对重金属 V 的绝对积累量达到最大值，为 0.40 mg。蜈蚣草对重金属 Cr 的绝对积累量显著高于其他 4 种植物，但是蜈蚣草地上部分对重金属 Cr 的绝对积累量要低于其地下部分。

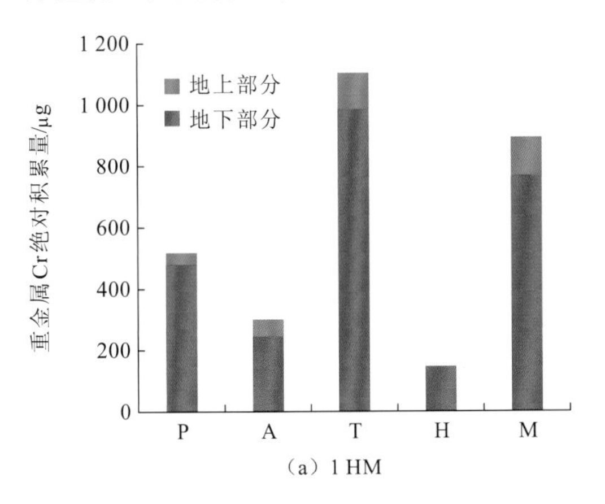

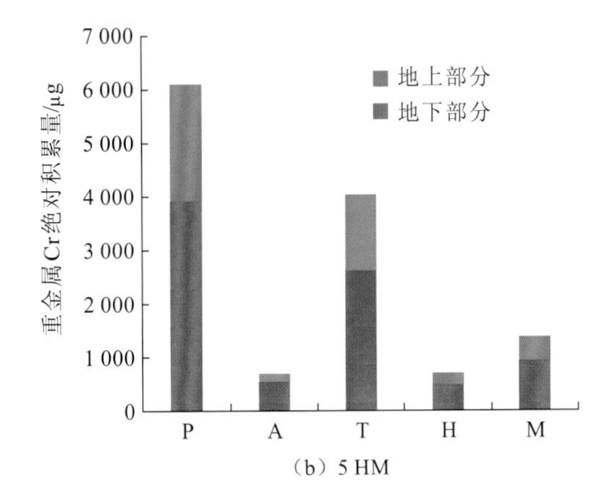

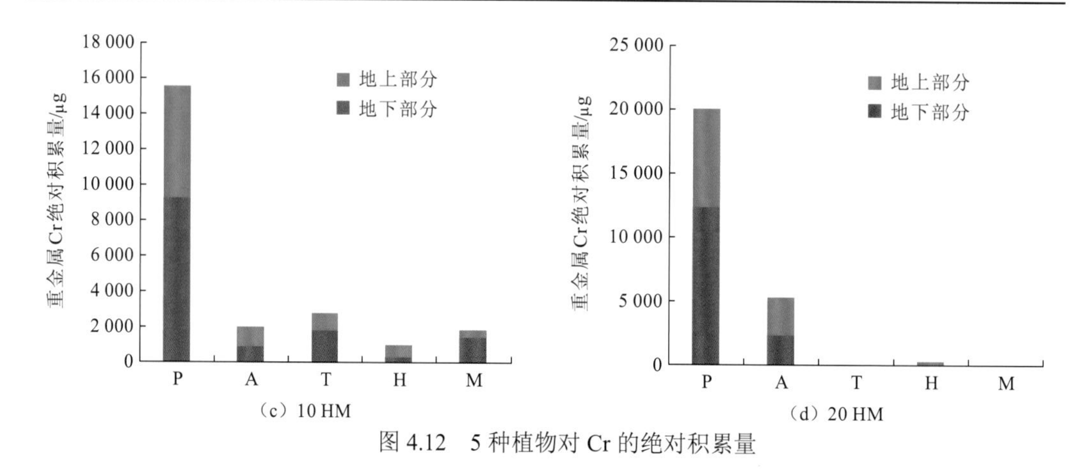

图 4.12　5 种植物对 Cr 的绝对积累量

3）草本植物对 Cd 的绝对积累量

如图 4.13 所示，蜈蚣草和蒌蒿对重金属 Cd 的绝对积累量随着土壤重金属含量升高而升高，并且在土壤重金属含量达到 20 HM 时，其绝对积累量达到最大值，分别为 0.30 mg 和 0.56 mg。白花三叶草、鱼腥草和紫花苜蓿对重金属 Cd 的绝对积累量随着土壤重金属含量升高先升高而后降低，在土壤重金属含量达到 10 HM 时，白花三叶草、鱼腥草和紫花苜蓿对 Cd 的绝对积累量达到最大值，分别为 0.13 mg、0.52 mg 和 1.29 mg。在土壤重金

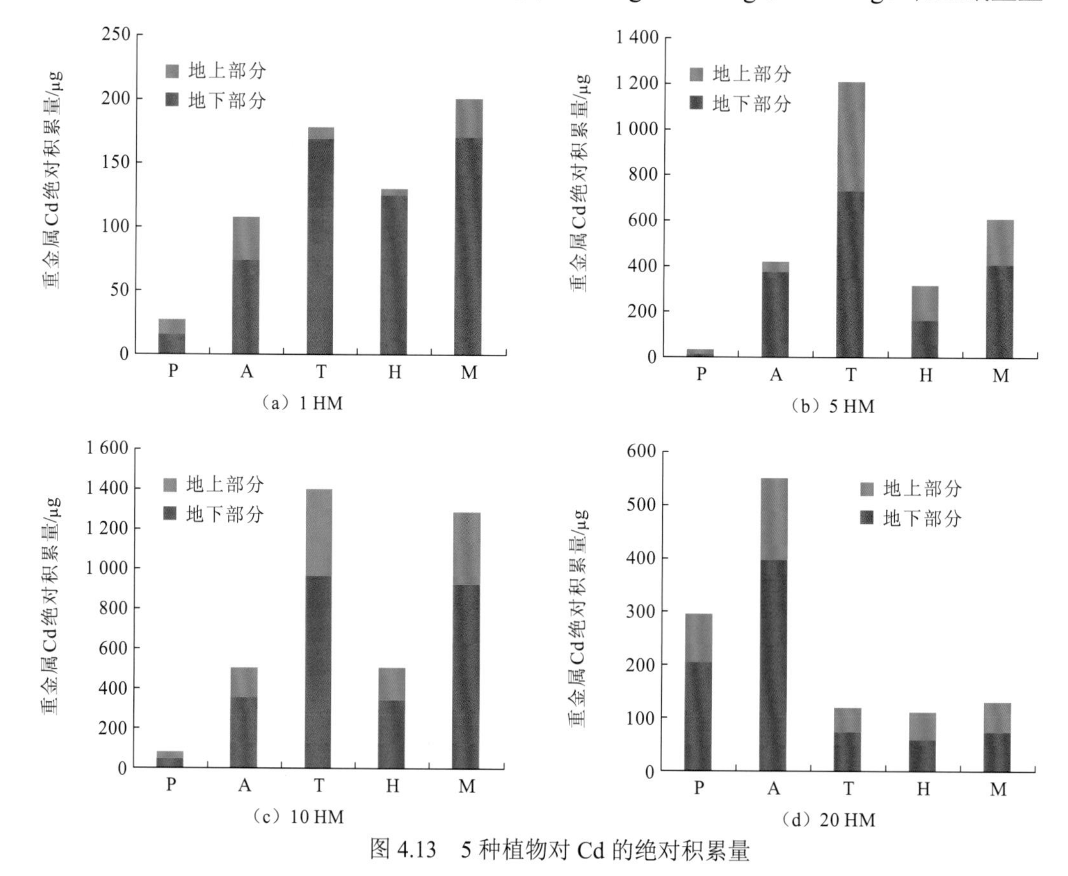

图 4.13　5 种植物对 Cd 的绝对积累量

属含量1 HM组中，紫花苜蓿对Cd的绝对积累量最大，达到了0.20 mg，而在5 HM和10 HM组中，白花三叶草对重金属Cd的绝对积累量最高，分别达到1.22 mg和1.34 mg。

5种草本植物富集重金属V、Cr、Cd绝对积累量的排序分别为：①重金属V，蜈蚣草＞蒌蒿＞白花三叶草＞鱼腥草＞紫花苜蓿；②重金属 Cr，蜈蚣草＞蒌蒿＞白花三叶草＞紫花苜蓿＞鱼腥草；③重金属Cd，白花三叶草＞紫花苜蓿＞鱼腥草＞蒌蒿＞蜈蚣草。蜈蚣草对重金属V和Cr的富集量显著高于其他4种植物，在重金属V、Cr、Cd浓度分别为14 mg/L、0.8 mg/L、6.0 mg/L，植物生长5周，其对重金属V和Cr最大富集量分别达到1 908 mg/kg和2016 mg/kg，绝对积累量最高达到16.6 mg。白花三叶草和紫花苜蓿对重金属Cd的最大富集量为110.64 mg/kg和78.89 mg/kg，显著高于其他植物，绝对积累量最高可达到1.40 mg和1.29 mg。因此，蜈蚣草、白花三叶草和紫花苜蓿可作为V、Cr、Cd复合重金属污染土壤修复的草本植物。

4.3.2　草本植物优选及其对重金属As和Hg的富集特征

优选出的蜈蚣草、白花三叶草、紫花苜蓿主要针对重金属V、Cd和Cr富集。考虑到某些矿区可能存在砷（As）和汞（Hg）的污染，因此，在此前的研究基础上，进一步优选As和Hg富集植物。

1. 复合砷-汞胁迫下三种草本植物的生长状况

图4.14为不同含量（1 HM、2 HM和5 HM）砷-汞（As-Hg）胁迫下蜈蚣草、白花三叶草、紫花苜蓿的生物量和株高变化，该实验周期为300 d。由图4.14（a）可知，随着土壤复合As-Hg含量增大，白花三叶草株高和生物量增大，在土壤As质量分数为150 mg/kg、Hg质量分数为2.5 mg/kg时，植物株高和生物量达到最大，均值分别为29.0 cm和41.24 g，较对照组高16.0%和22.4%。统计分析表明，1 HM、2 HM、5 HM处理组之间生物量差异不显著（$P>0.05$），但实验组与对照组处理差异性显著（$P<0.05$），一定的As-Hg复合污染含量（As≤150 mg/kg，Hg≤2.5 mg/kg）对白花三叶草生长具有一定的促进作用。

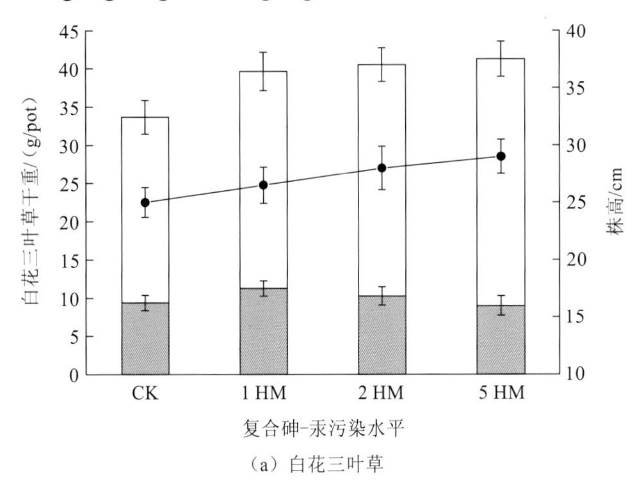

（a）白花三叶草

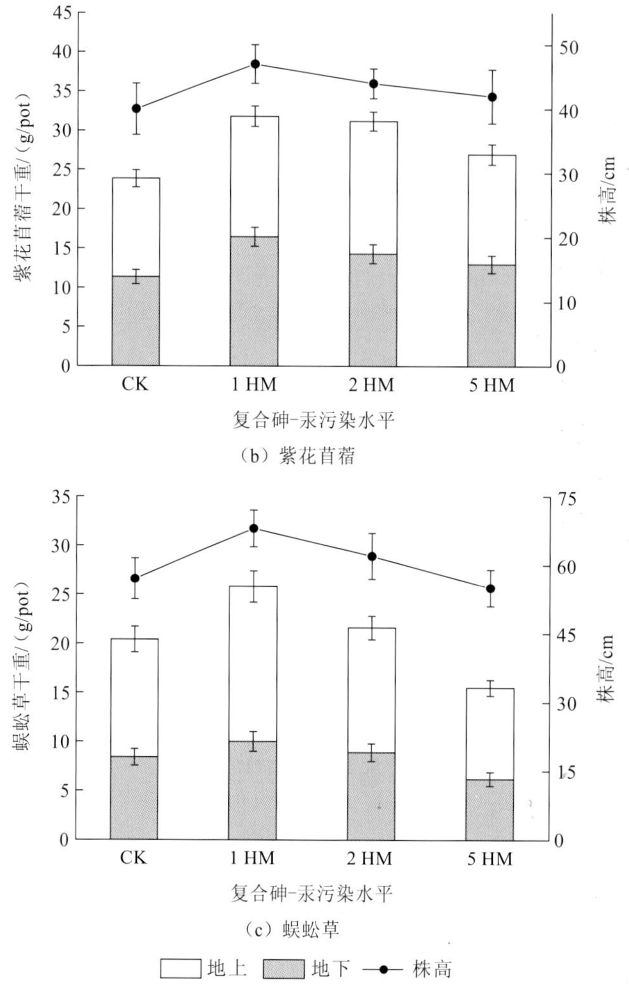

图 4.14　不同砷-汞复合污染水平下白花三叶草、紫花苜蓿、蜈蚣草的生物量和株高变化

由图 4.14（b）、（c）可知，随着土壤复合 As-Hg 含量的升高，紫花苜蓿和蜈蚣草的株高、地上地下部分干重呈现先增大后减小的趋势。在 1 HM 处理下，紫花苜蓿和蜈蚣草的株高达到最大，分别为 47 cm 和 68 cm，较对照组分别提高了 17.5%和 19.3%。在 5 HM 处理下，紫花苜蓿的株高仍高于对照组，说明该处理下仍能促进植物的生长，只是这种促进作用随着土壤 As-Hg 含量增大而减小，而在 5 HM 处理下，蜈蚣草的株高和生物量均受到抑制，分别较对照组降低了 47.3%和 3.5%。与株高值反应规律一致，紫花苜蓿和蜈蚣草地上、地下部分干重也在 1 HM 处理下达到最大，分别为 31.81 g 和 25.8 g，分别较对照组增加了 33.3%和 26.5%。

因此，在一定的浓度范围内，复合砷-汞污染促进了白花三叶草的生长，而紫花苜蓿和蜈蚣草的生长随着土壤砷-汞污染水平的增加先得到促进后出现抑制作用，说明不同植物对砷-汞胁迫的响应和耐受性不同。

2. 三种草本植物对砷和汞的富集特征

1）三种草本植物对砷和汞的累积和富集

白花三叶草、紫花苜蓿、蜈蚣草地上部分和根部砷和汞分布及含量如图 4.15 所示。土壤复合砷-汞污染程度不同，三种草本植物对砷、汞的累积和分布情况存在差异。由图 4.15 可知，随着土壤中复合砷-汞污染水平和暴露时间增加，植物地上部分和根部砷、汞含量均呈现增加的趋势。当土壤中 As 质量分数为 150 mg/kg、Hg 质量分数为 2.5 mg/kg、

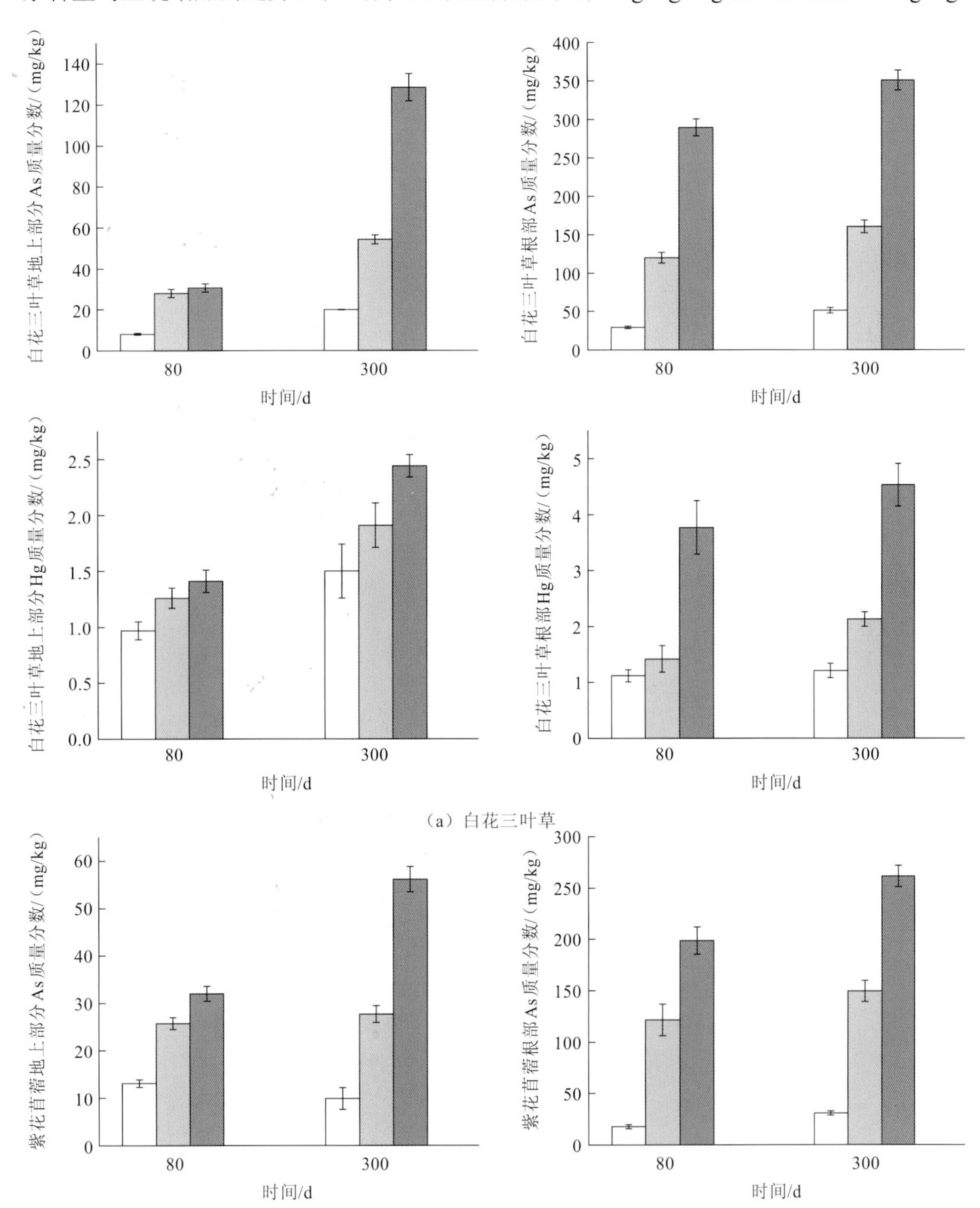

（a）白花三叶草

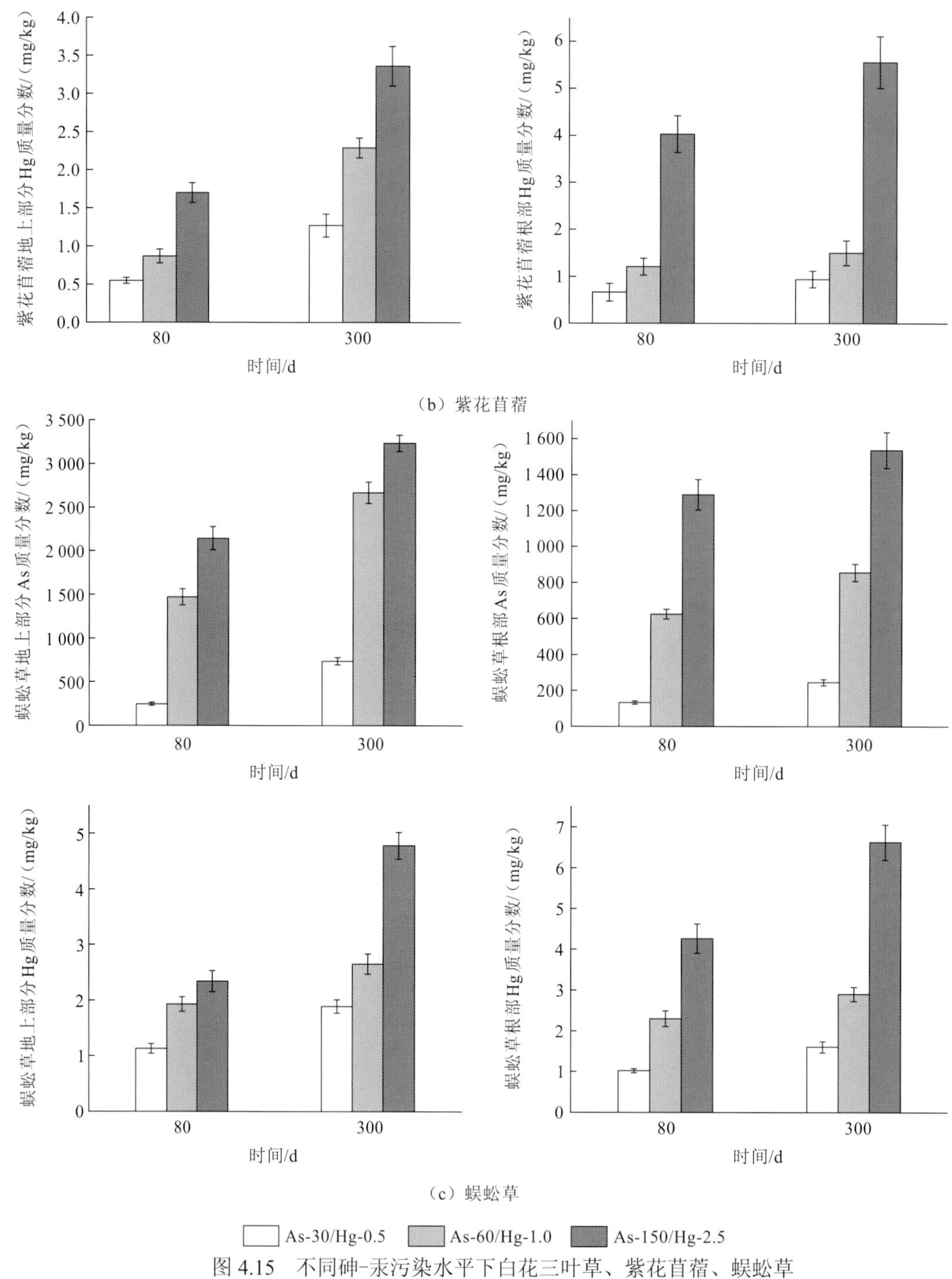

图 4.15　不同砷-汞污染水平下白花三叶草、紫花苜蓿、蜈蚣草地上部分和根部在不同时间的砷汞含量

暴露时间为 300 d 时，白花三叶草、紫花苜蓿、蜈蚣草体内砷、汞含量达到最大，地上部分 As 质量分数分别为 128.45 mg/kg、56.14 mg/kg 和 3 234.14 mg/kg，根部 As 质量分数分别为 350.78 mg/kg、261.67 mg/kg 和 1 536.45 mg/kg；地上部分 Hg 质量分数分

别为 2.44 mg/kg、3.36 mg/kg 和 4.78 mg/kg，根部 Hg 质量分数分别为 4.53 mg/kg、5.56 mg/kg 和 6.63 mg/kg，植物各部分含量较暴露时间为 80 d 时均有显著上升，且各处理间差异性显著（$P<0.05$），表明增加暴露时间三种草本植物根系富集砷和汞也会增加。

白花三叶草、紫花苜蓿、蜈蚣草对砷的累积分布特征表明，白花三叶草、紫花苜蓿根部砷浓度均大于地上部分，当土壤中 As 质量分数为 150 mg/kg、Hg 质量分数为 2.5 mg/kg、暴露时间为 300 d 时，白花三叶草、紫花苜蓿体内砷、汞含量达到最大，地上部分 As 质量分数分别为 128.45 mg/kg 和 56.14 mg/kg，地下部分 As 质量分数分别为 350.78 mg/kg 和 261.67 mg/kg，但蜈蚣草地上部分砷浓度均大于根部，相同处理下，地上部分和地部分别达到了 3 234.14 mg/kg 和 1 536.45 mg/kg，表明蜈蚣草较其他两种草本植物对砷的累积能力强。

白花三叶草、紫花苜蓿、蜈蚣草对汞的累积分布特征表明，植物暴露在砷-汞复合污染 300 d 后，当土壤中总 As 质量分数为 30 mg/kg、Hg 质量分数为 0.5 mg/kg 时，植物地上部分汞含量均大于地上部分，随着污染水平的增加，三种植物根部汞含量均大于地上部分。

为了进一步分析 3 种植物体内砷和汞含量与土壤砷-汞污染水平的关系，在植物暴露在砷-汞复合污染土壤 300d 后，对植物地上部分和根部砷、汞的含量与土壤中重金属含量进行了相关性分析，相关系数见表 4.7。

表 4.7　植物不同部位重金属累积量与土壤中重金属浓度的相关性分析

植物种类	As		Hg		总 As	总 Hg
	地上部分	根部	地上部分	根部		
白花三叶草	0.681	0.914	0.718	0.781	0.828	0.728
紫花苜蓿	0.916	0.850	0.974	0.923	0.858	0.905
蜈蚣草	0.912	0.872	0.921	0.974	0.976	0.936

可以看出，白花三叶草、紫花苜蓿、蜈蚣草体内 As、Hg 含量与土壤中 As、Hg 含量呈显著正相关。紫花苜蓿、蜈蚣草各部位砷、汞含量与土壤砷、汞污染水平呈极显著正相关，相关系数均在 0.9 以上，表明紫花苜蓿、蜈蚣草对砷、汞较敏感，而白花三叶草相关系数相对较低，说明该植物对砷、汞不太敏感，实验设置的污染水平对该植物影响较小。

在评价植物修复能力时，除植物体内砷、汞的浓度含量外，还需要考虑富集量。图 4.16 反映了不同复合砷-汞污染水平下三种草本植物对汞和砷的富集量情况，由图可知，紫花苜蓿对砷、汞的富集主要集中在根部，在不同砷-汞复合污染浓度下，砷在植物根部的富集分别达到了总富集量的 66.6%～82.1%；汞在这两种植物根部的富集分别达到了总富集量的 82.8%～90.5%。当土壤 As 质量分数为 30 mg/kg、Hg 质量分数为 0.5 mg/kg 时，白花三叶草对汞的富集主要在地上部分，富集量为 0.04 mg，占总富集量的 68.57%，并且白花三叶草对砷的富集也主要集中在地上部分，占到总富集量的 49.5%～56.8%。蜈

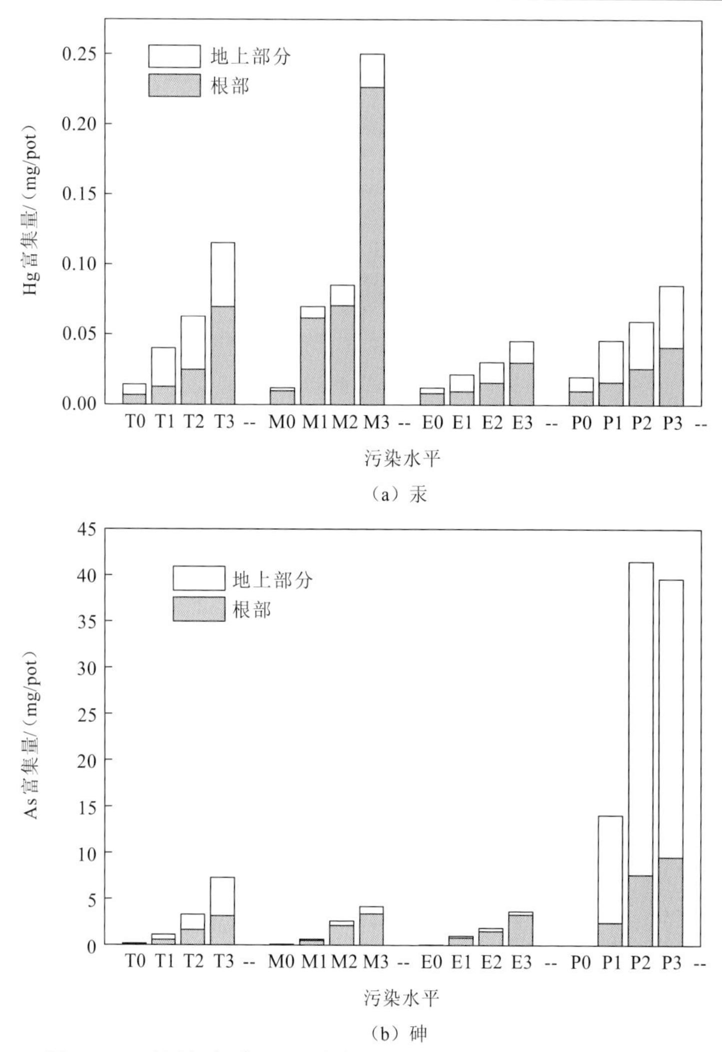

图 4.16　不同复合砷-汞污染水平下三种草本植物对汞和砷的富集量

T 代表白花三叶草，M 代表紫花苜蓿，P 代表蜈蚣草，T0，M0，E0 代表对照组；T1，M1，P1 代表 As-30 mg/kg，Hg-0.5 mg/kg；T2，M2 代表 As-60 mg/kg，Hg-1.0 mg/kg；T3，M3 代表 As-150 mg/kg，Hg-2.5 mg/kg。地上部分或根部砷-汞富集量=C shoot/root × M shoot/root，其中 C 是植物体内砷、汞的浓度和 M 是植物干重

蚣草对砷和汞的富集主要集中在地上部分，在土壤 As 质量分数为 60 mg/kg、Hg 质量分数为 1.0 mg/kg 时，富集量达到了 33.89 mg 和 0.3 mg，分别占总富集量的 81.66%和 60.00%。显然，白花三叶草和蜈蚣草具有较高提取砷和汞的能力，可用于修复砷-汞复合污染土壤。

2）草本植物对砷和汞的富集系数和转运系数

生物富集系数（BCF）和转运系数（TF）是评价植物重金属的累积和转运效率的重要指标。一般来说，植物对砷和汞的富集系数越大，表明其吸收砷和汞的能力越强，对土壤中砷和汞的提取效率越高。如表 4.8 所示，三种草本植物对汞的富集系数大小顺序为蜈蚣草＞白花三叶草＞紫花苜蓿，在土壤 As 质量分数为 60 mg/kg、Hg 质量分数为 1.0 mg/kg

时，三种植物对汞的富集系数分别达到了 10.43、8.23、2.97，表明三种植物对汞的富集效率较好；蜈蚣草对砷的富集效果最好，不同处理下其富集系数分别达到了 66.86、101.59、38.37，由此可见，在砷和汞共存的条件下蜈蚣草对砷仍具有超富集特性。

表 4.8　植物暴露在复合污染 300 d 后的富集系数（BCF）和转运系数（TF）

植物种类	污染处理/（mg/kg）	As		Hg	
		BCF	TF	BCF	TF
白花三叶草	As-30/Hg-0.5	0.82	0.39	6.73	1.24
	As-60/Hg-1.0	1.12	0.34	8.23	0.90
	As-150/Hg-2.5	1.09	0.32	2.54	0.54
紫花苜蓿	As-30/Hg-0.5	0.34	0.32	3.34	1.35
	As-60/Hg-1.0	0.49	0.19	2.97	1.53
	As-150/Hg-2.5	0.45	0.21	2.06	0.60
蜈蚣草	As-30/Hg-0.5	66.86	3.03	7.18	6.08
	As-60/Hg-1.0	101.59	3.12	10.43	11.42
	As-150/Hg-2.5	38.37	2.10	3.33	4.61

对于砷的转运，蜈蚣草的转运效果较好，不同处理下其转运系数分别为 3.03、3.12、2.10，而白花三叶草和紫花苜蓿对砷的转运系数均小于 1.00，说明砷在白花三叶草、紫花苜蓿体内迁移比较困难；对于汞的转运，蜈蚣草的转运效果仍较好，不同处理下其转运系数分别为 6.08、11.42、4.61，而白花三叶草和紫花苜蓿在低浓度处理下对汞的转运效果相当，均在 1.00 左右，在高浓度下对汞的转运效果显著降低，均在 0.60 左右。由此说明，蜈蚣草对砷和汞的富集和转运效果最好，白花三叶草次之，紫花苜蓿相对较差。

4.3.3　滨岸特征重金属富集乔、灌木的优选及富集特征

结合冶炼厂区流域本土乔、灌木富集植物调研结果，综合考虑富集能力、边坡固土、涵水、造景等功能，本小节以构树、香樟、麦李、忍冬为供试植物，筛选出符合上述功能要求的乔、灌木植物 2～3 种。

1. 不同重金属污染水平对乔、灌木生长状况的影响

在试验周期末，测定植物的新生枝条平均长度，3 个含量梯度（1 HM、3 HM 和 5 HM）同种植物间试验组与对照组进行比较，试验组相对对照组植物新生枝条平均长度增加的百分比如图 4.17 所示。可以看出，土壤重金属污染水平升高，新生枝条平均长度受到的抑制效应越大。低浓度重金属对麦李和忍冬的新生枝条生长起到一定程度的促进作用，但是随着土壤重金属含量的升高，抑制作用显现并增强。构树新生枝条平均长度受到重金属抑制作用最为显著，抑制作用最大，试验组构树新生枝条平均长度与对照组相比减少 51.3%。

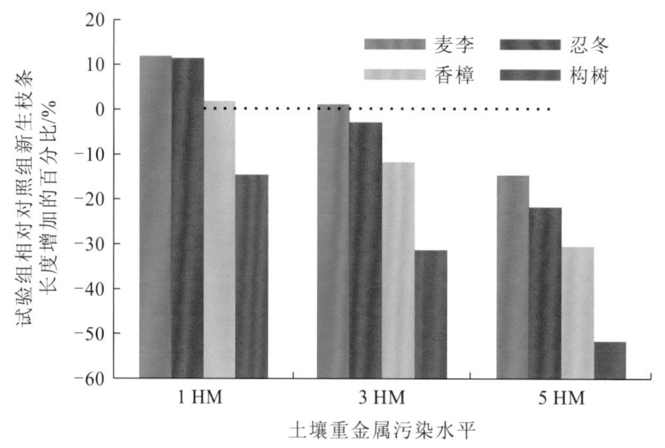

图 4.17　乔、灌木新生枝条相对增长百分比

2. 不同重金属污染水平下乔、灌木对重金属的富集量

1）不同重金属污染水平下乔、灌木对 V 的富集量

4 种乔、灌木（构树、香樟、麦李和忍冬）地上部分对重金属 V 的富集量如图 4.18 所示。随着土壤重金属污染程度加重，4 种乔、灌木地上部分对 V 富集量均增加，且忍冬地上部分对 V 富集量要大于其他三种乔、灌木，在 5 HM 处理时达到最大值，为 59.60 mg/kg。与此同时，麦李地上部分对 V 富集量略低于忍冬，最大达到 50.75 mg/kg。构树地上部分对 V 富集能力要显著低于其他三种植物，最大值仅为 3.10 mg/kg。

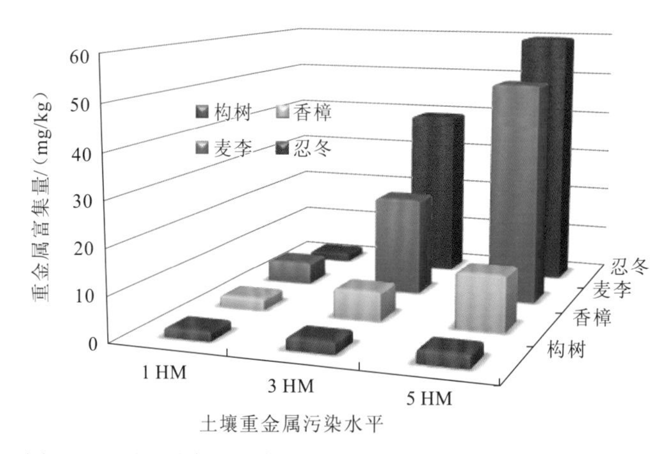

图 4.18　不同重金属污染水平下乔、灌木地上部分重金属 V 富集量

图 4.19 为 4 种乔、灌木地下部分对重金属 V 的富集量。植物地下部分对 V 的富集量表现出了与地上部分相似的规律，即随外界重金属含量的升高而升高。香樟和忍冬两种植物地下部分对 V 的富集量显著高于其他两种植物，最大值分别为 127.00 mg/kg 和 123.00 mg/kg。构树地下部分对 V 富集能力要弱于其他三种植物，峰值仅为 46.50 mg/kg。

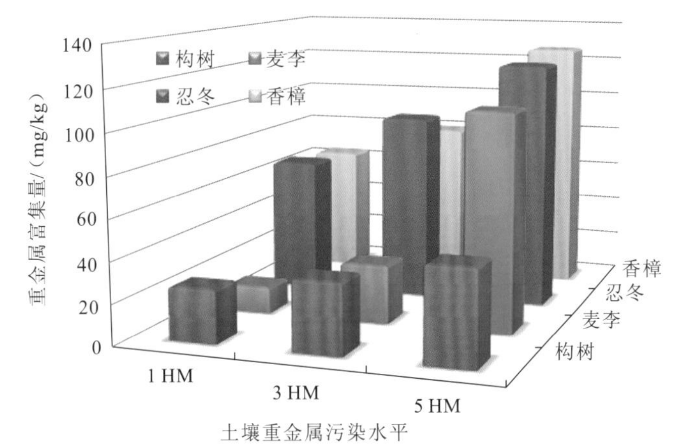

图 4.19　不同重金属污染水平下乔、灌木地下部分重金属 V 富集量

2）不同重金属污染水平下乔、灌木对 Cr 的富集量

4 种乔、灌木地上部分对 Cr 富集量如图 4.20 所示，随着土壤重金属含量升高，乔、灌木地上部分对 Cr 富集量呈现升高趋向，忍冬地上部分对 Cr 富集量高于其他三种植物，5 HM 组处理达到最大值，为 132.00 mg/kg。与此同时，麦李地上部分对重金属 Cr 富集量低于忍冬，最大达到 111.25 mg/kg。构树地上部分对重金属 Cr 富集能力要显著低于其他三种植物，最大仅为 28.95 mg/kg。

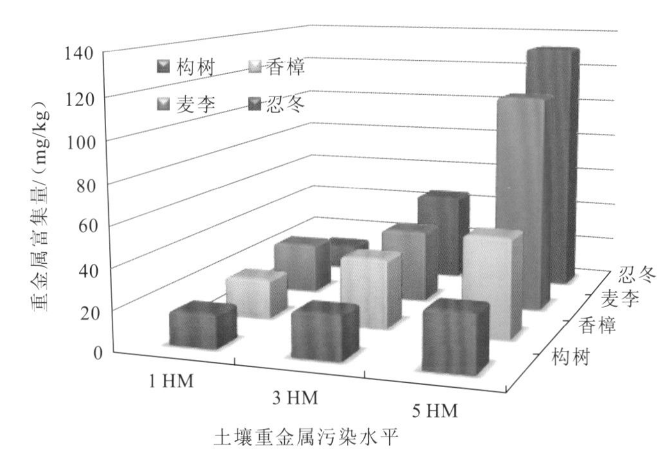

图 4.20　不同重金属污染水平下乔、灌木地上部分重金属 Cr 富集量

图 4.21 为 4 种乔、灌木地下部分对重金属 Cr 的富集量。植物地下部分对 Cr 的富集量表现出了与地上部分相似的规律，即随外界重金属含量的升高而升高。香樟和忍冬地下部分对重金属 Cr 的富集量显著高于其他两种植物，最大值分别为 127.00 mg/kg 和 123.00 mg/kg。构树地下部分对重金属 Cr 富集能力要弱于其他三种植物，最大值仅为 46.50 mg/kg。

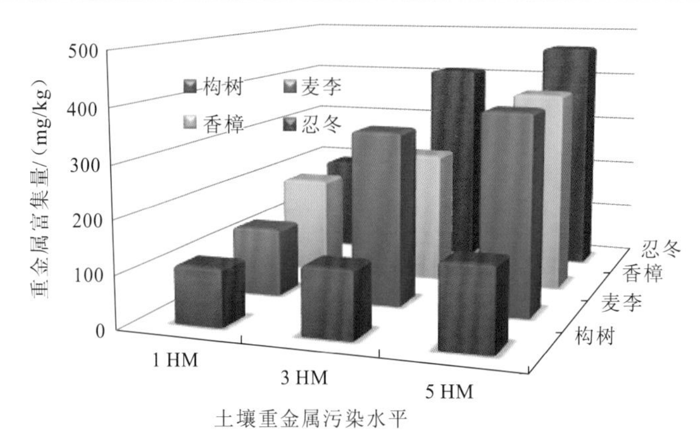

图 4.21 不同重金属污染水平下乔、灌木地下部分重金属 Cr 富集量

3）不同重金属污染水平下乔、灌木对 Cd 的富集量

4 种乔、灌木地上部分对重金属 Cd 的富集量如图 4.22 所示。当重金属污染水平升高，麦李和忍冬地上部分对 Cd 富集量显现出增加的趋向，麦李地上部分对 Cd 富集量高于其他三种植物，在 5 HM 处理时达到最大，为 5.10 mg/kg，构树和香樟则表现出与之相反的趋势。构树和香樟地上部分对 Cd 富集量最大值分别为 0.80 mg/kg 和 0.34 mg/kg。

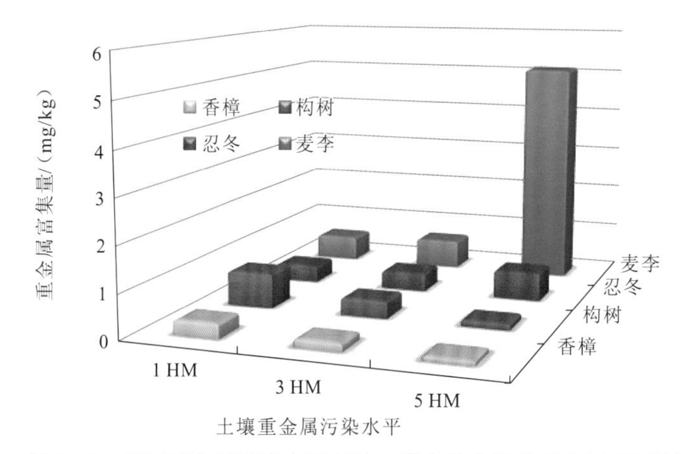

图 4.22 不同重金属污染水平下乔、灌木地上部分重金属 Cd 富集量

4 种乔、灌木地下部分对重金属 Cd 的富集量如图 4.23 所示。植物地下部分对 Cd 富集量与地上部分规律相似。忍冬地下部分对重金属 Cd 的富集量大于其他三种植物，最大值达到 13.30 mg/kg。构树地下部分对重金属 Cd 富集能力要弱于其他三种植物，最大值为 0.99 mg/kg。

3. 不同重金属污染水平下乔、灌木对重金属的富集系数

4 种乔、灌木对 V 的转运系数见表 4.9。可以发现，乔、灌木对 V 富集系数低于草本植物。香樟和构树对重金属 V 的富集系数在不同重金属浓度处理组中均不足 0.1。麦李和忍冬对重金属 V 的富集系数略高，最大值分别达到 0.24 和 0.31。

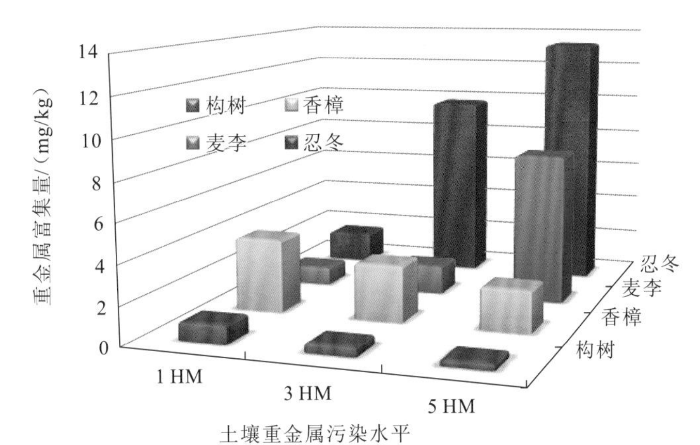

图 4.23　不同重金属污染水平下乔、灌木地下部分重金属 Cd 富集量

表 4.9　不同重金属污染水平下乔、灌木对重金属 V 的富集系数

污染水平	香樟	构树	麦李	忍冬
1 HM	0.07	0.05	0.13	0.05
3 HM	0.05	0.02	0.18	0.31
5 HM	0.06	0.01	0.24	0.28

表 4.10 为 4 种乔、灌木对 Cr 的富集系数，可以看出，乔、灌木对 Cr 富集系数要显著高于其对 V 和 Cd 的富集系数，说明乔、灌木对 Cr 的富集能力比其对 V 和 Cd 富集能力优异。香樟和构树对 Cr 的富集系数随外界重金属含量升高而降低，最大值分别为 1.12 和 0.96。忍冬对 Cr 富集系数则表现出相反趋势，最大达到 1.46。麦李对 Cr 的富集系数在 1 HM 和 5 HM 均大于 1，峰值达到了 1.43。

表 4.10　不同重金属污染水平下乔、灌木对重金属 Cr 的富集系数

污染水平	香樟	构树	麦李	忍冬
1 HM	1.12	0.96	1.43	0.72
3 HM	0.65	0.42	0.69	0.85
5 HM	0.56	0.32	1.23	1.46

4 种乔、灌木对 Cd 的富集系数见表 4.11，结果表明，麦李对 Cd 的富集系数要大于其他三种植物，在 5 HM 时达到最大值，为 0.42。构树次之，在 1 HM 时达到最大值，为 0.33。

表 4.11　不同重金属污染水平下乔、灌木对重金属 Cd 的富集系数

污染水平	香樟	构树	麦李	忍冬
1 HM	0.14	0.33	0.24	0.16
3 HM	0.03	0.06	0.09	0.06
5 HM	0.01	0.01	0.42	0.05

4. 不同重金属污染水平下乔、灌木对重金属的转运系数

4 种乔灌木对 V 的转运系数如表 4.12 所示。忍冬对重金属 V 的转运系数表现出随重金属浓度升高而升高的趋势，最高达到 0.48，显著高于香樟和构树。麦李对重金属 V 转运系数呈现随重金属浓度先升高再降低，在 3 HM 处理时达到最大值 0.77，显著高于其他三种植物，说明麦李对重金属 V 的转运能力要强于其他三种植物。

表 4.12　不同重金属污染水平下乔、灌木对重金属 V 的转运系数

污染水平	香樟	构树	麦李	忍冬
1 HM	0.04	0.09	0.40	0.03
3 HM	0.08	0.08	0.77	0.42
5 HM	0.10	0.07	0.47	0.48

4 种乔灌木对重金属 Cr 的转运系数如表 4.13 所示。4 种乔灌木对 Cr 的转运系数普遍较低，麦李和忍冬的转运系数分别在 5 HM 处理时达到最大值 0.29 和 0.28，香樟和构树在各重金属处理组均不足 0.2。

表 4.13　不同重金属污染水平下乔、灌木对重金属 Cr 的转运系数

污染水平	香樟	构树	麦李	忍冬
1 HM	0.11	0.16	0.19	0.07
3 HM	0.14	0.18	0.11	0.11
5 HM	0.13	0.18	0.29	0.28

4 种乔灌木对重金属 Cd 的转运系数见表 4.14。构树和麦李对 Cd 的转运系数显著高于忍冬和香樟，分别在 1 HM 和 5 HM 达到最大值，分别为 0.81 和 0.64。构树和麦李对 Cd 的转运能力要显著强于香樟和忍冬。

表 4.14　不同重金属污染水平下乔、灌木对重金属 Cd 的转运系数

污染水平	香樟	构树	麦李	忍冬
1 HM	0.09	0.81	0.59	0.23
3 HM	0.06	0.79	0.44	0.04
5 HM	0.05	0.46	0.64	0.05

综合分析可知，麦李和忍冬表现出对复合重金属 V、Cr、Cd 污染环境较强的生理耐性。轻度重金属污染刺激麦李和忍冬两种植物的生长，其对 V、Cr、Cd 的富集能力较强。在土壤重金属 V、Cr、Cd 质量分数分别为 210 mg/kg、90 mg/kg、12 mg/kg，实验周期为 150 d 条件下，忍冬地上部分对 V、Cr、Cd 的最大富集量为 59.60 mg/kg、132.00 mg/kg、0.65 mg/kg；麦李地上部分对 V、Cr、Cd 的最大富集量分别为 50.75 mg/kg、111.25 mg/kg、5.10 mg/kg；在中低浓度重金属污染条件下，构树对 Cd 较强富集能力可以弥补麦李及忍冬的不足。因此，在工程建设中，乔木选择构树，灌木选择麦李和忍冬。

4.3.4　草本植物对重金属 V、Cr 和 Cd 的耐性机理

超氧化物歧化酶（superoxide dismutase，SOD）、过氧化物酶（peroxidase，POD）和过氧化氢酶（catalase，CAT）是植物清除体内过量的自由基，维持恶劣生存条件下正常生理机能的重要酶类，总称为植物保护酶系统（刘硕 等，2008）。在正常的生长条件下，植物体内活性氧产生和清除处于动态平衡中（胡拥军 等，2015），当处于逆境胁迫或衰老时，其体内活性氧的加速产生，积累的活性氧会引发膜脂过氧化（江玲 等，2014），导致植物生长异常。当植物受到重金属胁迫时，SOD、POD 和 CAT 发生相应变化，并依品种及抗性的不同而异。本小节主要研究复合重金属 V、Cr 和 Cd 胁迫下草本植物抗氧化酶系统耐性机理。

1. 不同重金属污染水平下草本植物 SOD 酶活性变化特征

蜈蚣草、蒌蒿、白花三叶草、鱼腥草和紫花苜蓿的 SOD 酶活性如图 4.24。可以看出，随着重金属含量升高，5 种植物的 SOD 酶活性均呈先升高后受抑制的趋势，蜈蚣草和蒌蒿在 10 HM 处理时 SOD 酶活性达到最高点，其余 3 种植物均在 5 HM 处理时即达到 SOD 活性最高点。SOD 酶活性达到最高点之后又出现下降的现象，表明 SOD 的活性氧清除功能受到了损伤。蜈蚣草的 SOD 响应变化最强烈，且前文中提到蜈蚣草干重和重金属富集量显著大于其他植物，表明蜈蚣草 SOD 的强烈反应可能对重金属所造成的氧化

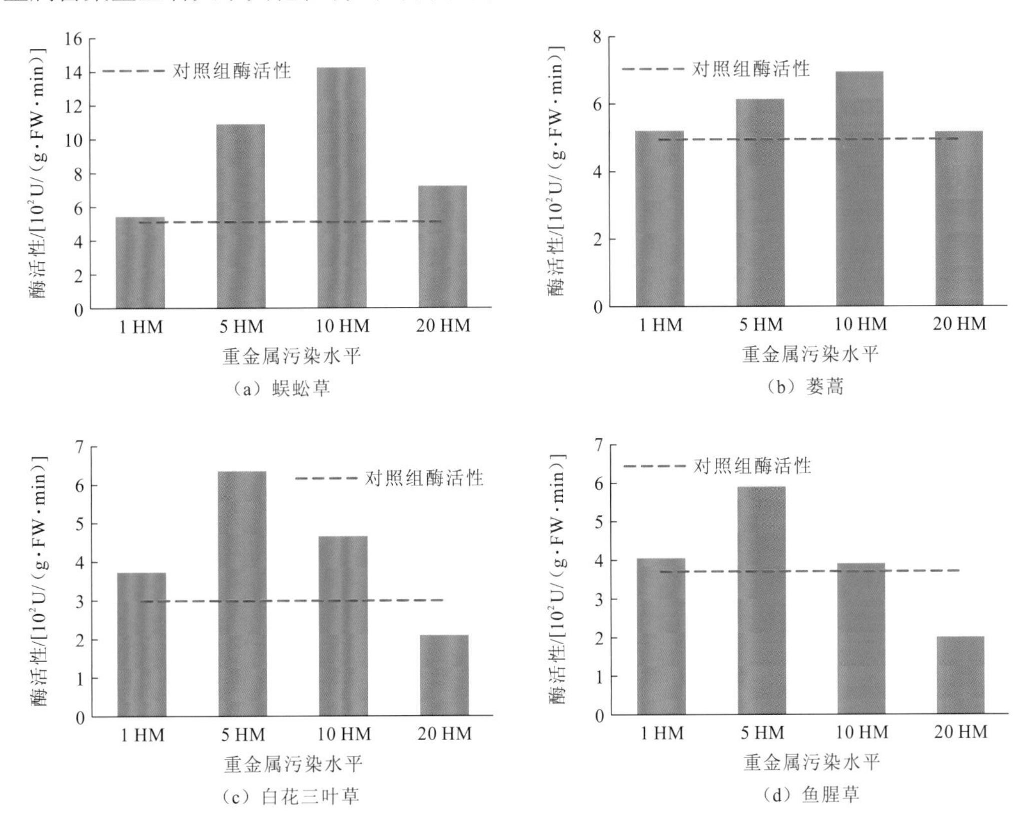

（a）蜈蚣草　（b）蒌蒿　（c）白花三叶草　（d）鱼腥草

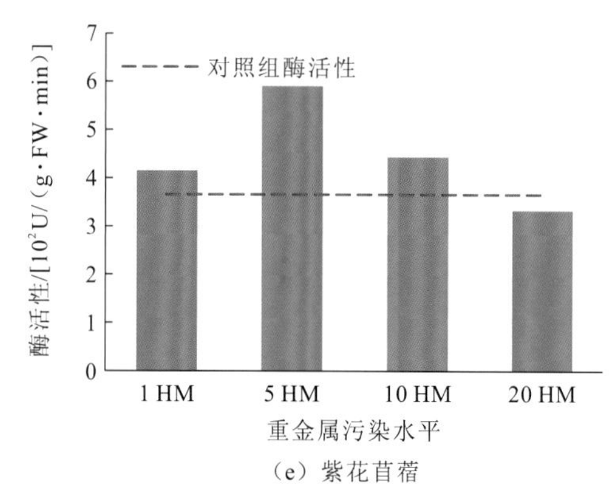

(e) 紫花苜蓿

图 4.24　不同重金属污染水平下 5 种植物 SOD 酶活性

损伤有很好的保护作用。相关研究表明，蜈蚣草受到 Pb、Zn 重金属胁迫时，SOD 响应变化同样强烈，与本小节研究结果类似。重金属含量最高时，只有蜈蚣草和蒌蒿的 SOD 活性高于对照组，白花三叶草、鱼腥草和紫花苜蓿的 SOD 酶活性均已低于对照组水平，表明这 3 种植物在 20 HM 时已受到显著的抑制作用。

重金属胁迫下，植物的氧化应激反应也是植物重要的解毒机制之一。与对照组相比，蜈蚣草 SOD 酶活性显著上升，高于对照组，而鱼腥草的 SOD 酶活性只是小幅度上升，在 20 HM 处理组中，SOD 酶活性甚至低于对照组。受到重金属胁迫后，SOD 酶活性的升高可能是由于过氧阴离子的生成，而对过氧阴离子的解毒是有机体生长所必需的。在高等植物体内，SOD 的酶活性可以将重金属的诱导产物转化成过氧化物（Aftab et al.，2013）。蜈蚣草 SOD 酶活性的显著升高是对重金属胁迫产生的氧化应激反应，来消除过氧阴离子，减少膜脂质过氧化，从而维持细胞膜的稳定性。过氧阴离子是 SOD 酶活性的主要刺激源，并且 SOD 酶活性的升高能够有效地清除过氧负离子（Mittler et al.，2004）。高浓度重金属胁迫下 SOD 酶活性降低，这是由于在高浓度重金属胁迫下，植物细胞内保持着较高的过氧阴离子浓度，因此，丙二醛（malondialdehyde，MDA）含量显著升高，而 MDA 的大量积累抑制了 SOD 酶活性（Zhang et al.，2010）。

2. 不同重金属污染水平下草本植物 POD 酶活性变化特征

POD 在减少 H_2O_2 积累，消减 MDA 抵御细胞膜脂质过氧化反应，保持细胞膜的完整性等方面起到重要的作用（吴建勋 等，2013）。图 4.25 为 5 种植物 POD 酶活性，蜈蚣草和紫花苜蓿的 POD 酶活性一直保持着高于对照组的水平，维持着较高的酶活性；重金属浓度升高，蜈蚣草和紫花苜蓿体内 POD 酶活性呈现出先升高后降低的趋势。白花三叶草也表现出类似的规律，但是在 20 HM 处理时其 POD 酶活性已低于对照组水平。蒌蒿和鱼腥草体内 POD 活性随着外界重金属浓度的升高而降低，均在 20 HM 时低于对照组水平。蜈蚣草体内 POD 酶活性反应强烈，可能是保障蜈蚣草遇到较强氧化胁迫时耐性强的原因之一（申红玲 等，2014）。由此可见，只要外界重金属迫害作用没有超过植物自身对重金属毒害的防御能力，SOD 和 POD 酶活性都是表现出上升的趋向，一旦超过了植物对重金属的防御能力，则会导致酶活性的减弱（Siedlecja et al.，2002）。

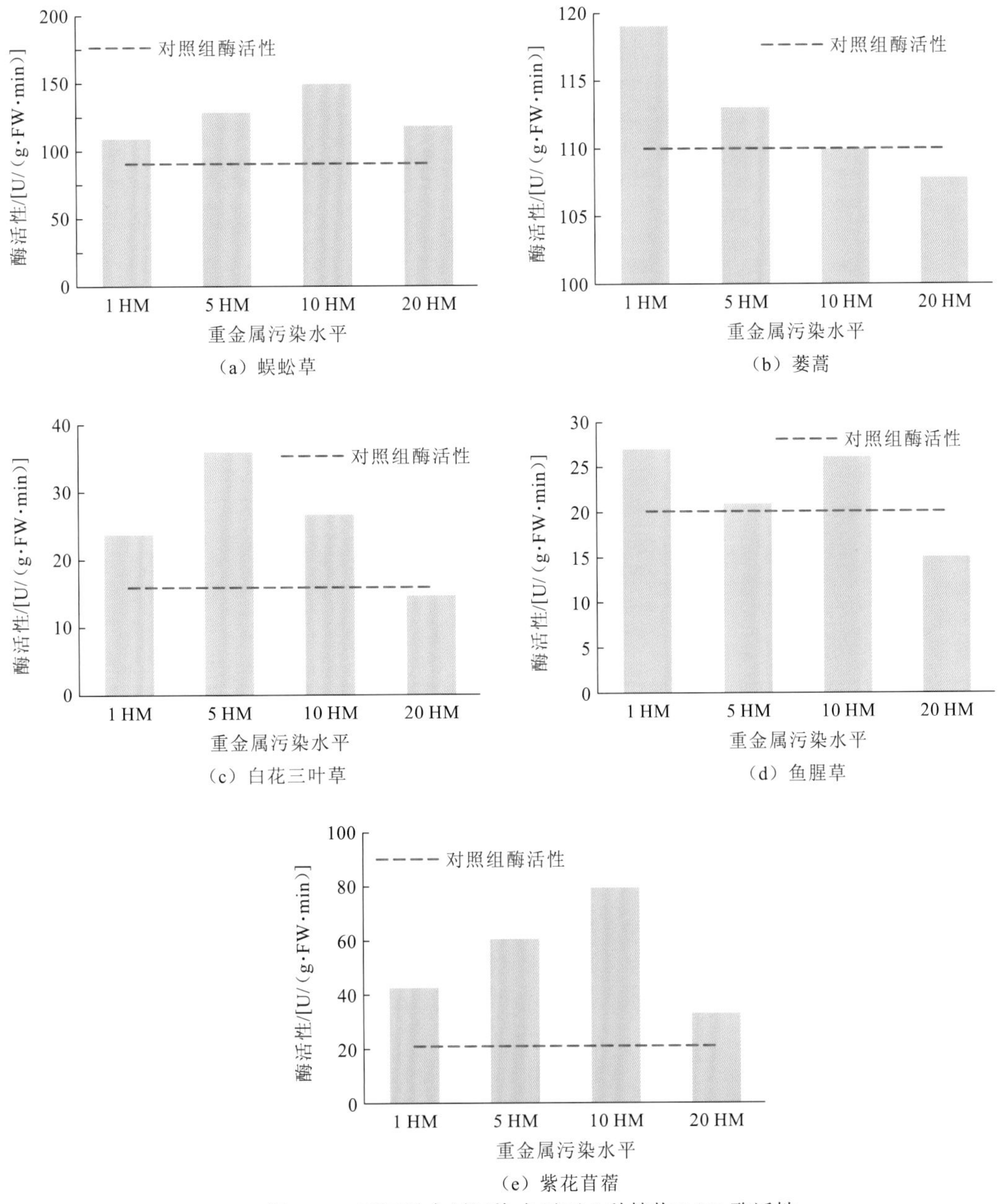

（a）蜈蚣草
（b）蒌蒿
（c）白花三叶草
（d）鱼腥草
（e）紫花苜蓿

图 4.25　不同重金属污染水平下 5 种植物 POD 酶活性

3. 不同重金属污染水平下草本植物 CAT 酶活性变化特征

CAT 酶能够清除植物体内 H_2O_2，将 H_2O_2 转化成 H_2O 和分子氧，并且在去除 O_2^- 中起着重要的作用（Goswami et al.，2016）。5 种植物 CAT 酶活性变化如图 4.26 所示。随着土壤重金属含量升高，蜈蚣草、鱼腥草和紫花苜蓿的 CAT 酶活性表现出先升高再降低的趋势，但蜈蚣草体内的 CAT 酶活性始终高于对照组，保持着较高的水平，而鱼腥草和紫花苜蓿的 CAT 酶活性分别在 10 HM 和 20 HM 处理时开始低于对照组水平。蒌蒿体内

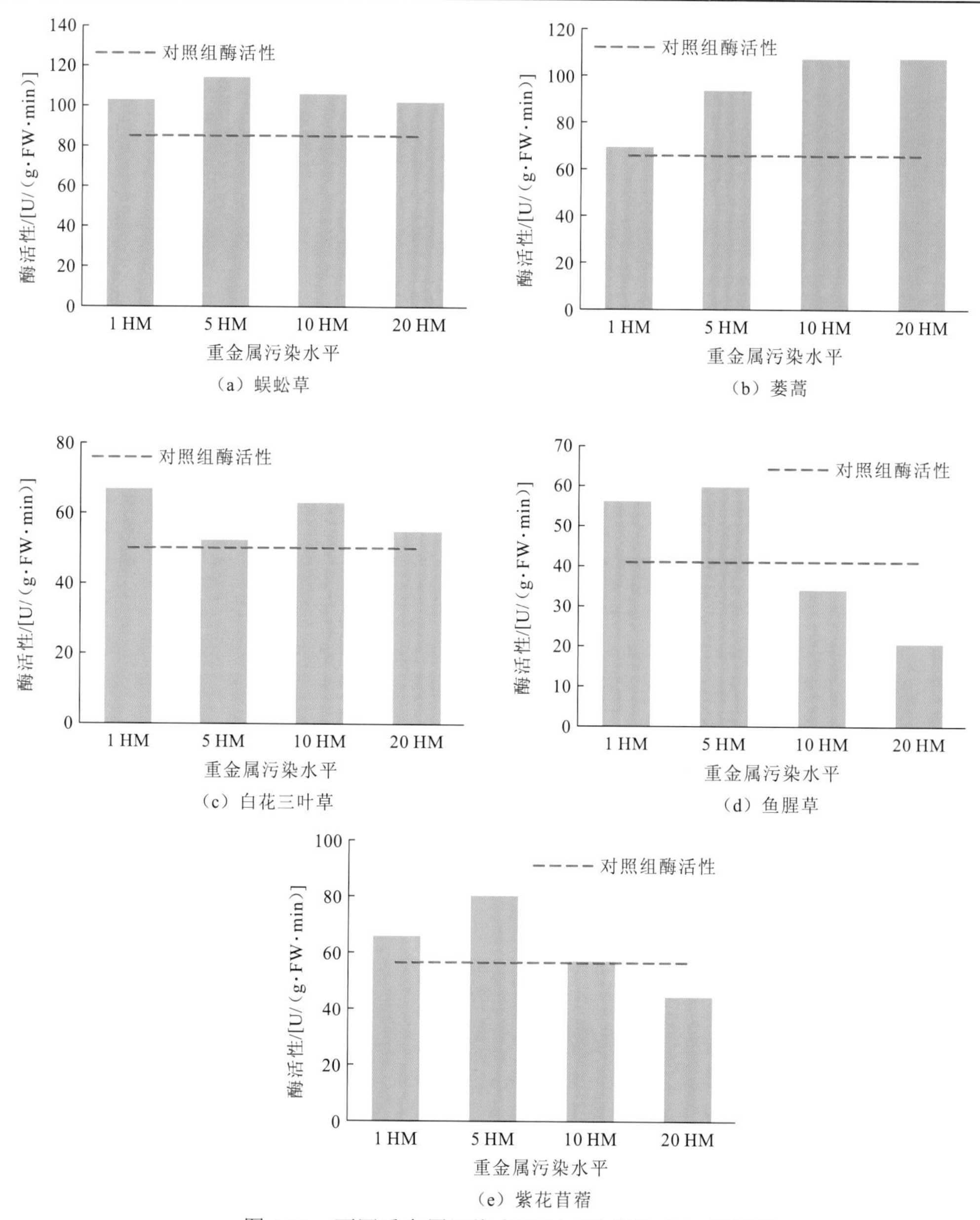

图 4.26　不同重金属污染水平下 5 种植物 CAT 酶活性

CAT 酶活性随重金属含量升高而升高，且强于对照组水平。白花三叶草体内 CAT 酶活性则随外界重金属含量的升高先降低再升高而又降低，但其活性均高于对照组水平。

CAT 酶活性与 SOD 酶活性变化规律相似。在低浓度重金属胁迫下，CAT 酶活性上升，可能是因为 CAT 底物量的增加（Li et al.，2013）。然而，在高含量重金属环境下，蒌蒿、白花三叶草和鱼腥草的 CAT 活性均降低了，表明这些植物无法应对不断增加的 H_2O_2 的量（Duman et al.，2010）。蜈蚣草体内 SOD、POD 和 CAT 整体保持着较高的活性，在细胞防御 ROS 中起着重要的作用，为蜈蚣草对重金属较高的耐受性提供了保障。

4.3.5　草本植物对重金属 As 和 Hg 的耐性机理

基于前述的研究结果，综合考虑不同水平复合砷汞胁迫下四种草本植物生物量、砷汞积累量及土壤中砷汞修复率差异，本小节主要研究蜈蚣草和白花三叶草对土壤中复合砷汞的耐受性及富集机理。

1. 白花三叶草和蜈蚣草对复合砷-汞的耐受性

1）砷-汞胁迫下白花三叶草和蜈蚣草根长和根活力

根系长度是根系生长发育状况的指标，能间接反映植物对砷和汞的耐受性。由图 4.27 可知，随着砷-汞浓度的增加白花三叶草根长逐渐增大，且各处理间差异性显著（$P<0.05$）。当土壤砷质量分数为 150 mg/kg、汞质量分数为 2.5 mg/kg（5 HM）时，白花三叶草根长达到最大，为 17.1 cm，较对照组增加了 30.8%，说明一定浓度的砷和汞能够促进白花三叶草根毛的生长；蜈蚣草根长随着砷-汞浓度的增加呈现先增大后减小的趋势，且各实验组组间差异性显著（$P<0.05$）。当土壤砷质量分数为 30 mg/kg、汞质量分数为 0.5 mg/kg（1 HM）

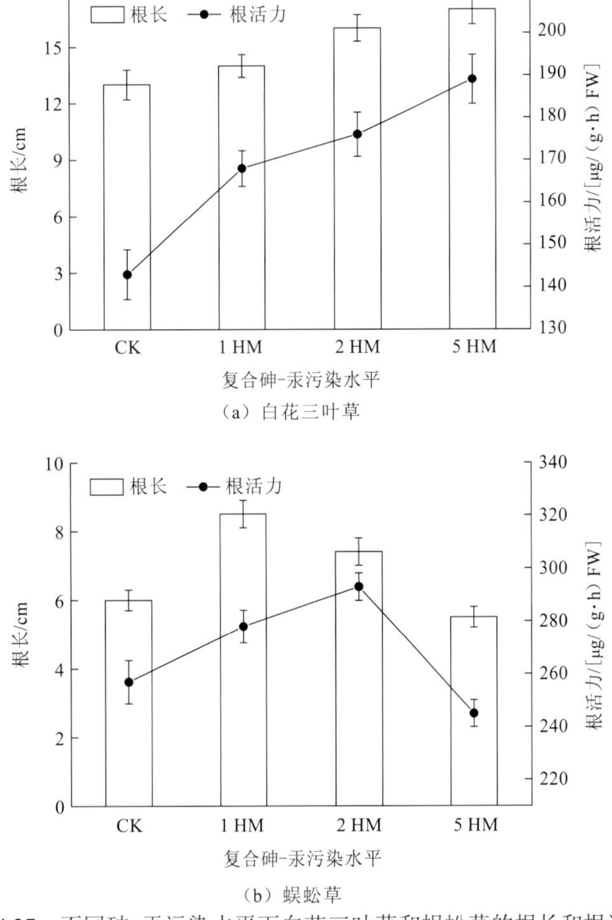

（a）白花三叶草

（b）蜈蚣草

图 4.27　不同砷-汞污染水平下白花三叶草和蜈蚣草的根长和根活力

时，蜈蚣草根长达到最大，较对照组增加了 25%，而后随着处理浓度的增加，促进作用逐渐减弱。当土壤砷质量分数为 150 mg/kg、汞质量分数为 2.5 mg/kg（5HM）时，砷和汞对蜈蚣草根系生长开始出现抑制作用，根长较对照组下降了 8.3%，与对照组差异性不显著（$P>0.05$）。

从根毛生长状态来看，高浓度砷-汞胁迫使得蜈蚣草根系颜色变褐、变黑，根毛减少，并出现腐烂现象，而植物表现出老叶黄化干枯脱落，新叶有失绿症状。高浓度砷-汞胁迫下，白花三叶草均未出现上述症状，表明高浓度下白花三叶草对复合砷-汞的耐受性要高于蜈蚣草，但低浓度下蜈蚣草对砷和汞的耐受性比白花三叶草要好。

根活力与根系生命活动的强弱有直接的关系，它是植物生长的重要生理指标之一。图 4.27 反映了不同处理下白花三叶草和蜈蚣草根活力的变化情况。随着砷-汞浓度的增加白花三叶草根活力呈现逐渐增大的趋势，且各处理间差异性显著，不同浓度下其根活力增加了 17.5%～32.2%。蜈蚣草根活力随着砷-汞浓度增加呈现先增大后减小的趋势，与根长生长规律不同。当土壤砷质量分数为 60 mg/kg、汞质量分数为 1.0 mg/kg 时，根活力达到最大，与对照组相比增加了 23.6%，当砷-汞浓度持续升高，根活力出现了降低的现象，较对照组降低了 3.9%。

综上所述，低浓度砷-汞对蜈蚣草根长和根活力具有促进作用，而高浓度下则表现出了抑制作用，从而使植物根系的生长受阻，植物体内的正常生理活动受到严重伤害，地上部和根部生物量下降。而在实验浓度范围内，复合砷-汞对白花三叶草的根长和根活力均显现出极大的促进作用，表明该植物对砷和汞的敏感性较差。

2）白花三叶草和蜈蚣草根系耐性指数

作为一种潜在的植物修复物种，其基本特征是对污染物具有较高的耐受性，并表现出对机械应力的响应，使其能够耐受和抵抗对植物生长产生毒害的情形。根系耐性指数能够反映植物对重金属/类金属的耐性情况，因为植物与重金属/类金属作用时，首先接触的是植物根系，根系的生长情况可以反映植物的耐性大小。

图 4.28 为白花三叶草和蜈蚣草对复合砷-汞的耐性指数变化情况，可以发现，白花三叶草耐性指数随着土壤砷-汞污染程度增加而增加，而蜈蚣草耐性指数则随着土壤砷-汞污染程度增加而降低，说明不同植物对复合砷-汞耐受的浓度阈值不同。白花三叶草耐受砷-汞阈值较高，蜈蚣草相对较低，但在低浓度砷-汞处理下，蜈蚣草的耐受性高于白花三叶草，高浓度处理下则白花三叶草的耐受性高于蜈蚣草。

曹德菊等（2004）研究苎麻对土壤中镉耐受和积累，发现当土壤中镉质量分数为 50～200 mg/kg 时，植株长势较好，可促进苎麻生长，当镉质量分数达到 300 mg/kg 时，植株出现被毒害的现象。Sasali 等（1996）认为木质素含量对植物的生长具有一定的影响，在酸性土壤中，铝毒是抑制植物生长的主要因素之一，过量的铝能够增加某些植物细胞壁中的木质素沉淀，从而抑制植物的生长，其抑制的程度与细胞壁木质素的沉积相关联。Bhuiyan 等（2007）研究发现在重金属胁迫下，大豆根生长受抑制，导致根木质素含量增加，植物在逆境条件下，降低植物内体木质素含量的增加，从而抑制植物的生长。本研究的白花三叶草木质素含量较蜈蚣草高，在砷-汞胁迫下白花三叶草体内木质素含量进一步增加，这可能是白花三叶草耐性较蜈蚣草好的原因。

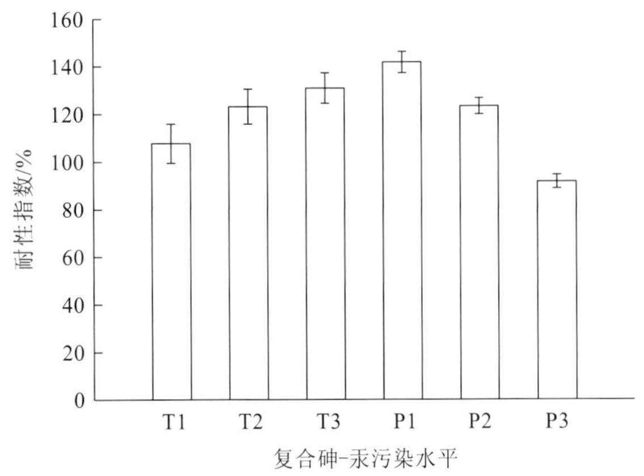

图 4.28　白花三叶草和蜈蚣草对复合砷-汞的耐性指数

T 代表白花三叶草，P 代表蜈蚣草；T1，P1 代表 As-30 mg/kg，Hg-0.5 mg/kg；T2，P2 代表 As-60 mg/kg，Hg-1.0 mg/kg；T3，P3 代表 As-150 mg/kg，Hg-2.5 mg/kg。耐性指数（%）$=\frac{H_0}{H_1}\times 100$，其中 H_0 指各质量浓度处理下植物的根系长度，H_1 指对照组植物根系长度

植物细胞壁是重金属/类金属离子进入植物内体的第一道重要屏障，植物细胞壁主要是由多糖、蛋白质和木质素等组成的一个复合体，细胞壁中的果胶、纤维素、半纤维素、木质素、蛋白等将会与金属离子结合（Chirallara et al.，2015），并且这些金属离子大部分是与纤维素及木质素结合存在的，不同植物种类耐受重金属/类金属能力差异与植物体内化学成分含量的关系值得进一步研究。

2. 砷-汞胁迫下白花三叶草和蜈蚣草生理特性的影响

为进一步揭示白花三叶草和蜈蚣草对复合砷-汞胁迫的生理响应，本小节分析了其抗氧化酶系的变化，包括超氧化物歧化酶（SOD）、过氧化物酶（POD）、过氧化氢酶（CAT）。SOD 能消除活性氧，降低细胞膜脂质过氧化反应，从而维持细胞膜的稳定性，POD 能够减少过氧化氢的积累，消除抵抗细胞膜脂质过氧化的丙二醛（MDA），并维持细胞膜完整性，CAT 能够消除过氧化氢和活性氧自由基，从而避免植物的老化（Wang et al.，2017）。

图 4.29 显示白花三叶草叶片 SOD 和 CAT 活性随着砷-汞污染浓度的增加呈现逐渐增大的趋势，而 POD 活性则呈现先增大后减小的趋势，但在 5 HM 处理下，其值仍高于对照组。当土壤 As 质量分数为 150 mg/kg、Hg 质量分数为 2.5 mg/kg 时，SOD 和 CAT 活性达到最大，分别为 7.1 U/（g·FW·min）和 69.6 U/（g·FW·min），分别较对照组增加了 65.1%和 39.2%。当土壤 As 质量分数为 60 mg/kg、Hg 质量分数为 1.0 mg/kg 时，POD 活性达到最大，为 38.6U/（g·FW·min），较对照组增加了 88.3%，说明白花三叶草对砷和汞的耐受能力较强。蜈蚣草 SOD、POD 和 CAT 活性随着污染水平的增加均呈现先增大后减小的趋势，且 SOD 和 CAT 活性在 5 HM 处理下低于对照组，分别较对照组降低了 10.3%和 10.6%，在 2 HM 处理下，SOD 和 POD 活性达到最大，分别为 7.3 U/（g·FW·min）和 130.2 U/（g·FW·min），较对照组增加了 25.9%和 37.8%，说明高浓度砷汞对蜈蚣草的抗氧化酶系统具有一定的毒害作用。

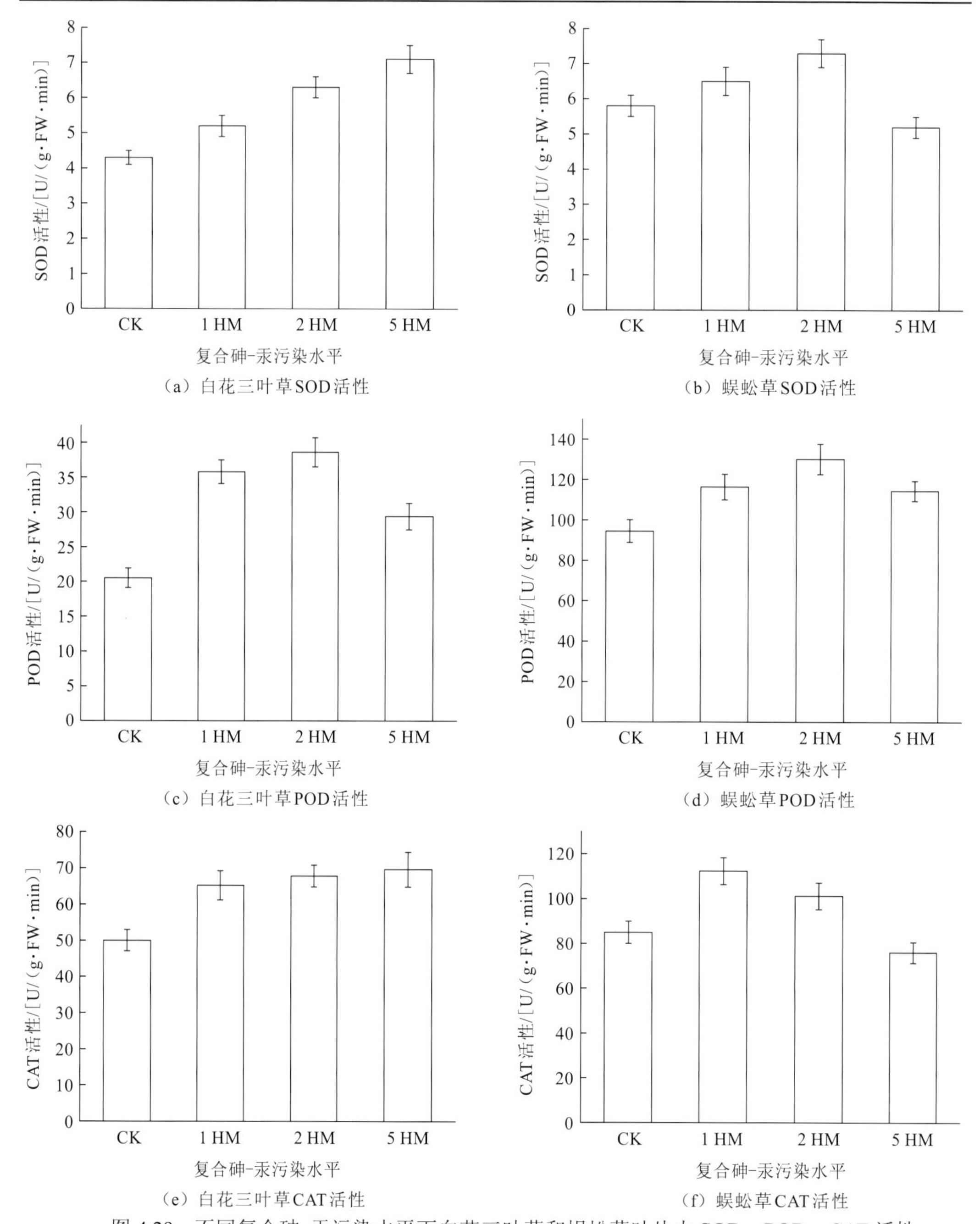

图 4.29　不同复合砷-汞污染水平下白花三叶草和蜈蚣草叶片内 SOD、POD、CAT 活性

3. 砷-汞胁迫对白花三叶草和蜈蚣草根际微生物群落功能多样性的影响

Biolog-Eco 微平板法操作简便，易获得大量数据并反映微生物对碳源利用的总体活性（王强 等，2010）。Biolog-Eco 微平板中各孔的平均颜色变化率（average well color development，AWCD）是表征土壤微生物群落活性的重要指标，能够指示土壤中微生物

代谢活性（王佳 等，2014）。如图 4.30（a）所示，24 h 时，复合砷-汞处理组对碳源的利用率较对照组高，且实验组和对照组差异性显著（$P<0.05$），说明复合砷-汞的存在对白花三叶草根际微生物存在明显的影响，一定浓度的砷-汞胁迫对耐受砷和汞微生物存在促进作用。随着培养时间的延长，1 HM、2 HM 和 5 HM 处理组之间的促进作用也逐渐增大，在实验浓度范围内，复合砷-汞浓度越高，白花三叶草根际微生物对 31 种碳源利用的平均颜色变化率越大，说明复合砷-汞的胁迫能够在一定程度上促进植物根际微生物的活性，从而促进植物生长，提高植物对砷和汞的耐受性。

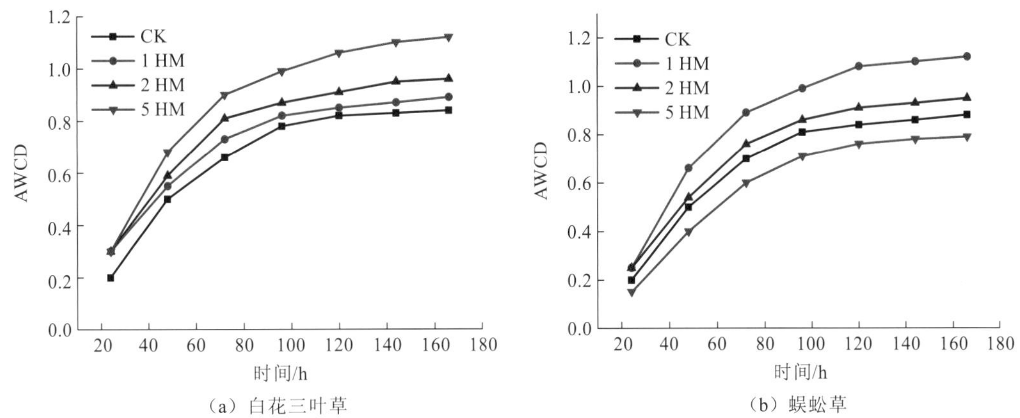

图 4.30　复合砷-汞胁迫下白花三叶草和蜈蚣草根际微生物对 31 种碳源利用的平均颜色变化率（AWCD）

如图 4.30（b）所示，24 h 时，低浓度复合砷-汞处理组（≤As 60 mg/kg，Hg 1.0 mg/kg）的 AWCD 高于对照组，但高浓度复合砷-汞处理组（As 150 mg/kg，Hg 2.5 mg/kg）的 AWCD 低于对照组，说明砷和汞对蜈蚣草根际微生物有明显的调控作用，低浓度砷-汞促进耐受砷和汞微生物生长，高浓度砷-汞则抑制对砷和汞敏感的微生物生长。随着培养时间的延长，各砷-汞处理组之间的差异也逐渐增大，说明砷和汞对微生物群落的选择作用非常明显，这与 Xiong 等（2010）的研究结论相似。

与此同时，本小节分析了根际微生物对不同碳源利用的群落特征与响应机制，如表 4.15 所示，根据植物对不同类型的碳源利用情况进行分类，主要包括碳水化合物、氨基酸、羧酸、多聚物、酚酸和胺 6 类。在此基础上，进一步探讨了蜈蚣草和白花三叶草根际微生物对不同类型碳源及同类但不同种碳源利用能力的差异。

表 4.15　Biolog-Eco 微平板的碳源种类与分布（96 孔）

行	列			
	1　5　9	2　6　10	3　7　11	4　8　12
A	水	β-甲基-D-葡萄糖 [c]	D-半乳糖内酯 [c]	L-精氨酸 [d]
B	丙酮酸甲酯 [e]	D-木糖 [c]	D-半乳糖醛酸 [c]	L-天门冬酰胺酸 [d]
C	吐温 40[f]	I-赤藓糖醇 [c]	2-羟基苯甲酸 [g]	L-苯甲丙氨酸 [d]

续表

行	列			
	1　5　9	2　6　10	3　7　11	4　8　2
D	吐温 80[f]	D-甘露醇[c]	4-羟基苯甲酸[g]	L-丝氨酸[d]
E	α-环式糊精[f]	N-乙酰基-D-葡萄胺[c]	γ-羟基丁酸[g]	L-苏氨酸[d]
F	肝糖[f]	D-葡萄胺酸[c]	衣康酸[g]	谷氨酰-L-谷氨酸[d]
G	D-纤维二糖[c]	α-D-葡萄糖-1-磷酸盐[c]	α-丁酮酸[g]	苯乙基胺[h]
H	α-D-乳糖[c]	D，L-α-磷酸甘油[c]	D-苹果酸[g]	腐胺[h]

注：A 96 孔板列数；B 96 孔板行数；C 碳水化合物；D 氨基酸类；E 羧酸类；F 多聚物类；G 酚酸类；H 胺类

由图 4.31 可知，蜈蚣草根际微生物对碳水化合物类碳源的利用能力最强，氨基酸类碳源次之，对羧酸类碳源的利用能力最差，说明能够利用碳水化合物类碳源的微生物具有最高的丰度。对不同浓度砷和汞处理而言，蜈蚣草根际微生物对碳水化合物类碳源（5-5-A）和氨基酸类碳源（5-5-B）的利用能力受高砷和汞胁迫的影响较大，胺类碳源次之（5-5-F），而对其余类型碳源利用能力的影响仅在 96 h 后较明显。这与美洲商陆（*Phytolacca Americana* L.）根际微生物对铀的胁迫响应有相似之处，说明蜈蚣草根际微生物群落对砷和汞胁迫的适应可能主要以降低对碳水化合物、氨基酸和胺类碳源利用为代价。

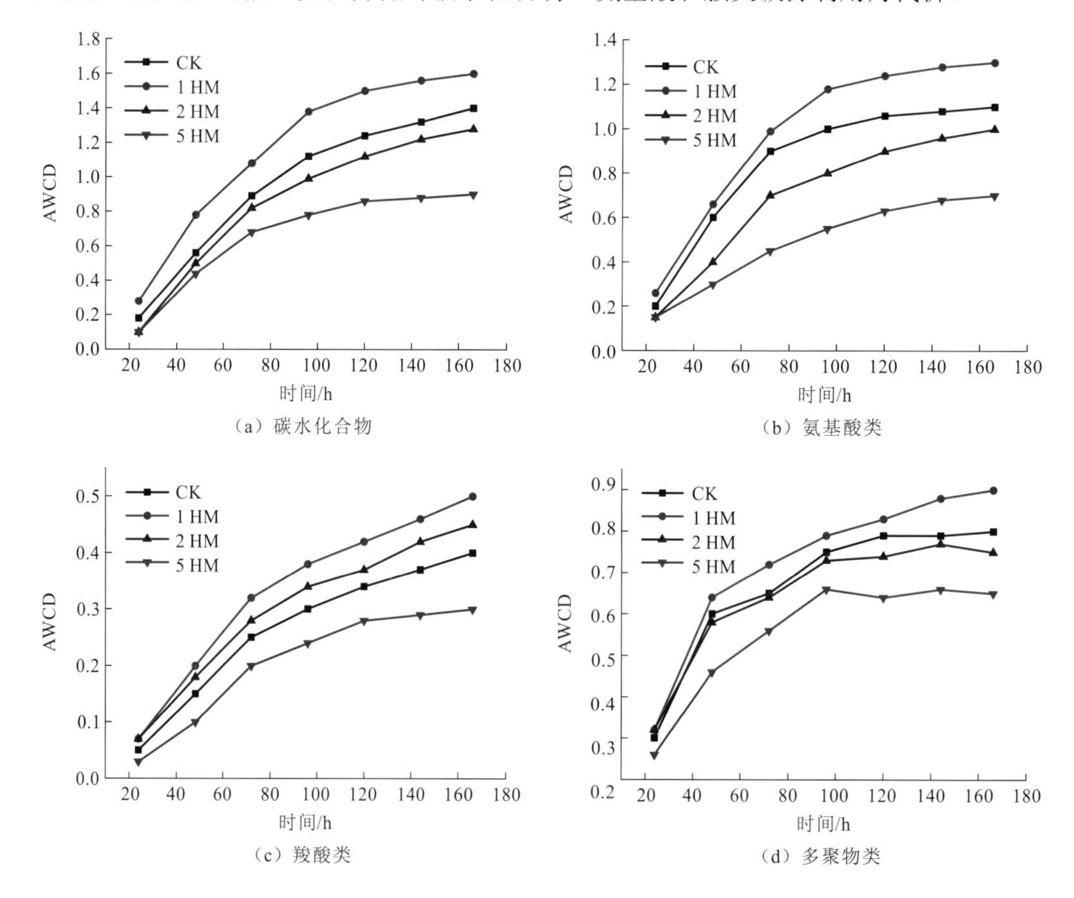

（a）碳水化合物　（b）氨基酸类

（c）羧酸类　（d）多聚物类

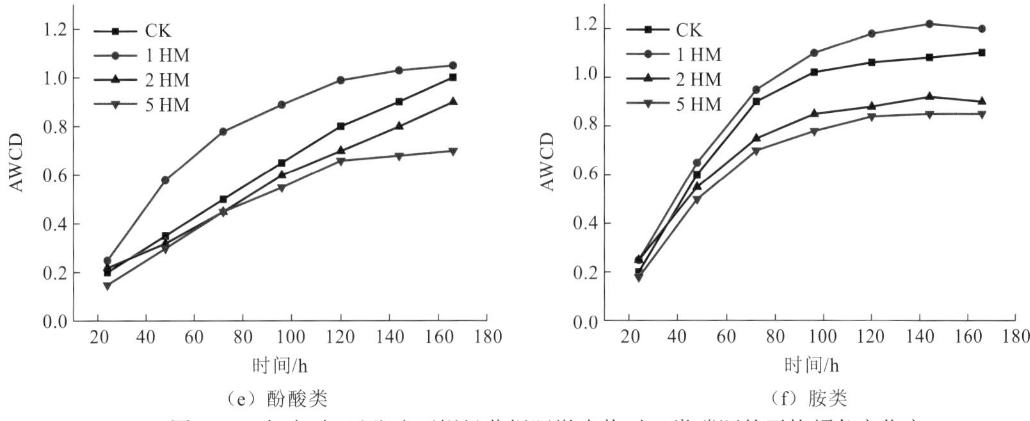

（e）酚酸类　　（f）胺类

图 4.31　复合砷-汞胁迫下蜈蚣草根际微生物对 6 类碳源的平均颜色变化率

具体而言，D-纤维二糖、α-D-乳糖、β-甲基-D-葡萄糖、I-赤藓糖醇、α-D-葡萄糖-1-磷酸和 D-半乳糖醛酸是 AWCD 变化的主要贡献者，而 L-精氨酸、L-天门冬酰胺和 L-丝氨酸对 AWCD 变化的贡献较大。此外，蜈蚣草根际圈不存在利用 D-葡萄糖氨酸、D，L-α-磷酸甘油、D-半乳糖苷-γ-内酯、γ-羟基丁酸、衣康酸、α-丁酮酸、α-环式糊精、肝糖和 2-羟基苯甲酸的微生物，且对 D-木糖、L-苯甲丙氨酸、L-苏氨酸、谷氨酰-L-谷氨酸和 D-苹果酸等的利用能力也较差。由此可知，抗复合砷-汞胁迫的微生物对碳水化合物类碳源具有较高的亲和力。

如图 4.32 所示，与蜈蚣草根际微生物碳源利用类型不同，白花三叶草根际微生物对羧酸类碳源的利用能力最强，按照碳源利用能力大小排序依次为羧酸类＞多聚物类＞碳水化合物＞氨基酸类＞酚酸类＞胺类。蜈蚣草根际微生物对碳水化合物和氨基酸类碳源的利用能力最强，对羧酸类碳酸利用能力最弱，说明不同植物根际微生物对不同类型的碳源利用能力不同，从而导致植物生理特性及金属耐受性的变化。对不同浓度复合砷-汞处理而言，白花三叶草根际微生物对羧酸类和多聚物类碳源的利用能力受复合砷-汞胁迫的影响较大，氨基酸类碳源次之，而对其他类型碳源利用的影响在后期较明显，说明白花三叶草根际微生物群落对复合砷-汞胁迫的适应可能主要以降低对羧酸和多聚物类碳源利用为代价，丙酮酸甲酯、吐温 40、吐温 80、α-环式糊精、肝糖是 AWCD 的主要贡献者。

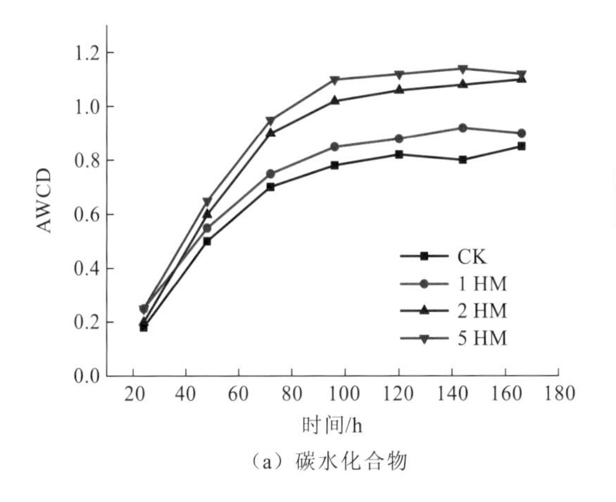

（a）碳水化合物

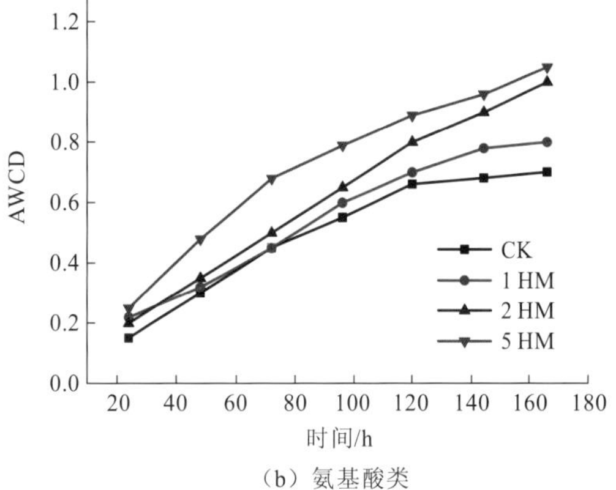

（b）氨基酸类

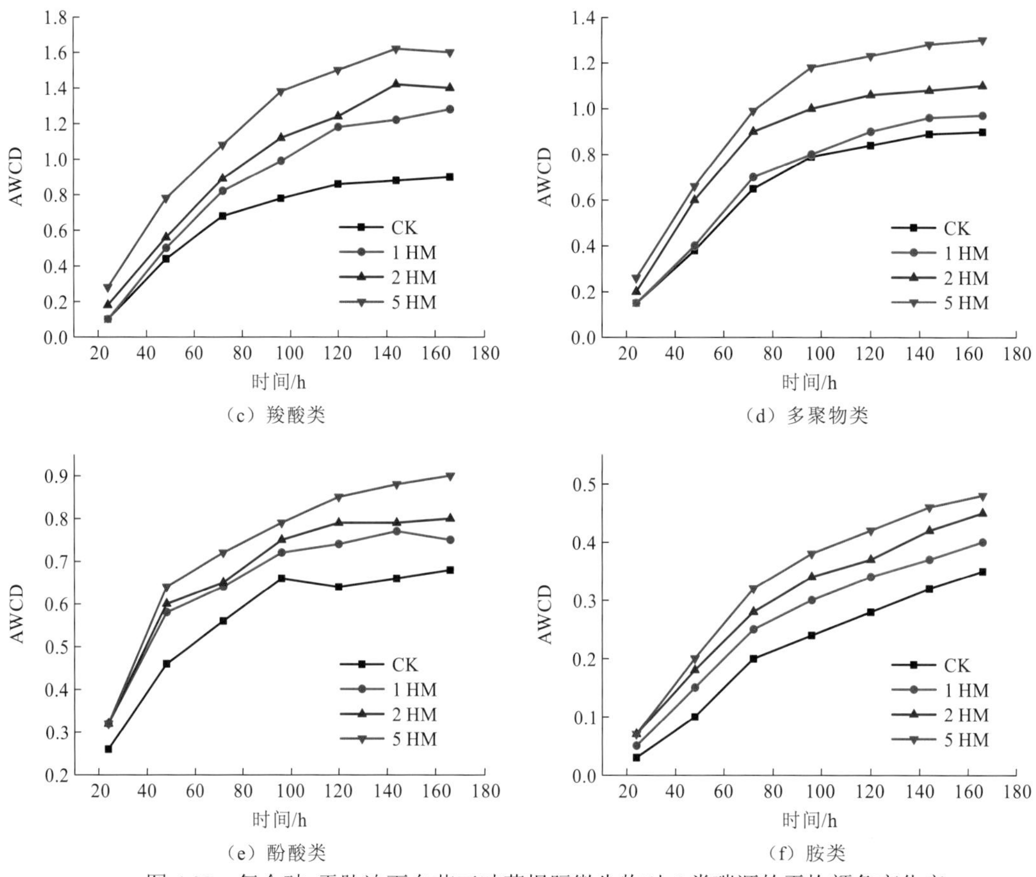

（c）羧酸类 （d）多聚物类

（e）酚酸类 （f）胺类

图 4.32 复合砷-汞胁迫下白花三叶草根际微生物对 6 类碳源的平均颜色变化率

由上述分析可知，复合砷-汞胁迫对植物根际微生物利用碳源产生影响，且对不同植物表现效应不同。在复合砷-汞胁迫下，白花三叶草根际微生物对羧酸类和多聚物类碳源的利用效率增加，而高浓度砷-汞胁迫下蜈蚣草根际微生物对羧酸类、多聚物类、氨基酸类、碳水化合物类、胺类、酚酸类利用效率产生显著抑制，其中碳水化合物类、氨基酸类和胺类碳源的利用效率变化最明显。

4. 砷-汞胁迫对植物根际微生物群落功能多样性指数的影响

为进一步分析不同浓度复合砷-汞胁迫时微生物群落的多样性差异，本小节采用 Shannon 指数（H）、Pielou 指数（E）和 Simpson 指数（D）分别表征微生物的多样性、均匀度和优势度。如表 4.16 所示，复合砷-汞处理对白花三叶草根际微生物的多样性、均匀度和优势度均有一定的促进作用，且浓度越高促进效果越明显。在土壤 As 质量分数为 150 mg/kg，Hg 质量分数为 2.5 mg/kg 时，多样性、均匀度和优势度指数分别较对照组增加了 7.8%、7.4%和 37.8%，且高浓度处理组与低浓度处理组差异性显著($P<0.05$)，表明白花三叶草根际微生物具有显著的砷和汞的耐受能力，一定浓度的复合砷-汞污染水平会提高根际微生物的多样性、均匀度和优势度，从而有助于植物生长。

表 4.16　不同浓度砷-汞胁迫下植物根际微生物的生物多样性指数

植物种类	污染处理	平均吸光值 AWCD（96 h）	Shannon 多样性指数（H）	Pielou 均匀度指数（E）	Simpson 优势度指数（D）
白花三叶草	CK	0.78±0.02c	2.56±0.05c	23.53±0.99c	0.045±0.001b
	1 HM	0.82±0.02b	2.59±0.04b	24.25±1.13b	0.049±0.002b
	2 HM	0.87±0.03b	2.68±0.06b	24.87±1.23ab	0.056±0.001ab
	5 HM	0.99±0.02a	2.76±0.07a	25.26±1.34a	0.062±0.002a
蜈蚣草	CK	0.81±0.03b	2.79±0.03b	22.38±0.99b	0.059±0.002ab
	1 HM	0.99±0.03a	2.87±0.04a	23.65±1.23a	0.065±0.003a
	2 HM	0.86±0.02b	2.83±0.05a	22.67±1.02b	0.055±0.002b
	5 HM	0.71±0.02c	2.67±0.03c	21.76±1.12c	0.046±0.001c

注：不同小写字母表示 $P<0.05$ 水平存在显著差异

低浓度砷-汞对蜈蚣草根际微生物的多样性、均匀度和优势度有一定的促进作用，而高浓度的砷-汞对根际微生物的多样性、均匀度和优势度则表现出抑制作用。在土壤 As 质量分数为 30 mg/kg，Hg 质量分数为 1.0 mg/kg 时，蜈蚣草根际微生物多样性、均匀度和优势度指数分别较对照组增加了 2.9%、5.7%和 10.2%。在土壤 As 质量分数为 150 mg/kg，Hg 质量分数为 2.5 mg/kg 时，多样性、均匀度和优势度指数分别较对照组降低了 4.3%、2.8%和 22.0%，优势度显著降低。该现象说明蜈蚣草作为一种砷超积累植物，其根际微生物也有较高的砷抗性，但复合砷-汞浓度过高会诱导根际微生物群落发生显著改变，使某些能以根系分泌物为碳源的微生物成为主要群落并参与砷的转化与植物砷吸收过程。因此，后续研究可深入探讨蜈蚣草根系分泌物的组成、浓度变化对复合砷-汞胁迫的响应及其与微生物群落结构变化的关系，为砷-汞复合污染土壤的植物-微生物联合修复提供参考，比如，可在植物修复前往砷污染土壤施加特定的碳源物质以提高特定微生物的数量，进而强化植物对砷和汞富集能力。

4.4　陆生植物联合修复重金属污染土壤

针对矿区存在重金属 V、Cd、Cr 和 Pb 复合污染情况，研究多种陆生植物组合种植的修复方法。在含有重金属 V、Pb、Cr 和 Cd 的水培条件下，探究 4 种草本植物（紫花苜蓿、鱼腥草、蒌蒿、白花三叶草）的不同组合模式对重金属的富集能力，获得多种特征重金属复合污染修复的最佳组合比例，并通过土培试验进行验证和强化，然后通过草本植物两两组合水培，探索草本植物之间的生理生长特性和重金属富集能力相互影响。

本试验所用的草本植物和乔灌木的幼苗均购自苗圃基地，依据钒矿厂区周边地表径流中 V、Cd、Cr 和 Pb 的浓度配制培养液，各重金属的浓度见表 4.17。草本植物用 1/2

霍格兰德营养液培养，其中加入相应量的氯化镉（$CdCl_2$）、重铬酸钾（$K_2Cr_2O_7$）、硝酸铅（$Pb(NO_3)_2$）、偏钒酸氨（NH_4VO_3），配制完成后，用5.0%的HNO_3将溶液的pH调至6.0。采取北京郊区的土壤作为试验用土，添加定量重金属，使其污染程度与湖北某冶炼厂附近土壤的污染情况类似，土壤中重金属浓度见表4.18。试验容器为容积为10 L的塑料桶，桶底打有通气孔，每桶装10 kg土。

表4.17 植物培养液重金属浓度 （单位：mg/L）

项目	V	Cd	Cr	Pb
培养液重金属浓度	14	0.8	6	4

表4.18 土壤重金属含量 （单位：mg/kg）

项目	V	Cd	Cr	Pb
土壤重金属质量分数	56.83	1.39	36.41	34.33

4.4.1 不同草本植物组合模式对重金属富集特性

不同草本植物组合比例设计如表4.19，试验所用同种植物长势均基本一致，每组的总生物量约为40 g，试验历时5周，试验结束后，洗净烘干植物，并测定植物生物量、地上部分和根部的重金属含量，计算不同组合模式下的重金属提取量，优选出最佳组合比例。

表4.19 草本植物组合比例试验设计（质量比）

植物组合代号	蒌蒿	白花三叶草	鱼腥草	紫花苜蓿
1	4	2	2	2
2	2	4	2	2
3	2	2	4	2
4	2	2	2	4
5	1	2	3	4
6	4	1	2	3
7	3	4	1	2
8	2	3	4	1

1. 草本植物组合对植物重金属富集能力的影响

不同组合模式中，相同植物的重金属富集能力均有所差别，说明不同的植物组合模式会改变植物的重金属富集特性，图4.33为4种植物在8个组合模式下地上部分和根部的重金属含量。

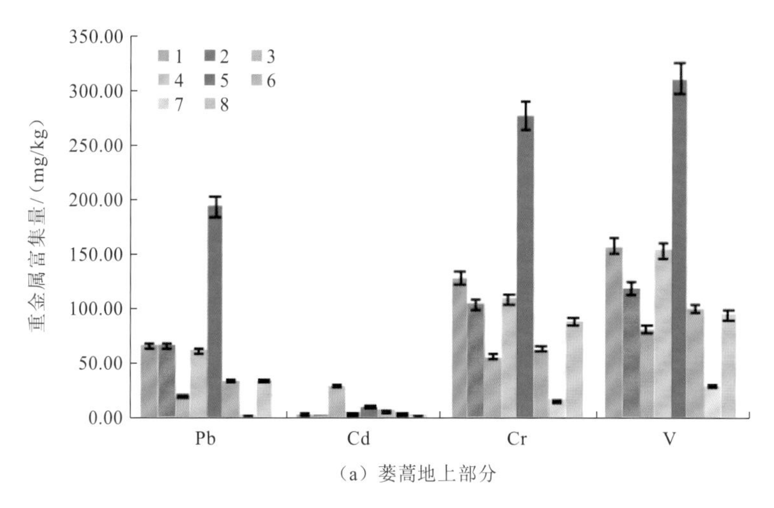

（a）蒌蒿地上部分

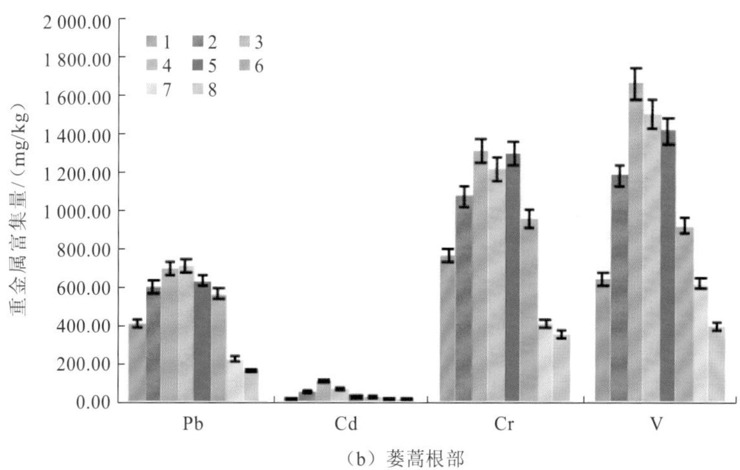

（b）蒌蒿根部

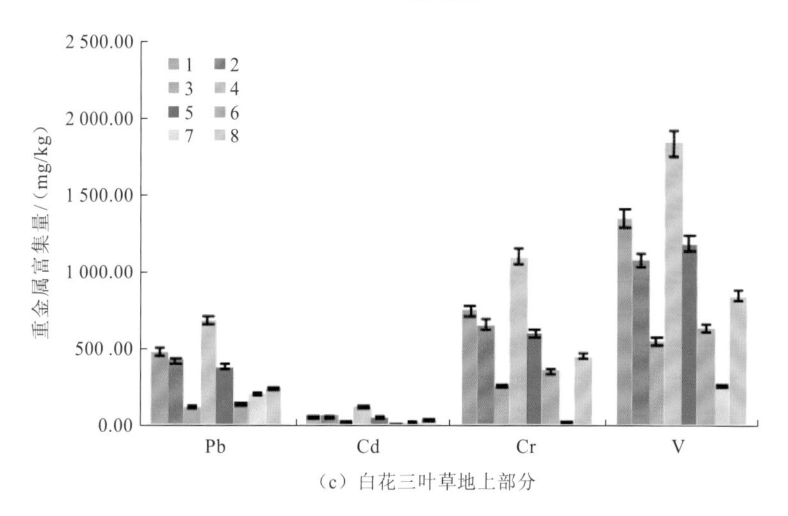

（c）白花三叶草地上部分

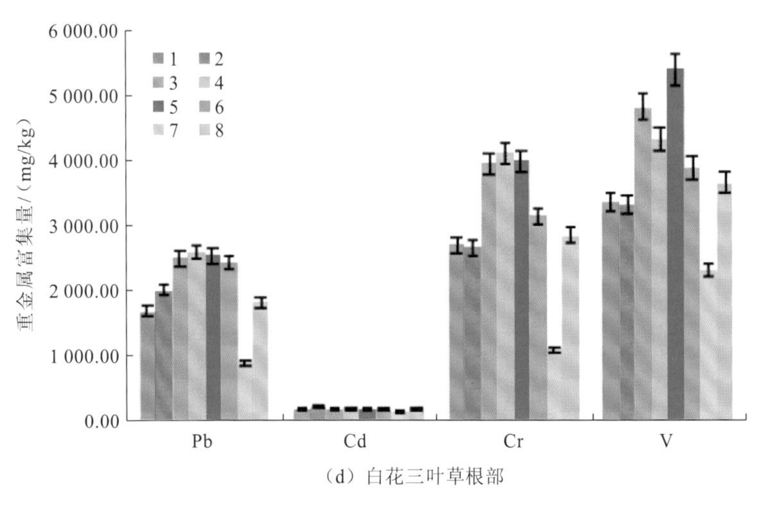

(d) 白花三叶草根部

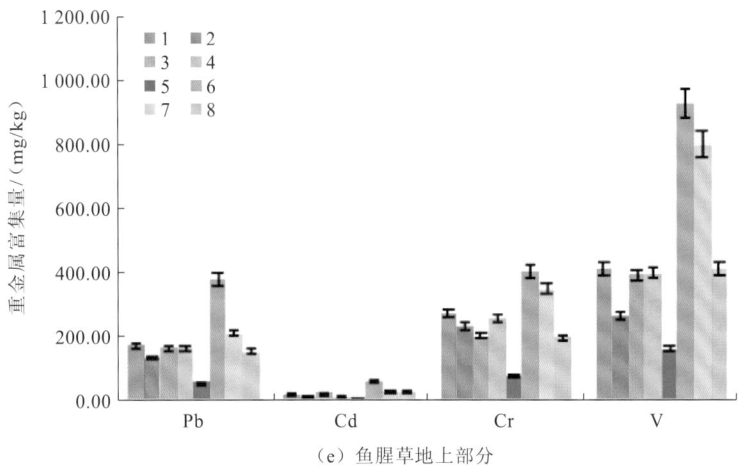

(e) 鱼腥草地上部分

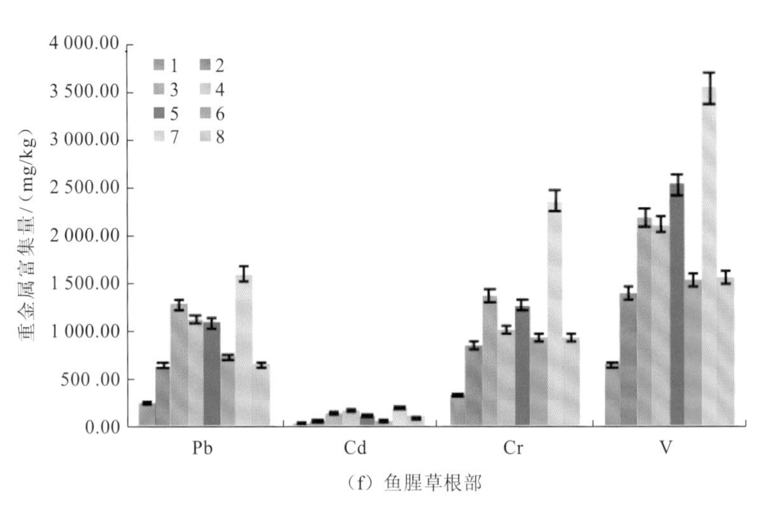

(f) 鱼腥草根部

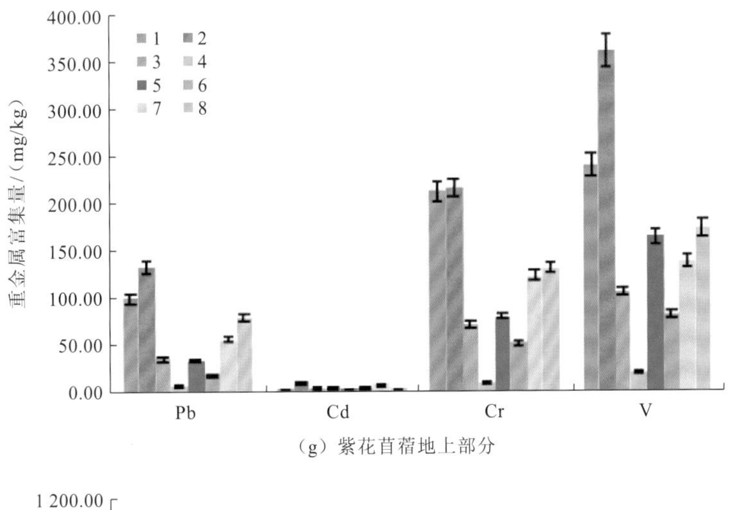

（g）紫花苜蓿地上部分

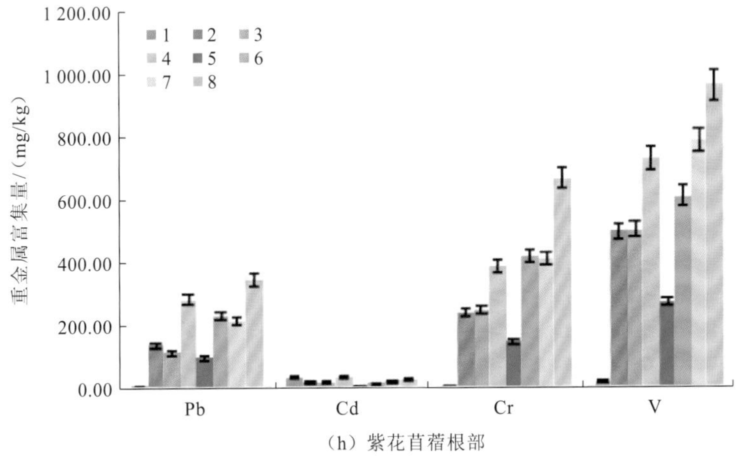

（h）紫花苜蓿根部

图 4.33　不同组合模式下植物的重金属富集量

由图 4.33 可以看出，4 种植物对重金属富集量大小为 V＞Cr＞Pb＞Cd，这与溶液中 4 种重金属的浓度呈正相关。其中，蒌蒿在 5 号组合模式下，地上部分 Pb、Cr 和 V 含量远远高于其他模式，分别为 192.42 mg/kg、276.34 mg/kg 和 309.58 mg/kg，在 3 号组合模式下，地上部分 Cd 含量最高为 29.15 mg/kg。蒌蒿根部在 3 号组合模式下的富集能力最强，对 Pb、Cd、Cr 和 V 的富集量分别为 703.40 mg/kg、113.28 mg/kg、1 306.74 mg/kg 和 1 663.74 mg/kg，但与 4 号、5 号组合的差别不大，其中 4 号组合模式下，蒌蒿根部对 Pb 的富集量最大，为 713.88 mg/kg。

白花三叶草在 4 号组合模式下地上部分对 Pb、Cd、Cr 和 V 富集能力均最强，分别为 682.94 mg/kg、123.69 mg/kg、1 098.60 mg/kg 和 1 838.88 mg/kg，在 3 号、4 号和 5 号组合模式下，白花三叶草根部的重金属含量均高于其他组合模式下的白花三叶草。

鱼腥草在 6 号组合模式下地上部分对 4 种重金属的富集量最高，Pb、Cd、Cr 和 V 的质量分数分别为 376.60 mg/kg、55.92 mg/kg、404.70 mg/kg 和 926.17 mg/kg，根部在 7 号模式下的富集效果最佳，Pb、Cd、Cr 和 V 的质量分数分别为 1 598.04 mg/kg、205.32 mg/kg、2 354.60 mg/kg 和 3 537.32 mg/kg。

紫花苜蓿地上部分在 2 号组合模式下富集能力最强，对 Pb、Cd、Cr 和 V 的富集量分别为 133.36 mg/kg、10.32 mg/kg、215.64 mg/kg 和 361.40 mg/kg，1 号组合次之，紫花苜蓿根部在 8 号组合模式下对 Pb、Cr 和 V 的富集量最大，分别为 344.99 mg/kg、667.86 mg/kg 和 962.59 mg/kg，在 1 号组合模式下对 Cd 的富集量最大，为 35.54 mg/kg。

综上，各植物在不同组合模式下，对 4 种重金属的富集能力的变化趋势基本一致，但是不同植物的最适组合模式不同，且同一植物的根部和地上部分的最适宜比例也不相同。不同组合比例下 4 种植物的富集能力有显著性的差异，且差异性各不相同，还发现同种植物对 Pb、Cd、Cr 和 V 的富集量随组合比例的变化趋势呈现一致性，这可能与植物的生长情况有关。4 种草本植物共同培养的组合比例会对植物的富集能力产生较显著地影响（舒夏竺 等，2016），因此，选择最优的组合比例是提高草本植物组合种植模式富集能力的关键。

2. 不同组合模式下植物对重金属的富集量比较

结合植物生物量（表 4.20），由式（4.1）计算得出 4 种植物在不同组合模式下地上部分的重金属富集量，如图 4.34。可以发现，白花三叶草在 2 号组合模式下重金属富集总量最高，达到 3.77 mg；蒌蒿在 1 号组合模式下的重金属富集量次之，为 1.26 mg；紫花苜蓿和鱼腥草的重金属富集总量均低于 1.0 mg。与图 4.33 相比发现，富集量与植物体内的重金属浓度没有呈正相关性，说明富集量受生物量的影响较大，即植物长势与其重金属富集能力相关性较大（Tangahu et al.，2011）。

$$W = C_1M_1 + C_2M_2 + C_3M_3 + C_4M_4 \tag{4.1}$$

式中：W 为某组合模式下全部植物对 Pb（Cd/Cr/V）的富集量，mg；C_1、C_2、C_3、C_4 分别为 4 种植物体内的 Pb（Cd/Cr/V）质量分数，mg/kg；M_1、M_2、M_3、M_4 分别为 4 种植物地上部分的干质量，mg。

表 4.20　草本植物组合比例试验植物干重　（单位：g）

项目		1 号组合	2 号组合	3 号组合	4 号组合
蒌蒿	地上	3.58±0.14	1.59±0.064	1.08±0.043	1.55±0.062
	地下	0.92±0.036	0.41±0.016	0.81±0.033	0.66±0.026
白花三叶草	地上	0.73±0.029	1.70±0.068	0.61±0.022	0.52±0.021
	地下	0.57±0.022	0.70±0.028	0.48±0.019	0.35±0.014
鱼腥草	地上	0.59±0.023	1.10±0.044	0.75±0.030	0.66±0.026
	地下	0.77±0.031	0.46±0.018	1.13±0.045	0.65±0.026
紫花苜蓿	地上	1.52±0.061	0.77±0.031	2.60±0.104	0.35±0.014
	地下	1.25±0.050	0.32±0.012	1.86±0.074	0.23±0.010
项目		5 号组合	6 号组合	7 号组合	8 号组合
蒌蒿	地上	0.57±0.023	4.43±0.177	2.61±0.104	1.13±0.045
	地下	0.34±0.013	1.78±0.071	1.31±0.052	1.11±0.044

续表

项目		5号组合	6号组合	7号组合	8号组合
白花三叶草	地上	0.77±0.031	0.31±0.012	1.55±0.062	1.06±0.042
	地下	0.49±0.019	0.18±0.007	1.16±0.046	0.92±0.037
鱼腥草	地上	0.73±0.029	0.33±0.013	0.07±0.002	0.59±0.023
	地下	0.78±0.031	0.93±0.037	0.30±0.012	0.78±0.031
紫花苜蓿	地上	2.44±0.097	1.83±0.073	0.86±0.034	0.74±0.029
	地下	1.90±0.076	1.93±0.077	0.51±0.021	0.46±0.019

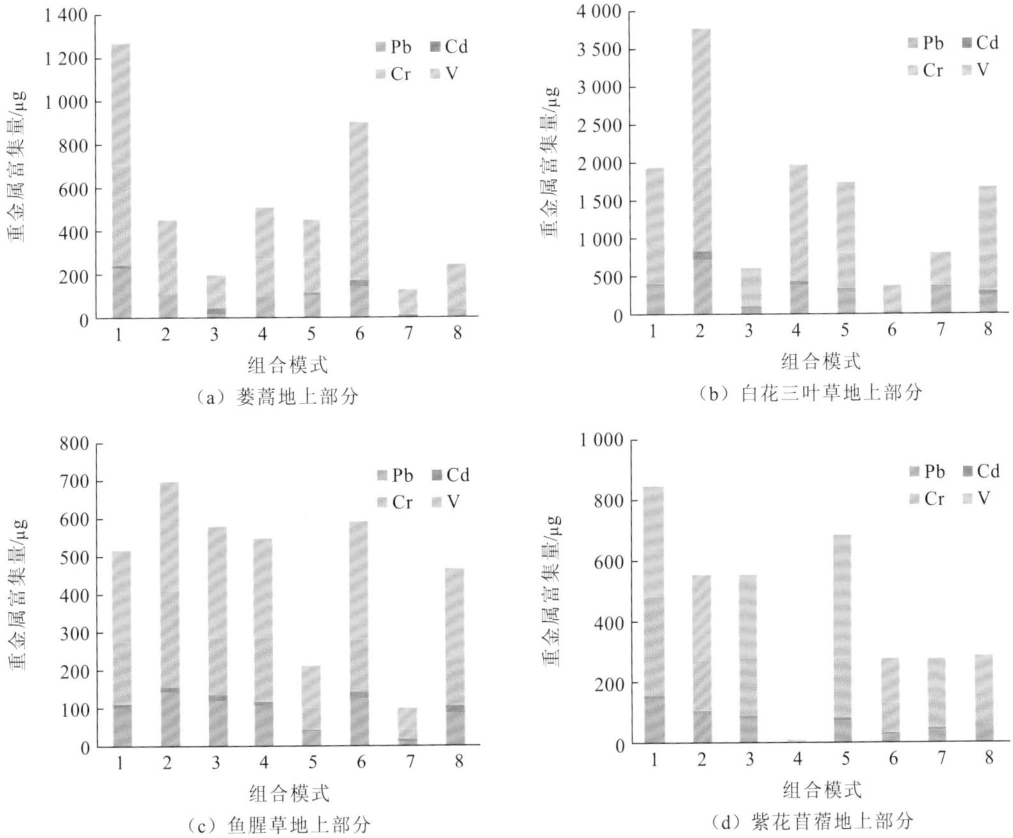

（a）蒌蒿地上部分

（b）白花三叶草地上部分

（c）鱼腥草地上部分

（d）紫花苜蓿地上部分

图4.34 不同组合比例下植物地上部分的重金属富集总量

同时还发现，植物组合比例对植物地上部分V、Pb、Cd和Cr的富集量有显著影响（$P<0.05$）。4种植物地上部分重金属富集量的大小顺序为白花三叶草>蒌蒿>鱼腥草>紫花苜蓿。在组合比例为4∶2∶2∶2和4∶1∶2∶3时，蒌蒿的生物量是相同的，前者对4种重金属的富集量为1.26 mg，而后者的富集量仅为0.90 mg。同样，在组合比例分别为2∶4∶2∶2和3∶4∶1∶2时，白花三叶草的生物量相同，前者白花三叶草地上部分的重金属总富集量为3.77 mg，而后者仅为0.81 mg。

当某种植物的生物量不变时，另外3种植物的组合比例会影响该植物的重金属富集能力，说明植物比例是影响重金属富集能力的重要因素。Wu等（2005）对植物间种的研究表明，植物共同种植时，Pb 富集量高于单独种植。Li 等（2009）的研究发现，玉米与羽扇豆、鹰嘴豆和扁嘴豆共同种植比单独种植富集更多的 Cd。

不同组合比例下，4 种植物的地上部分和根部对重金属富集量的贡献不同，如图 4.35，V、Pb、Cd 和 Cr 的富集量随组合模式的变化趋势大致相同。3 号组合模式对 4 种重金属的富集量均最高，对 V、Pb、Cd 和 Cr 的富集量分别为 8.09 mg、5.53 mg、0.46 mg 和 3.74 mg，总富集量为 17.82 mg，其中鱼腥草和白花三叶草的根部的吸收量所占的比例最大；6 号组合模式中，蒌蒿根部对重金属富集量的贡献最大；其他组合模式中均为白花三叶草根部富集量最多。图 4.35 中 1～8 号组合模式对 V（$P<0.01$）、Pb（$P<0.01$）、Cd（$P<0.01$）和 Cr（$P<0.01$）的富集量变化趋势相似，说明组合比例对不同模式下植物的重金属富集能力起到了主导作用，植物种类也是重要的影响因素，这与 Li 等（2009）的研究结果一致。

图 4.36 表明不同组合模式下的 4 种植物对重金属富集量的贡献各不相同，除 6 号模式外，白花三叶草的重金属富集量所占比例均最大，其中 3 号模式的总富集量最大，为 17.82 mg，重金属总量的富集率达到 47.90%。

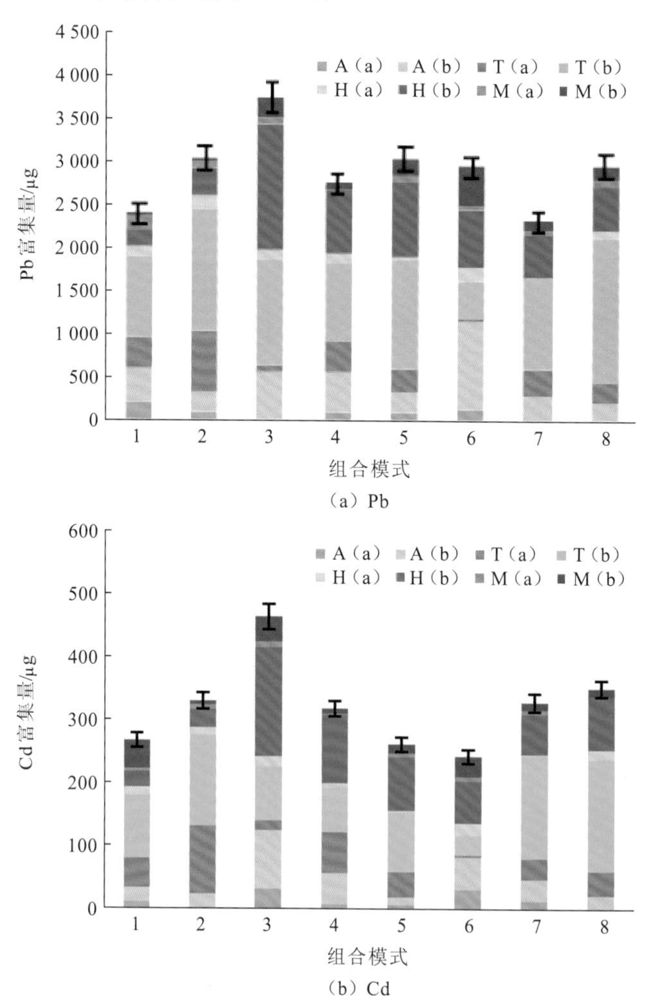

（a）Pb

（b）Cd

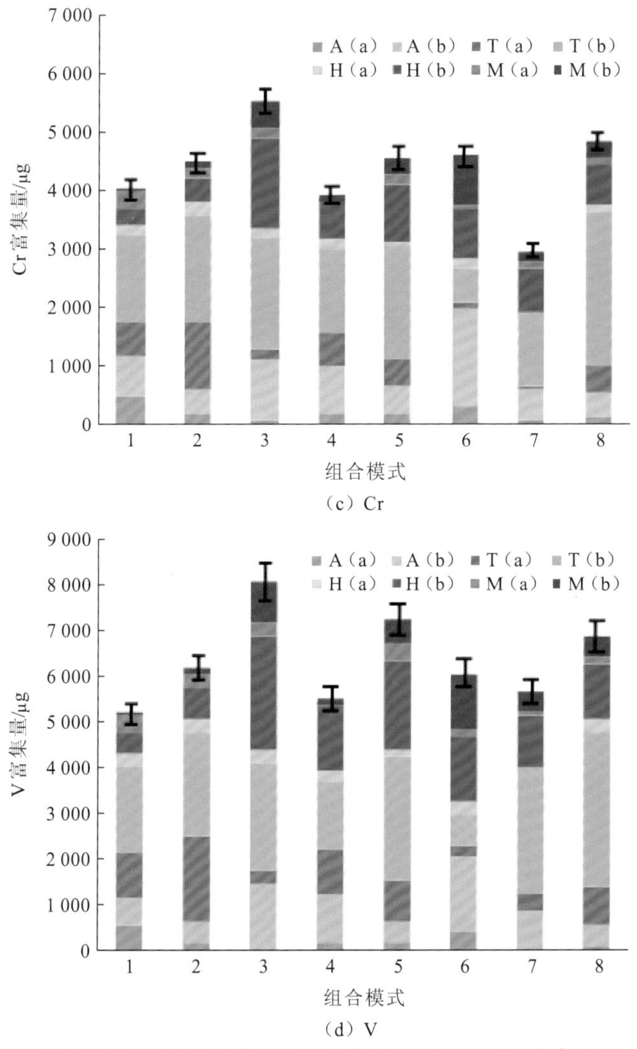

（c）Cr

（d）V

图4.35　不同组合模式下4种草本植物的重金属富集量

A代表蒌蒿；T代表白花三叶草；H代表鱼腥草；M代表紫花苜蓿；（a）代表地上部分；（b）代表根部；下同

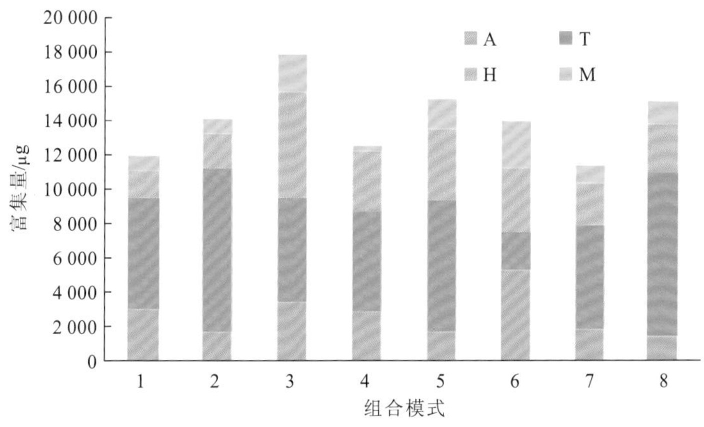

图4.36　不同组合模式的重金属富集总量

图 4.37 以同一组合模式作为体系，图 4.37（a）为地上部分的富集总量，8 种组合模式的富集能力为 2 号组合＞1 号组合＞5 号组合＞4 号组合＞8 号组合＞6 号组合＞3 号组合＞7 号组合；图 4.37（b）为计算所得的各个组合比例下地上部分单位质量植物的重金属富集量，可以看出，2 号组合模式下对 Pb、Cr 和 V 的单位富集量最高，分别为 207.24 mg/kg、329.82 mg/kg 和 501.30 mg/kg，对 Cd 的单位富集量为 24.56 mg/kg，4 号组合模式对 Cd 的单位富集量最高为 26.23 mg/kg。

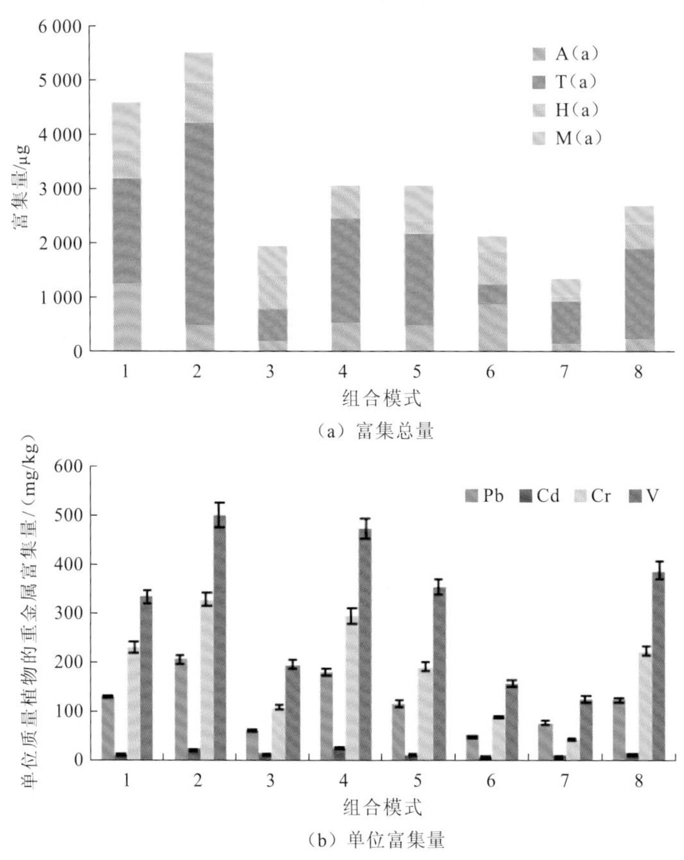

图 4.37　不同组合模式下植物地上部分的重金属富集量

3. 不同组合模式对水培溶液重金属的去除率

图 4.38 为不同植物组合模式下水培溶液重金属的去除率。水培第一周，8 种组合模式对水培溶液中重金属的去除率为 68.04%～79.48%，第二周去除率略有降低，为 63.13%～71.74%。而在第三周和第四周，植物对水培溶液中重金属的去除率有明显的下降趋势，第四周 8 种模式的去除率均低于 50%。蒌蒿、白花三叶草、鱼腥草和紫花苜蓿的组合比例为 3∶4∶1∶2 时，水培溶液中重金属的去除率最高，第一到三周其去除率分别为 79.48%、71.74%和 64.66%。

各组合模式下，植物体内的重金属总量与水培溶液中重金属的去除量不完全相符，说明重金属离子在被植物吸收的同时，也可能在植物根系或者溶液中形成沉淀物（Miretzky et al., 2004）。此前有研究表明，植物的根系分泌物能够改变外界环境（Hinsinger

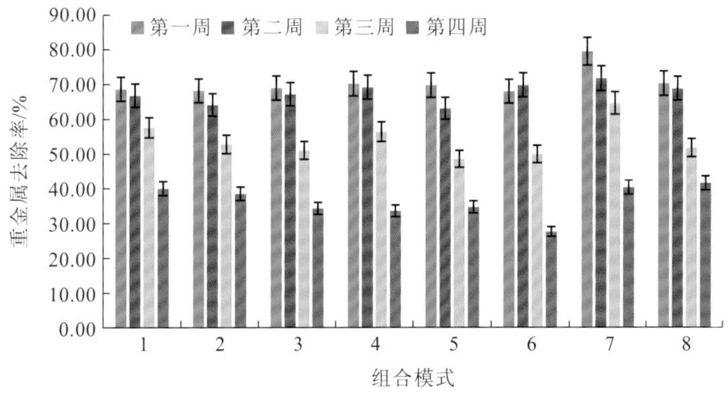

图 4.38 不同组合模式下植物对水培溶液中重金属的去除率

et al.，2006)，根系分泌物能够导致重金属在根系表面产生沉淀（Mishra et al.，2009；Mishra et al.，2008)。在不同的组合模式下，植物会产生多种根系分泌物，从而影响重金属的沉淀产生，因此，植物组合比例是影响植物重金属富集特性的重要因素。植物根系的新陈代谢会向环境中释放有机酸和氨基酸等物质（Sheoran et al.，2011)，有机酸和氨基酸等物质中包含 S、N 和 O 等供电原子，能够与重金属形成螯合配体（Shah，2007)。不同的植物种类会产生不同的根系分泌物，因此，植物共生会改变植物根系环境（You et al.，2011)，进而改变重金属的螯合状态，影响植物的重金属去除效率（Pence et al.，2000)。

4. 不同组合模式对植物转运能力的影响

表 4.21 为不同组合模式下 4 种草本植物对 Pb、Cd、Cr 和 V 的转运系数。不同组合模式下植物的重金属转运能力有很大差别，且同种植物对 4 种重金属的转运系数随不同组合模式的变化趋势基本一致。组合培养模式下，4 种草本植物的转运系数均小于 1（1 号组合模式紫花苜蓿除外)，蒌蒿的转运能力最差，转运系数均低于 0.30，在 5 号组合模式下，转运系数最高，与重金属富集量的最佳模式相同；白花三叶草在 1 号、2 号、4 号组合模式下地上部分的富集能力和转运能力均较强，对 4 种重金属的转运能力大小为 Cd＞V＞Cr＞Pb。

表 4.21 不同组合比例下植物的重金属转运系数

植物名称	重金属种类	组合模式							
		1	2	3	4	5	6	7	8
蒌蒿	Pb	0.16	0.11	0.028	0.086	0.30	0.060	0.005	0.20
	Cd	0.12	0.004	0.26	0.059	0.28	0.24	0.19	0.073
	Cr	0.17	0.096	0.042	0.089	0.21	0.066	0.039	0.24
	V	0.24	0.10	0.048	0.10	0.22	0.11	0.045	0.23
白花 白花三 叶草	Pb	0.28	0.21	0.051	0.26	0.15	0.061	0.24	0.13
	Cd	0.36	0.30	0.13	0.61	0.26	0.050	0.15	0.18
	Cr	0.27	0.24	0.066	0.26	0.14	0.11	0.029	0.15
	V	0.40	0.32	0.11	0.42	0.22	0.16	0.11	0.23

续表

植物名称	重金属种类	组合模式							
		1	2	3	4	5	6	7	8
鱼腥草	Pb	0.66	0.21	0.12	0.14	0.051	0.51	0.13	0.23
	Cd	0.65	0.16	0.14	0.069	0.032	0.78	0.12	0.24
	Cr	0.79	0.27	0.14	0.24	0.059	0.43	0.14	0.21
	V	0.64	0.19	0.17	0.18	0.062	0.61	0.22	0.26
紫花苜蓿	Pb	22.11	0.97	0.31	0.021	0.35	0.08	0.25	0.23
	Cd	0.089	0.58	0.17	0.13	0.35	0.24	0.34	0.028
	Cr	26.50	0.89	0.29	0.026	0.55	0.12	0.30	0.19
	V	12.83	0.72	0.21	0.028	0.61	0.13	0.17	0.18

鱼腥草在1号组合模式下对Pb、Cd、Cr和V的转运系数较其他模式高，分别为0.66、0.65、0.79和0.64，在富集量最佳的4号模式下的转运能力较差；紫花苜蓿在1号组合模式下对Pb、Cr、V的转运系数最高，分别达到了22.11、26.50和12.83，这可能与紫花苜蓿根系死亡向外界释放重金属有关，富集量最佳的2号组合模式次之，对Pb、Cd、Cr和V的转运系数分别为0.97、0.58、0.89和0.72。

综上，蒌蒿、白花三叶草和紫花苜蓿在富集量最高的组合模式下，其重金属转运能力也最强，鱼腥草则表现相反，且重金属转运能力紫花苜蓿＞鱼腥草＞白花三叶草＞蒌蒿。不同组合比例下植物的生物量、富集能力和转运能力均有差别，3号组合模式（蒌蒿∶白花三叶草∶鱼腥草∶紫花苜蓿=2∶2∶4∶2）的重金属富集总量最高为17.82 mg；地上部分单位质量植物对Pb、Cd、Cr和V的富集量分别为61.67 mg/kg、14.28 mg/kg、110.67 mg/kg和196.79 mg/kg。

植物的重金属富集效率受到两个方面的影响：生物量和植物体内的重金属含量（Ghosh et al.，2005；Giordani et al.，2005），单位质量植物的重金属富集量是评价植物富集能力的重要指标。当蒌蒿∶白花三叶草∶鱼腥草∶紫花苜蓿为2∶2∶4∶2时，重金属的富集总量最高，而其组合比例为2∶4∶2∶2时对重金属提取量最高。这是由于在比例为2∶2∶4∶2时，植物根系中重金属的含量较高。一方面，重金属离子能够通过原生质膜进入根系细胞，并通过被动运输被吸附在细胞壁上（Noa et al.，2001），重金属被保存在植物根部，积累到一定浓度后会破坏根系细胞的生理机能，抑制重金属向地上部分转移（Baker，1981）。另一方面，不同组合模式下植物地上部分重金属含量较低，也有可能是因为重金属离子与—COOH形成络合物导致其转移速率较慢（Mishra et al.，2009）。

4.4.2　草本植物两两组合模式的优选

选择长势基本一致的同种植物分别与其他三种植物组合培养，每组试验在溶液中进行5周，每周更换1次培养液。所用水培容器为1 000 mL遮光塑料杯，其中加入500 mL培养液，并用种植绵将植物固定。设置10组试验，每组植物总生物量约为20 g。试验组包括：① 蒌蒿-白花三叶草；② 蒌蒿-鱼腥草；③ 蒌蒿-紫花苜蓿；④ 白花三叶草-鱼腥草；⑤ 白花三叶草-紫花苜蓿；⑥ 鱼腥草-紫花苜蓿；空白组包括：⑦ 蒌蒿；⑧ 白花三叶草；⑨ 鱼腥草；⑩ 紫花苜蓿。

每周取水样及植物叶片，测定指标包括生物量、重金属含量、植物叶片酶活性（CAT、POD、SOD），试验结束后测定植物地上及地下部分的生物量和重金属含量。比较与不同植物组合时的同种植物的生理生化指标，分析植物间作对生长情况的相互影响。计算植物的重金属富集系数和转运系数，获得4种草本植物在两两组合的模式下对重金属V、Cr、Cd和Pb的富集能力和转移能力。

1. 草本植物两两组合培养对植物生长的影响

草本植物两两组合模式下，植物的鲜重、生物量的变化如图4.39所示。培养两周后，除白花三叶草生物量有所降低外，其他3种植物的生物量均有所升高，并且空白组的植物生物量（图中虚线所示）均比实验组的（图中实线所示）略高。鱼腥草对紫花苜蓿和白花三叶草的生长有促进作用，紫花苜蓿、蒌蒿和鱼腥草之间的生长有相互促进作用。焦鹏（2011）的研究也表明，植物联合种植会影响植物的生物量。

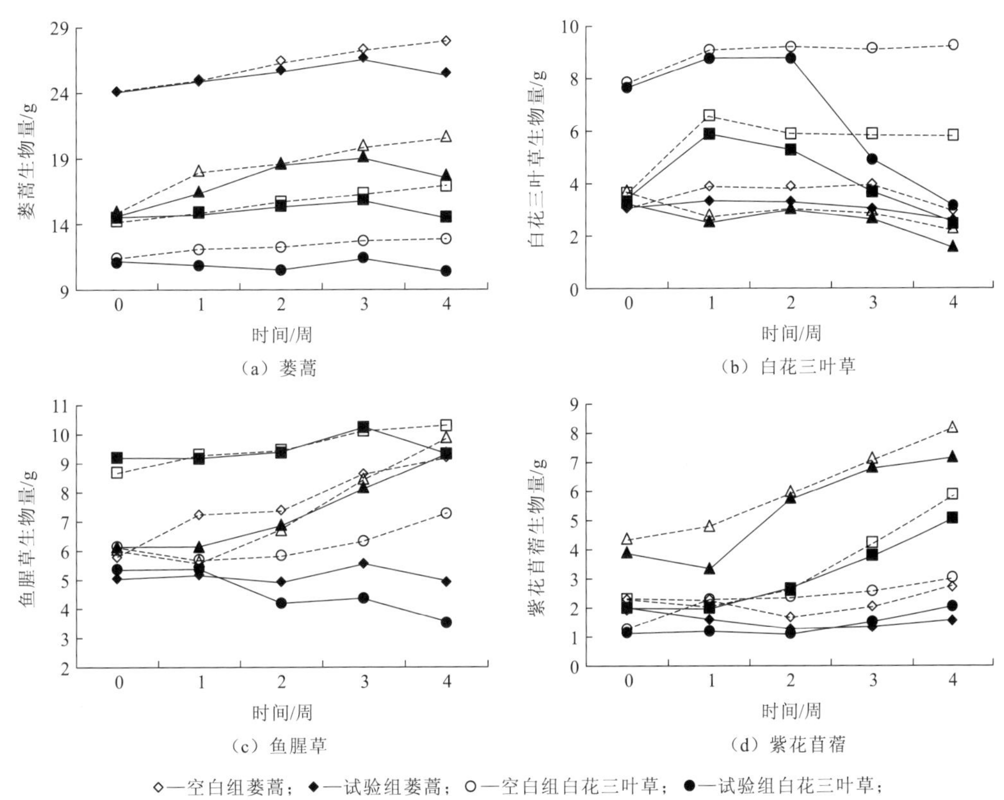

图4.39　不同组合模式下4种植物的生物量变化图

图4.39（a）表明，在无重金属添加的情况下，蒌蒿单独培养时，生物增长量为3.84 g，蒌蒿与紫花苜蓿、白花三叶草和鱼腥草组合种植的生物增长量分别为 5.65 g、1.51 g 和

2.56 g。在添加重金属的条件下，培养第 4 周时，蒌蒿受重金属胁迫影响造成了生物量的降低。如图 4.39（b）显示，白花三叶草在无重金属添加的水培条件下，单独培养生物量增加 1.37 g，与蒌蒿、紫花苜蓿和鱼腥草组合培养时，生物量均出现了不同程度的降低，减少量分别为 2.91 g、2.24 g 和 5.78 g，而在重金属胁迫下，4 种培养方式中白花三叶草的生物量均有大幅度的降低，单独培养的情况下降低最多，减少量为 4.46 g，与蒌蒿、紫花苜蓿和鱼腥草组合培养时的生物量分别降低 0.49 g、1.64 g 和 0.91 g，说明与其他植物共生能够缓解重金属对白花三叶草的胁迫。如图 4.39（c）所示，在重金属有添加和无添加的情况下，鱼腥草单独培养时，生物量变化均不明显，在重金属胁迫条件下，与紫花苜蓿组合培养时，生物增长量为 3.16 g，与白花三叶草和蒌蒿共同培养时其生物量分别降低 1.79 g 和 0.07 g，无重金属胁迫下，与紫花苜蓿、白花三叶草和蒌蒿共同种植的生物增长量分别为 3.82 g、1.13 g 和 3.45 g。图 4.39（d）表明，紫花苜蓿在单独培养和与白花三叶草和鱼腥草组合培养时生物量均有一定幅度的增加，在重金属胁迫下，分别增加了 3.27 g、0.96 g 和 3.10 g，在无重金属胁迫条件下，增加量为 3.96 g、1.80 g 和 3.53 g，与蒌蒿组合培养时其生物量略有降低，说明白花三叶草和鱼腥草对紫花苜蓿的生长和重金属耐受性方面有促进作用。

2. 草本植物两两组合培养对植物酶活性的影响

草本植物两两组合培养模式下，各植物的 SOD、POD 和 CAT 酶活性分别如图 4.40、图 4.41 和图 4.42 所示。

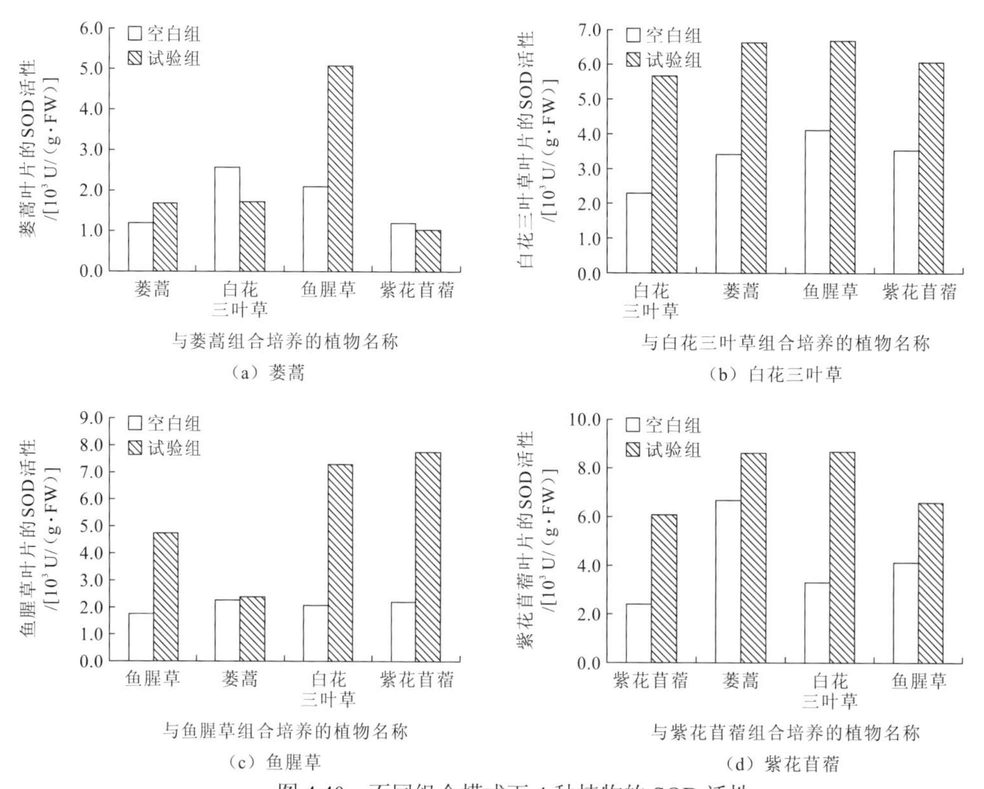

图 4.40　不同组合模式下 4 种植物的 SOD 活性

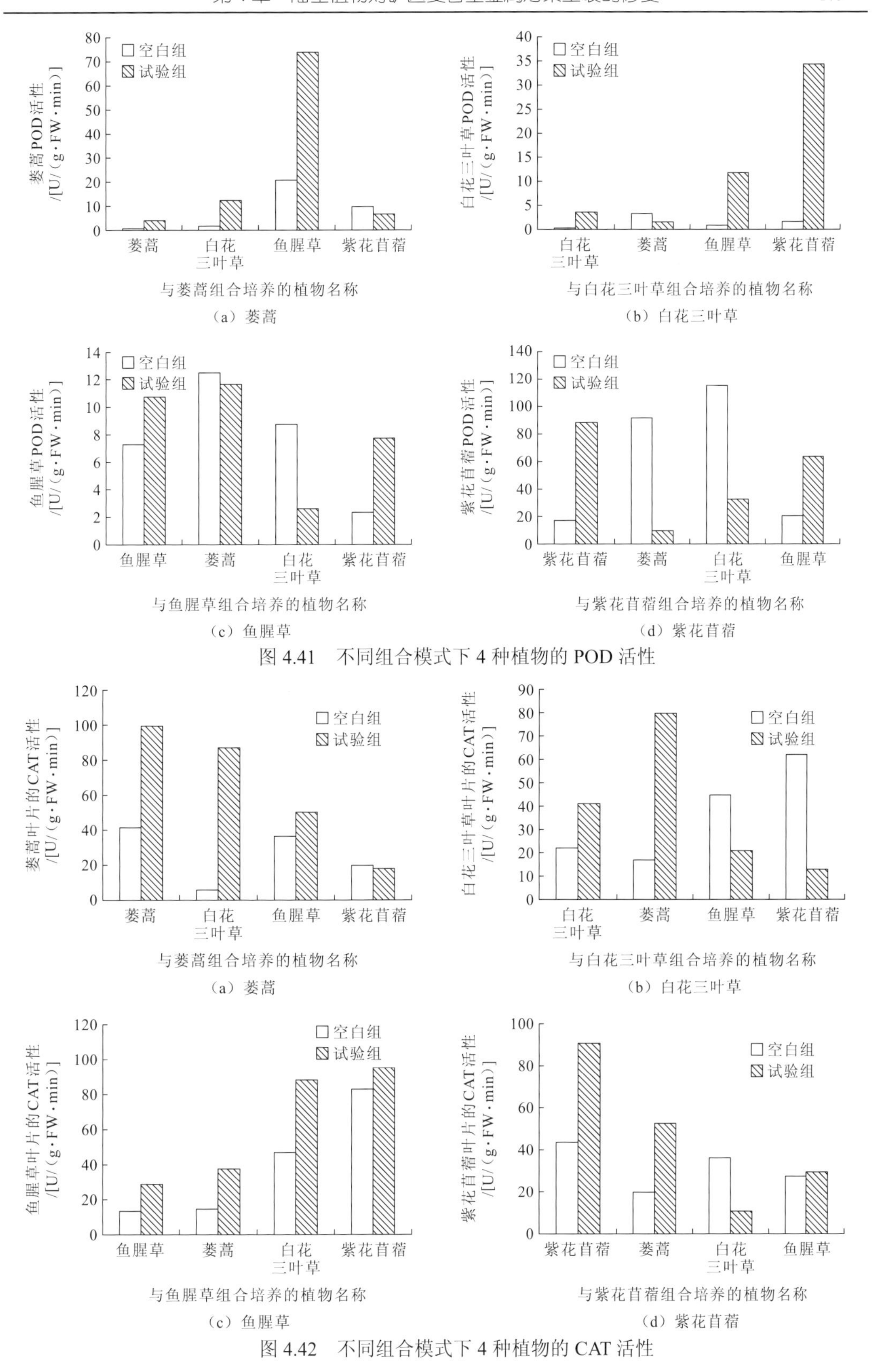

（a）蒌蒿　（b）白花三叶草　（c）鱼腥草　（d）紫花苜蓿

图 4.41　不同组合模式下 4 种植物的 POD 活性

（a）蒌蒿　（b）白花三叶草　（c）鱼腥草　（d）紫花苜蓿

图 4.42　不同组合模式下 4 种植物的 CAT 活性

图 4.40（a）显示，除蒌蒿与白花三叶草和紫花苜蓿组合试验组的 SOD 活性略低于空白组，其他培养植物的 SOD 活性均为实验组高于空白组；尤其在 V、Pb、Cr、Cd 同时存在的培养液中，蒌蒿与鱼腥草共同培养时，蒌蒿的 SOD 活性大约是单独培养时的 3 倍，提高 199.4%；图 4.40（b）显示，白花三叶草自身有较强的抗氧化保护能力，与其他 3 种植物共同培养会刺激其 SOD 酶的分泌；由图 4.40（c）可知，白花三叶草和紫花苜蓿的存在能够提高鱼腥草在重金属 V、Pb、Cr、Cd 共同胁迫条件下的耐受能力；图 4.40（d）显示了紫花苜蓿的 SOD 活性变化情况，无重金属胁迫时，与蒌蒿共同培养的紫花苜蓿 SOD 酶活性增长较大，紫花苜蓿自身的防御能力较强。综上，在重金属 V、Cr、Cd、Pb 共同胁迫下，鱼腥草的存在可以提高蒌蒿的抗氧化能力，白花三叶草和紫花苜蓿可以提高鱼腥草的抗氧化能力，紫花苜蓿和白花三叶草本身就有较强的抗氧化能力。

由图 4.41 可以看出，在无重金属胁迫时，蒌蒿、白花三叶草和鱼腥草的 POD 活性较低，在 20 U/（g·FW·min）以下，紫花苜蓿与蒌蒿和白花三叶草组合培养时，其 POD 活性急剧增长到单独培养的 5.11 倍和 6.43 倍。在重金属胁迫下，鱼腥草促进蒌蒿 POD 的分泌，是蒌蒿单独培养时的 17.92 倍[图 4.41（a）]；白花三叶草与紫花苜蓿共同培养时，其 POD 活性是单独培养的 9.53 倍[图 4.41（b）]；由图 4.41（c）可以看出，鱼腥草的 POD 活性较低，与蒌蒿组合培养时，其 POD 活性略有增加；图 4.41（d）表明，紫花苜蓿单独培养 POD 活性最强，为 87.92 U/（g·FW·min），与蒌蒿、白花三叶草和鱼腥草共同培养使其 POD 活性分别降低了 88.08%、62.22%和 27.07%。

图 4.42 显示，不同组合模式中同种植物的 CAT 酶活性差异较大，说明其他植物的存在对该种植物的保护酶系统造成了不同程度的影响；图 4.42（a）表明，在重金属胁迫下，蒌蒿与白花三叶草、鱼腥草和紫花苜蓿共同培养时，其 CAT 活性分别比单独培养时降低了 12.78%、49.48%和 82.43%；由图 4.42（b）可以看出，白花三叶草与蒌蒿组合培养时，试验组的 CAT 活性比单独培养增加了 96.52%，与鱼腥草和紫花苜蓿组合培养时，试验组的 CAT 活性分别降低了 49.43%和 68.85%；图 4.42（c）表示，鱼腥草同蒌蒿、白花三叶草、紫花苜蓿共同培养时，试验组和空白组的 CAT 活性均有明显增长，依次为单独培养时的 1.3 倍、3.03 倍、3.24 倍和 1.17 倍、3.58 倍、6.38 倍；图 4.42（d）可以发现，无论有无重金属胁迫，紫花苜蓿单独培养时 CAT 活性最高，与蒌蒿、白花三叶草和鱼腥草组合培养时，空白组 CAT 活性分别降低了 54%、16.5%和 36.7%，试验组分别降低了 42.09%、87.86%和 67.59%。

3. 草本植物两两组合培养对植物重金属富集量的影响

蒌蒿、白花三叶草、鱼腥草和紫花苜蓿两两组合培养，由于根系在同一体系中生长，相互之间都会有一定程度的影响，尤其是在重金属的富集种类和富集量方面。图 4.43 为 4 种植物在不同条件下培养后体内的重金属富集量。

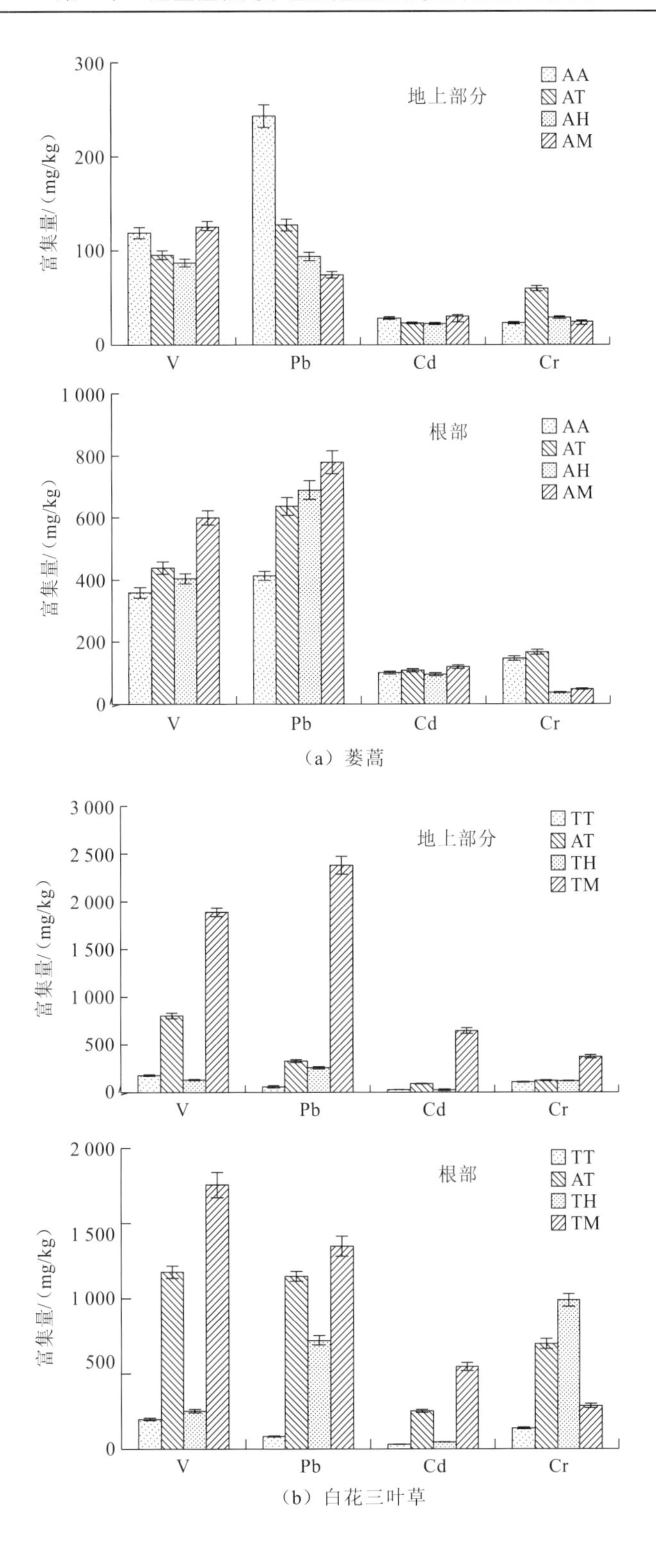
地上部分
AA
AT
AH
AM
富集量/（mg/kg）
300
200
100
0
V
Pb
Cd
Cr
根部
1 000
800
600
400
200
(a) 蒌蒿
地上部分
TT
AT
TH
TM
3 000
2 500
2 000
1 500
1 000
500
根部
(b) 白花三叶草

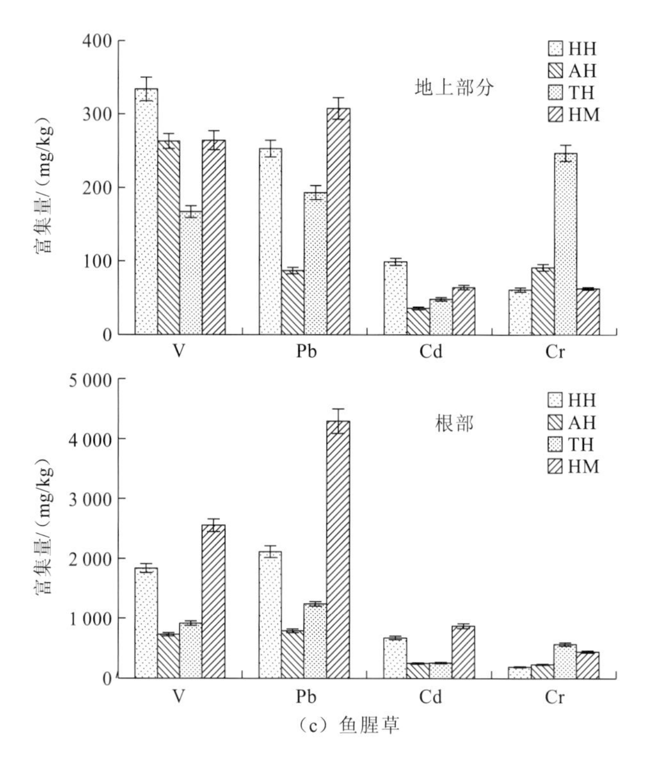

（c）鱼腥草

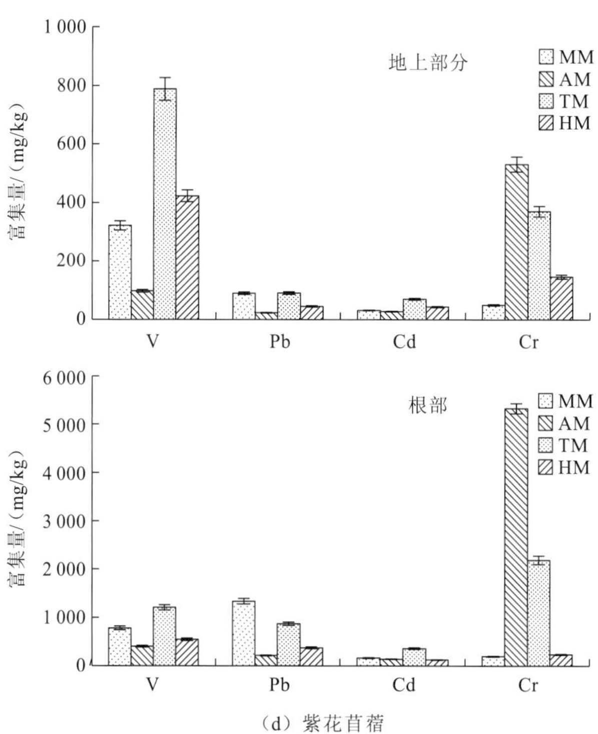

（d）紫花苜蓿

图 4.43　不同组合模式下 4 种植物体内的重金属富集量

平行试验植物的试验结果经单样本 T 检验，$P>0.05$

图 4.43（a）为蒌蒿在不同培养条件下富集 V、Pb、Cd、Cr 的能力，单独培养时，蒌蒿地上部分 Pb 较其他三组都大，而与白花三叶草、鱼腥草和紫花苜蓿共同培养时，蒌蒿根部的 Pb 则明显升高，分别为单独培养时的 1.54 倍、1.67 倍和 1.89 倍，与紫花苜蓿组合培养时 Pb 最高达 599.47 mg/kg，说明白花三叶草、鱼腥草和紫花苜蓿虽然增强了蒌蒿根部富集 Pb 的能力，但是却降低了蒌蒿对 Pb 的转运能力。蒌蒿与紫花苜蓿组合培养时，蒌蒿地上部分和根部的 V 均有所升高，分别是单独培养的 1.05 倍和 1.67 倍；与白花三叶草组合培养时，蒌蒿体内的 Cr 有所升高，地上部分和根部的 Cr 分别是单独培养的 2.57 倍和 1.14 倍。

由图 4.43（b）可以看出，白花三叶草单独培养时重金属富集能力并不高，当分别与另 3 种植物组合培养时，其体内 4 种重金属的含量均有不同程度的升高，尤其与紫花苜蓿组合培养时，根部 V、Pb、Cd 和 Cr 质量分数分别是 1 760 mg/kg、1 350 mg/kg、545 mg/kg 和 286 mg/kg，分别是单独培养的 8.89 倍、15.94 倍、16.89 倍和 2.08 倍，地上部分的 V、Pb、Cd 和 Cr 质量分数分别是 1 890 mg/kg、2 380 mg/kg、646 mg/kg 和 372 mg/kg，分别是单独培养的 10.57 倍、40.17 倍、22.60 倍和 3.47 倍。

图 4.43（c）为鱼腥草体内 4 种重金属含量，鱼腥草单独培养对 Cd 和 Cr 的富集量较低，与白花三叶草组合培养时，地上和根部的 Cr 均有明显增加；鱼腥草对 V 和 Pb 的富集能力较强，地上部分的 V 和 Pb 质量分数分别是 333.87 mg/kg 和 253.04 mg/kg，根部 V 和 Pb 质量分数分别是 1 840 mg/kg 和 2 140 mg/kg，与紫花苜蓿组合培养时，其体内的 Pb 明显增长，尤其根部 Pb 增长了 131.26%。

图 4.43（d）为紫花苜蓿地上部分和根部的重金属含量，可以看出，与蒌蒿组合培养时体内的 Cr 有很大幅度的提高，地上部分和根部的 Cr 分别是单独培养的 10.62 倍和 26.9 倍；与白花三叶草组合培养时其体内的 Cr 也有明显升高，同时地上部分的 V 也显著升高，是单独培养的 2.45 倍。

4 种草本植物间的重金属富集能力的相互促进关系如图 4.44 所示。在 Pb 富集能力方面，4 种草本植物间的相互促进关系相比对 V 和 Cr 的作用更为密切，而在这 4 种草本植物间对于 Cd 富集的促进作用少有体现，因此，该研究中 4 种草本植物两两组合培养的相互作用关系对于联合种植修复 Pb 污染土壤具有更高的参考价值。因此，两两组合培养的相互作用关系对于联合种植修复 Pb 污染土壤具有更高的参考价值。植物组合培养会影响其重金属富集能力，这与植物类型和重金属种类息息相关。蒋成爱等（2009）将东南景天分别与玉米、大豆和黑麦草在 Zn、Cd、Pb 复合污染土壤中联合种植，发现与玉米和大豆的联合种植显著提高了东南景天地上部分对 Zn 的吸收，但是与黑麦草的联合种植没有显著影响东南景天对这 3 种重金属的吸收，同时得出了通过联合种植可提高超富集植物对重金属的吸收的结论，与该试验的研究结果相一致。植物新陈代谢过程中根系将向外界环境释放根系分泌物（如有机酸、氨基酸等物质），有机酸、氨基酸等因其分子中含有供体原子（S、N 和 O），被认为是重金属离子的螯合配体（Sheoran et al.，2011；Hinsinger et al.，2006）。由于不同植物根系分泌物的种类和含量存在差异（Feil et al.，2005），

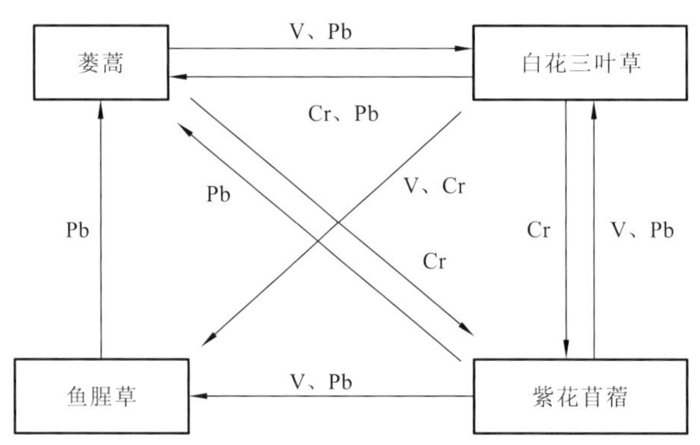

图 4.44　4 种草本植物间重金属富集能力的相互促进关系

A→B 表示植物 A 和植物 B 共同培养时，A 能促进 B 对重金属的吸收

所以组合培养时，根系环境（溶液中的有机酸、氨基酸等物质）会随之改变，可能导致螯合态重金属含量变化，进而改变植物对重金属的吸收速率。

4. 草本植物两两组合培养对植物转运能力的影响

如图 4.45 所示，四种组合模式下，蒌蒿对重金属 V、Pb、Cd、Cr 的转运系数均小于 1，白花三叶草、鱼腥草和紫花苜蓿均能使蒌蒿对 Cr 的转运能力增强，鱼腥草的促进作用最强；与紫花苜蓿组合培养后，白花三叶草对 V、Pb、Cd、Cr 的转移能力均有较大的提高，转运系数分别为 1.07、1.77、1.37、1.30，与蒌蒿和鱼腥草组合培养则会在不同程度上抑制白花三叶草对 V、Pb 和 Cr 的转运；鱼腥草的转运系数均低于 0.5，说明其对重金属的转移能力较差；紫花苜蓿对 V、Pb、Cd、Cr 的转运系数均小于 0.7，与白花三叶草组合培养能够将其对 V 的转运系数提高到 1.5 以上，说明白花三叶草能够促进紫花苜蓿对 V 的转移。

4 种草本植物间的重金属转运能力的相互促进关系如图 4.46 所示，4 种草本植物间对 Cr 转运能力的相互作用发生较多，对于 V 和 Cd 转运能力的相互作用次之，Pb 的转运促进作用最差，说明同种植物对不同重金属种类转运能力不同（Laurette et al.，2012；刘维涛 等，2009）。不同植物共存会影响重金属在植物体内的分布，导致同一植物不同器官对同一种重金属元素的吸收富集能力也存在很大差异（陈建军 等，2014）。组合模式下，紫花苜蓿可以促进白花三叶草对 V、Pb、Cd、Cr 的转运，转运系数分别由 0.90、0.70、0.061、0.78 提高到 1.07、1.77、1.37、1.30，促进效果最显著。

不同植物吸收和转移重金属的能力各异，同种植物对不同重金属的吸收和转运能力也存在差异，并且不同组合模式能够改变植物的重金属富集特性，一种植物与其他植物组合培养时其富集特性会有所改变（Liu et al.，2011；Zeng et al.，2008）。本小节中蒌蒿、白花三叶草、鱼腥草和紫花苜蓿两两组合培养时有利于对 Cr 和 V 的提取，这与黑亮等(2007)的研究结果相一致，这可能是因为水溶性有机物（DOC）活性强，能通过络合作用与重金属牢固结合，从而对根系吸收重金属起到至关重要的作用，而植物组合培养时将重金属由根部向地上部分转运能力改变。植物体内重金属的运输机理，还待进一步深入研究。

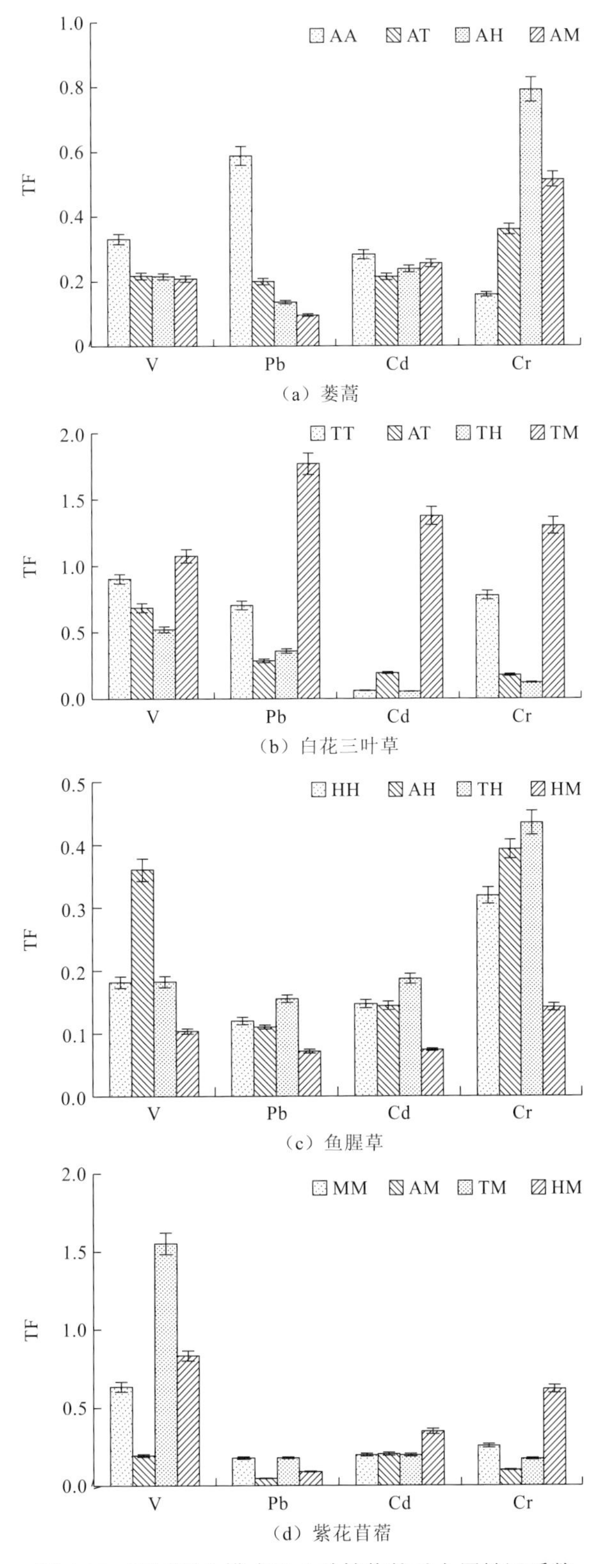

图4.45 不同组合模式下4种植物的重金属转运系数

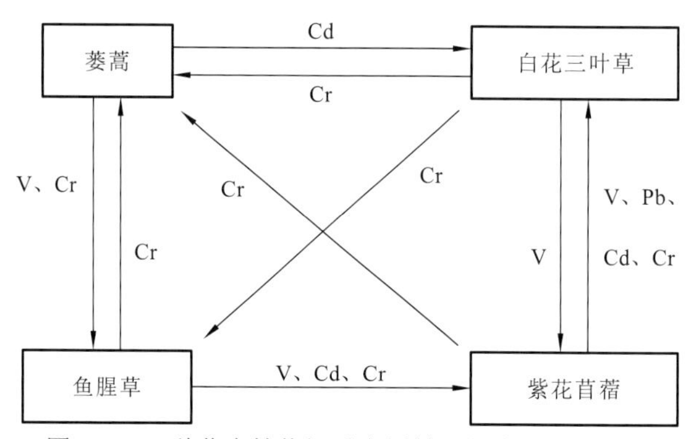

图 4.46 4 种草本植物间重金属转运能力的相互促进关系

A→B 表示植物 A 和植物 B 共同培养时，A 能促进 B 对重金属的转运

5. 草本植物两两组合培养模式的重金属富集量

不同培养模式，同种植物的重金属含量各有差别，为了更准确地评价各个组合模式的重金属富集能力，结合生物量（表 4.22、表 4.23），以同组试验中的全部植物作为一个体系来评价其单位质量植物的重金属富集量，由式（4.1）计算得 10 个试验组中地上部分单位质量植物的重金属富集量，结果如图 4.47 所示。

表 4.22 试验组植物生物量

项目	AT 组		AH 组		AM 组	
植物名称	蒌蒿	白花三叶草	蒌蒿	鱼腥草	蒌蒿	紫花苜蓿
地上部分干重/g	1.81±0.037	0.28±0.004 6	1.72±0.078	0.36±0.012	0.16±0.007 5	1.55±0.072
根部干重/g	0.69±0.023	0.10±0.003 4	0.71±0.032	0.21±0.010	0.051±0.002 3	1.06±0.037
项目	TH 组		TM 组		HM 组	
植物名称	白花三叶草	鱼腥草	白花三叶草	紫花苜蓿	鱼腥草	紫花苜蓿
地上部分干重/g	0.29±0.013	0.16±0.007 2	0.16±0.008 1	0.071±0.003 4	0.52±0.025	0.32±0.015
根部干重/g	0.11±0.005 3	0.06±0.003 1	0.08±0.004 2	0.0096±0.000 4	0.15±0.007 4	0.098±0.004 1

注：表中的数据为平均值±标准差，每 5 组平行试验的植物生物量经单样本 T 检验，$P>0.05$。

表 4.23 对照组植物生物量

项目	AA 组	TT 组	HH 组	MM 组
植物名称	蒌蒿	白花三叶草	鱼腥草	紫花苜蓿
地上部分干重/g	1.56±0.062	0.38±0.017	0.36±0.012	0.46±0.020
根部干重/g	0.68±0.028	0.26±0.012	0.21±0.009	0.34±0.015

注：表中的数据为平均值±标准差，每 5 组平行试验的植物生物量经单样本 T 检验，$P>0.05$。

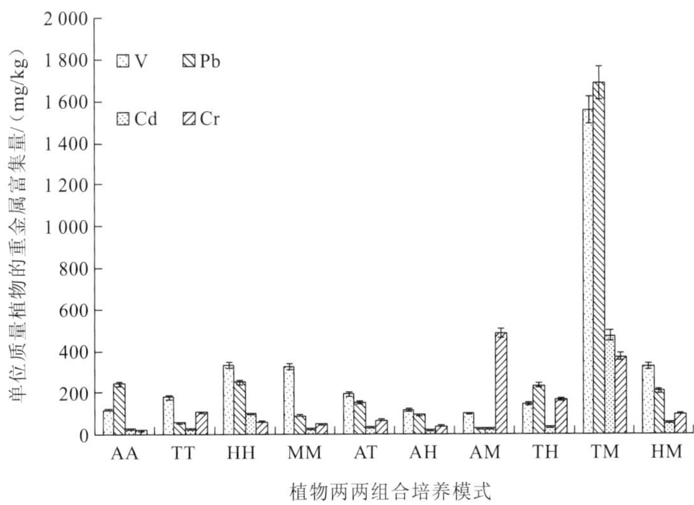

图 4.47　不同组合模式下单位质量植物的重金属富集量

白花三叶草与紫花苜蓿组合培养时对 V、Pb 和 Cd 三种重金属的富集量均远高于其他组合模式，分别为 1.56 g/kg、1.69 g/kg 和 0.47 g/kg；蒌蒿与紫花苜蓿组合培养时对 Cr 的富集量较其他组高，为 0.48 g/kg。

鱼腥草对紫花苜蓿和白花三叶草的生长有促进作用，紫花苜蓿、蒌蒿和鱼腥草之间的生长有相互促进作用，而白花三叶草与紫花苜蓿组合培养时，白花三叶草生物量仅增长了 0.80 g，远低于与鱼腥草组合培养时增长的 2.48 g，紫花苜蓿仅增长了 0.96 g，远小于与鱼腥草组合培养时的增长量 3.01 g。一方面，除“白花三叶草和紫花苜蓿”组合模式外，其他组合模式的植物长势都较好，造成了植物体内重金属含量的“稀释效应”（Liu et al.，2011），组合培养后植物体内重金属含量降低，导致其他模式下单位质量植物的重金属提取量较“白花三叶草和紫花苜蓿”组合模式低很多；另一方面，重金属在蒌蒿和鱼腥草根部通过区室化保存，限制其向地上部转移（Zeng et al.，2008），导致地上部分重金属含量较低。

前期调研发现钒冶炼厂附近地表径流中 V、Pb、Cd 和 Cr 的浓度分别为 140 μg/L、40 μg/L、8 μg/L 和 60 μg/L，因此，在实验室配制相同浓度重金属污染模拟溶液，验证白花三叶草和紫花苜蓿搭配对重金属富集情况，实验设计两株白花三叶草和两株紫花苜蓿联合种植培养 4 周，结果发现该模式地上部分 V、Pb、Cd 和 Cr 的总富集量分别为 673.05 mg、784.12 mg、216.41 mg 和 148.48 mg。因此，白花三叶草、紫花苜蓿共同种植对解决钒矿区土壤重金属复合污染问题具有良好前景。

4.5 陆生植物修复重金属污染土壤的强化

4.5.1 植物修复重金属污染土壤的强化技术

1. 乔灌木重金属富集能力的强化

1）强化剂对4种乔灌木重金属去除能力的影响

以乔灌木麦李、忍冬、香樟、构树为对象，分别施加强化剂粪肥、柠檬酸、草木灰等，添加量为10 g/kg，试验周期150 d，以重金属提取量为指标，比较不同强化剂对植物富集能力的影响。重金属添加量和各试验条件下植物对重金属富集量见表4.24。

表4.24 试验150 d乔灌木对土壤中重金属富集效果比较 （单位：mg/kg）

项目			V	Cr	Cd	Pb
原土壤			1.64	0.43	0.11	0.21
150天添加的总量			57.00	24.00	3.20	16.00
植物富集	麦李	HM	54.15	22.98	3.16	14.38
		HM-柠檬酸	50.45	21.00	2.80	13.60
		HM-草木灰	51.69	21.34	2.85	13.94
		HM-鸡粪	56.06	24.33	3.23	15.48
	忍冬	HM	53.90	22.54	2.84	14.45
		HM-柠檬酸	52.27	22.11	2.68	13.83
		HM-草木灰	54.89	22.66	2.96	14.89
		HM-鸡粪	54.14	22.97	3.00	15.09
	香樟	HM	56.61	24.08	3.20	15.74
		HM-柠檬酸	56.03	21.88	3.11	14.97
		HM-草木灰	54.82	24.00	3.06	15.56
		HM-鸡粪	55.96	22.07	3.07	15.63
	构树	HM	54.41	22.75	2.87	14.59
		HM-柠檬酸	52.77	23.83	2.94	13.97
		HM-草木灰	55.40	22.87	2.99	15.03
		HM-鸡粪	54.64	23.18	3.03	15.24

添加柠檬酸的麦李对 V、Cr、Cd 和 Pb 的富集量较高，草木灰强化效果次之，添加鸡粪的麦李对 V、Cr、Cd 和 Pb 富集量低于无强化剂的 HM 组，说明鸡粪抑制麦李重金属富集能力。

忍冬对 V 的富集量顺序为 HM-柠檬酸＞HM-鸡粪＞HM＞HM-草木灰，草木灰对忍冬富集 V 起到了抑制作用；忍冬对 Cr 的富集量顺序为 HM-柠檬酸＞HM＞HM-草木灰＞HM-鸡粪，说明草木灰和鸡粪对忍冬富集 Cr 有抑制作用，柠檬酸为促进作用；忍冬对 Cd 的富集量顺序为 HM-柠檬酸＞HM＞HM-草木灰＞HM-鸡粪，说明草木灰和鸡粪对忍冬富集 Cd 有抑制作用，柠檬酸为促进作用；忍冬对 Pb 的富集量顺序为 HM-柠檬酸＞HM＞HM-草木灰＞HM-鸡粪。

草木灰的添加使构树对 V 的富集量有所降低，第 150 d 时，构树对 V 富集量的顺序为 HM-柠檬酸＞HM＞HM-鸡粪＞HM-草木灰；构树对 Cr 富集量的顺序为 HM＞HM-草木灰＞HM-鸡粪＞HM-柠檬酸，其中柠檬酸使构树对 Cr 的富集量逐渐降低；添加强化剂不能增加构树对重金属 Cd 的富集量；柠檬酸能够促进构树对 Pb 的富集，草木灰和鸡粪均起抑制作用。

对于种植香樟的试验组，各添加剂的作用非常明显，从 V 和 Cd 的去除量可以看出，草木灰和鸡粪对香樟富集 V 和 Cd 有促进作用，而从 Cr 和 Pb 的去除量可以得到，柠檬酸的促进作用最强，鸡粪次之。因空白组香樟对 4 种重金属的去除率均较低，而且添加强化剂后去除率有所增加，但是依然不高，所以香樟不符合植物修复复合污染土壤的条件。

综上，土壤中添加柠檬酸，可以增强麦李对 V、Cr 和 Cd 的富集能力，试验周期 150 d，麦李对 V、Cr 和 Cd 的富集量最高，分别为 7.71 mg、3.43 mg 和 2.61 mg；土壤中添加柠檬酸的忍冬对 Pb 的富集量最高，为 0.63 mg。因此，添加柠檬酸可以作为麦李和忍冬修复 V、Pb、Cd 和 Cr 复合污染土壤的强化措施。综合考虑修复效果和成本，也可选择强化效果稍低的草木灰作为修复 V、Pb、Cd 和 Cr 复合污染土壤的强化剂，草木灰强化麦李对 V、Cr、Cd 和 Pb 的富集量分别为 6.47 mg、3.09 mg、0.46 mg 和 2.27 mg。

2）强化剂对 4 种乔灌木重金属富集能力的影响

试验结束后，将乔灌木收割，洗净烘干，将植物的地上部分和根部分离后粉碎，测定植物体内 V、Cr、Cd 和 Pb 的含量，图 4.48 和图 4.49 分别为乔灌木地上部分和根部重金属含量的测定结果。可以看出，4 种植物对 4 种重金属的富集量表现为 Cr＞V＞Cd＞Pb，这与重金属的性质及土壤中的含量有关（沈莉萍，2009）；香樟地上部分对 V、Cr、Cd 和 Pb 的富集量为 13.16 mg/kg、33.76 mg/kg、0.75 mg/kg 和 4.12 mg/kg，3 种添加剂均对香樟富集 4 种重金属有不同程度的促进作用，其中鸡粪的作用最为明显，土壤中添加鸡粪后，V、Cr、Cd 和 Pb 的质量分数分别达到 68.29 mg/kg、117.28 mg/kg、3.33 mg/kg 和 8.56 mg/kg，相比对照组分别增加了 418.92%、、247.39%、344.00%和 107.77%；对照组中，麦李对 V、Cr、Cd 和 Pb 的富集量最高，分别为 36.90 mg/kg、72.95 mg/kg、5.38 mg/kg 和 7.40 mg/kg，添加鸡粪和柠檬酸导致其体内重金属含量不同程度地降低，而添加草木灰则使其地上部分 V、Cr、Cd 和 Pb 的质量分数分别提高到 70.23 mg/kg、124.84 mg/kg、12.06 mg/kg 和 50.40 mg/kg，分别增加了 90.33%、71.13%、124.16%和

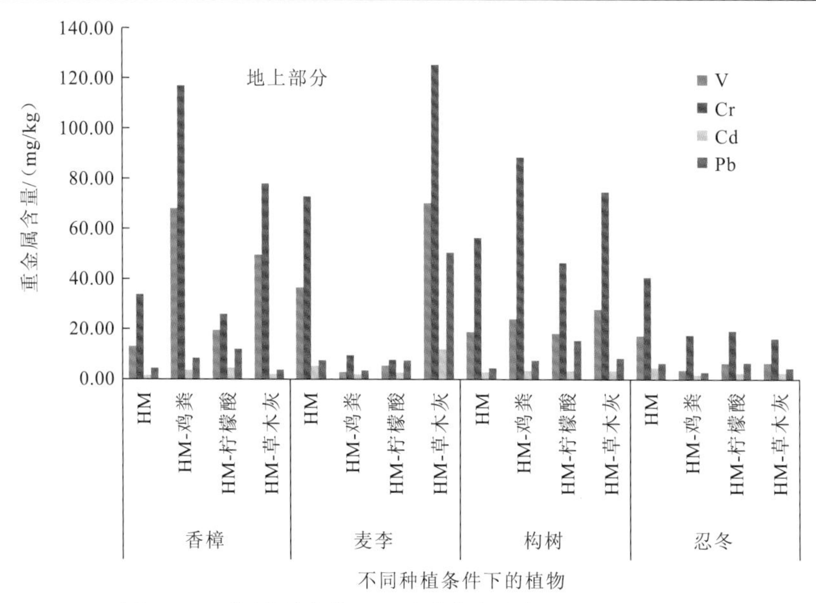

图 4.48 不同种植条件下 4 种乔灌木地上部分的重金属富集量

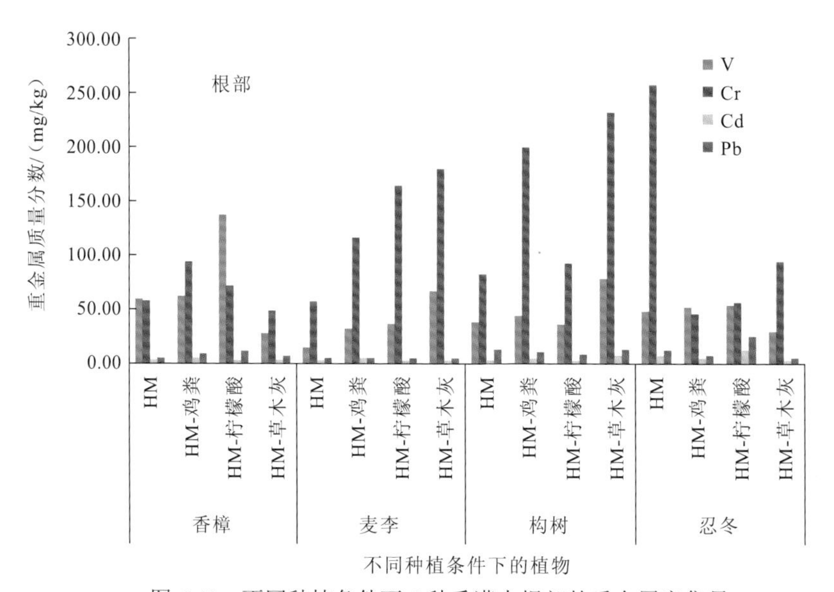

图 4.49 不同种植条件下 4 种乔灌木根部的重金属富集量

581.08%；构树地上部分 V、Cr、Cd 和 Pb 的质量分数分别为 18.94 mg/kg、56.54 mg/kg、2.66 mg/kg 和 4.50 mg/kg，添加鸡粪和草木灰使其地上部分的 V 含量明显增加，分别达到 24.02 mg/kg 和 28.20 mg/kg，提高了 26.82% 和 48.89%，添加柠檬酸使构树对 Pb 的富集量大幅度提高，达到了 15.10 mg/kg，是对照组的 3.35 倍；忍冬对 4 种重金属的富集量较低，V、Cr、Cd 和 Pb 的质量分数分别为 16.96 mg/kg、40.64 mg/kg、3.76 mg/kg 和 6.51 mg/kg，而添加 3 种强化剂均导致了忍冬对 4 种重金属富集能力的降低。因此，种植麦李时添加草木灰，其地上部分重金属富集能力最强。

图4.49显示，麦李和构树根部对Cr的富集量最高。香樟根部在对照组中对V、Cr、Cd和Pb的富集量分别为59.83 mg/kg、57.57 mg/kg、2.01 mg/kg和5.23 mg/kg，在添加鸡粪的条件下，香樟根部对Cr的富集量达到了92.30 mg/kg，比对照组增加了60.33%，添加柠檬酸使香樟根部对V的富集量有明显增加，达到了137.66 mg/kg，增加了130.09%，草木灰则对香樟根部的重金属富集起到了一定的抑制作用。麦李根部在对照组中，对4种重金属的富集量均不高，除Cd外，添加鸡粪、柠檬酸和草木灰使V的富集量分别达到31.27 mg/kg、35.96 mg/kg和67.78 mg/kg，比对照组增加了97.78%、127.42%和328.69%，对Cr的富集量分别为115.68 mg/kg、164.21 mg/kg和180.11 mg/kg，比对照组增加了106.38%、192.97%和221.34%，对Pb的富集量分别为4.19 mg/kg、4.18 mg/kg和5.00 mg/kg，分别增加了9.89%、9.71%和31.13%，麦李根部对3种重金属的富集均为草木灰的促进作用最强。构树根部对V、Cr、Cd和Pb的富集量分别为37.08 mg/kg、82.52 mg/kg、2.93 mg/kg和12.22 mg/kg，土壤中添加鸡粪使其对V、Cr和Cd的富集量明显增加，分别达到了44.94 mg/kg、199.52 mg/kg和4.37 mg/kg，增加了21.20%、141.78%和 49.15%，添加柠檬酸则对构树的富集特性产生了抑制，添加草木灰对构树根部4种重金属的富集均有所促进，V、Cr、Cd和Pb的富集量分别达到78.76 mg/kg、231.52 mg/kg、6.88 mg/kg和12.69 mg/kg，比对照组增加了112.41%、180.56%、134.81%和3.85%。忍冬根部对Cr的富集量很高，达到了257.91 mg/kg，添加鸡粪、柠檬酸和草木灰均对其Cr的富集产生了抑制作用，但是添加柠檬酸对V、Cd和Pb的促进作用明显，使富集量分别达到 55.19 mg/kg、13.82 mg/kg 和 26.37 mg/kg，比对照组增加了 14.43%、108.71%和104.58%。比较根部的重金属富集量可得，种植构树时添加草木灰修复效果最佳。

张宏等（2011）研究表明，鸡粪（16 g/kg）是铜尾矿基质理想改良剂，改良后，决明、田菁、菽麻3种豆科植物生长的尾矿基质中均以硝态氮为有效氮的主要形态，总无机氮 质量分数为 17.96～44.82 mg/kg，且能够有效抑制植物对重金属富集；朱雅兰等（2010）研究表明，草木灰、污泥和草木灰污泥混合物的施用导致了土壤中Cd的重新分配，土壤中生物有效性较高的有效态Cd含量明显降低，转化为不易被植物吸收的惰性态Cd。汪楠楠等（2013）研究发现，柠檬酸的添加能够抑制吊兰的生长，与本研究结果相似。强化剂的作用受到3个方面因素的影响：重金属类型、植物种类和土壤类型（俞花美 等，2012；孙花 等，2011；朱小娇，2010）。

表4.25为4种乔灌木在不同种植条件下对4种重金属的转运系数，可以看出，在对照组中，除麦李对V、Cr、Cd和Pb的转运系数均大于1外，另外3种植物的转运系数均较低，香樟在添加鸡粪的土壤中种植，对V、Cr和Pb的转运系数分别达到1.11、1.27和1.11，在添加柠檬酸的土壤中种植，对V和Cr的转运起到了抑制作用，对Cd和Pb的转运起到了促进作用，转运系数分别达到1.46和1.22，添加草木灰则使V、Cr和Cd的转运系数分别升高到1.79、1.64和1.33；麦李对V、Cr、Cd和Pb的转运系数分别为2.33、1.30、2.32和1.94，添加草木灰则其对Cd和Pb的转运系数分别增加到5.41和10.09；构树在添加柠檬酸的土壤中种植后，对Cd和Pb的转运系数分别增加到1.31和2.00；忍冬则在添加草木灰的土壤中，对Pb的转运系数达到1.07，在其他种植条件下对4种重金属的转运系数均小于1。

表 4.25 不同种植条件下 4 种乔灌木对重金属的转运系数

植物名称	试验条件	V	Cr	Cd	Pb
香樟	HM	0.22	0.59	0.38	0.79
	HM-鸡粪	1.11	1.27	0.62	1.11
	HM-柠檬酸	0.14	0.36	1.46	1.22
	HM-草木灰	1.79	1.64	1.33	0.54
麦李	HM	2.33	1.30	2.32	1.94
	HM-鸡粪	0.07	0.08	0.32	0.68
	HM-柠檬酸	0.15	0.05	1.29	1.73
	HM-草木灰	1.04	0.69	5.41	10.09
构树	HM	0.51	0.69	0.91	0.37
	HM-鸡粪	0.53	0.44	0.74	0.70
	HM-柠檬酸	0.51	0.50	1.31	2.00
	HM-草木灰	0.36	0.32	0.52	0.65
忍冬	HM	0.35	0.16	0.57	0.50
	HM-鸡粪	0.05	0.36	0.38	0.35
	HM-柠檬酸	0.10	0.34	0.17	0.24
	HM-草木灰	0.22	0.17	0.94	1.07

2. 最佳草本植物组合模式的重金属富集能力强化

1）强化剂对草本植物干重的影响

草本植物联合种植的最佳比例（蒌蒿、白花三叶草、鱼腥草和紫花苜蓿的初始质量比例为 2∶2∶4∶2），植物总质量为 100 g 左右。实验结束后，将植物洗净风干后杀青，将地上部分和根部分离，测定其干重，结果如图 4.50 所示。在 5 个试验组中，4 种植物在示范地当地污染土壤中种植后的干重均比用北京郊区土壤配制的对照组土壤中植物的干重略高。一方面，配制土壤中重金属的生物有效性较高，对植物生长的伤害比当地污染土壤中已经稳定的重金属对植物的毒性大；另一方面，当地土壤的有效磷和有机质的含量均比北京郊区土壤高，肥力强有利于植物的生长（李倩，2012）。

4 种植物在添加重金属和强化剂的土壤中生长变化趋势表现出一致性，均为添加鸡粪和草木灰的土壤中植物的干重高于对照组，而添加柠檬酸的土壤中植物的干重则低于对照组，与汪楠楠等（2013）的研究结果一致；干重增长最明显的为蒌蒿，蒌蒿地上部分在对照组中的干重为 5.70 g，添加鸡粪、草木灰和柠檬酸后，地上部分的干重分别升高到 9.84 g、9.59 g、9.88 g，在对照组中根部的干重为 5.09 g，添加鸡粪和草木灰分别使根部的干重增加到 8.90 g 和 14.25 g，而添加柠檬酸却使根部的干重降低到 4.66 g；三

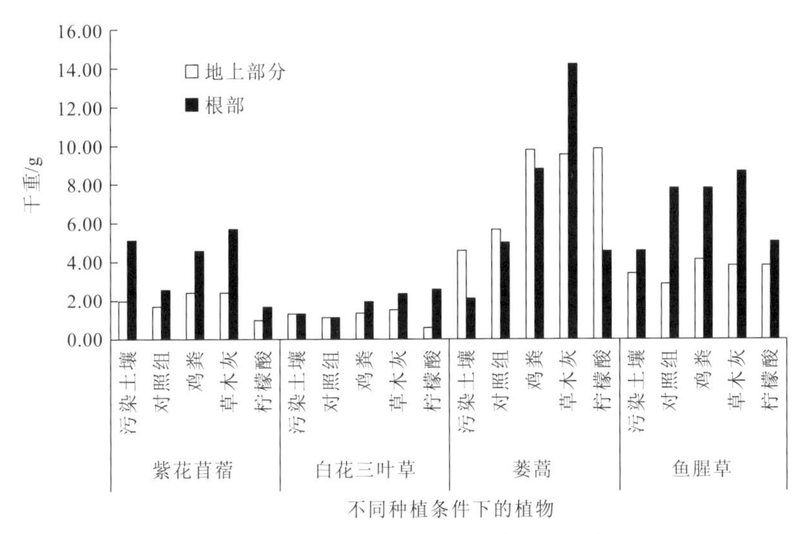

图4.50　不同种植条件对4种草本植物干重的影响

种强化剂的添加对4种植物生物量的促进和抑制作用相似，其中促进作用最强的为草木灰，紫花苜蓿、白花三叶草、蒌蒿和鱼腥草地上部分的干重与对照组相比分别增加了50.90%、39.28%、68.24%和33.91%，根部干重分别增加了115.30%、100.82%、179.96%和11.42%。

图4.51为不同种植条件下，草本植物最佳组合模式中全部植物地上部分的干重总量，可以看出，示范地污染土壤和对照组配制土壤中植物地上部分的生物量基本相同，而添加鸡粪、草木灰和柠檬酸分别使地上部分的干重比对照组增加了55.81%、54.14%和34.24%。

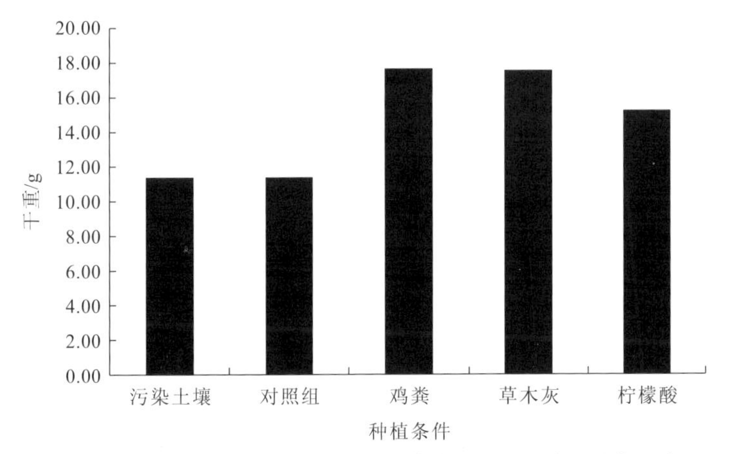

图4.51　不同种植条件对最佳组合模式地上部分总干重的影响

2）强化剂对草本植物体内重金属含量的影响

表4.26为4种草本植物在不同土壤中富集的重金属含量，比较示范地污染土壤（空白组）和对照组可以发现，植物对V的富集量相差不大，而在对照组中，植物对Cr的富集量远远高于空白组，对照组中紫花苜蓿、白花三叶草、蒌蒿和鱼腥草地上部分的Cr含量分别为空白组的5.21倍、3.44倍、7.80倍和4.95倍，根部的Cr含量分别为空白组

的 11.39 倍、2.17 倍、7.88 倍和 4.95 倍。4 种草本植物地上部分对 Cd 的富集量分别为空白组的 2.33 倍、1.58 倍、1.64 倍和 8.25 倍，根部对 Cd 的富集量分别为空白组的 0.62 倍、1.49 倍、2.37 倍和 2.38 倍。蒌蒿和鱼腥草地上部分对 Pb 的富集量为空白组的 1.49 倍和 2.63 倍，紫花苜蓿和白花三叶草地上部分的 Pb 富集量低于空白组，4 种植物根部的 Pb 含量分别是空白组的 1.06 倍、1.22 倍、2.15 倍和 1.64 倍。对照组植物富集 Cr、Cd 和 Pb 的含量高于空白组，可能是由北京郊区农田土壤配制时添加的重金属没有完全转化成稳定态，其生物有效性比空白组土壤中固有的重金属的生物有效性高，更易被植物富集（靳霞，2012）。

表 4.26　不同种植条件下 4 种草本植物体内的重金属含量

处理条件	植物名称	V/（mg/kg）		Cr/（mg/kg）		Cd/（mg/kg）		Pb/（mg/kg）	
		地上部分	根部	地上部分	根部	地上部分	根部	地上部分	根部
污染土壤	紫花苜蓿	26.87	23.57	11.03	12.56	1.00	0.65	4.69	2.09
	白花三叶草	20.26	20.53	6.63	15.13	0.33	0.45	4.12	2.65
	蒌蒿	20.37	19.53	6.51	10.21	3.30	1.18	4.08	2.14
	鱼腥草	16.98	25.62	6.34	15.88	0.56	1.27	3.89	2.98
对照组	紫花苜蓿	27.56	25.18	57.48	143.01	2.33	0.40	2.35	2.21
	白花三叶草	22.08	19.59	22.81	32.89	0.52	0.67	4.02	3.23
	蒌蒿	19.55	32.17	50.77	80.41	5.42	2.80	6.06	4.61
	鱼腥草	18.95	26.32	31.39	78.62	4.62	3.02	10.23	4.88
鸡粪	紫花苜蓿	30.23	54.78	106.78	219.87	3.29	1.89	25.78	7.65
	白花三叶草	103.60	80.81	430.08	232.68	10.10	3.52	8.01	9.93
	蒌蒿	16.01	24.84	110.98	32.88	12.26	5.27	4.34	1.44
	鱼腥草	50.23	100.23	234.89	267.34	12.34	4.82	8.34	14.23
草木灰	紫花苜蓿	17.33	26.17	91.09	179.82	2.04	2.05	14.42	8.37
	白花三叶草	115.31	103.25	461.40	369.38	10.06	8.18	8.66	14.56
	蒌蒿	35.18	25.34	122.20	108.56	1.91	1.50	4.30	3.64
	鱼腥草	65.22	134.68	123.23	235.67	3.67	7.68	5.23	10.23
柠檬酸	紫花苜蓿	18.22	7.64	40.09	95.38	0.76	0.26	6.09	1.21
	白花三叶草	26.21	19.52	17.30	160.50	1.63	2.47	4.35	4.09
	蒌蒿	24.48	23.07	78.86	150.74	2.40	1.60	3.25	7.30
	鱼腥草	54.66	102.11	87.89	183.56	3.98	5.34	2.98	6.75

添加鸡粪后，紫花苜蓿、白花三叶草和鱼腥草对 V 的富集量增加，蒌蒿对 V 的富集量降低，紫花苜蓿地上部分对 Pb 的富集量达到 25.78 mg/kg，是对照组的 10.97 倍，白花三叶草地上部分的 Cr 和 Cd 质量分数分别达到 430.08 mg/kg 和 10.10 mg/kg，是对

照组的18.86倍和19.42倍，对蒌蒿富集能力的促进作用不明显，鱼腥草地上部分对Cr的富集量达到234.89 mg/kg，是对照组的7.48倍。添加草木灰后，4种草本植物对V、Cr、Cd和Pb的富集量基本上均高于对照组，其中对白花三叶草富集能力的促进作用最为显著，白花三叶草地上部分对V、Cr、Cd和Pb的富集量分别达到115.31 mg/kg、461.40 mg/kg、10.06 mg/kg和8.66 mg/kg，分别是对照组的5.22倍、20.23倍、19.35倍和2.15倍，根部对V、Cr、Cd和Pb的富集量分别达到103.25 mg/kg、369.38 mg/kg、8.18 mg/kg和14.56 mg/kg，分别是对照组的5.27倍、11.23倍、12.21倍和4.51倍。柠檬酸的添加对紫花苜蓿和蒌蒿的重金属富集能力表现为抑制作用，对白花三叶草和鱼腥草的富集能力促进作用不显著。

在添加草木灰的情况下，白花三叶草地上部分对V和Cr的富集量最高，分别为115.31 mg/kg和461.40 mg/kg，鱼腥草在添加鸡粪的条件下，地上部分对Cd的富集量最高，为12.34 mg/kg，蒌蒿次之，为12.26 mg/kg，紫花苜蓿在添加鸡粪的土壤种植，地上部分对Pb的富集量最高，为25.78 mg/kg。

3）强化剂对草本植物重金属转运系数和富集系数的影响

表4.27为4种草本植物在不同种植条件下对V、Cr、Cd和Pb的转运系数。两个试验组中的植物对重金属的转运系数没有明显区别，而对照组中的植物富集的重金属比空白组多，说明富集量的增加没有对植物的转运能力造成显著破坏。添加鸡粪后，紫花苜蓿对Pb的转运系数达到3.37，白花三叶草对V、Cr、Cd的转运系数分别达到1.28、1.85、2.87，蒌蒿对Cr、Cd和Pb的转运系数分别达到3.37、2.33和3.01，鱼腥草对Cd的转运系数达到2.56，对V、Cr和Pb的转运能力则较低。草木灰的添加使紫花苜蓿对Pb的转运系数由1.06提高到1.72，白花三叶草对Cr和Cd的转运系数分别提高到1.25和1.23，蒌蒿在添加草木灰的土壤中对V、Cr、Cd和Pb的转运系数均大于1，分别为1.39、1.13、1.27和1.18，鱼腥草在添加草木灰的条件下对4种重金属的转运系数均小于1。添加柠檬酸对紫花苜蓿对V、Cd和Pb的转运能力促进作用明显，分别增加到2.39、2.97和5.03，对白花三叶草、蒌蒿和鱼腥草的重金属转运能力产生了不同程度的抑制作用。可见，柠檬酸强化的紫花苜蓿对V和Pb转运能力最强，Cr转运能力最佳的为鸡粪强化的蒌蒿，Cd转运能力最强的为对照组中的紫花苜蓿。

表4.27　不同试验组4种草本植物的转运系数

试验组名称	植物名称	V	Cr	Cd	Pb
空白组	紫花苜蓿	1.14	0.88	1.54	2.25
	白花三叶草	0.99	0.44	0.73	1.56
	蒌蒿	1.04	0.64	2.80	1.91
	鱼腥草	0.66	0.40	0.44	1.31
对照组	紫花苜蓿	1.09	0.40	5.80	1.06
	白花三叶草	1.13	0.69	0.77	1.25
	蒌蒿	0.61	0.63	1.93	1.31
	鱼腥草	0.72	0.40	1.53	2.10

续表

试验组名称	植物名称	V	Cr	Cd	Pb
鸡粪强化组	紫花苜蓿	0.55	0.49	1.74	3.37
	白花三叶草	1.28	1.85	2.87	0.81
	蒌蒿	0.64	3.37	2.33	3.01
	鱼腥草	0.50	0.88	2.56	0.59
草木灰强化组	紫花苜蓿	0.66	0.51	1.00	1.72
	白花三叶草	1.12	1.25	1.23	0.59
	蒌蒿	1.39	1.13	1.27	1.18
	鱼腥草	0.48	0.52	0.48	0.51
柠檬酸强化组	紫花苜蓿	2.39	0.42	2.97	5.03
	白花三叶草	1.34	0.11	0.66	1.06
	蒌蒿	1.06	0.52	1.50	0.45
	鱼腥草	0.54	0.48	0.75	0.44

土壤类型的改变和强化剂的添加会在一定程度上改变草本植物的重金属转运能力，进而影响植物地上部分对重金属的富集系数。在表4.28中，对照组与空白组比较，4种草本植物对Cr的富集系数有明显差异，可能是由于配制土壤中添加的Cr没有完全稳定，导致其生物有效性较高，利于被植物吸收和转移（孟昭福 等，2004）。鸡粪强化组中，紫花苜蓿、白花三叶草、蒌蒿、鱼腥草对Cr的富集系数增加非常显著，分别达到了4.37、17.60、4.54、9.61，是对照组的1.86倍、18.92倍、2.18倍、7.51倍，对Cd的富集系数也明显高于对照组，分别达到0.99、3.05、3.71和3.73，是对照组的1.41倍、19.06倍、2.26倍、2.66倍；草木灰强化组中，紫花苜蓿、白花三叶草、蒌蒿、鱼腥草对Cr的富集系数也有非常显著的增加，分别达到了3.73、18.89、5.00、5.04，是对照组的1.59倍、20.31倍、2.40倍、3.94倍，对V、Cd和Pb富集能力，不同植物之间存在显著差异；柠檬酸强化组中，植物的重金属富集系数也有所增加，但是不如添加鸡粪和草木灰强化效果显著。

表4.28　不同试验组4种草本植物的富集系数

试验组名称	植物名称	V	Cr	Cd	Pb
空白组	紫花苜蓿	0.46	0.45	0.30	0.29
	白花三叶草	0.35	0.27	0.10	0.25
	蒌蒿	0.35	0.27	1.00	0.25
	鱼腥草	0.29	0.26	0.17	0.24
对照组	紫花苜蓿	0.47	2.35	0.70	0.14
	白花三叶草	0.38	0.93	0.16	0.25
	蒌蒿	0.33	2.08	1.64	0.37
	鱼腥草	0.32	1.28	1.40	0.63

续表

试验组名称	植物名称	V	Cr	Cd	Pb
鸡粪强化组	紫花苜蓿	0.52	4.37	0.99	1.59
	白花三叶草	1.77	17.60	3.05	0.49
	蒌蒿	0.27	4.54	3.71	0.27
	鱼腥草	0.86	9.61	3.73	0.51
草木灰强化组	紫花苜蓿	0.30	3.73	0.62	0.89
	白花三叶草	1.97	18.89	3.04	0.53
	蒌蒿	0.60	5.00	0.58	0.26
	鱼腥草	1.11	5.04	1.11	0.32
柠檬酸强化组	紫花苜蓿	0.31	1.64	0.23	0.38
	白花三叶草	0.45	0.71	0.49	0.27
	蒌蒿	0.42	3.23	0.73	0.20
	鱼腥草	0.93	3.60	1.20	0.18

4）强化剂对草本植物组合模式重金属富集量的影响

图 4.52 为 4 种草本植物在不同种植条件下对 V 富集量的影响，可以看出，示范地当地污染土壤和对照组中 4 种植物对 V 的富集量相差不明显，说明配制土壤中的添加 V 后，可能与示范地当地的钒污染情况相似；强化剂的添加对紫花苜蓿的 V 富集能力促进作用不明显，且添加柠檬酸导致了紫花苜蓿 V 富集量的降低；添加鸡粪和草木灰，白花三叶草 V 富集量分别达到了 138.83 μg 和 179.89 μg，分别为对照组的 5.61 倍和 7.27 倍，添

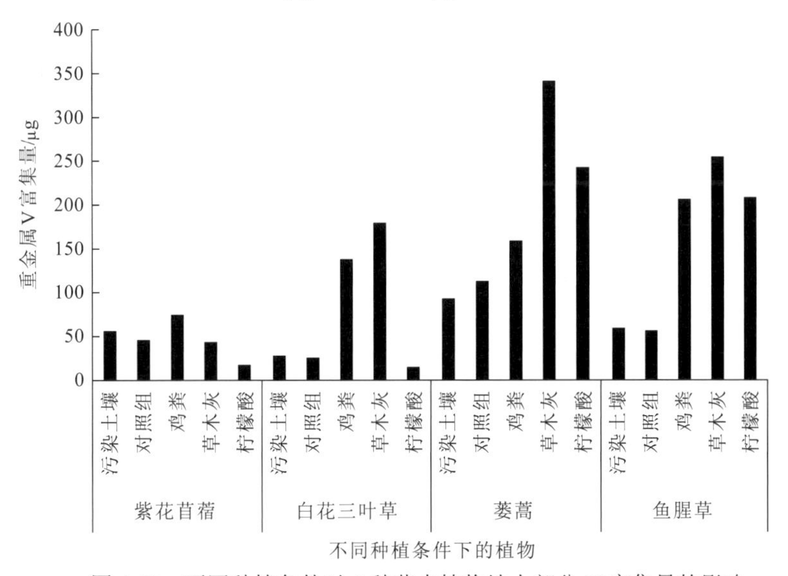

图 4.52　不同种植条件对 4 种草本植物地上部分 V 富集量的影响

加柠檬酸也使白花三叶草的 V 富集量降低；鸡粪、草木灰和柠檬酸的添加均促进了蒌蒿和鱼腥草对 V 的富集量，蒌蒿的 V 富集量分别达到 157.54 μg、337.33 μg、241.86 μg，是对照组的 1.41 倍、3.03 倍、2.17 倍，鱼腥草的 V 富集量分别达到 205.44 μg、252.40 μg、206.61 μg，是对照组的 3.75 倍、4.61 倍、3.77 倍。由此可知，蒌蒿在添加草木灰的土壤中种植时，地上部分的 V 富集量最高，为 337.33 μg。

图 4.53 为 4 种草本植物在不同种植条件下对 Cd 富集量的影响，在对照组中，紫花苜蓿对 Cd 的富集量为 3.85 μg，在试验组中，添加鸡粪和草木灰后，Cd 的富集量分别达到 7.99 μg 和 25.09 μg，是对照组的 2.08 倍和 6.52 倍，柠檬酸的添加则导致了地上部分 Cd 富集量降低。3 种强化剂对白花三叶草的 Cd 富集能力均表现为明显的促进作用，添加鸡粪、草木灰和柠檬酸，白花三叶草的 Cd 富集量分别达到了 13.53 μg、15.69 μg、16.95 μg，是对照组的 3.78 倍、4.39 倍、4.74 倍。在对照组中，蒌蒿的 Cd 富集量较高，可达 30.89 μg，3 种强化剂均降低蒌蒿对 Cd 富集量。对于鱼腥草，对照组中的 Cd 富集量为 13.35 μg，远远高于空白组 1.93 μg，并且在添加鸡粪的土壤中种植，鱼腥草对 Cd 的富集量大幅度提升，高达 40.47 μg，是对照组的 3.03 倍，Cd 富集量高于其他 3 种植物。

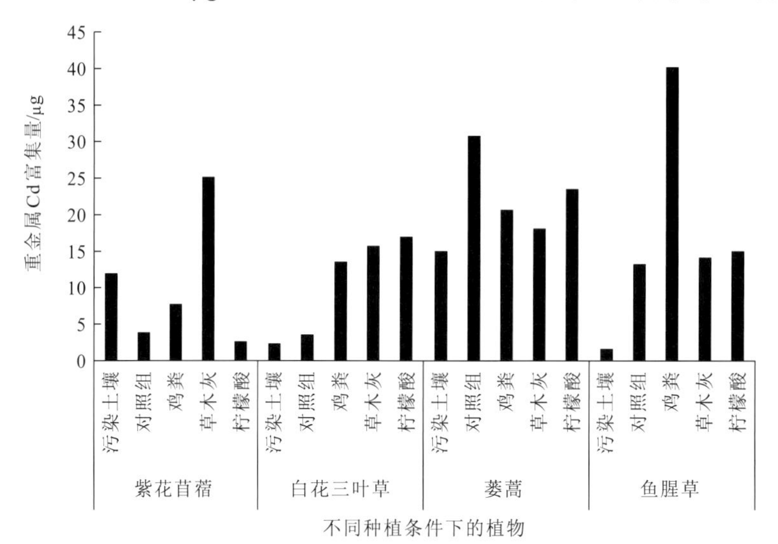

图 4.53　不同种植条件对 4 种草本植物地上部分 Cd 富集量的影响

图 4.54 为 4 种草本植物在不同种植条件下对 Cr 富集量的影响。可以看出，对照组中白花三叶草、蒌蒿和鱼腥草对 Cr 的富集量分别为 225.54 μg、289.37 μg 和 290.72 μg，是示范地当地污染土壤试验组的 2.06 倍、1.26 倍和 2.39 倍，说明配制的土壤中 Cr 更易于被植物吸收。3 种强化剂的添加对 4 种草本植物的 Cr 富集能力均表现为促进作用，鸡粪、草木灰和柠檬酸试验组中，紫花苜蓿的 Cr 富集量分别为 259.48 μg、226.82 μg、240.49 μg，是对照组的 2.74 倍、2.39 倍、2.54 倍。白花三叶草的 Cr 富集量分别为 576.31 μg、719.79 μg、1 000.04 μg，是对照组的 2.56 倍、3.19 倍、4.43 倍。蒌蒿的 Cr 富集量分别为 1 092.06 μg、1 171.94 μg、779.13 μg，是对照组的 3.77 倍、4.05 倍、2.69 倍。鱼腥草的 Cr 富集量分别为 960.70 μg、476.90 μg、332.22 μg，是对照组的 3.30 倍、1.64 倍、1.14 倍。由此可知，添加草木灰的蒌蒿对 Cr 富集效果最好。

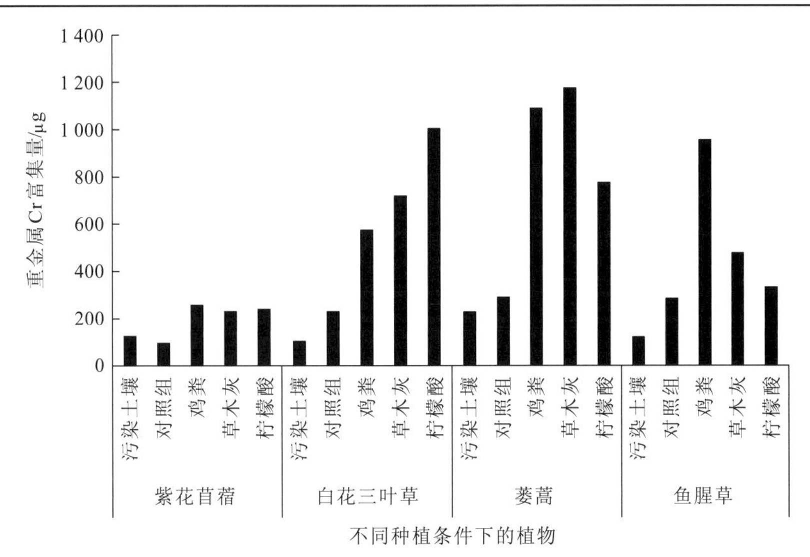

图 4.54 不同种植条件对 4 种草本植物地上部分 Cr 富集量的影响

图 4.55 为 4 种草本植物在不同种植条件下对 Pb 富集量的影响。鸡粪和草木灰对紫花苜蓿的 Pb 富集能力表现为显著的促进作用，分别达到 32.65 μg 和 35.91 μg，是对照组的 8.42 倍和 9.26 倍，对白花三叶草富集 Pb 的能力也起到了一定的促进作用，白花三叶草地上部分的 Pb 富集量分别达到 10.73 μg 和 13.50 μg。蒌蒿在对照组中对 Pb 的富集量较高，达到 34.52 μg，鸡粪和草木灰对 Pb 的富集产生了一定的促进作用，但不明显；在对照组中，鱼腥草的 Pb 富集量为 29.56 μg，添加鸡粪有一定的促进作用。蒌蒿在添加鸡粪的土壤中对 Pb 的富集量最高，为 42.68 μg，在添加草木灰的土壤中次之，为 41.19 μg。

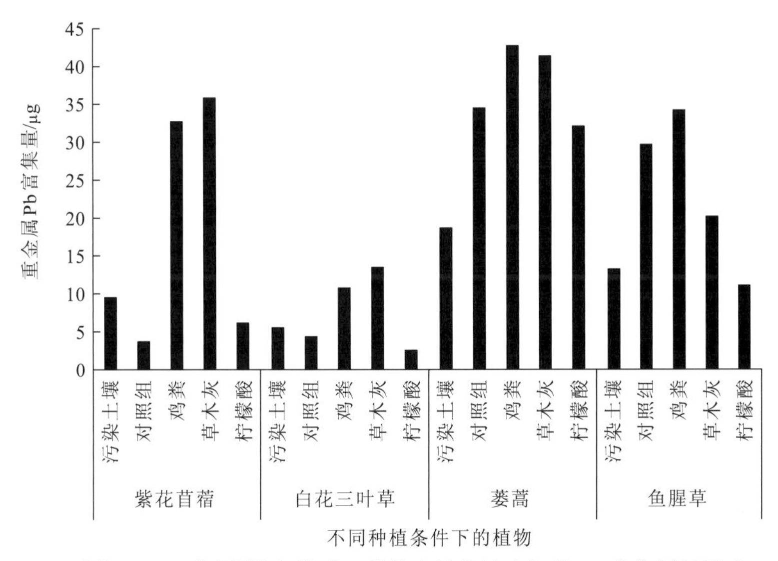

图 4.55 不同种植条件对 4 种草本植物地上部分 Pb 富集量的影响

图 4.56 为不同种植条件下最佳草本植物组合模式对 4 种重金属富集量的影响，可以看出，对照组和示范地污染土壤试验组中最佳草本植物组合模式对 4 种重金属的富集量

没有显著差异，说明配制的土壤与当地重金属污染情况相似，强化试验的结果具有一定的说服力。添加鸡粪实验组中，对 V、Cr、Cd 和 Pb 的总富集量分别为 575.27 μg、2 888.54 μg、82.68 μg 和 120.17 μg，分别是对照组的 2.43 倍、3.21 倍、1.60 倍和 1.66 倍。添加草木灰试验组中，对 V、Cr、Cd 和 Pb 的总富集量分别为 812.77 μg、2 595.44μg、73.27 μg 和 110.85 μg，分别为对照组的 3.44 倍、2.88 倍、1.42 倍和 1.53 倍。添加柠檬酸试验组中，对 V、Cr、Cd 和 Pb 的总富集量分别为 482.08 μg、2 351.88 μg、58.51 μg 和 52.07 μg，分别为对照组的 2.04 倍、2.61 倍、1.13 倍和 0.72 倍。可以得出，最高的 V 富集量为草木灰强化组，最佳的 Cr、Cd 和 Pb 富集量为鸡粪强化组。

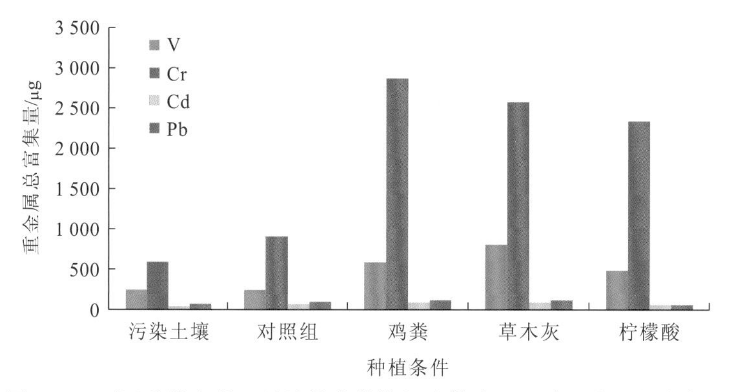

图 4.56　不同种植条件下最佳草本植物组合模式对 4 种重金属的富集量影响

3. 表面活性剂对蜈蚣草强化修复砷-汞复合污染土壤研究

上述优选的植物存在生长慢、周期长、生物量小、对 As 和 Hg 富集量相对较少等问题，因此，通过强化措施提高优选植物的修复效率是植物修复技术应用的重要发展方向。其中化学强化是植物修复中最常用、最有效的技术，已受到越来越多学者的关注。应用最为广泛的是与重金属具有强配位作用的 EDTA 等螯合剂和化学合成的阴离子、阳离子和非离子表面活性剂，但传统的化学修复技术最大的弊端是药剂对环境有危害，容易造成二次污染，且不能被生物降解。生物表面活性剂具有低毒性、生物可降解性和表面活性等优点，并可回收加以重复利用，具有较高的经济价值，在环境治理方面的应用已引起研究者的关注。

1）表面活性剂对蜈蚣草生长状况的影响

目前，有关表面活性剂对植物修复重金属污染的研究大多集中于植物的生长、生理特征的变化等方面，而影响植物吸收重金属的研究也是集中在化学表面活性剂，其中生物表面活性剂涉及强化超富集植物吸收重金属的研究还未见报道。因此，为了更好地了解生物表面活性剂对土壤重金属的解吸作用及其对植物吸收 As 和 Hg 的影响，本小节选取剂茶皂素、烷基糖苷和海洋植物提取液三种生物表面活性进行研究，考察表面活性剂对土壤中 As 和 Hg 的解吸效果及其对蜈蚣草吸收和累积 As 和 Hg 的促进作用，为表面活性剂强化蜈蚣草修复砷-汞复合污染土壤提供理论依据和实践参考。

由图 4.57 可知，三种表面活性剂均能不同程度促进蜈蚣草的生长。对于茶皂素来说，随着土壤中茶皂素添加量的增加，蜈蚣草生长促进效果先增大后减小，当茶皂素添加量为 12 mg/kg（C2 组）时，蜈蚣草生物量达到最大，较对照组增加了 34.0%；对于烷基糖苷来说，蜈蚣草生物量随着土壤中烷基糖苷添加量的增加逐渐增大，当烷基糖苷添加量为 24 mg/kg（W3 组）时，蜈蚣草生物量较对照组增加了 31.5%；对于海洋植物提取液来说，植物生物量随着其添加量的增加呈现先减小后增大的趋势，当海洋植物提取液的添加量为 700 mg/kg（H3 组）时，蜈蚣草生物量较对照组增加了 26.1%。综合分析来看，三种表面活性剂均能促进蜈蚣草生长，促进效果较好的是茶皂素，烷基糖苷次之，海洋植物提取液较低。

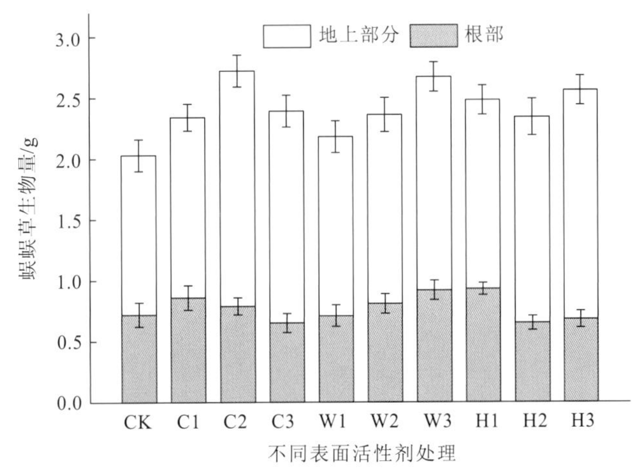

图 4.57 三种表面活性剂对蜈蚣草生物量的影响

C 代表茶皂素，W 代表烷基糖苷，H 代表海洋植物提取液，CK 代表对照组，C1，W1 代表强化剂添加量为 6 mg/kg，H1 代表添加量为 375 mg/kg，C2，W2 代表强化剂添加量为 12 mg/kg，H2 代表强化剂添加量为 750 mg/kg，C3，W3 代表强化剂添加量为 24 mg/kg，H3 代表强化剂添加量为 1 500 mg/kg

2）表面活性剂对蜈蚣草重金属富集能力的影响

（1）蜈蚣草对复合砷-汞的吸收和积累。三种表面活性剂对蜈蚣草吸收复合污染土壤中 As 和 Hg 的影响如图 4.58 所示。由图 4.58 可知，三种表面活性剂均能不同程度提高蜈蚣草对砷和汞的富集能力。不添加表面活性剂时，蜈蚣草地上部分 As 和 Hg 的质量分数分别为 1 433.25 mg/kg 和 2.01 mg/kg，根部砷和汞的质量分数分别为 567.58 mg/kg 和 2.53 mg/kg；蜈蚣草地上部分 As 含量随着土壤中茶皂素添加浓度的升高呈现先增大后减小的趋势，在添加浓度为 160 mg/L 时，蜈蚣草地上部分和根部 As 质量分数分别达到了 3 194.24 mg/kg 和 691.50 mg/kg，分别较对照组增加了 1.23 倍和 0.22 倍，说明茶皂素对蜈蚣草地上部分 As 含量的促进作用要大于根系；蜈蚣草地上部分和根部 As 浓度随着烷基糖苷和海洋植物提取液添加浓度的增大而增大，当烷基糖苷添加浓度为 160 mg/L 时，蜈蚣草地上部分和根部 As 质量分数分别达到了 4 613.83 mg/kg 和 1 015 mg/kg，分

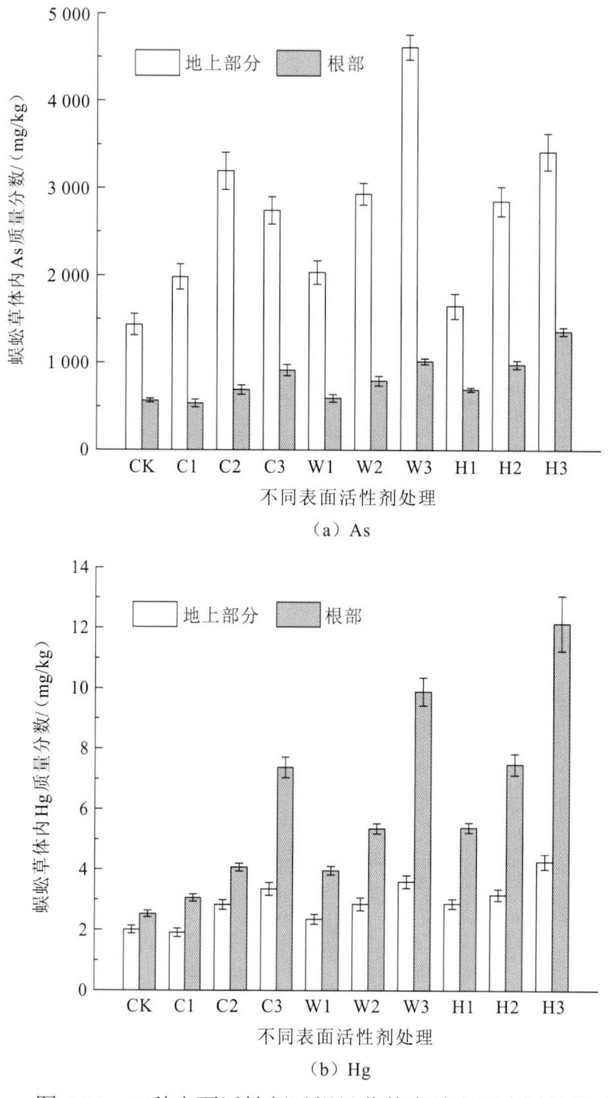

图 4.58 三种表面活性剂对蜈蚣草体内砷和汞含量的影响

别较对照组增加了 2.22 倍和 0.79 倍；当海洋植物提取液添加浓度为 10 g/L 时，蜈蚣草地上部和根部 As 质量分数分别达到了 3 420.43 mg/kg 和 1 359.71 mg/kg，较对照组分别增加了 1.39 倍和 1.40 倍。对三种表面活性剂强化蜈蚣草吸收 As 比较分析可得，烷基糖苷效果最好，海洋植物提取液次之，茶皂素效果最差。

由图 4.58（b）可知，蜈蚣草地上部分和根部 Hg 含量随着茶皂素、烷基糖苷、海洋植物提取液添加浓度的增加而增大，当茶皂素、烷基糖苷添加浓度为 160 mg/L 时，植物地上部分 Hg 质量分数分别为 3.35 mg/kg 和 3.59 mg/kg，分别较对照组增加 0.67 倍和 0.79 倍，蜈蚣草根部 Hg 质量分数分别为 7.38 mg/kg 和 9.89 mg/kg，分别较对照组增加 1.92 倍和 2.91 倍，当海洋植物提取液添加浓度为 10 g/L 时，蜈蚣草地上部分和根部 Hg 质量分数为 4.26 mg/kg 和 12.15 mg/kg，分别较对照组增加 1.12 倍和 3.80 倍，由此可见，三种表面活性剂对蜈蚣草根部 Hg 含量的促进作用要大于地上部分。综合比较分析，三种表面活性剂对蜈蚣草吸收 Hg 的效果为海洋植物提取液最好，烷基糖苷次之，茶皂素效果最差。

叶和松等（2006）研究表明，化学表面活性剂十六烷基三甲基溴化铵能够处理促进长柔毛委陵菜叶、柄和根各部位对重金属的吸收，本小节研究的茶皂素、烷基糖苷、海洋植物提取液也能促进蜈蚣草累积 As 和 Hg，且效果较好。叶和松等（2006）通过将植物接种能够产生表面活性物质的菌株 J119 进行盆栽实验，发现植物的地上部和根部的重金属浓度都有一定程度的增加，且地上部分增加的幅度比根部大，说明生物表面活性剂不仅可以促进植物对重金属吸收，而且可以促进重金属从植物根部向地上部分迁移（Mani et al.，2015；Li et al.，2014；Ma et al.，2013）。

除蜈蚣草体内 As 和 Hg 的含量外，在评价表面活性剂强化植物修复效果时还需要考虑富集量。图 4.59 反映了三种表面活性剂对蜈蚣草体内汞和砷富集量的影响，由图可知，

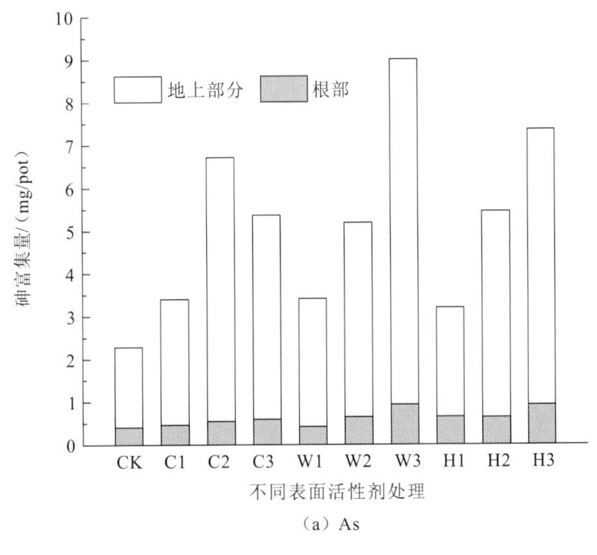

（a）As

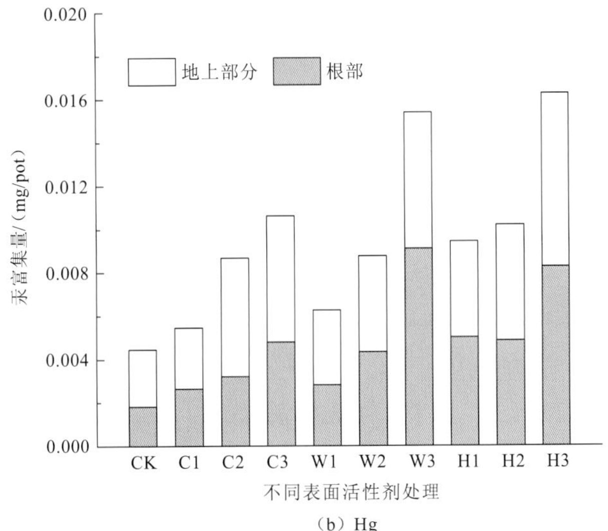

（b）Hg

图 4.59　三种表面活性剂对蜈蚣草体内砷和汞富集量的影响

三种表面活性剂处理下，蜈蚣草对砷的富集主要集中在地上部分，不同添加量的茶皂素、烷基糖苷、海洋植物提取液处理下，砷在蜈蚣草地上部分的富集分别达到了总富集量的86.47%～91.94%、87.64%～88.89%和 79.93%～87.48%，汞在蜈蚣草地上部分的富集分别达到总富集量的 51.79%～62.95%、40.84%～55.13%和 46.93%～52.34%。大量的砷和汞在植物地上部分富集，可通过收割植物地上部分和适当的处理来达到土壤重金属移除的修复目的（Zhou et al.，2013；Fayiga，2005）。

（2）砷-汞的富集系数、转运系数和植物提取率。三种表面活性剂的添加对蜈蚣草吸收累积 As 和 Hg 的特征影响如表 4.29 所示，由表可知，随着茶皂素、烷基糖苷、海洋植物提取液添加浓度的增加，蜈蚣草对 As 的富集系数逐渐增大，在实验范围内的最大添加浓度下，富集系数分别达到了 59.74、149.80 和 82.02，而未添加表面活性剂的对照组中，蜈蚣草对 As 的富集系数仅为 27.25，表明三种表面活性剂均能促进植物富集砷的效率。从蜈蚣草对 As 和 Hg 转运系数来看，三种表面活性剂均能促进蜈蚣草根部吸收的 As 向地上部分的转运，效果较好的是茶皂素和烷基糖苷，而表面活性剂的添加使得蜈蚣草对 Hg 的转运出现了抑制作用，可能是因为植物根部吸收了较多的 Hg，对 Hg 转运通道蛋白活性产生了影响，从而抑制 Hg 向地上部分的转运。

表 4.29 三种表面活性剂对蜈蚣草吸收累积砷和汞的特征影响

强化剂种类	添加量 /（mg/kg）	编号	富集系数		转运系数		植物提取率/%	
			As	Hg	As	Hg	As	Hg
无	0	CK	27.25	2.64	2.53	0.79	3.57	0.35
茶皂素	6	C1	38.53	2.69	3.70	0.62	5.70	0.40
	12	C2	75.34	4.56	4.62	0.69	14.54	0.88
	24	C3	59.74	6.20	2.99	0.45	10.39	1.08
烷基糖苷	6	W1	53.01	3.51	3.43	0.59	7.79	0.52
	12	W2	83.30	4.91	3.69	0.53	12.91	0.76
	24	W3	149.80	6.90	4.54	0.36	26.21	1.21
海洋植物提取液	375	H1	33.22	9.23	2.37	0.53	5.15	1.43
	750	H2	60.88	11.29	2.91	0.42	10.29	1.91
	1500	H3	82.02	17.75	2.52	0.35	15.42	3.34

植物提取率可以反映植物从土壤中提取的污染物的量（Bleicher et al.，2016；Vigliotta et al.，2016）。从表 4.29 可知，随着添加表面活性剂浓度的增大，蜈蚣草对 As 的提取效率逐渐升高，效率大小依次为烷基糖苷＞海洋植物提取液＞茶皂素，三种表面活性剂中海洋植物提取液能够显著增加蜈蚣草对 Hg 的提取效率，其余两种也均有一定的促进作用，但效果不太明显。

3）土壤中砷-汞的去除率

植物生长 90 d 后，三种表面活性剂对蜈蚣草去除土壤 As 和 Hg 的影响如图 4.60 所示。由图 4.60（a）可知，蜈蚣草对土壤中 As 的去除率随着茶皂素添加量的增大呈现先升高后降低的趋势，而 As 的去除率随着烷基糖苷和海洋植物提取液的增加而升高，其中烷基糖苷对蜈蚣草修复土壤中 As 的强化效果最好，当土壤中烷基糖苷的添加量为 24 mg/kg 时，土壤中 As 的去除率达到了 48.67%，而未添加强化剂的对照组中土壤 As 的去除率仅为 12.33%。

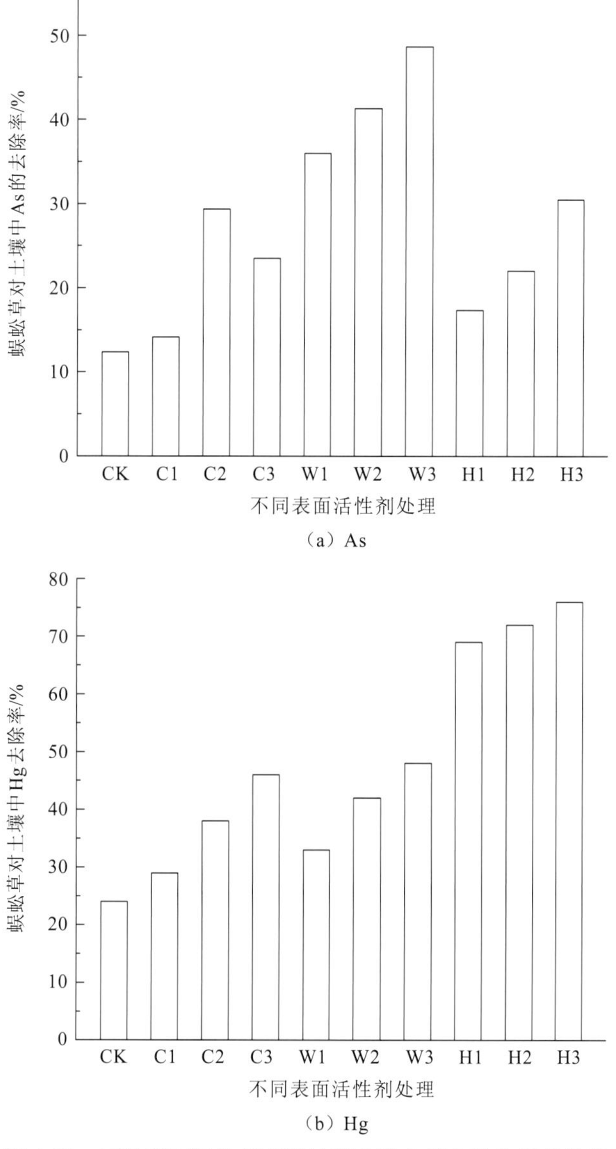

（a）As

（b）Hg

图 4.60　三种表面活性剂对蜈蚣草去除土壤中砷和汞的效果比较

由图 4.60（b）可知，蜈蚣草对土壤中 Hg 的去除率随着三种强化剂添加量的增加而增加，其中海洋植物提取液对蜈蚣草去除土壤中 Hg 的强化效果最好。当土壤中海洋植物提取液的添加量为 1 500 mg/kg 时，土壤中 Hg 的去除率达到了 76.03%，而未添加强化剂的对照组中土壤 Hg 的去除率仅为 24.04%。

考虑表面活性剂对蜈蚣草生长状况、重金属富集能力、土壤中 As 和 Hg 的去除率的影响可知，强化蜈蚣草去除 As 效果最好的是烷基糖苷，海洋植物提取液和茶皂素效果相当，海洋植物提取液强化蜈蚣草去除 Hg 效果最好，茶皂素和烷基糖苷效果一般。基于此，在 As-Hg 复合污染土壤中添加烷基糖苷和海洋植物提取液来促进蜈蚣草对复合 As-Hg 的吸收。

4.5.2 植物修复重金属污染土壤的强化机理

1. 乔灌木重金属富集强化机理

1）土壤理化性质分析

以麦李、忍冬、构树和香樟 4 种乔灌木为研究对象，向土壤中添加适量的重金属 V、Cr、Cd、Pb，并加入柠檬酸、草木灰和鸡粪等强化剂，研究麦李、忍冬、构树和香樟的重金属富集特性，探索 3 种强化剂对植物重金属富集特性的影响。

土壤 pH 是影响重金属形态的重要因素（张惠，2014），当 pH 较低时，重金属易呈离子态，电导率则是反映土壤中离子含量的一个重要指标，因此土壤 pH 和电导率能够在一定程度上反映强化剂和植物对重金属形态的影响。

如表 4.30 所示，麦李种植土壤中空白试验组（CK）与添加重金属和强化剂的试验组相比，pH 最高，电导率最低。添加柠檬酸的试验土壤的 pH 最低，电导率仅高于添加鸡粪的试验组，说明添加柠檬酸能够有效缓冲外加重金属对土壤造成的影响（张惠，2014）。150 d 时麦李种植土壤的 pH 排序为 CK＞HM-鸡粪＞HM-草木灰＞HM＞HM-柠檬酸，HM-柠檬酸试验组的 pH 比对照组（HM，下同）降低 0.06，电导率的排序为 HM-草木灰＞HM＞HM-柠檬酸＞HM-鸡粪＞CK，HM-草木灰试验组的电导率比对照组高 9.88%。

表 4.30 种植麦李的土壤理化性质变化规律

项目	试验时间/d	CK	HM	HM-柠檬酸	HM-草木灰	HM-鸡粪
pH	30	8.14	7.73	6.63	8.13	8.07
	75	8.76	8.39	8.31	8.45	8.52
	120	9.26	8.89	8.81	8.95	9.02
	150	9.44	8.99	8.93	9.23	9.33

续表

项目	试验时间/d	CK	HM	HM-柠檬酸	HM-草木灰	HM-鸡粪
Eh /（μS/cm）	30	199.4	355	440	372	307
	75	283	435	422	484	415
	120	333	485	472	534	465
	150	356	506	493	556	488

如表 4.31 所示，忍冬种植土壤中空白试验组（CK）与添加重金属和强化剂的试验组相比，pH 和电导率均为最低。添加重金属的土壤中，添加强化剂的土壤与无强化剂的土壤相比 pH 和电导率均较高。150 d 时忍冬种植土壤的 pH 排序为 HM-草木灰＞HM-柠檬酸＞HM-鸡粪＞HM＞CK，电导率的排序为 HM-柠檬酸＞HM-鸡粪＞HM＞HM-草木灰＞CK，从电导率可以看出，HM-柠檬酸和 HM-鸡粪试验组的电导率分别比对照组增加了 46.21%和 21.52%，说明柠檬酸和鸡粪能使土壤中可溶态的重金属含量升高（张妍等，2011）。

表 4.31　种植忍冬的土壤理化性质变化规律

项目	试验时间/d	CK	HM	HM-柠檬酸	HM-草木灰	HM-鸡粪
pH	30	6.88	8.13	8.48	8.47	8.38
	75	8.16	8.46	8.55	8.57	8.5
	120	8.66	8.96	9.05	9.07	8.99
	150	8.77	9.08	9.23	9.34	9.12
Eh /（μS/cm）	30	127.4	206	342	163.3	245
	75	256	321	484	287	402
	120	306	371	534	337	452
	150	345	409	598	378	497

如表 4.32 所示，香樟种植土壤中空白试验组（CK）与添加重金属和强化剂的试验组相比，pH 和电导率均为最低。忍冬种植土壤的 pH 排序为 HM＞CK＞HM-鸡粪＞HM-柠檬酸＞HM-草木灰，电导率的排序为 HM-鸡粪＞HM＞HM-草木灰＞HM-柠檬酸＞CK。鸡粪、柠檬酸和草木灰均能够在一定程度上降低土壤的 pH，而添加柠檬酸和草木灰的土壤电导率较其他试验组较低，仅高于重金属含量很少的空白试验组，说明柠檬酸和草木灰不仅能够酸化土壤，而且能够络合重金属离子，使其离子态含量降低，添加鸡粪使土壤电导率增加 2.1%。

表 4.32　种植香樟的土壤理化性质变化规律

项目	试验时间/d	CK	HM	HM-柠檬酸	HM-草木灰	HM-鸡粪
pH	30	7.72	8.43	7.76	8.43	8.32
	75	8.36	8.35	8.48	8.15	8.49
	120	8.86	8.85	8.98	8.65	8.99
	150	8.97	8.94	9.03	8.88	9.12
Eh /（μS/cm）	30	146.9	215	189	222	244
	75	201	413	316	392	437
	120	251	463	366	442	487
	150	270	523	412	499	534

如表 4.33 所示，构树种植土壤中空白试验组（CK）与添加重金属和强化剂的试验组相比，pH 和电导率均为最低，同香樟相似。构树种植土壤的 pH 排序为 HM＞HM-柠檬酸＞HM-草木灰＞HM-鸡粪＞CK，电导率的排序为 HM-鸡粪＞HM-草木灰＞HM-柠檬酸＞HM＞CK。除 CK 外，添加重金属及强化剂的土壤中 pH 的大小顺序与电导率的顺序相反，说明构树种植土壤的 pH 和电导率呈负相关，添加鸡粪使土壤的 pH 降低了 3.83%，电导率增加了 41.4%。

表 4.33　种植构树的土壤理化性质变化规律

项目	试验时间/d	CK	HM	HM-柠檬酸	HM-草木灰	HM-鸡粪
pH	30	6.59	8.63	8.16	8.36	8.33
	75	7.92	8.37	8.32	8.04	7.96
	120	8.42	8.87	8.82	8.54	8.46
	150	8.65	9.12	9.05	8.87	8.77
Eh /（μS/cm）	30	139.2	199.7	399	315	355
	75	259	370	397	407	554
	120	309	420	447	557	604
	150	325	456	507	593	645

综上，土壤 pH 降低不一定会使土壤中可溶态重金属的含量增加，与强化剂和植物的种类有关，因此，土壤中可溶态重金属含量主要由电导率体现（黄化刚，2012）。种植麦李的土壤中添加草木灰能够使土壤的电导率提高 9.88%。种植忍冬的土壤中添加柠檬酸和鸡粪使土壤的电导率分别比对照组增加了 46.21%和 21.52%，种植香樟的土壤中，各个强化剂均能降低土壤的 pH，但是仅添加鸡粪使土壤电导率增加了 2.1%。在种植构树的土壤中，添加鸡粪使土壤的 pH 最低，电导率最高，比对照组提高了 41.44%。

2）土壤酶活性分析

土壤酶参与了土壤的发生和发育及土壤肥力的形成和演化的全过程，因此，土壤酶活性是反映土壤肥力的一个重要指标。其中，土壤脲酶活性与土壤的微生物数量、有机物质含量、全氮和速效磷含量呈正相关，脉酶与土壤中的氮素的转化关系很大，可以作为土壤肥力的指标；磷酸酶与土壤碳、氮含量呈正相关，与有效磷含量及 pH 也有关，磷酸酶活性是评价土壤磷素生物转化方向与强度的指标；蔗糖酶活性强度与土壤中有机质含量有关，土壤肥力越高，蔗糖酶的活性越高；土壤过氧化氢酶促过氧化氢的分解，有利于防止它对生物体的毒害作用，过氧化氢酶活性与土壤有机质含量有关，与微生物数量也有关。

4 种植物的土壤中酶活性随时间呈逐渐降低的趋势，说明添加重金属导致土壤肥力降低，强化剂能够对其产生一定的缓冲作用。如图 4.61 所示，麦李种植土壤中柠檬酸使脲酶、磷酸酶和蔗糖酶的活性均逐渐增加，第 120 d 以后酶活性开始降低。但是同时添加强化剂和重金属的土壤中脲酶、磷酸酶和蔗糖酶活性均低于仅添加重金属的试验组（HM），说明强化剂对麦李修复重金属污染土壤的肥力没有促进作用（张春慧，2014）。

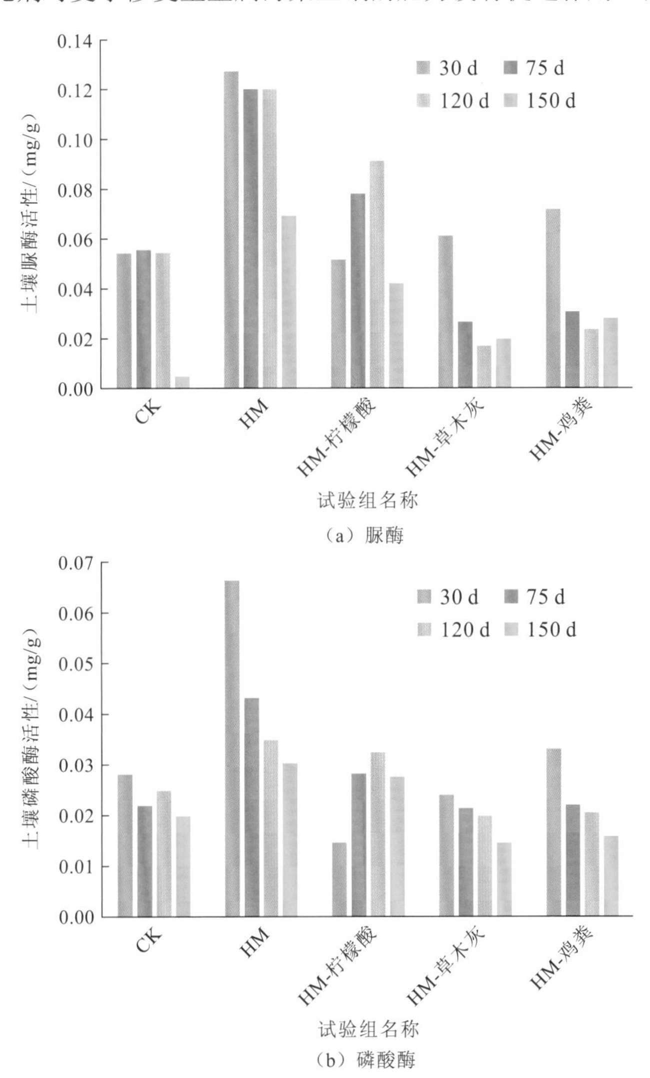

（a）脲酶

（b）磷酸酶

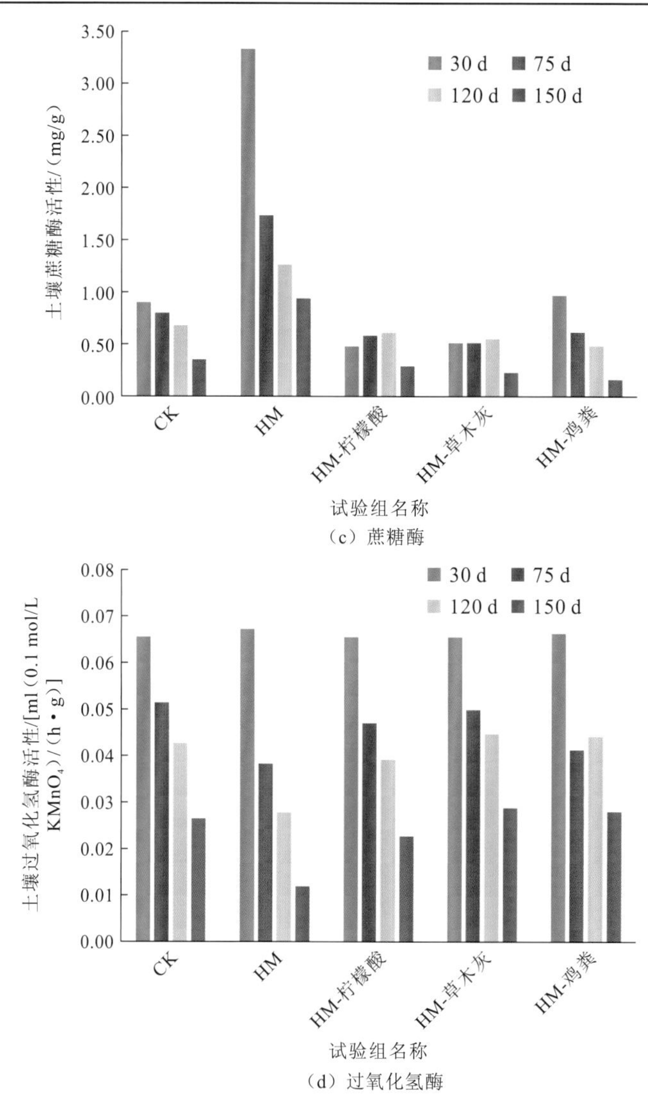

（c）蔗糖酶

（d）过氧化氢酶

图 4.61　不同强化剂对种植麦李的土壤酶活性的影响

图 4.62 为不同强化剂对种植忍冬的土壤酶活性的影响，可以发现，仅添加重金属导致土壤蔗糖酶活性急剧降低，而添加草木灰使土壤的蔗糖酶活性有所升高。柠檬酸、草木灰和鸡粪能够提高土壤的磷酸酶活性，说明强化剂能促进土壤中磷素的转化。

图 4.63 为不同强化剂对种植构树的土壤酶活性的影响，仅添加重金属导致土壤脲酶活性急剧降低，且强化剂的添加对酶活性的降低没有改善作用，HM 实验组中磷酸酶活性有所升高，而强化剂的添加使其逐渐降低。柠檬酸、草木灰和鸡粪土壤的蔗糖酶活性高于仅添加重金属的土壤，柠檬酸使蔗糖酶的活性逐渐增加，120 d 以后开始降低。

图 4.64 为不同强化剂对种植香樟的土壤酶活性的影响，柠檬酸使土壤脲酶活性逐渐升高，120 d 后开始有所下降。土壤磷酸酶活性在空白组逐渐降低，而添加重金属和强化剂的土壤中磷酸酶活性均先升高后降低，说明强化剂对重金属的作用比植物的作用弱。添加草木灰和鸡粪使土壤的蔗糖酶活性高于 HM 试验组。

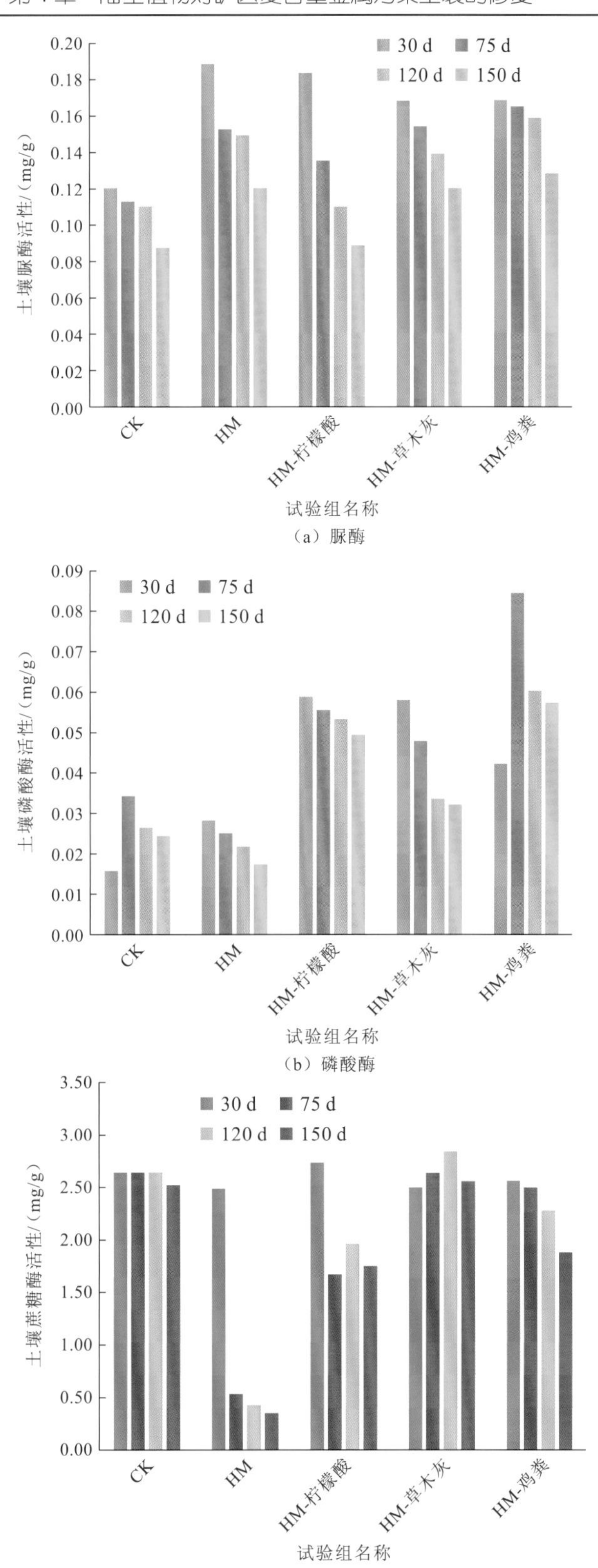

(a) 脲酶

(b) 磷酸酶

(c) 蔗糖酶

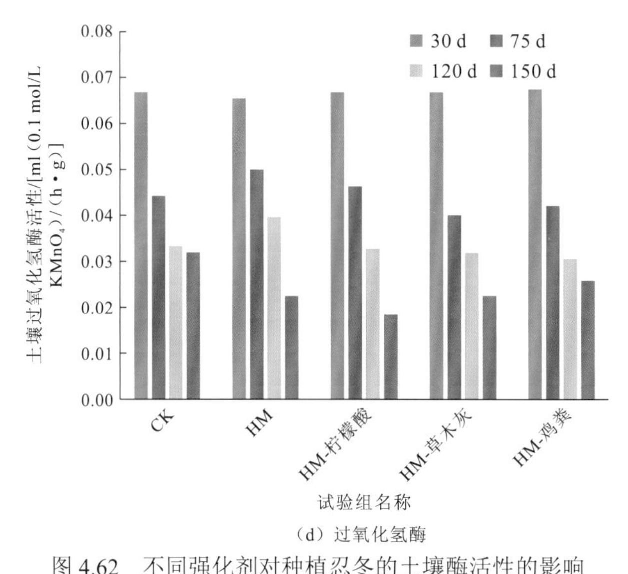

（d）过氧化氢酶

图 4.62　不同强化剂对种植忍冬的土壤酶活性的影响

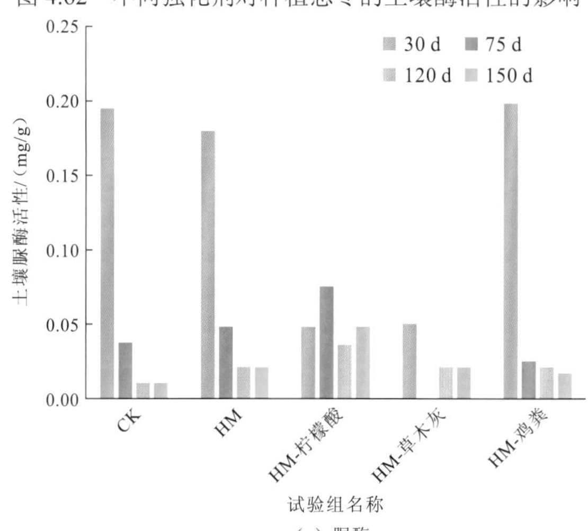

（a）脲酶

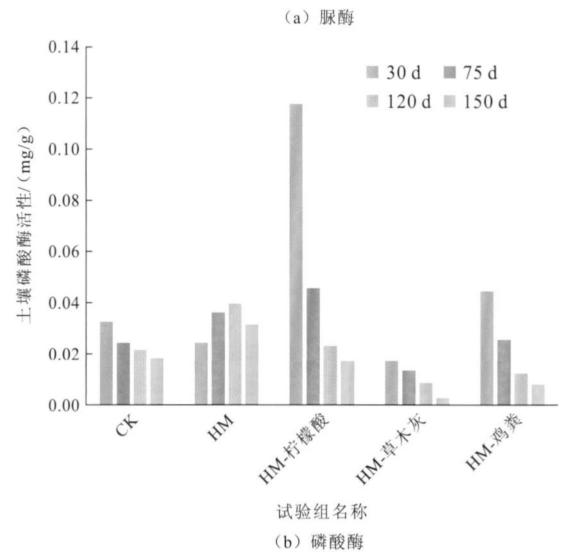

（b）磷酸酶

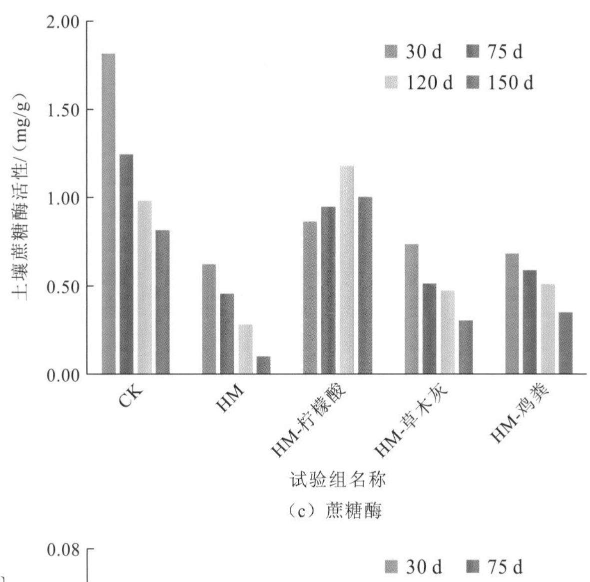

（c）蔗糖酶

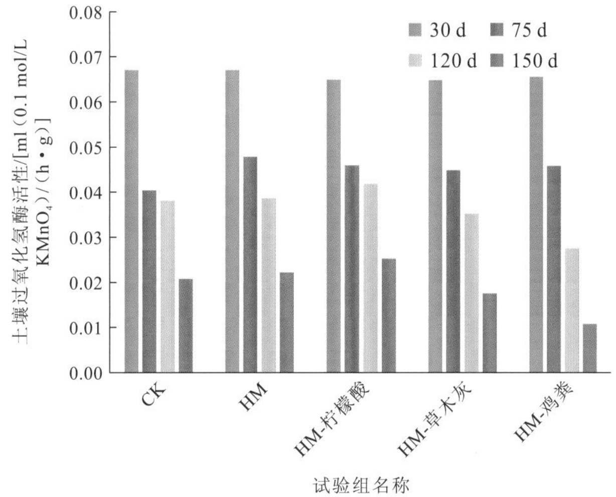

（d）过氧化氢酶

图4.63　不同强化剂对种植构树的土壤酶活性的影响

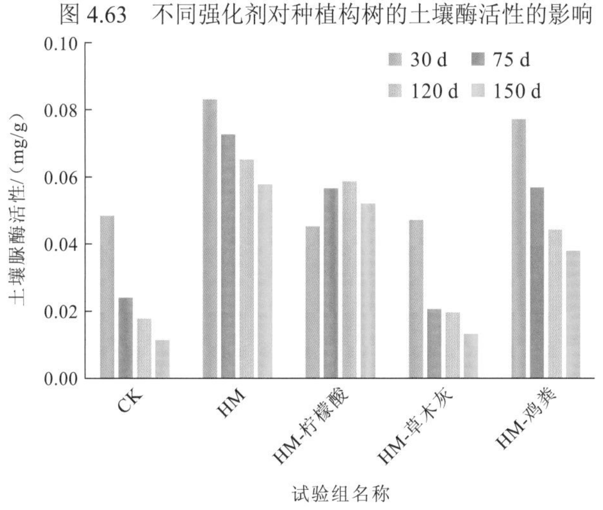

（a）脲酶

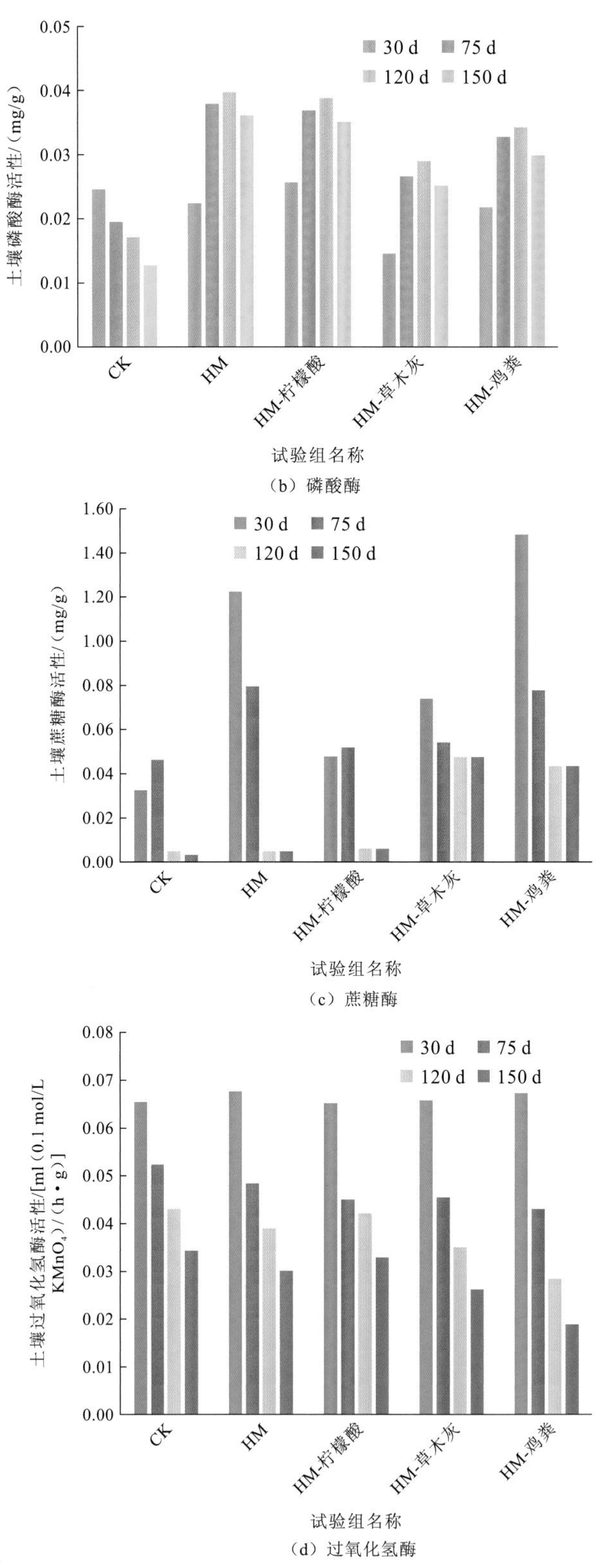

（b）磷酸酶

（c）蔗糖酶

（d）过氧化氢酶

图 4.64　不同强化剂对种植香樟的土壤酶活性的影响

综上，土壤中过氧化氢酶活性的变化基本不受植物和强化剂种类的影响，说明随着重金属叠加污染，植物或土壤中微生物的抗毒害能力逐渐降低。三种强化剂对种植麦李的土壤酶活性产生了不同程度的抑制。三种强化剂均能提高种植忍冬的土壤中磷酸酶和蔗糖酶的活性。添加柠檬酸能提高种植构树的土壤中磷酸酶和蔗糖酶的活性。添加鸡粪使种植香樟的土壤中蔗糖酶活性高于对照组，表明其土壤肥力提高。

3）土壤重金属形态分析

通过 BCR 逐渐提取法，提取重金属的 4 种形态：B1 为水溶态、可交换态和碳酸盐结合态；B2 为铁锰氧化物结合态；B3 为有机物和硫化物结合态；B4 为残渣态（韩张雄等，2012）。通过测定 4 种形态的含量，研究重金属和强化剂对土壤中重金属形态转化的影响规律，对植物重金属富集能力研究具有重要意义。

图 4.65～图 4.68 分别为添加不同强化剂的条件下，种植麦李的土壤中 V、Cr、Cd 和 Pb 的形态随时间的变化情况（实验周期 150 d）。空白试验组中，土壤中的 V、Cr、Cd 和 Pb 的 B1 态含量均逐渐降低，说明麦李能够吸收 B1 态重金属，B2 态的含量有所增加而 B3 态的含量逐渐在降低，说明这两种形态在麦李根系的作用下实现了相互转化，即麦李能够活化土壤中的结合态重金属。添加重金属的实验组中，V 和 Cr 的 B1 态占比逐渐降低，B2 态占比逐渐增加，B3 态占比逐渐减少；Cd 和 Pb 的 B1 态占比逐渐增加，B2 态占比逐渐减少，B3 态占比逐渐增加。添加柠檬酸使土壤中 B1 态的占比有很大的提高，同时 B3 态的占比也有所增加，说明有机酸能够将土壤中的重金属络合为有机物结合态；草木灰使土壤中 B4 残渣态的含量有所增加，说明碱性物质能够起到固定重金属

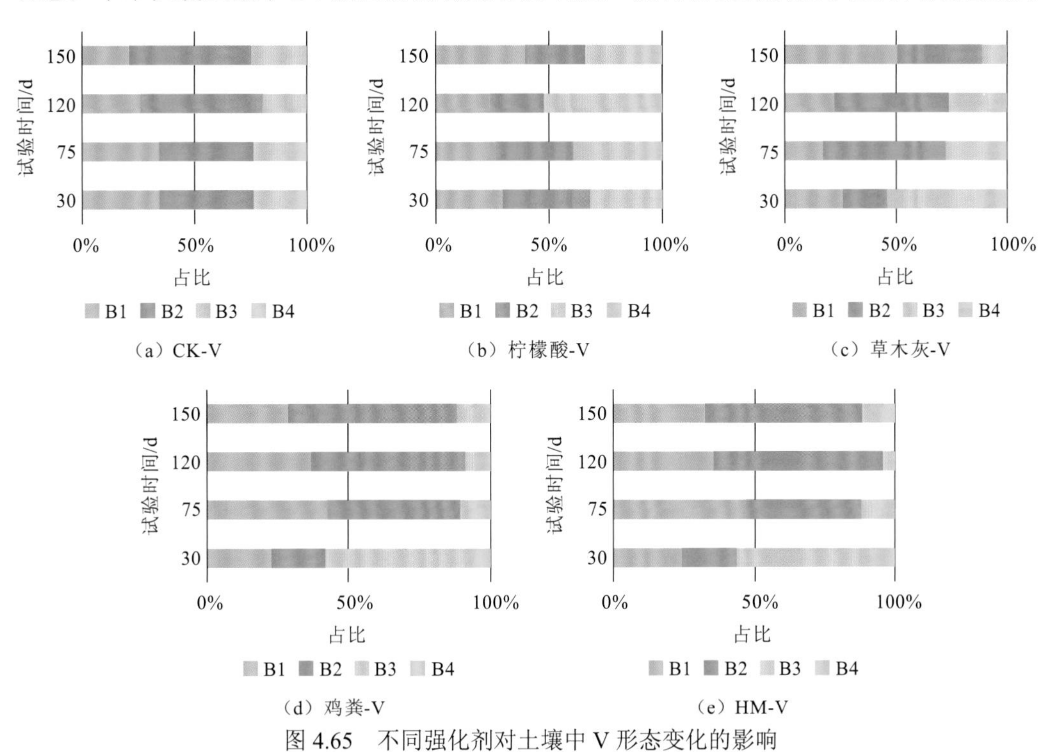

图 4.65　不同强化剂对土壤中 V 形态变化的影响

的作用；添加鸡粪的土壤中，Cd 的 B1 态含量增加明显，Cr 的 B4 态占比增加明显，说明强化剂对不同重金属能够产生不同的作用。

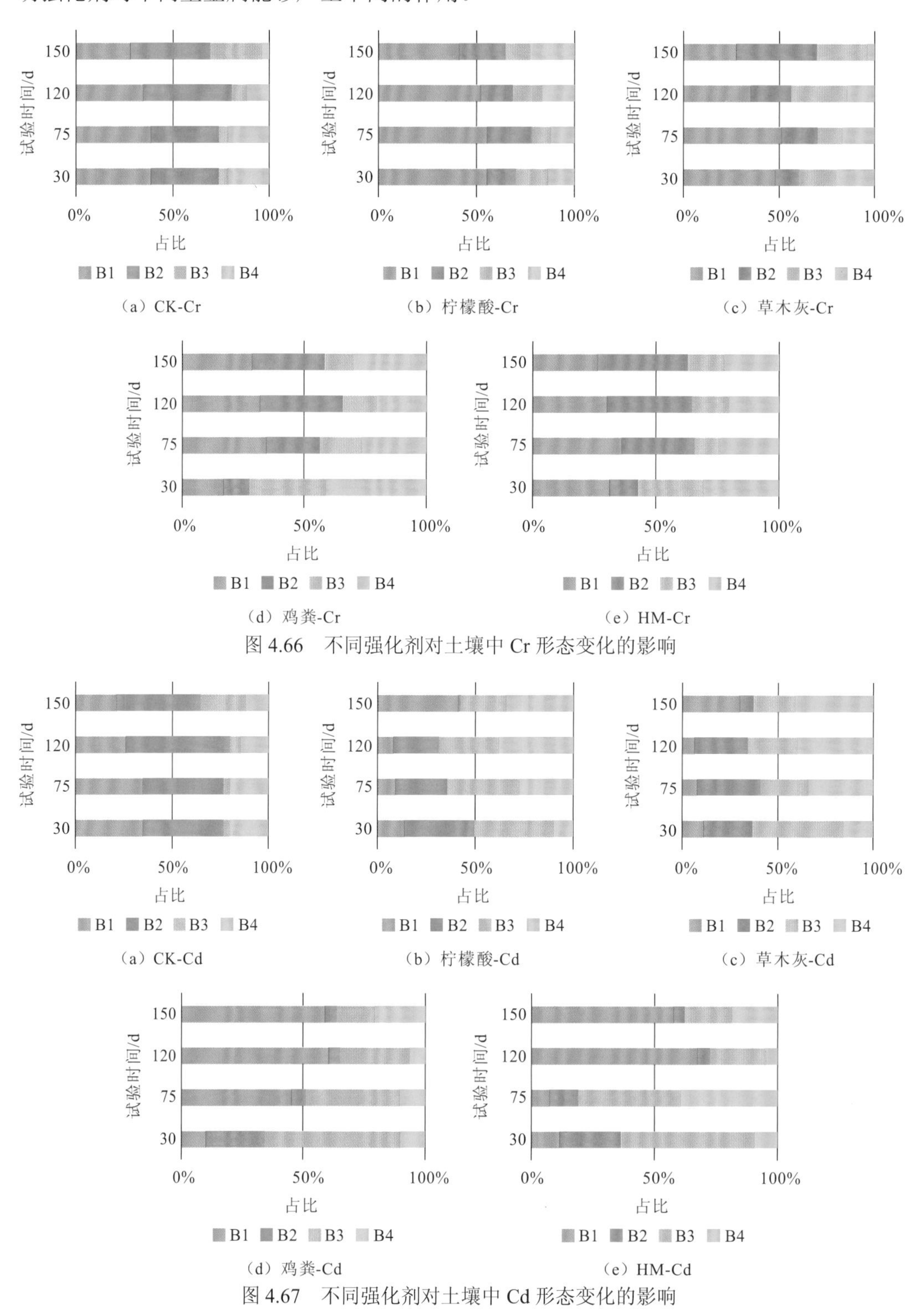

图 4.66　不同强化剂对土壤中 Cr 形态变化的影响

图 4.67　不同强化剂对土壤中 Cd 形态变化的影响

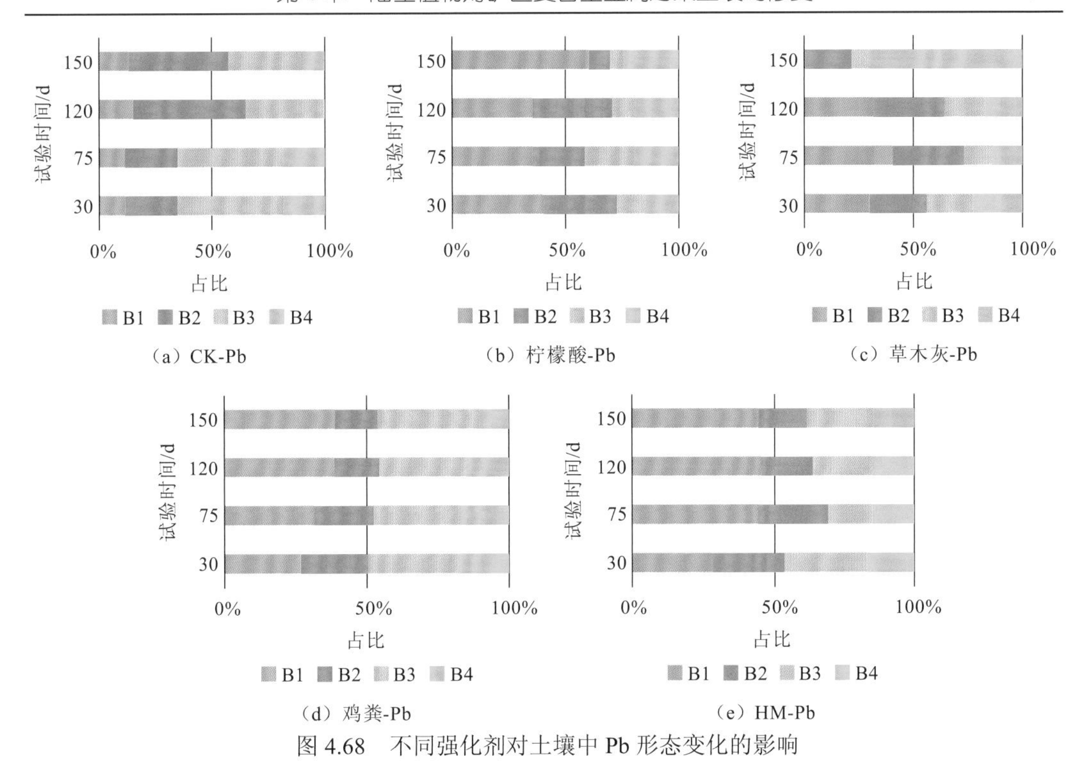

(a) CK-Pb　(b) 柠檬酸-Pb　(c) 草木灰-Pb

(d) 鸡粪-Pb　(e) HM-Pb

图 4.68　不同强化剂对土壤中 Pb 形态变化的影响

添加柠檬酸后，土壤中 B1 态 V 质量分数比对照组增加了 2.36 mg/kg，B3 态 V 质量分数增加了 4.85 mg/kg，草木灰使土壤中 B1 态 V 质量分数增加了 8.56 mg/kg。柠檬酸的添加使土壤中 Cr 的 B1 态质量分数增加了 2.60 mg/kg，草木灰使 Cr 的 B3 态质量分数增加了 2.23 mg/kg，这两种强化剂均有可能促进麦李对 Cr 的富集。3 种强化剂对土壤中 Cd 含量的形态转化促进作用明显，B1 态 Cd 含量均低于对照组，可能会导致麦李对 Cd 的富集能力降低。添加柠檬酸的土壤中 B1 态 Pb 质量分数升高了 1.82 mg/kg，添加鸡粪的土壤中 B3 态 Pb 质量分数比对照组增加了 2.12 mg/kg。

综上可知，种植麦李的土壤中，添加柠檬酸会导致 V、Cr 和 Pb 的水溶态、可交换态和碳酸盐结合态含量增加，草木灰使 Cr 的有机物和硫化物结合态含量增加，鸡粪使 Pb 的有机物和硫化物结合态含量增加。

2. 表面活性剂对蜈蚣草富集重金属的强化机理

1）土壤理化性质分析

以蜈蚣草为对象，通过向土壤中添加 As、Hg 及加入不同浓度的茶皂素、烷基糖苷、海洋植物提取液等强化剂，探索强化剂对土壤理化性质及其对蜈蚣草富集砷汞特性的影响。一般地，土壤 pH 对重金属形态及植物吸收重金属的影响显著，是影响修复效果的重要因素（蔡轩 等，2015；孙花 等，2011）。土壤有机质指土壤中以各种形式存在的含碳有机化合物，主要成分为腐殖酸，是决定土壤肥力高低的主要因素。土壤有机质具有较多羧基、酚羟基及 N-和 S-等重金属/类金属结合点位，表面络合能力强，可直接改变土壤中重金属形态分布，从而影响土壤中重金属的生物有效性、土壤微生物及土壤酶活性。土壤有机质对重金属污染的净化机制除了参与土壤离子交换反应、提供土壤生物活性物质而间接影响重金属行为，最重要的机制即作为重金属离子的络合剂参与成络反应，腐殖酸的不同分子量分级组成对金属离子的络合能力及络合物的稳定性有很大的差异（张斌 等，2016；朱清清 等，2011；孙花 等，2011）。速效氮、速效磷、速效钾是可以被植物直接迅速利用的营养物质，或者经过简单转化可以直接利用的氮、磷、钾，同土壤肥力的相关性较大（Bleicher，2016；Ciarkowska et al.，2016；胡星明 等，2012）。本小节通过测定土壤 pH、有机质、速效氮、速效钾、速效磷来评价强化剂对土壤理化性质的影响，进而探索不同强化剂对蜈蚣草富集砷和汞的影响。

如表 4.34 所示，土壤 pH 随着表面活性剂添加浓度的增加而逐渐增大，烷基糖苷的加入显著提高了土壤 pH，当土壤中烷基糖苷添加量为 16 mg/kg 时，土壤 pH 上升到 8.75，茶皂素和海洋植物提取液则对土壤 pH 的影响较小。三种表面活性剂的施加对土壤速效钾的影响不大，但强化剂的添加使得土壤中的有机质、速效氮、速效磷都有一定程度的增加，尤其是茶皂素的添加使得速效氮和速效磷显著增加，从而使得土壤养分增加，促进了蜈蚣草的生长。

表 4.34　三种表面活性剂对土壤理化性质的影响

项目	pH	有机质/（g/kg）	速效氮/（mg/kg）	速效磷/（mg/kg）	速效钾/（mg/kg）
CK	7.34±0.45	11.78±0.72	35.67±2.11	49.60±3.23	215.35±12.14
C1	7.46±0.48	12.95±0.78	36.94±2.19	52.35±3.14	215.67±11.46
C2	7.96±0.39	14.05±0.46	38.32±3.03	53.96±4.12	216.76±14.35
C3	8.01±0.44	13.27±0.85	39.48±2.94	54.35±3.46	214.35±16.35
W1	7.84±0.55	11.99±0.92	35.99±1.95	48.39±3.64	215.59±14.27
W2	8.37±0.75	12.65±0.85	36.58±2.14	50.24±4.12	215.67±15.38
W3	8.75±0.79	13.58±0.94	37.04±2.54	51.05±4.74	214.93±13.68
H1	7.55±0.68	11.99±0.79	36.05±2.64	50.45±2.34	215.43±14.37
H2	7.85±0.56	12.34±0.86	36.93±3.14	51.22±3.44	216.34±15.45
H3	8.17±0.72	13.98±0.77	37.37±3.11	51.87±3.63	217.03±19.31

2）土壤砷-汞形态分析

以复合砷-汞污染土壤为研究对象，通过土壤培养试验，分析比较茶皂素、烷基糖苷、海洋植物提取液三种表面活性剂施用后土壤中 As 和 Hg 形态的变化规律，探明强化剂与土壤 As 和 Hg 的作用原理。通过 Tessier 化学形态连续提取法（Tessier et al.，1979），提取土壤中 As 和 Hg 的 5 种形态：Exch 为可交换态；Carb 为碳酸盐结合态；$FeMnO_x$ 为铁锰氧化物结合态；OM 为有机结合态；Res 为残渣态。测定土壤中 As 和 Hg 形态的浓度并计算其百分含量，研究表面活性剂对土壤中 As 和 Hg 形态转化的影响，从而探究蜈蚣草对重金属 As 和 Hg 的富集机理。

图 4.69 为不同表面活性剂处理下土壤中各形态的 As 和 Hg 比例情况。由图 4.69（a）可知，未添加表面活性剂的土壤中 As 的铁锰氧化物结合态含量较低，As 主要以残渣态、碳酸盐结合态和有机结合态存在，施加茶皂素、烷基糖苷和海洋植物提取液后，土壤中碳酸盐结合态和残渣态 As 的比例减少，可交换态、铁锰氧化物结合态、有机结合态 As 比例增加，说明施加表面活性剂能够使土壤环境中生物有效性较差的 As 形态向生物有效性较强的形态转化，且随着表面活性剂施加浓度的增大，土壤中可交换态、铁锰氧化物结合态、有机结合态 As 的比例逐渐增加，即生物有效性逐渐增强，这解释了随着表面活性剂浓度的增加，蜈蚣草体内 As 含量逐渐增大的现象。分析三种表面活性剂促进

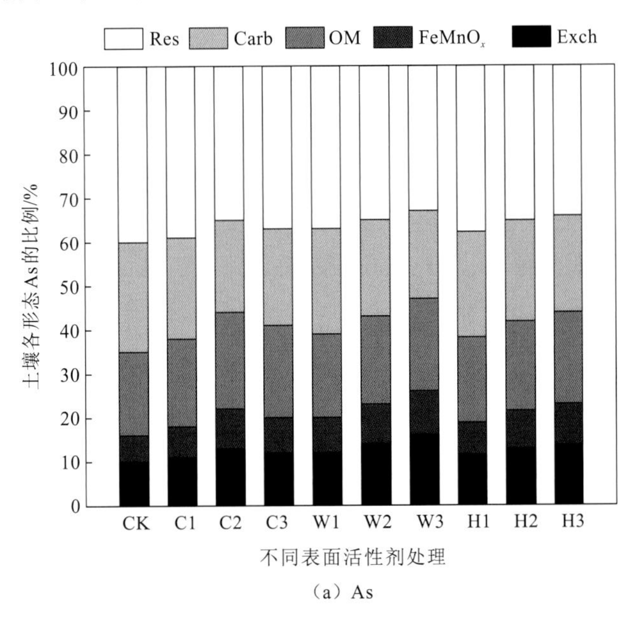

（a）As

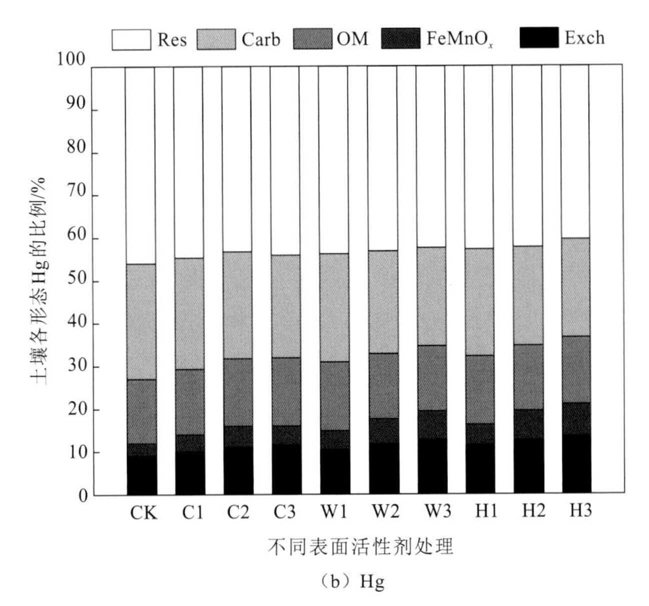

（b）Hg

图 4.69　三种表面活性剂处理下土壤中砷和汞各形态的比例

土壤中不同形态 As 的转化程度，发现烷基糖苷的施加使得土壤中残渣态 As 减少最多，可交换态 As 增加最多，当烷基糖苷添加量为 24 mg/kg 时，残渣态 As 由 40%降到 33%，可交换态 As 由 10%升高到 16%，大大提高了土壤中 As 的生物有效性，从而提高了蜈蚣草吸收砷的浓度水平，也解释了烷基糖苷对 As 富集效果较好的现象。

由图 4.69（b）可知，与土壤中 As 赋存形态类似，未添加表面活性剂的土壤 Hg 主要以残渣态、碳酸盐结合态和有机结合态存在，施加茶皂素、烷基糖苷和海洋植物提取液后，土壤中碳酸盐结合态和残渣态 Hg 比例减少，可交换态、铁锰氧化物结合态 Hg 比例增加，说明施加表面活性剂同样能够使得土壤环境中生物有效性较差的 Hg 形态向生物有效性较强的形态转化，且随着表面活性剂施加浓度的增大，土壤中可交换态、铁锰氧化物结合态 Hg 的比例逐渐增加，即表面活性剂的添加使得土壤中 Hg 生物有效性增强，从而提高蜈蚣草富集 Hg 的浓度水平。分析三种表面活性剂促进土壤中不同形态 Hg 的转化程度，发现海洋植物提取液的施加使得土壤中碳酸盐结合态 Hg 由 25.2%减少到 22.1%，降低幅度最大，铁锰氧化态和可交换态 Hg 由 6.1%增加到 9.3%，增加最多，同样解释了海洋植物提取液对 Hg 富集效果较好的现象。

3）土壤脱氢酶活性分析

土壤中酶活性是微生物代谢能力的重要指标，在土壤介质中几乎所有的反应都是通过各种酶来诱导的，而这些酶又与微生物和植物活体相联系，是评价污染土壤自净能力的重要指标（卢冠男 等，2014）。脱氢酶是一种与呼吸代谢有关的酶类，它能够反映土壤中微生物对有机质的氧化分解情况（余贵芬 等，2006），它能酶促脱氢反应，自基质中析出氢而进行氧化反应，起着氢的中间传递体的作用（Tan et al.，2017；卢冠男 等，2014）。土壤中碳水化合物和有机酸的脱氢作用较活跃，因此，土壤脱氢酶活性也是土壤微生物种群及其活性的重要敏感性指标。

表面活性剂对土壤中脱氢酶的活性影响情况如图 4.70 所示，由图可知，三种表面活性剂的添加能够增大土壤脱氢酶的活性，且随着表面活性剂添加浓度的增大，土壤脱氢酶活性逐渐增大。余贵芬等（2006）研究表明土壤酶活性，尤其是土壤脱氢酶的活性与土壤中植物可利用重金属/类金属的浓度有一定的正相关关系，表明表面活性剂的施加促进土壤中可利用态 As 和 Hg 的增多，为土壤中酶基质的积累提供有利条件。烷基糖苷和海洋植物提取液对土壤中脱氢酶产生的促进效果较好，在不同表面活性剂及添加量处理下，分别较对照组增加 50%～100%和 50%～80%，茶皂素则相对较差，较对照组增加 20%～40%，说明烷基糖苷和海洋植物提取液能够有效地促进土壤中污染物可利用形态的增加。

4）植物根际微生物群落功能多样性分析

Biolog-Eco 微平板法根据微生物对不同碳源利用程度的差异以表征其生理特征的不同，可在时间和空间尺度上同时考察可培养和不可培养微生物群落和功能多样性对环境因子变化的响应（田雅楠 等，2011；李世朋 等，2008；郑华 等，2007）。以添加了不同

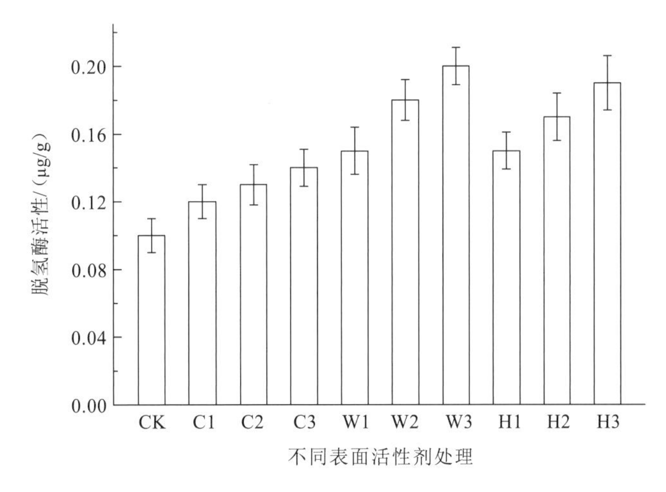

图4.70　三种表面活性剂处理下土壤中脱氢酶的活性

类型的表面活性剂并种植了蜈蚣草的根际土壤微生物为对象，采用Biolog-Eco微平板方法，对施加不同表面活性剂的蜈蚣草根际土壤微生物代谢功能多样性进行分析，探讨不同表面活性剂对蜈蚣草根际微生物代谢功能多样性之间的差异。

采用Biolog-Eco微平板法分别测定CK、C3、H3、W3组蜈蚣草根际群落功能多样性，结果如图4.71所示。由图可知，蜈蚣草根际微生物群落利用碳源量随培养时间的增加逐渐增加，AWCD在24 h内变化不明显，说明该时期根际微生物活性处在比较低的水平，各类碳源利用较少，在24 h之后AWCD显著增加，碳源利用明显。在整个培养过程中，表面活性剂的施加均促进蜈蚣草根际微生物对碳水化合物、氨基酸类、胺类、酚酸类、多聚物类、羧酸类碳源的利用程度，说明三种表面活性剂的加入均能提高利用不同类型碳源的微生物丰度。烷基糖苷施加组蜈蚣草根际土壤微生物代谢活性最强，茶皂素施加组蜈蚣草根际微生物代谢活性较弱。三种表面活性剂的添加使得蜈蚣草根际微生物对碳水化合物类碳源的利用能力最强，氨基酸类碳源次之，对羧酸类碳源的利用能力最差，这说明能够利用碳水化合物类碳源的微生物具有较高的丰度。

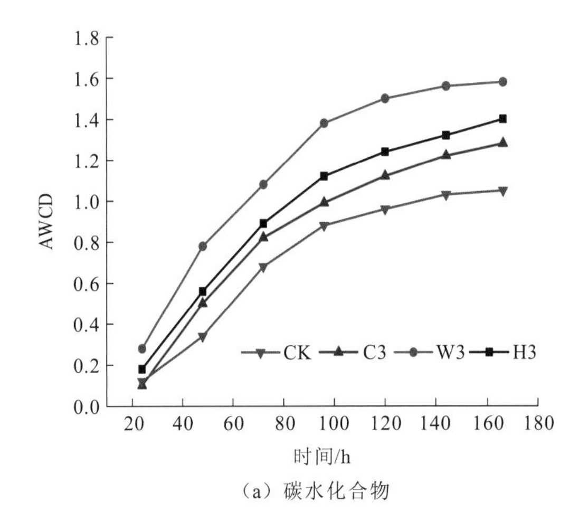

(a) 碳水化合物

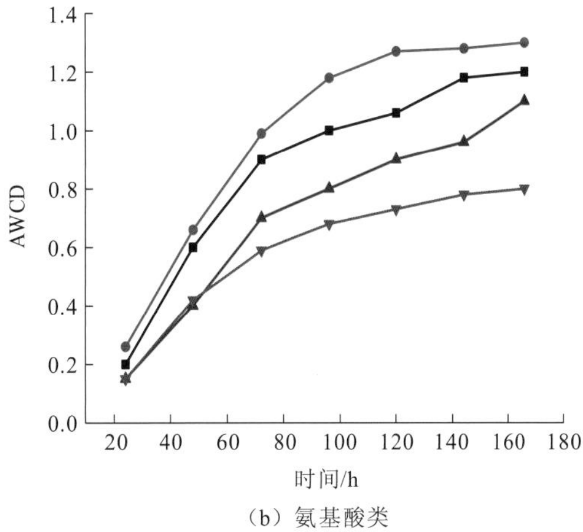

(b) 氨基酸类

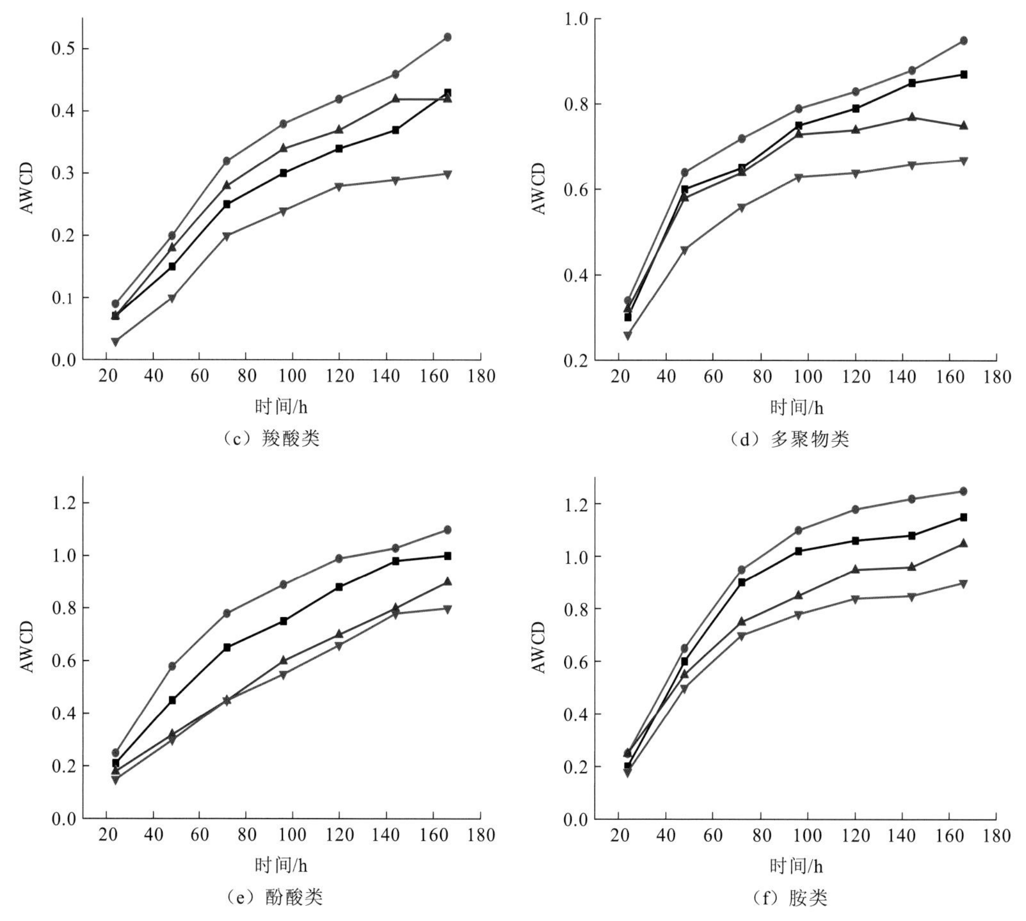

图 4.71 三种表面活性剂处理下蜈蚣草根际微生物对 6 类碳源的平均颜色变化率

为了比较三种表面活性剂对蜈蚣草根际土壤微生物利用 31 种碳源的多样性，计算了 Shannon 指数（H）、Pielou 指数（E）和 Simpson 指数（D），分别表征微生物的多样性、均匀度和优势度（张萌萌 等，2014；吴则焰 等，2013）。由表 4.35 可知，茶皂素的施加使得蜈蚣草根际微生物的多样性、均匀度及优势度指数分别较对照组提高了约 5.06%、6.71%和 21.43%，烷基糖苷的施加分别提高了约 25.74%、13.13%和 50%，海洋植物提取液的施加分别提高了约 14.77%、13.13%和 30.55%，尤其烷基糖苷的施加，大大提高了多样性指数和优势度指数，说明烷基糖苷能够促进蜈蚣草根际某些微生物的生长。

表 4.35 三种表面活性剂对蜈蚣草根际微生物群落功能多样性指数影响

强化剂种类	添加量	编号	Shannon 指数（H）	Pielou 指数（E）	Simpson 指数（D）
无	0	CK	2.37±0.15d	24.29±1.23c	0.056±0.001d
茶皂素	24 mg/kg	C3	2.49±0.14c	25.92±1.13b	0.068±0.002c
烷基糖苷	24 mg/kg	W3	2.98±0.16a	27.48±1.43a	0.084±0.001a
海洋植物提取液	700 mg/kg	H3	2.72±0.17b	26.76±1.28ab	0.073±0.002b

注：不同小写字母表示在 $P<0.05$ 水平存在显著差异

4.6 陆生植物修复重金属污染土壤的微生物响应

4.6.1 试验方法

1. 根际土的收集

以白花三叶草为供试植物，取轻微摇动后仍黏附在其根毛上的土壤根际土壤（He et al.，2017）。将根际土壤用 2.0 mm 筛子均化后立即分析土壤样品的微生物相关性质，剩余部分储存在−80 ℃冰箱中待下一步处理。本节研究是在植物生长第 0、4、9 和 16 周时采集根际土壤。

2. 可培养微生物数量和重金属抗性

根据 Vieira 等（2005）的稀释平板法，计算可培养微生物的数量。即将 5.0 g 新鲜根际土壤样品加入 50 mL 0.9%（质量分数）氯化钠溶液中，在恒温摇床中震荡 30 min 然后自然沉降 30 min，取上清液进行浓度梯度稀释（10^{-1}～10^{-7}）。取 100 μL 稀释后的上清液涂布在 LB 固体培养基上，在 28 ℃下温育 5 d 后，选择合适的梯度计数菌落形成单位（colony forming unit，CFU）。

在添加有重金属的 LB 培养基中（Pb 质量浓度分别为：250 mg/L、500 mg/L 和 1 000 mg/L）研究土壤微生物重金属的抗性。按 1%的接种量将稀释至 10^{-3} 的根际土壤提取液加入培养基中，并在 28 ℃下培养 48 h。测量 OD_{600} 以评估根际土壤微生物重金属抗性。

3. 微生物代谢活动

采用 Biolog 系统的 Eco 板进行土壤微生物代谢情况研究。Biolog EcoPlate™包含 31 种最常见的碳源，专门用于微生物代谢研究和群落结构分析。将稀释至 10^{-3} 的根际土壤提取液以 150 μL/孔接种到 Eco 板中。将培养板在 28 ℃黑暗条件下培养 10 d，每 12 h 通过 Microplate Reader 进行分析（双波长数据：OD_{590}-OD_{750}）。以平均孔颜色变化率（AWCD）作为参数进行动力学分析，该参数能够反映碳源利用的整体情况。AWCD 计算为每个读取时间的培养板中所有孔 OD 值的算术平均值。

4. 微生物群落的多样性和结构

微生物群落多样性和结构检测分析由中国科学院计算技术研究所北京中科晶云科技有限公司完成。通过 CTAB 方法从土壤样品中提取 DNA，为了扩增微生物 16S rRNA，使用引物对 515F（5′-GTG CCA GCM GCCGCG GTA A-3′）和 806R（5′-GGA CTA CHV GGG TWT CTA AT-3′）进行 PCR。微生物群落等相关数据在网站 https://www.mothur.org 上进行处理和计算。

4.6.2　植物修复过程中可培养微生物数量及重金属抗性变化

在种植白花三叶草第 0 周、4 周、9 周和 16 周时，对根际土壤中可培养微生物进行计数，计数结果如图 4.72 所示。在观察期内，不同重金属污染的根际土壤可培养微生物的数量显示出相同的趋势，即先增加后减少，并且均在第 9 周出现了最大值。然而，不同重金属浓度下的土壤微生物数量表现出显著差异。高 Pb 污染组（Pb 质量分数 500 mg/kg）的可培养土壤微生物数量显著低于低 Pb 污染组（Pb 质量分数 100 mg/kg）和对照（CK）组；与对照处理相比，100 mg/kg Pb 污染从第 9 周开始增加微生物数量，表明此浓度 Pb 污染能够促进微生物的生长。

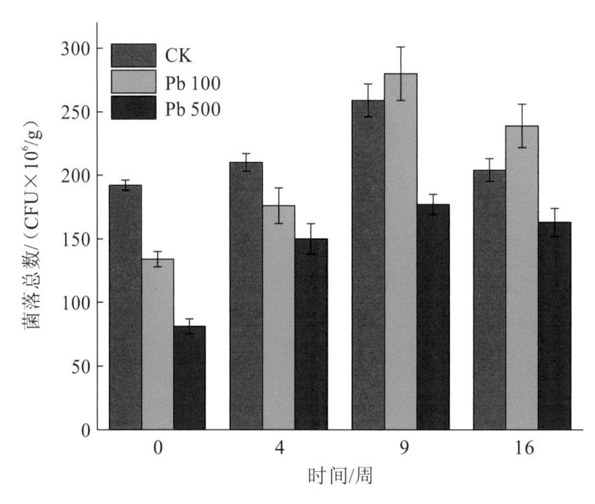

图 4.72　植物修复过程中根际土壤可培养微生物数量变化

已有相关研究表明，土壤微生物数量在很大程度上取决于重金属的浓度和毒性。例如，含 Cd 的土壤中，细菌、真菌和放线菌的数量显著减少（Wang et al.，2018）；Kelly 等（2003）报道了 Zn 污染土壤中细菌数量的减少；重金属污染土壤中的真菌数量高于未受污染的土壤（Yamamoto et al.，1981）。此外，由于不同的根际分泌物，植物的不同生长期也对微生物的数量有影响。Zhu 等（2018）认为植物根系分泌物的含量和类型的变化导致微生物所依赖的碳源和氮源的类型和数量发生变化，这是导致微生物数量变化的主要原因，而丰富的微生物可以改善土壤的营养结构并促进植物的生长。

将根际土壤微生物接种在含不同 Pb 浓度的 LB 液体培养基中，培养 48 h 后，采用紫外可见分光光度计测量光密度（k=600 nm）以研究相对生长和细菌对 Pb 的抗性。如表 4.36 所示，500 mg/kg 土壤中的微生物表现出对 Pb 的最高抗性，其相对生长率高于对照和 100 mg/kg 土壤。此外，接种于含 250 mg/L Pb 的 LB 液体培养基中的 500 mg/kg 根际土壤中微生物的相对生长高于 1，这意味着该浓度的 Pb 不仅不抑制微生物的生长，反而具有促进作用。当培养基中铅质量浓度高于 500 mg/L 时，所有土壤微生物都呈现出光密度降低的趋势。

表 4.36　根际微生物在含铅培养基中生长 48 小时后的 OD_{600} 和相对生长率

时间/周	Pb 质量浓度/（mg/L）	OD_{600}			相对生长率		
		CK	Pb 100	Pb 500	CK	Pb 100	Pb 500
0	0	1.28	1.17	1.02	1.00	1.00	1.00
	250	0.88	1.02	1.05	0.69	0.88	1.02
	500	0.62	0.86	0.92	0.49	0.74	0.90
	1 000	0.48	0.72	0.81	0.37	0.62	0.79
4	0	1.38	1.18	1.20	1.00	1.00	1.00
	250	1.01	1.10	1.28	0.73	0.93	1.07
	500	0.73	0.92	1.14	0.53	0.78	0.95
	1 000	0.50	0.80	1.06	0.36	0.68	0.89
9	0	1.49	1.64	1.36	1.00	1.00	1.00
	250	1.06	1.64	1.61	0.71	1.00	1.19
	500	0.83	1.51	1.31	0.55	0.92	0.96
	1 000	0.63	1.44	1.26	0.42	0.88	0.93
16	0	1.33	1.36	1.22	1.00	1.00	1.00
	250	0.94	1.49	1.43	0.71	1.10	1.17
	500	0.75	1.29	1.21	0.57	0.95	0.99
	1 000	0.56	1.24	1.16	0.43	0.91	0.95

注：相对生长率计算为在含有重金属的培养基中生长的菌株的 OD_{600} 与不含重金属的菌株的 OD_{600} 的比值。

微生物的重金属抗性系统丰富且广泛，从清洁环境中的几个百分点到严重污染环境中的几乎所有菌株（Leedjarv et al.，2008）。在本小节中，从含 Pb 土壤中分离出来微生物的铅抗性明显高于未污染的土壤，其抗性与浓度呈正相关。研究结果表明，当微生物连续暴露于重金属污染环境时，它们相应的重金属抗性将不断增强并最终稳定。文献中提出重金属抗性机制是多种多样的，但最广泛的通常包括形成不溶性金属硫化物，金属通过细胞壁或蛋白质和细胞外聚合物结合，挥发和增强细胞输出（Pan et al.，2011）。根际微生物对重金属的抗性在重金属污染土壤的植物修复中是至关重要的，因为它们可以通过上述的机制增强植物对重金属胁迫的耐受性（Ma et al.，2011）。

4.6.3　植物修复过程中微生物碳源利用

为了量化土壤中微生物代谢活动，本小节研究了平均孔颜色变化率（AWCD）的变化，如图 4.73 所示。对于不同的土壤样品，AWCD 与培养时间的曲线呈现相似模式。可以看出，几乎所有土壤样品中的 AWCD 在最初的 25 h 内都表现出明显的滞后期。例外的是，在试验初始，500 mg/kg 根际土壤中微生物的滞后期高于其他组，长达 50 h，此后，AWCD 迅速增加直至稳定，并在 140 h 后几乎保持不变。与初始时刻相比，AWCD 稳定的时间从第 0 周的约 140 h 逐渐缩短至第 16 周的约 90 h。土壤中 Pb 的添加显著提高了第 4 周、9 周、16 周的 AWCD。

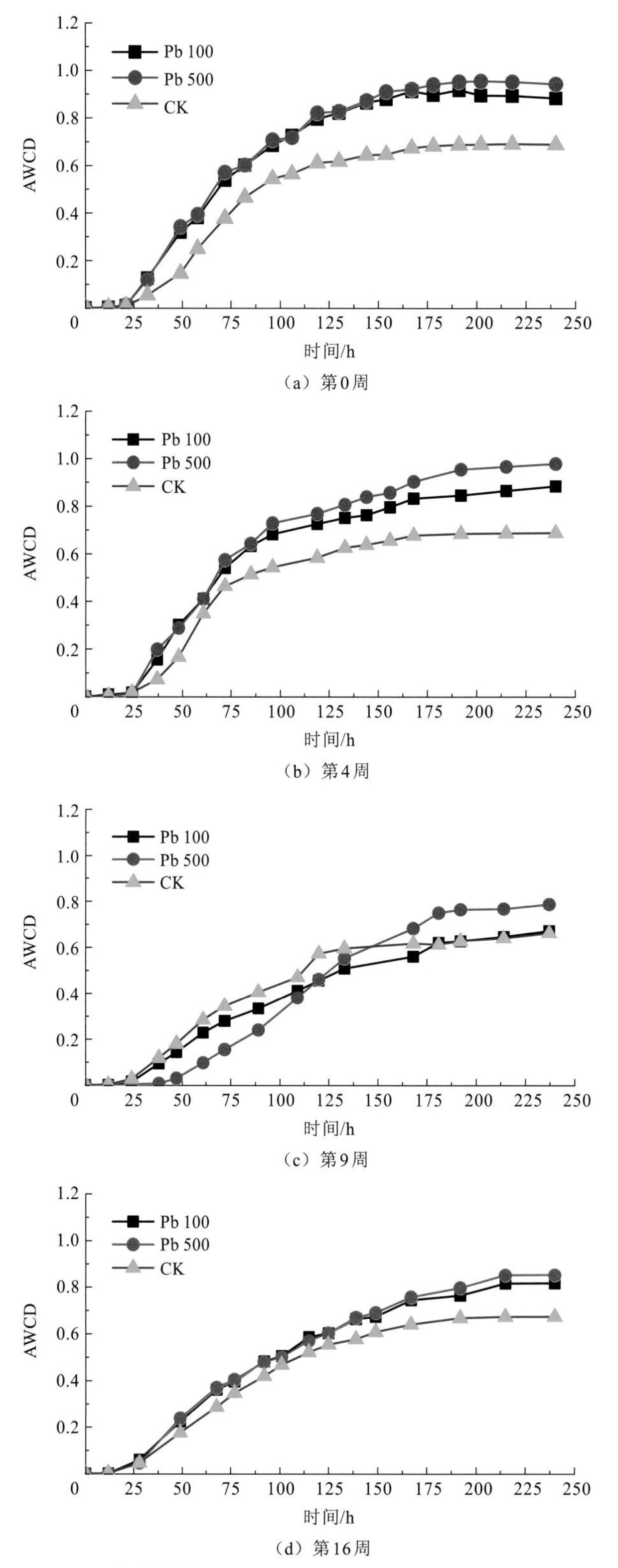

（a）第0周

（b）第4周

（c）第9周

（d）第16周

图 4.73　不同的植物修复时期白花三叶草根际土壤微生物群落代谢活性

Biolog EcoPlate™已被用于评估各种环境中整个社区的功能多样性，如土壤、水和工业废物（Feigl et al.，2017）。试验结果证实，Pb 可能对土壤微生物代谢活动产生积极影响而不是抑制。与 Cd、As、Hg 和 Cr 相比，土壤和土壤溶液中 Pb 的生物有效性有限，所以其对土壤微生物的毒性相对较低（Påhlsson，1989）。Garcia-Sánchez 等（2015）报道了微量元素的投入可能促进土壤微生物活动。也有研究表明，污染土壤中重金属含量升高会导致土壤肥力下降，土壤微生物活动减少，农产品产量下降（Kushwaha et al.，2018）。因此，强大的碳源利用能力有助于微生物在恶劣环境中生存，微生物的这种能力对于重金属污染土壤的修复至关重要。

4.6.4　植物修复前后微生物群落结构的响应

通过 Illumina MiSeq 测序分析根际土壤的微生物群落结构，测试共获得 85 169 个高质量读数。土壤样品中 3%序列差异水平的高质量测序读数揭示了高度多样化的细菌群落，其具有高达 1 669～2 552 个 OTU。如表 4.37 所示，土壤微生物群落之间的门/类/属/OTU 数量变化很小。在土壤 Pb 100-2 具有最高值的门/属/ OTU 的数量中也观察到类似的趋势。重金属污染会降低微生物的丰度、多样性和活性（Pham et al.，2018; Chen et al.，2014）。Yan 等（2017）提出微生物的生长和功能及土壤生态系统的群落组成和多样性都会受到污染的严重影响，但其影响程度取决于污染程度（Li et al.，2017）。在本小节研究中，Pb 污染对根际土壤的群落多样性有轻微影响，因为生物有效铅浓度的比例很小。

表 4.37　植物修复前后根际土壤微生物群落中微生物门、科、属、OTU 的数量

	CK-1	Pb 100-1	Pb 500-1	CK-2	Pb 100-2	Pb 500-2
门	32	33	31	31	34	31
科	95	91	87	89	96	94
属	262	265	245	383	417	411
OTU	2 060	2 552	2 225	1 669	2 348	2 301

总体而言，在白花三叶草植物修复前后，在不同处理的土壤中没有观察到 OTU 数量的显著变化。为了测量细菌群落之间的重叠，使用两个三维维恩图来说明样本之间共享的 OTU（图 4.74）。在植物修复前后，几乎 1/3 的 OTU 对于所有样品都是共同的，这可能是由于相同的土壤来源和环境条件。然而，OTU 的成分在不同的土壤样本中不同。例如，含有 100 mg/kg Pb 和 500 mg/kg Pb 污染的土壤含有更多的共用 OTU，这可能是由 Pb 污染对微生物的定向选择引起的。在重金属污染的条件下，具有特定重金属抗性的细菌倾向于形成特殊的微生物群落并成为优势菌（Krumins et al.，2015）。Zhu 等（2018）研究表明重金属污染可能在塑造细菌多样性方面发挥更重要的作用。

图 4.75 是从门级别对根际土壤中微生物进行分类，发现所有测序读数属于 9 个细菌门。在所有的根际土壤中，相对丰度超过 1%的优势门是拟杆菌门（1.3%～55.9%）、变形菌门（5.8%～44.7%）、厚壁菌门（4.6%～88.5%）和放线菌门（1.4%～10.4%）。变形菌

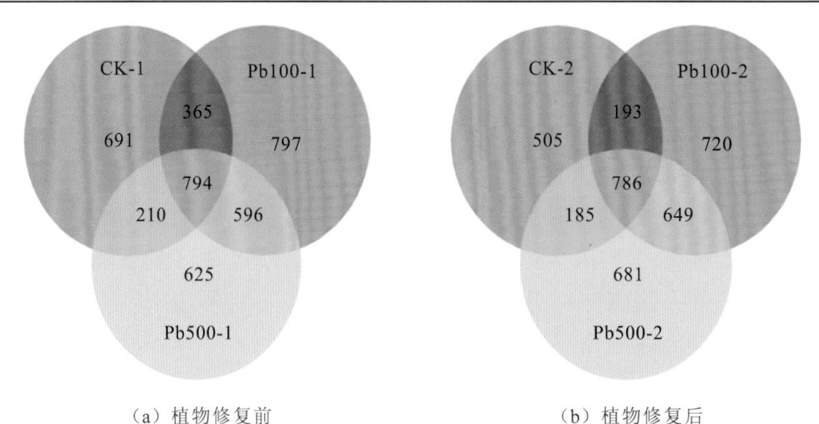

(a) 植物修复前　　(b) 植物修复后

图 4.74　不同处理的根际土壤中微生物的维恩图

门和拟杆菌门也是在 Cr、Cu、Pb 和 Zn 污染的工业废弃土壤中主要的门，在含 Pb 污染土壤中超过 50%。在白花三叶草植物修复过程中，细菌群落组成明显发生变化（Bourceret et al.，2016）。植物修复前土壤样品中丰富度较低的细菌门包括 Acidobacteria，GAL15，Verrucomicrobia，Chloroflexi 和 TM7。然而，植物修复后，这 5 个细菌门的所有相对丰度均超过 1%。厚壁菌门是对照组中微生物相对丰度变化最大的门，在植物修复前为 88.5%，但在植物修复后降至仅 12.1%。与此同时，拟杆菌和变形菌的相对丰度迅速增加，成为主要的门。

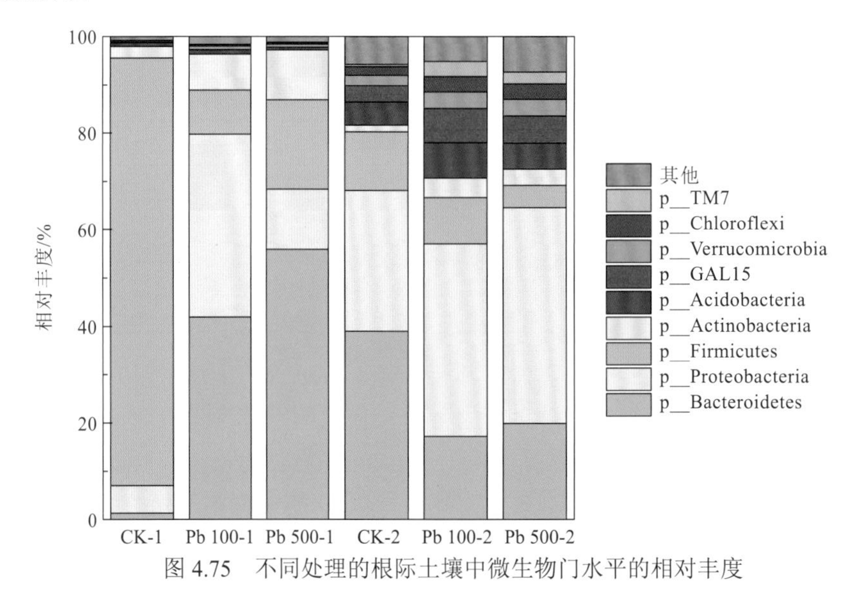

图 4.75　不同处理的根际土壤中微生物门水平的相对丰度

图 4.76 显示了不同处理的根际土壤样品中 30 个最丰富属的分布。不同样品间微生物群落变化很大，表明 Pb 污染和植物根系活动对属的微生物群落结构有重要影响。如图 4.75 所示，每个土壤样品中的优势属不同。在土壤 CK-1 中，以芽孢杆菌为主，占总有效序列的 78.1%，而在土壤 CK-2 中被 *Flavisolibacter* 取代，占 12.7%。与 CK 组不同，含 Pb 土壤中没有特别突出的属。*Bacillus*、*Adhaeribacter*、*Pontibacter*、*Flavisolibacter*、

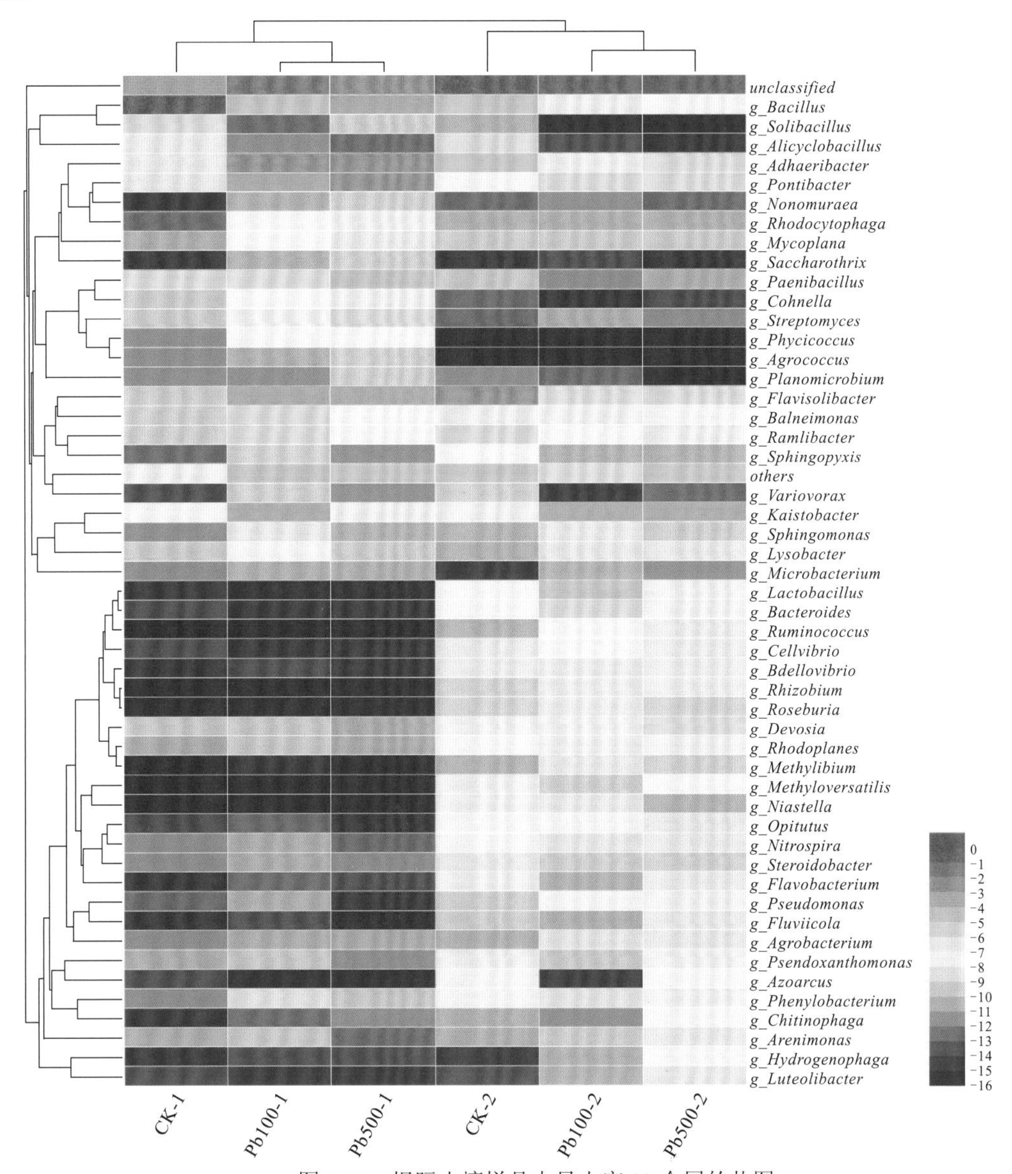

图 4.76 根际土壤样品中最丰富 30 个属的热图

Kaistobacter 都有助于微生物群落结构的多样化。植物修复后，根际土壤微生物分布更均匀，表明微生物群落结构更加均匀化和多样化。部分细菌属的相对丰度增加，例如 *Flavisolibacter*、*Kaistobacter* 和 *Pseudomonas*，而其他的属则减少，例如 *Bacillus*、*Adhaeribacter*、*Pontibacter* 和 *Paenibacillus*。*Kaistobacter* 和 *Flavisolibacter* 在陆地环境中广泛存在，被认为是有益微生物（Wu et al.，2017）。*Flavisolibacter* 是一种革兰氏阴性、需氧、无运动性的化学异养菌，属于拟杆菌门，对重金属具有抗性，并且在重金属污染区域被发现为优势属（Hong et al.，2015；Yoon et al.，2007）。*Kaistobacter* 被认为是一种具有光合能力的微生物，在土壤生态系统中起着重要作用（Waigi et al.，2015）。此外，假单胞菌菌株已被广泛研究并用于许多领域，如作为植物修复和农业生产的生物

接种剂，重金属污染的生物修复，甲基汞的降解等（Sun et al.，2017；Boeris et al.，2016；Cabral et al.，2016；Choi et al.，2009）。

微生物类型和相对丰度受到重金属污染的影响，并且存在能够很好地在重金属污染环境中生存甚至生长得到促进的微生物，表明细菌群落对重金属具有耐受性。重金属污染最有可能通过抑制金属敏感物种影响微生物多样性，这些物种缺乏对重金属的应力的足够耐受性，同时刺激重金属抗性物种。在重金属定向选择后，微生物对重金属具有抗性，有些甚至具有促进植物生长的能力，如假单胞菌（Weyens et al.，2010）。大多数植物在重金属土壤中生长时通常生长缓慢且生物量低，导致其在生物修复过程中比其他生理化学技术更耗时（Burges et al.，2017；Ma et al.，2015）。这些定向选择的微生物则可以减少重金属毒性，增强植物生长，在植物修复方面显示出巨大的潜力。

4.7 陆生植物联合修复矿区复合重金属污染土壤的工程应用

4.7.1 陆生植物修复带工程应用设计

1. 陆生植物修复现场中试方案

1）中试试验场地和面积确定

陆生植物修复带场地选择在矿区周边流域的滨岸，场地面积约 240 m^2，其长度为 60 m，宽度为 4 m。

2）中试试验的陆生植物搭配模式设计

根据前期实验室研究结果，结合中试场地实际情况，设计植物搭配模式如下：构树∶麦李∶忍冬=1∶1∶1（棵数比例），蜈蚣草∶白花三叶草∶紫花苜蓿=1∶1∶1（种植面积比例）；白花三叶草与紫花苜蓿草坪式播种，蜈蚣草种植密度为 9 株/m^2，构树、麦李、忍冬的种植密度均为 1 棵/4 m^2。

2. 陆生植物修复现场中试试验

1）陆生植物修复带的构建

对选定的试验场地清除杂草、石块并平整，然后按照陆生植物搭配模式进行陆生植物的移栽和播种（图 4.77），并定期浇水和维护。

2）陆生植物修复带植物生长情况及对重金属的富集效果

中试试验进行期间，定期测定植物的生长情况，包括种子的发芽率，蜈蚣草及乔灌木的成活率和株高等指标。白花三叶草与紫花苜蓿可通过种子种植，发芽率超过 95%以

（a）修复带构建

（b）植物生长

图 4.77　陆生植物修复带构建及植物生长情况

上；蜈蚣草、乔灌木可通过种苗移栽，具有较高的成活率，麦李的成活率相对较低，可能因为中试于夏季进行，缺失水分导致部分麦李死亡。因此，在麦李移栽和种植前期需要重点关注。中试 15 d 时植物生长情况见表 4.38。

表 4.38　中试 15 d 时植物生长情况

植物名称	成活率/发芽率	株高/叶片数
紫花苜蓿	＞95%	4 cm/5 片
白花三叶草	＞95%	3 cm/3 片
蜈蚣草	99%	20 cm
忍冬	100%	42 cm
麦李	66%	130 cm
构树	100%	15～200 cm

中试试验 45 d 时，取陆生植物修复带的蜈蚣草、白花三叶草、紫花苜蓿，测试植物地上部分对重金属 V、Cr、Cd、As 的富集量，结果如图 4.78 所示。可以发现，蜈蚣草地上部分 Cr 和 As 单位富集量最高，分别达到 248 mg/kg 和 120 mg/kg；白花三叶草上

部分 V 和 Cd 单位富集量最高，分别达到 60 mg/kg 和 100 mg/kg。结果表明，该陆生种植带可同时富集多种重金属，且在短时间内已取得较好的富集效果。

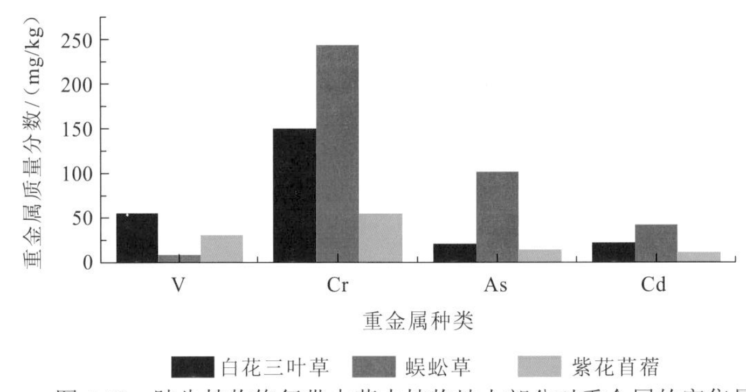

图 4.78　陆生植物修复带中草本植物地上部分对重金属的富集量

4.7.2　矿区复合重金属污染土壤修复工程

1. 陆生修复带场地平整

示范区建设场地，土质较差，杂草丛生，地理条件较差。建设陆生植物修复带前，需要进行场地平整工作，同时需要对土质较差的场地进行客土回填（图 4.79），回填客土量约为 100 m^3。

图 4.79　场地平整及客土覆盖

2. 陆生植物种植

（1）植物选择。主要依据课题实验室和现场中试研究成果进行示范工程植物选择。基本原则：适应当地气候条件，根系发达，生长周期长，植物配置要合理，具有一定的景观效应。植物优选的结果：乔灌木为构树、麦李和忍冬，草本植物为蜈蚣草、白花三叶草和紫花苜蓿。

（2）植物搭配模式。根据示范区的气候条件、土壤现状等水文地质条件，结合室内培养试验和现场栽种试验结果，在示范区种植年生物量大、吸收及处理特征重金属能力强的适生植物，按照优化的河道乔灌木和草本植物的搭配模式，考虑不同种类适生植物进行种植比例、间作方式等因素，构建合理的陆生植物的搭配模式，实现植物修复带对特征重金属污染物的富集量达到最大化。示范工程设计的植物搭配模式为：构树∶麦李∶忍冬=1∶1∶1（棵数比例）；蜈蚣草∶白花三叶草∶紫花苜蓿=2∶1∶1（种植面积比例）。

（3）种苗选择。示范工程所用到的构树、麦李和忍冬等乔灌木来源于外购树苗，苗高不低于 0.6 m；草本植物蜈蚣草由孢子繁殖，待长出幼苗之后再进行育苗移栽，而白花三叶草和紫花苜蓿采用外购草种，直接播撒种子模式，共建成陆生植物修复带 1 000 m^2。

（4）陆生植物种植。白花三叶草与紫花苜蓿采用种子条播方式种植（图 4.80），条播间距均为 20 cm。白花三叶草种子幼小，播种量为 0.5kg/亩[①]，播后覆土深度 1.0～1.5 cm；紫花苜蓿播种量为 1.0～1.5 kg/亩，覆土深度 1～2 cm。蜈蚣草种植间距约为 30 cm，挖穴深度 10 cm 左右。

图 4.80　定点划线、种子播种、种苗移栽

3. 陆生植物带修复工程主要设计参数

（1）单个陆生植物修复带尺寸：6.0 m×4.0 m，面积 24 m^2，可视现场地形进行调整。

（2）乔灌木种植间距：乔木与灌木种植间距 1.0 m。

（3）植物种植密度：白花三叶草与紫花苜蓿种子条播，单元种植面积各为 6.0 m^2；蜈蚣草种植单元面积 12 m^2、种植 9 株/m^2；构树、麦李、忍冬的种植密度均为 1 棵/4 m^2，单个陆生植物带种植 6 棵。

① 1 亩≈666.67 m^2

（4）陆生植物修复带有效总面积：600 m^2。

（5）陆生植物种植总数量：构树、灌木忍冬、麦李各100株左右；紫花苜蓿、白花三叶草播种面积分别为200 m^2；蜈蚣草数量约1 800株。

（6）陆生植物修复带施工量：总面积约为1 000 m^2，回填客土量约为100 m^3。

4. 陆生植物带修复工程运行维护

（1）水分管理。根据气候和土地条件，及时浇水保持土壤湿度，维持土壤湿度20%以上。夏季气温高，蒸腾量大，需水量也大，需及时补水。雨水不充沛时要灌水，如久旱无雨应勤灌水。

（2）松土和除草。乔木和灌木根部附近土壤保持疏松，春、秋季各进行一次松土。易于板结的土壤，在蒸腾旺盛的夏季需每月进行一次松土。松土深度以不影响根系生长为宜，一般松土深度为5～10 cm。除草应在晴朗或初晴天气，土壤不过分潮湿的时候进行。对危害植物严重的各类杂草藤蔓，一旦发生，立即根除。

（3）施肥。在树木栽植成活后，适时追施速效肥，乔木一年1～2次，灌木一年4～6次。白花三叶草、紫花苜蓿播种后保持土壤湿润，3～5 d出苗。苗期根瘤菌还未生成，需补充少量氮肥。出苗后，株小叶黄的，用100 g尿素加50 g磷酸二氢钾兑15 kg水进行喷雾，以促进壮苗快长，蜈蚣草成活后应喷施硝酸钾肥或者农家肥。

（4）植物补种。将枯死的植物及时移除，并根据季节特点和植物生长习性及时进行补种。一般来说，乔灌木一旦栽种成活后自然枯死的概率较低。草本植物需要做好防止牛、羊等牲畜啃食的防护措施，如有啃食需及时补种。

（5）植物病虫害防治。根据植物的生长习性和土地环境特点，加强对有害生物的监测和控制。每两周进行陆生植物修复带生长状况巡查，若发现病虫害要及时喷药防治。常用杀菌药剂一般有80%大生、75%百菌清、70%甲基拖布津、5%井冈霉素等，浓度宜控制在800～1 000倍左右，用量约0.23 g/m^2。如果出现病虫害，宜采用上述药剂，施用时以7～10 d为一个周期。

（6）植物定期收割与处理。草本植物蜈蚣草、白花三叶草、紫花苜蓿，每一年收割一次，同时将收割物送专门机构进行安全焚烧处理。乔灌木则根据其生长状况，灵活调整收割时间，一般不收割。如乔灌木枯死，也一并送往专门机构进行焚烧处理。

参 考 文 献

蔡轩，龙新宪，种云霄，等，2015. 无机-有机混合改良剂对酸性重金属复合污染土壤的修复效应. 环境科学学报, 35(12): 3991-4002.

曹德菊，周世杯，项剑, 2004. 苎麻对土壤中镉的耐受和积累效应研究. 中国麻业科学, 26(6): 272-274.

陈建军，于蔚，祖艳群，等，2014. 玉米(Zea mays)对镉积累与转运的品种差异研究. 生态环境学报, 23(10): 1671-1676.

甘凤伟, 王菁菁, 2018. 有色金属矿区土壤重金属污染调查与修复研究进展. 矿产勘查, 9(5): 1023-1029.
郭世财, 杨文权, 2015. 重金属污染土壤的植物修复技术研究进展. 西北林学院学报, 30(6): 81-87.
韩张雄, 王龙山, 郭巨权, 等, 2012. 土壤修复过程中重金属形态的研究综述. 岩石矿物学杂志, 31(2): 271-278.
黑亮, 吴启堂, 龙新宪, 等, 2007. 东南景天和玉米套种对 Zn 污染污泥的处理效应. 环境科学, 28(4): 852-858.
胡星明, 袁新松, 王丽平, 等, 2012. 磷肥和稻草对土壤重金属形态、微生物活性和植物有效性的影响. 环境科学研究, 25(1): 77-82.
胡拥军, 王海娟, 王宏镔, 等, 2015. 砷胁迫下不同砷富集能力植物内源生长素与抗氧化酶的关系. 生态学报, 35(10): 3214-3224.
黄化刚, 2012. 镉-锌/滴滴涕复合污染土壤植物修复的农艺强化过程及机理. 杭州: 浙江大学.
江玲, 杨芸, 徐卫红, 等, 2014. 黑麦草-丛枝菌根对不同番茄品种抗氧化酶活性, 镉积累及化学形态的影响. 环境科学, 6(47): 2349-2357.
蒋成爱, 吴启堂, 吴顺辉, 等, 2009. 东南景天与不同植物混作对土壤重金属吸收的影响. 中国环境科学, 29(9): 985-990.
焦鹏, 2011. 不同植物配置对 Pb-Cd-As 复合污染土壤的修复. 昆明: 昆明理工大学.
靳霞, 2012. 土壤中重金属有效态的联合测定及其植物修复研究. 太原: 山西师范大学.
李倩, 2012. 镉锌污染土壤化学固定: 土壤生物质改良耦合修复效应及生态安全评价. 长沙: 中南大学.
李世朋, 蔡祖聪, 杨浩, 2008. 不同植被下红壤性质对细菌碳源利用的影响. 应用与环境生物学报, 14(6): 793-797.
刘硕, 周启星, 2008. 抗氧化酶诊断环境污染研究进展. 生态学杂志, 27(10): 1791-1798.
刘维涛, 周启星, 孙约兵, 等, 2009. 大白菜对铅积累与转运的品种差异研究. 中国环境科学, 29(1): 63-67.
卢冠男, 夏梦洁, 贾丹阳, 等, 2014. 我国 14 种典型土壤脲酶、脱氢酶活性对汞胁迫的响应. 环境科学学报, 34(7): 1788-1793.
孟昭福, 张增强, 张一平, 等, 2004. 几种污泥中重金属生物有效性及其影响因素的研究. 农业环境科学学报, 23 (1): 115-118.
申红玲, 何振艳, 麻密, 2014. 蜈蚣草砷超富集机制及其在砷污染修复中的应用. 植物生理学报, 50(5): 591-598.
沈莉萍, 2009. 重金属污染土壤上苎麻的修复作用及组合修复效果研究. 南京: 南京农业大学.
舒夏竺, 龚海光, 徐平, 等, 2016. 9 种间种植物对油茶幼林生长的影响. 林业科技, 41(3): 30-32.
宋想斌, 方向京, 李贵祥, 等, 2014. 重金属污染土壤植物联合修复技术研究进展. 广东农业科学, (24): 58-62.
孙花, 谭长银, 黄道友, 等, 2011. 土壤有机质对土壤重金属积累、有效性及形态的影响. 湖南师范大学自然科学学报(4): 82-87.
田雅楠, 王红旗, 2011. Biolog 法在环境微生物功能多样性研究中的应用. 环境科学与技术, 34(3): 50-57.
汪楠楠, 胡珊, 吴丹, 等, 2013. 柠檬酸和 EDTA 对铜污染土壤环境中吊兰生长的影响. 生态学报, 33(2):

631-639.

王佳, 罗学刚, 石岩, 2014. 美洲商陆(*Phytolacca Americana* L.)对铀的富集特征及根际微生物群落功能多样性的响应. 环境科学学报, 34(8): 2094-2101.

王强, 戴九兰, 吴大千, 等, 2010. 微生物生态研究中基于 BIOLOG 方法的数据分析. 生态学报, 30(3): 817-823.

王卫华, 雷龙海, 杨启良, 等, 2015. 重金属污染土壤植物修复研究进展. 昆明理工大学学报(自然科学版), 40(2): 114-122.

吴建勋, 张姗姗, 2013. Cr, Co, Pb 单一胁迫对浮萍 SOD, POD, MDA 的影响. 中国农学通报, 29(15): 188-194.

吴则焰, 林文雄, 陈志芳, 等, 2013. 武夷山国家自然保护区不同植被类型土壤微生物群落特征. 应用生态学报, 24(8): 2301-2309.

叶和松, 盛下放, 江春玉, 等, 2006. 生物表面活性剂产生菌的筛选及其对土壤重金属铅的活化作用. 环境科学学报, 26(10): 1631-1636.

余贵芬, 蒋新, 赵振华, 等, 2006. 腐殖酸存在下镉和铅对土壤脱氢酶活性的影响. 环境化学, 25(2): 168-170.

俞花美, 焦鹏, 葛成军, 等, 2012. 施肥措施对重金属污染土壤-植物系统影响的研究进展. 热带农业科学, 32(2): 61-66.

张斌, 黄丽, 张克强, 等, 2016. 皂角苷对几种生活污泥中 Cu 和 Zn 的去除. 农业环境科学学报, 35(6): 1180-1187.

张宏, 沈章军, 阳贵德, 等, 2011. 鸡粪改良对铜尾矿基质中无机氮组分及 3 种豆科植物生长发育的影响. 农业环境科学学报, 30(11): 2285-2293.

张惠, 2014. 柠檬酸和外源丛枝菌根真菌强化蓖麻修复 Cd 和 Pb 污染土壤的效果研究. 上海: 上海大学.

张妍, 罗维, 崔骁勇, 等, 2011. 施用鸡粪对土壤与小白菜中 Cu 和 Zn 累积的影响. 生态学报, 31(12): 3460-3467.

张春慧, 2014. 污灌农田 Cd、Cr 及其强化修复技术研究. 杨凌: 西北农林科技大学.

张萌萌, 敖红, 张景云, 等, 2014. 建植年限对紫花苜蓿根际土壤微生物群落功能多样性的影响. 草业科学, 31(5): 787-796.

郑华, 陈法霖, 欧阳志云, 等, 2007. 不同森林土壤微生物群落对 Biolog-GN 板碳源的利用. 环境科学, 1(5): 1126-1130.

朱清清, 邵超英, 侯书雅, 等, 2011. 烷基糖苷对土壤中重金属的去除研究. 环境科学与技术, 34(8): 120-123.

朱小娇, 2010. 施用工程菌和草木灰对污染土壤 Cd 形态和小麦生长的影响. 武汉: 华中农业大学.

朱雅兰, 李明, 黄巧云, 2010. 草木灰污泥联合施用对 Cd 污染土壤中 Cd 形态变化的影响. 华中农业大学学报, 29(4): 447-451.

AFTAB K U, AHMAD I Z, 2013. Alterations in antioxidative defense system of anabaena variabilis in the presence of heavy metals. APCBEE Procedia, 5: 491-496.

BAKER A J M, 1981. Accumulators and excluders-strategies in the response of plants to heavy metals.

Journal of Plant Nutrition, 3(1-4): 643-654.

BHUIYAN N H, LIU W, LIU G, et al., 2007. Transcriptional regulation of genes involved in the pathways of biosynthesis and supply of methyl units in response to powdery mildew attack and abiotic stresses in wheat. Plant molecular biology, 64(3): 305-318.

BLEICHER A, 2016. Technological change in revitalization - Phytoremediation and the role of nonknowledge. Journal of Environmental Management, 184: 78-84.

BOERIS P S, AGUSTÍN M D R , ACEVEDO D F, et al., 2016. Biosorption of aluminum through the use of non-viable biomass of Pseudomonas putida. Journal of Biotechnology, 236: 57-63.

BOURCERET A, CÉBRON A, TISSERANT E, et al., 2016. The bacterial and fungal diversity of an aged PAH- and heavy metal-contaminated soil is affected by plant cover and edaphic parameters. Microbial Ecology, 71(3): 711-724.

BURGES A, EPELDE L, BLANCO F, et al., 2017. Ecosystem services and plant physiological status during endophyte-assisted phytoremediation of metal contaminated soil. Science of The Total Environment, 584-585: 329-338.

CABRAL L, YU R, CRANE S, et al., 2016. Methylmercury degradation by Pseudomonas putida V1. Ecotoxicology and Environmental Safety, 130: 37-42.

CHEN J, HE F, ZHANG X, et al., 2014. Heavy metal pollution decreases microbial abundance, diversity and activity within particle-size fractions of a paddy soil. FEMS Microbiol Ecol, 87(1): 164-181.

CHIRALLARA R A, REDDY K R, 2015. Biomass and chemical amendments for enhanced phytoremediation of mixed contaminated soils. Ecological Engineering, 85: 265-274.

CHOI J, LEE J Y, YANG J, 2009. Biosorption of heavy metals and uranium by starfish and Pseudomonas putida. Journal of Hazardous Materials, 161(1): 157-162.

CIARKOWSKA K, GARGIULO L, MELE G, 2016. Natural restoration of soils on mine heaps with similar technogenic parent material: a case study of long-term soil evolution in Silesian-Krakow Upland Poland. Geoderma, 261(1): 141-150.

DUMAN F, OZTURK F, 2010. Nickel accumulation and its effect on biomass, protein content and antioxidative enzymes in roots and leaves of watercress (Nasturtium officinale R. Br.). Journal of Environmental Sciences, 22(4): 526-532.

FAYIGA A O, MA L Q, 2013. Arsenic uptake by two hyperaccumulator ferns from four arsenic contaminated soil. Water Air & Soil Pollutionx, 168(1-4): 71-89.

FEIGL V, UJACZKI É, VASZITA E, et al., 2017. Influence of red mud on soil microbial communities: application and comprehensive evaluation of the Biolog EcoPlate approach as a tool in soil microbiological studies. Science of The Total Environment, 595: 903-911.

FEIL B, MOSER S B, JAMPATONG S, et al., 2005. Mineral composition of the grains of tropical maize varieties as affected by pre-anthesis drought and rate of nitrogen fertilization. Crop Science, 45(2): 516-523.

GARCIA-SÁNCHEZ M, GARCIA-ROMERA I, CAJTHAML T, et al., 2015. Changes in soil microbial community functionality and structure in a metal-polluted site: the effect of digestate and fly ash applications.

Journal of Environmental Management, 162: 63-73.

GHOSH M, SINGH S P, 2005. A comparative study of cadmium phytoextraction by accumulator and weed species. Environmental Pollution, 133(2): 365-371.

GIORDANI C, CECCHI S, ZANCHI C, 2005. Phytoremediation of soil polluted by nickel using agricultural crops. Environmental Management, 36(5): 675-681.

GOSWAMI S, DAS S, 2016. Copper phytoremediation potential of *Calandula officinalis* L. and the role of antioxidant enzymes in metal tolerance. Ecotoxicology and Environmental Safety, 126: 211-218.

HE H, LI W, YU R, et al., 2017. Illumina-Based analysis of bulk and rhizosphere soil bacterial communities in paddy fields under mixed heavy metal contamination. Pedosphere, 27(3): 569-578.

HINSINGER P, PLASSARD C, JAILLARD B, 2006. Rhizosphere: a new frontier for soil biogeochemistry. Journal of Geochemical Exploration, 88(1 / 2 / 3): 210-213.

HONG C, SI Y, XING Y, et al., 2015. Illumina MiSeq sequencing investigation on the contrasting soil bacterial community structures in different iron mining areas. Environmental Science and Pollution Research, 22(14): 10788-10799.

KELLY J J, HÄGGBLOM M M, TATE R L, 2003. Effects of heavy metal contamination and remediation on soil microbial communities in the vicinity of a zinc smelter as indicated by analysis of microbial community phospholipid fatty acid profiles. Biology & Fertility of Soils, 38(2): 65-71.

KRUMINS J A, GOODEY N M, GALLAGHER F, 2015. Plant-soil interactions in metal contaminated soils. Soil Biology and Biochemistry, 80: 224-231.

KUSHWAHA A, HANS N, KUMAR S, et al., 2018. A critical review on speciation, mobilization and toxicity of lead in soil-microbe-plant system and bioremediation strategies. Ecotoxicology and Environmental Safety, 147: 1035-1045.

LAURETTE J, LARUE C, MARIET C, et al., 2012. Influence of uranium speciation on its accumulation and translocation in three plant species: Oilseed rape, sunflower and wheat. Environmental and Experimental Botany, 77(2012): 96-107.

LEEDJARV A, IVASK A, VIRTA M, 2008. Interplay of different transporters in the mediation of divalent heavy metal resistance in pseudomonas putida KT2440. Journal of Bacteriology, 190(8): 2680-2689.

LI F, QI J, ZHANG G, et al., 2013. Effect of cadmium stress on the growth, antioxidative enzymes and lipid peroxidation in two kenaf (*Hibiscus cannabinus* L.) plant seedlings. Journal of Integrative Agriculture, 12(4): 610-620.

LI X, MENG D, LI J, et al., 2017. Response of soil microbial communities and microbial interactions to long-term heavy metal contamination. Environmental Pollution, 231: 908-917.

LI Z, WU L H, HU P J, et al., 2014. Repeated phytoextraction of four metal-contaminated soils using the cadmium / zinc hyperaccumulator Sedum plumbizincicola. Environmental Pollution, 189(12): 176-183.

LI N Y, LI Z A, ZHUANG P, et al., 2009. Cadmium uptake from soil by maize with intercrops. Water, Air, and Soil Pollution, 199(1-4): 45-56.

LIU L, LI Y F, TANG J J, et al., 2011. Plant coexistence can enhance phytoextraction of cadmium by tobacco

(*Nicotiana tabacum* L.) in contaminated soil. Journal of Environmental Sciences, 23(3): 453-460.

MA Y, PRASAD M N V, RAJKUMAR M, et al., 2011. Plant growth promoting rhizobacteria and endophytes accelerate phytoremediation of metalliferous soils. Biotechnology Advances, 29(2): 248-258.

MA Y, RAJKUMAR M, LUO Y, et al., 2013. Phytoextraction of heavy metal polluted soils using Sedum plumbizincicola inoculated with metal mobilizing Phyllobacterium myrsinacearum RC6b. Chemosphere, 93(7): 1386-1392.

MA Y, OLIVEIRA R S, NAI F, et al., 2015. The hyperaccumulator Sedum plumbizincicola harbors metal-resistant endophytic bacteria that improve its phytoextraction capacity in multi-metal contaminated soil. Journal of Environmental Management, 156: 62-69.

MANI D, KUMAR C, PATEL N K, 2015. Hyperaccumulator oilcake manure as an alternative for chelate-induced phytoremediation of heavy metals contaminated alluvial soils. International Journal of Phytoremediation, 17(3): 256-263.

MIRETZKY P, SARALEGUI A, CIRELLI A F, 2004. Aquatic macrophytes potential for the simultaneous removal of heavy metals (Buenos Aires, Argentina). Chemosphere, 57(8): 997-1005.

MISHRA V K, TRIPATHI B D, 2009. Accumulation of chromium and zinc from aqueous solutions using water hyacinth (Eichhornia crassipes). Journal of Hazardous Materials, 164(2-3): 1059-1063.

MISHRA V K, UPADHYAY A R, PANDEY S K, et al., 2008. Concentrations of heavy metals and aquatic macrophytes of Govind Ballabh Pant Sagar an anthropogenic lake affected by coal mining effluent. Environmental Monitoring and Assessment, 141(1-3): 49-58.

MITTLER R, VANDERAUWERA S, GPLLERY M, et al., 2004. Reactive oxygen gene network of plants. Trends in Plant Science, 9(10): 490-498.

NOA LAVID Z B E T, 2001. Accumulation of heavy metals in epidermal glands of the waterlily (Nymphaeaceae). Planta, 212(3): 313-322.

PÅHLSSON A M B, 1989. Toxicity of heavy metals (Zn, Cu, Cd, Pb) to vascular plants. Water Air & Soil Pollution, 47(3-4): 287-319.

PAN J, YU L, 2011. Effects of Cd or / and Pb on soil enzyme activities and microbial community structure. Ecological Engineering, 37(11): 1889-1894.

PENCE N S, LARSEN P B, EBBS S D, et al., 2000. The molecular physiology of heavy metal transport in the Zn / Cd hyperaccumulator Thlaspi caerulescens. Proceedings of the National Academy of Science of USA, 97(9): 4956-4960.

PHAM H N, PHAM P A, NGUYEN T T H, et al., 2018. Influence of metal contamination in soil on metabolic profiles of Miscanthus x giganteus belowground parts and associated bacterial communities. Applied Soil Ecology, 125: 240-249.

QING W, XUE F W, YUN L, et al., 2014. Response of Rhizosphere bacterial diversity to phytoremediation of Ni contaminated sediments. Ecological Engineering, 73(2014): 311-318.

SASALI M, YAMAMOTO Y, MATSUMOTO H, 1996. Lignin deposition induced by aluminum in wheat (Triticum aestivum) roots. Physiologia Plantarum, 96(2): 193-198.

SHAH K N J M, 2007. Metal hyperaccumulation and bioremediation. Biology of Plants, 51(4): 616-634.

SHEORAN V, SHEORAN A S, POONIA P, 2011. Role of hyperaccumulators in phytoextraction of metals from contaminated mining sites: a review. Critical Reviews in Environmental Science and Technology, 41(2): 168-214.

SIEDLECJA A, KRUPA Z, 2002. Functions of enzymes in heavy metal treated plants. New York: Springer: 303-324.

SUN D, ZHUO T, HU X, et al., 2017. Identification of a Pseudomonas putida as biocontrol agent for tomato bacterial wilt disease. Biological Control, 114: 45-50.

TAN X, LIU Y, YAN K, et al., 2017. Differences in the response of soil dehydrogenase activity to Cd contamination are determined by the different substrates used for its determination. Chemosphere, 169: 324-332.

TANGAHU B V, SHEIKH ABDULLAH S R, BASRI H, et al., 2011. A Review on Heavy Metals (As, Pb, and Hg) Uptake by Plants through Phytoremediation. International Journal of Chemical Engineering, 4: 1-31.

TESSIER A, CAMPBELL P G C, BISSON M, 1979. Sequential extraction procedure for the speciation of particulate trace metals. Analytical Chemistry, 51(7): 844-851.

VIEIRA F C S, NAHAS E, 2005. Comparison of microbial numbers in soils by using various culture media and temperatures. Microbiological Research, 160(2): 197-202.

VIGLIOTTA G, MATRELLA S, CICATELLI A, et al., 2016. Effects of heavy metals and chelants on phytoremediation capacity and on rhizobacterial communities of maize. Journal of Environmental Management, 179: 93-102.

WAIGI M G, KANG F, GOIKAVI C, et al., 2015. Phenanthrene biodegradation by sphingomonads and its application in the contaminated soils and sediments: a review. International Biodeterioration & Biodegradation, 104: 333-349.

WANG J, WANG L, ZHU L, et al., 2018. Individual and combined effects of enrofloxacin and cadmium on soil microbial biomass and the ammonia-oxidizing functional gene. Science of The Total Environment, 624: 900-907.

WANG L, LIN H, DONG Y, et al., 2017. Isolation of vanadium-resistance endophytic bacterium PRE01 from Pteris vittata in stone coal smelting district and characterization for potential use in phytoremediation. Journal of Hazardous Materials, 341: 1-9.

WEYENS N, TRUYENS S, DUPAE J, et al., 2010. Potential of the TCE-degrading endophyte Pseudomonas putida W619-TCE to improve plant growth and reduce TCE phytotoxicity and evapotranspiration in poplar cuttings. Environmental Pollution, 158(9): 2915-2919.

WU W, WU J, LIU X, et al., 2017. Inorganic phosphorus fertilizer ameliorates maize growth by reducing metal uptake, improving soil enzyme activity and microbial community structure. Ecotoxicology and Environmental Safety, 143: 322-329.

WU C H, CHEN X, TANG J J, 2005. Lead Accumulation in weed communities with various species. Communications in Soil Science and Plant Analysis, 36(13-14): 1891-1902.

XIONG J, WU L, TU S, et al., 2010. Microbial communities and functional genes associated with soil arsenic contamination and the rhizosphere of the arsenic-hyperaccumulating plant Pteris vittata L. Applied and Environmental Microbiology, 76(21): 7277-7284.

YAMAMOTO H, TATSUYAMA K, EGAWA H, et al., 1981. Microflora in solis polluted by copper mine drainage. Journal of the Science of Soil & Manure Japan, 52: 119-124.

YAN Q, MIN J, YU Y, et al., 2017. Microbial community response during the treatment of pharmaceutically active compounds (PhACs) in constructed wetland mesocosms. Chemosphere, 186: 823-831.

YOON M H, IM W T, 2007. Flavisolibacter ginsengiterrae gen. nov., sp. nov. and Flavisolibacter ginsengisoli sp. nov., isolated from ginseng cultivating soil. International Journal of Systematic and Evolutionary Microbiology, 57(8): 1834-1839.

YOU L, WANG P, KONG C, 2011. The levels of jasmonic acid and salicylic acid in a rice-barnyardgrass coexistence system and their relation to rice allelochemicals. Biochemical Systematics and Ecology, 39(4-6): 491-497.

ZENG F R, MAO Y, CHENG W D, et al., 2008. Genotypic and environmental variation in chromium, cadmium and lead concentrations in rice. Environmental Pollution, 153(2): 309-314.

ZHANG H, ZHANG F, XIA Y, et al., 2010. Excess copper induces production of hydrogen peroxide in the leaf of Elsholtzia haichowensis through apoplastic and symplastic CuZn-superoxide dismutase. Journal of hazardous materials, 178(1): 834-843.

ZHOU Q X, TENG Y, LIN D S, 2013. The principles and methods of deriving and determining remediation criteria for contaminated soils. Journal of Agro-Environment Science, 32(2): 205-214.

ZHU J, CHEN L, ZHANG Y, et al., 2018. Revealing the anaerobic acclimation of microbial community in a membrane bioreactor for coking wastewater treatment by Illumina Miseq sequencing. Journal of Environmental Sciences, 64: 139-148.

第5章　微生物联合植物对矿区复合重金属污染土壤的修复

5.1　概　　述

我国钒资源十分丰富，据2015年美国地质调查局（United States Geological Survey，USGS）钒矿产量统计显示，全球的钒储量约为1 500万t，我国钒矿储量约为510万t，居世界第一，是钒生产和消费大国。大量钒矿资源的开采和冶炼活动所导致的矿区和其周边土壤钒及其伴生重金属铬、镉等复合重金属污染日益严峻。根据我国第一次全国土壤污染调查结果显示（参考加拿大土壤钒环境质量标准130mg/kg），我国土壤钒点位超标率约为8.6%，尤其我国西南地区约26.49%的土壤点位已受到不同程度的钒污染（Yang et al.，2017a）。同时，还发现在四川攀枝花、湖南湘西、湖北十堰等地钒矿区及冶炼厂周边土壤均存在严重的重金属污染，特征是钒与其伴生铬、镉等重金属污染共存。钒矿重金属污染以矿区和冶炼厂为中心向周边环境扩散，甚至会污染周边农田和地下水。高浓度的钒、镉和铬会引起植物中毒，造成植株矮化、死亡，粮食减产，并存在一定的致癌性，极大危害当地居民的生命和财产安全。总之，钒矿开采、冶炼导致的土壤V、Cr和Cd复合重金属污染对生态系统和人类健康产生了极大的潜在危害，已不容忽视。

目前国内外对钒矿污染土壤修复技术研究较少，而原位可持续的生物修复技术是当前乃至今后土壤修复领域的重要发展方向，其中微生物强化植物修复技术已成为新的研究热点。有关根际菌在促进植物生长和重金属积累方面已有众多研究成果，而内生菌由于在植物体内定植，与植物联系更为紧密，更为有效的相互作用就会在内生菌与宿主植物的小生境发生，因此，对植物的有益作用要大于许多根际菌。近年来，已有大量研究成果表明植物内生菌在减缓重金属毒性、促进植物生长和累积重金属方面具有显著作用，但这些内生菌株具有高度特异性，不同重金属污染类型和不同修复植物所需菌株不同，因此具有强化植物修复功能的特异内生菌的筛选在植物-微生物联合修复中具有重要作用。目前，还未见具有强化钒矿污染土壤植物修复功能内生菌株的报道。

基于以上原因，本章将以课题组前期调研发现的对V、Cr有很强耐性的钒富集植物蜈蚣草为植物原料，分离筛选具有强化钒矿重金属污染植物修复功能的内生菌，研究该内生菌强化宿主植物和非宿主植物修复钒矿污染土壤的效果及机理。本章研究将为钒矿采选、冶炼区及周边农田重金属污染土壤的生物修复提供理论依据和技术支撑，为构建内生菌强化植物修复钒矿污染土壤方法体系提供指导，同时对于其他有色金属矿区污染土壤植物修复也具有借鉴意义。

5.2　强化重金属污染土壤植物修复功能内生菌株的分离筛选与性能表征

钒矿重金属污染来源于钒矿采选和冶炼活动，通常涉及 V、Cr 和 Cd 等多种重金属复合污染。本节采取内生菌-植物联合法对矿区污染土壤进行修复研究，主要目标就是获得具有强化钒矿污染土壤植物修复功能的内生菌株。近年来，越来越多的研究者开始对选育新的具有重金属修复功能的内生微生物和研究它们强化植物修复过程与机理感兴趣。许多具有植物促生特性和重金属抗性的内生菌已被发现，并用来促进植物对重金属 Mn、Cd、Ni 和 Pb 等污染土壤的修复效果（Shi et al.，2017；Pan et al.，2016；Zhang et al.，2015；Ma et al.，2009 ）。然而，针对钒矿污染土壤修复的研究很少。因此，具有特定功能的内生菌对于植物-内生菌共生系统在钒矿污染土壤原位植物修复应用中至关重要。那么，作为能够有效协同植物修复钒矿污染土壤的目标菌株应该具备三个特征：①在宿主植物组织内及根际土中具有生存优势，如对钒及其伴生重金属具有高度抗性，同时与其他细菌群落相比也要具有营养优势；②能够缓解重金属对植物毒性效应并促进植物生长；③促进植物对重金属的富集。

5.2.1　植物内生菌的分离

重金属污染的环境体系是孕育优良生物修复菌种的天然菌种库。然而，到目前为止，还未见钒超富集植物的报道，仅有少数关于钒污染植物修复的研究。根据课题组前期研究发现，蜈蚣草是一种较好的钒富集植物，而且它比其他植物拥有更强的 V、Cr 和 Cd 耐性（林海 等，2016）。湖北某钒矿污染区采集的蜈蚣草及其根际土中重金属含量见表 5.1，可以发现，该矿区土壤中 V、Cr 和 Cd 含量均超标数倍，复合重金属污染非常严重；蜈蚣草地上部和根部 V 质量分数分别为 86.51 mg/kg 和 814.25 mg/kg，无论在野外条件还是盆栽试验，蜈蚣草对钒的富集能力均要高于目前已报道的其他植物。在污染土壤中，内生菌与其宿主植物蜈蚣草在长期进化过程中形成了一种互利共生的关系；同时，蜈蚣草体内的高钒环境对其内生菌来说又是一种长期的选择压力。因此，生长在石煤钒矿冶炼区的蜈蚣草是优异的具有钒矿重金属污染生物修复功能内生菌的菌种库。

表 5.1　石煤钒矿区蜈蚣草及其根际土中各重金属含量　（单位：mg/kg）

采样点区域	重金属	根际土重金属质量分数	地上部重金属质量分数	根部重金属质量分数
采矿区	V	17 451.73	59.61	591.37
	Cr	3 842.14	8.01	90.33
	Cd	7.15	0.86	5.23
	Pb	152.90	8.81	26.13

续表

采样点区域	重金属	根际土重金属质量分数	地上部重金属质量分数	根部重金属质量分数
冶炼区	V	760.61	86.51	814.25
	Cr	498.83	13.81	92.46
	Cd	0.53	0.91	0.97
	Pb	50.58	15.21	9.04

对从钒重污染区取回的蜈蚣草植株组织进行表面灭菌、研磨，将最后一次清洗液及植物各组织研磨稀释液涂布于 LB 固体平板上，30℃恒温培养 3 d，内生菌菌落生长情况见图 5.1。结果表明，表面灭菌的空白平板上无菌落长出，说明表面灭菌过程已将植物组织表面附生菌全部杀灭，分离得到的菌株都是内生菌。根据菌落形态的差异，从生长在石煤钒矿冶炼区的蜈蚣草根、茎、叶组织内部共分离出 15 株不同的可培养细菌，分别标记为 PRE01～PRE07（根部）、PSE01 和 PSE02（茎部）、PLE01 和 PLE02（叶部）、PKE01～PKE04（块根），见图 5.2，结果表明，这些菌株在 LB 固体平板上多长出圆形和光滑菌落，颜色各异，有白色、乳白色、黄色、橙红色、红色等，表明即使在重度污染区，蜈蚣草内生菌资源依然十分丰富，与其他研究成果一致（Zhu et al.，2014），超过 70%的菌株分离自宿主植物根部，表明植物根部组织内生菌密度最大，这也与根系和土壤直接接触相关。由于这些菌株都能在 V、Cr 和 Cd 三抗平板上生长，筛选的菌株均有一定的 V、Cr 和 Cd 抗性。

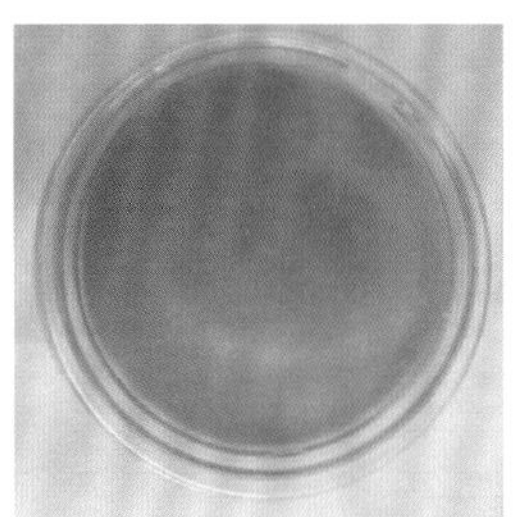
表面灭菌平板

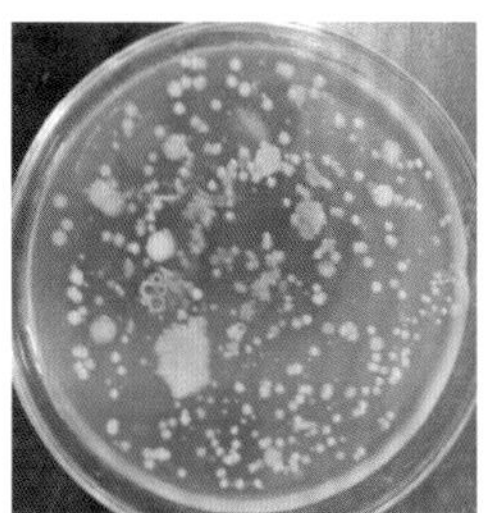
根稀释液平板

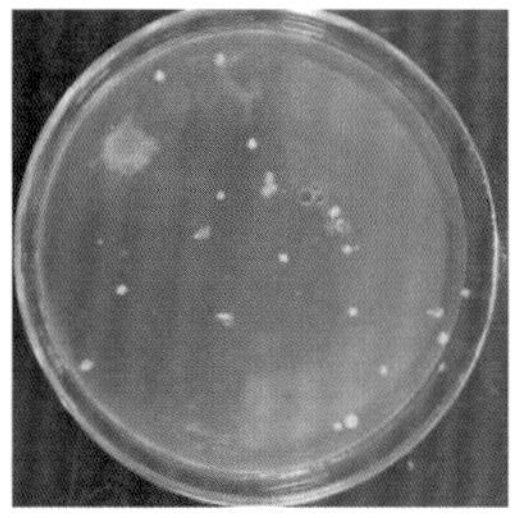
茎稀释液平板

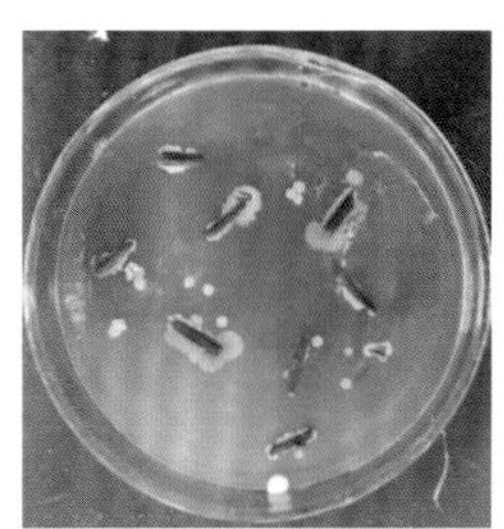
茎切面平板

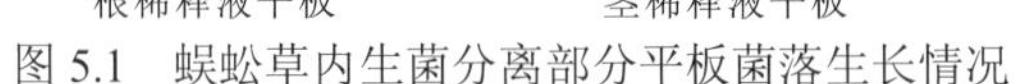
图 5.1 蜈蚣草内生菌分离部分平板菌落生长情况

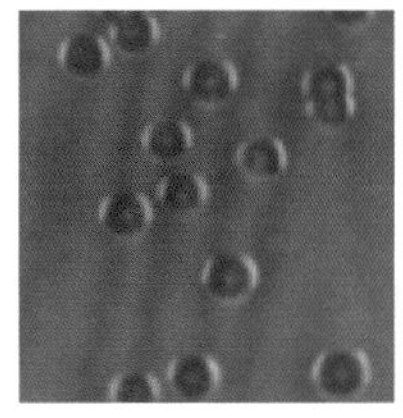
PRE01

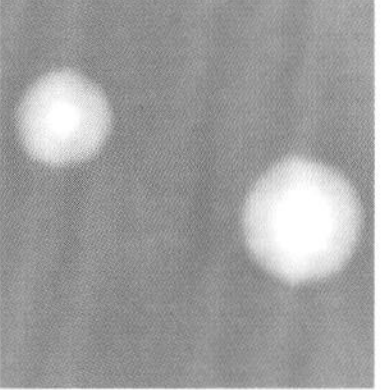
PRE02

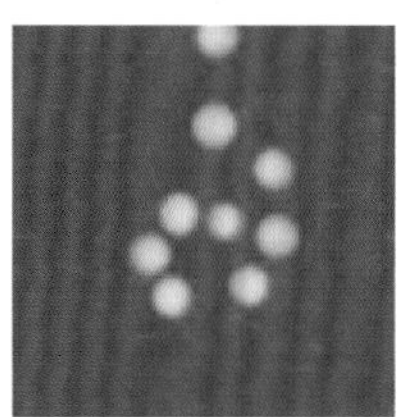
PRE03

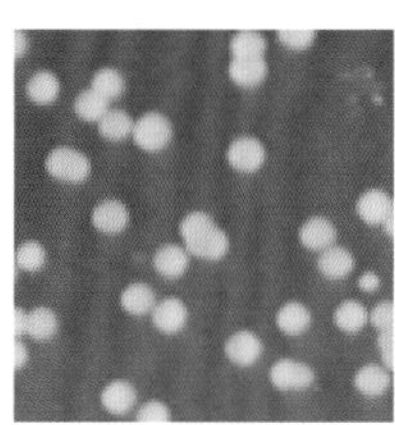
PRE04

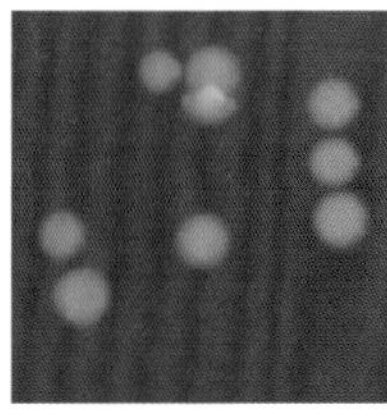
PRE05

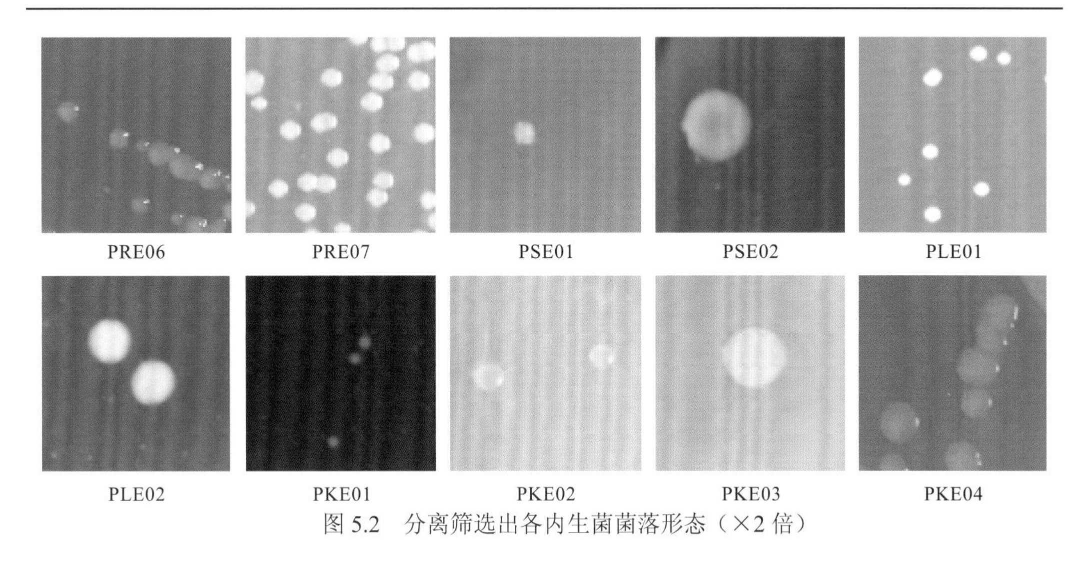

图 5.2　分离筛选出各内生菌菌落形态（×2 倍）

5.2.2　内生菌的筛选

为了从分离出的众多内生菌中筛选出目的菌株，对内生菌进行了重金属抗性和植物促生特性指标的测定和评价，具体评价公式为

$$C = \sum \frac{x_i}{x_{\max}} \tag{5.1}$$

式中：x_i 为某株内生菌的一种特性指标，$x_{\max}$ 为在所有内生菌中对应指标的最大值。

1. 内生菌对 V、Cr 和 Cd 抗性评价

使用这些内生菌株对钒矿污染土壤进行修复的必要条件就是它们本身的重金属抗性。本小节采用最小重金属抑制浓度（minimum inhibitory concentrations，MIC）作为重金属抗性评价指标，由表 5.2 可以看出，大多数内生菌株显示出对 V、Cr 和 Cd 的高度抗性，尤其是 V，其抗性最高达 32 mmol/L（1 632 mg/L）。所有菌株都可耐受 20 mmol/L V（V），这可能是由于蜈蚣草根部和根际土中高度的钒污染长期驯化的结果。同时，所有菌株对三种重金属的抗性顺序均是 V>Cr>Cd。该顺序与宿主及其根际土中三种重金属的含量水平一致，这正是因为在该体系中宿主植物对内生菌群落长期保持着巨大的选择压力（Siciliano et al.，2001）。在所有内生菌株中，通过三种重金属最小抑制浓度的综合分析，菌株 PRE01 得分 2.97，拥有最大的 V、Cr 和 Cd 抗性，分别为 30 mmol/L、6 mmol/L 和 4 mmol/L（图 5.3）。

2. 内生菌对植物的促生特性

表 5.2 中概括了所有菌株的植物促生特性，包括产吲哚乙酸（indole -3-acetic acid，IAA）能力、产铁载体能力、溶解矿质磷酸盐能力和 1-氨基环丙烷-1-羧酸（ACC）脱氨酶（1-aminocyclopropane-1-carboxylate deaminase）。图 5.4 为内生菌植物促生特性评价结果。

表 5.2　分离出内生菌的重金属抗性和植物促生特性

分离菌株	菌落颜色形态	IAA/（mg/L）	铁载体（λ/λ_0）	溶解矿质磷酸盐/（mg P/L）	ACC 脱氨酶活性/[μM α-kB/（mg·h）]	MIC/（mmol/L）		
						V（V）	Cr（VI）	Cd（II）
PRE01	红，圆形	60.14±1.75	0.434	336.41±15.22	2.27±0.26	30	6	4.0
PRE02	白，圆形	18.54±0.44	0.538	199.88±1.25	1.97±0.15	32	5	1.5
PRE03	白，圆形	16.24±0.34	ND	108.61±1.05	ND	20	5	1.5
PRE04	白，圆形	29.04±2.18	0.717	176.06±5.49	ND	26	4	1.5
PRE05	白，圆形	66.95±6.29	0.525	148.01±2.25	2.16±0.17	28	6	2.0
PRE06	白，圆形	43.15±2.16	0.581	170.12±4.17	2.11±0.13	28	5	1.5
PRE07	浅黄，圆形	29.47±1.22	0.649	133.37±1.00	0.80±0.08	30	5	1.5
PSE01	黄，圆形	15.15±1.25	0.721	36.53±4.24	0.88±0.11	28	3	3.0
PSE02	灰白，圆形	ND	0.801	86.33±2.46	1.88±0.37	24	4	1.5
PLE01	白，圆形	8.15±0.25	ND	106.53±1.29	ND	26	3	1.0
PLE02	白，圆形	ND	0.706	ND	0.86±0.16	20	4	1.5
PKE01	白，圆形	46.01±0.67	0.501	145.37±3.15	ND	20	3	1.0
PKE02	黄，圆形	42.93±1.34	0.683	37.06±1.29	1.79±0.15	24	4	2.0
PKE03	粉红，圆形	33.52±0.32	0.725	136.80±3.48	ND	26	4	2.0
PKE04	橘黄，圆形	26.11±0.86	0.446	158.40±7.83	2.05±0.21	30	5	2.5

注：① ±：标准偏差；ND：未检出；IAA：生长激素吲哚乙酸

② 分泌铁载体能力（λ/λ_0）：很少，0.8～1.0；低，0.6～0.8；中，0.4～0.6；高，0.2～0.4；很高，0～0.2

③ MIC：最小重金属抑制浓度

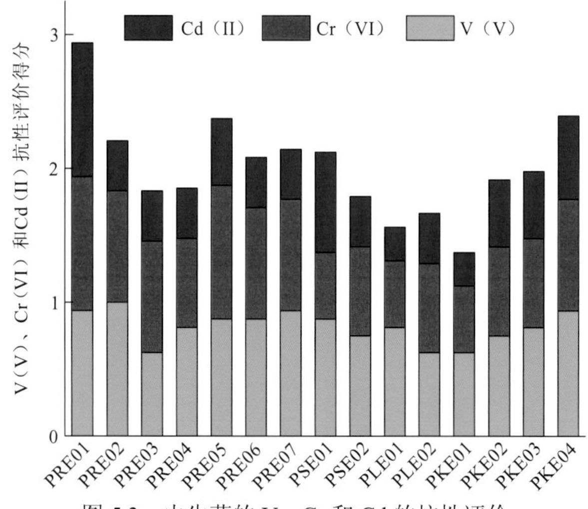

图 5.3　内生菌的 V、Cr 和 Cd 的抗性评价

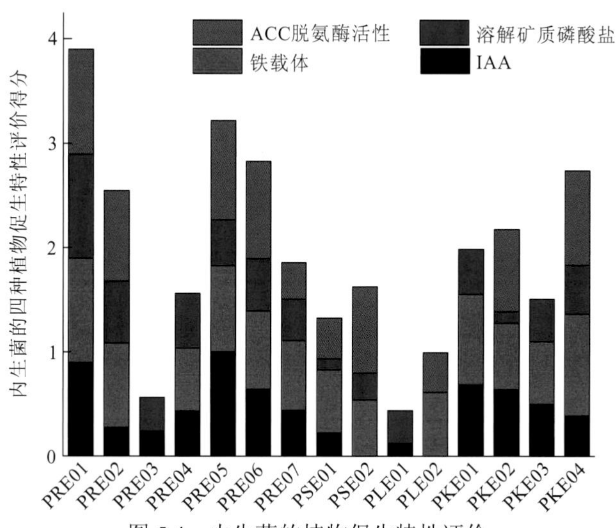

图 5.4　内生菌的植物促生特性评价

由表 5.2 和图 5.4 可知，所有菌株都至少有两种促生特性。大多数分离的菌株能够产生 8.15～66.95 mg/L 的 IAA，尤其是 PRE01 和 PRE05，产生量均超过 60 mg/L。超过 70%的分离菌株能够不同程度地产生铁载体或利用 ACC，其中，PRE01、PRE02、PRE05、PKE04 能够生产更多的铁载体。另外，大多数菌株能够溶解矿质磷酸盐，其中 PRE01 呈现最高的矿质磷溶解能力，可达 336.41 mg/L。与近期报道的蜈蚣草内生菌大多只有有限的促生特性相比（Tiwari et al.，2016；Zhu et al.，2014），对于这四种植物促生特性，本小节中蜈蚣草内生菌具有更高的水平，可能的原因是，在以前的研究中，用于筛选内生菌的蜈蚣草并不是野外生长，而是采集于未污染或人为添加污染的土壤。在这种情况下，宿主植物对内生菌的选择影响是短时的、较差的；而与此相比，本小节中分离出的内生菌是经过生长于钒矿污染区土壤（高重金属含量、寡营养物质含量）蜈蚣草长期的自然选择与驯化过程而保留下来的。

为了进一步验证内生菌的植物促生特性，选取促生特性最佳的4株内生菌PRE01、PRE05、PRE06和PKE04为接种菌剂，采用1/2MS固体培养基对印度芥菜种子进行平皿促生试验，培养一周后记录各组幼苗长度，具体结果如图5.5所示。

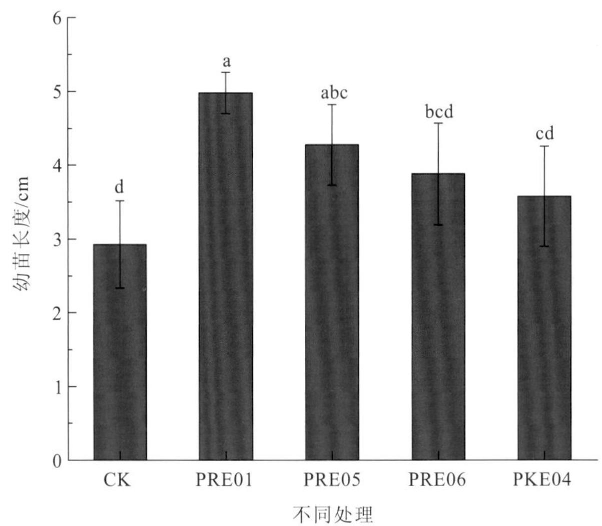

图5.5　内生菌对印度芥菜幼苗生长促进作用

图中不同字母表示处理间在$P<0.05$水平上差异显著

由图5.5可知，在1/2 MS固体培养基上，无菌培养下接种该4株内生菌均能不同程度地促进印度芥菜幼苗的萌发与生长，接种PRE01、PRE05、PRE06和PKE04可分别使芥菜幼苗苗长由对照组的2.93 cm增加到4.98 cm、4.28 cm、3.88 cm和3.58 cm，但其中只有PRE01和PRE05对芥菜幼苗的促生作用达到显著性水平（$P<0.05$）。

内生菌已被多次报道可以通过产生有益于植物生长的物质（溶解矿质磷、合成IAA、铁载体、ACC脱氨酶等）来增加植物生物量和缓解重金属对其宿主的毒性（Ma et al.，2016；Zhang et al.，2015）。内生菌释放的IAA通常会提高植物营养摄取并增加植物生物量，从而间接提高宿主植物体重金属的富集总量（Zhang et al.，2011a）。能够溶解矿质磷的内生菌表现出相似的效果，它们可以提高宿主根际生物可利用性磷素（Nautiyal et al.，2000）。Rajkumar等（2008）研究表明，由于假单胞菌PjM15较高的溶磷（88.67 mg/L）和产生IAA（39.88 mg/L）能力，在Ni、Cu和Zn胁迫下，接种该菌株的植物地上部和根部干重比对照组分别增加14%和19%。研究表明，根际中高浓度重金属的存在会诱导植物产生大量的乙烯，而这会抑制根毛生长和根系的伸长。在这种情况下，由内生菌产生的ACC脱氨酶就会减少植物乙烯含量，保护植物免除重金属胁迫损害（Ma et al.，2016）。例如，接种能分泌ACC脱氨酶的芽孢杆菌Q2BG1的油菜可以在植物组织中富集更多的Pb，同时可以保护植物免受重金属胁迫影响（Zhang et al.，2011b）。内生菌促进植物生长和缓解重金属毒性的另外一个重要机制就是通过分泌铁载体为植物根际提供更多的可吸收的铁离子。因为植物组织内过多的重金属会影响铁元素的获取，并影响植物生长发育（Płociniczak et al.，2013）。Barzanti 等（2007）研究表明大多数内生菌分泌铁载体的过程会受到重金属胁迫的刺激，并通过加速宿主庭芥铁元素获取来缓解金属毒性。由图 5.4、图 5.5 可知，对于 4 种植物促生特性，PRE01 和 PRE05 在所有分离的菌株中指标分别排在第一和第二位，且均可显著提高印度芥菜幼苗的生长。因此，选择 PRE01 和 PRE05 为目的菌株，对这两株内生菌的特性做进一步研究。

5.2.3　优势菌株的鉴定

1. 基于 16S rDNA 的物种鉴定

通过 16S rDNA 基因测序分析，内生菌 PRE01 被鉴定为 *Serratia marcescens*（黏质沙雷菌），相似度为 99.6%，系统发育树及其基因序列分别见图 5.6。另外，还通过 Biolog 微生物鉴定系统对 PRE01 进行鉴定，鉴定结果一致，也是 *Serratia marcescens*，相似度指数为 0.667（一般公认相似度指数大于 0.5 即认为鉴定结果可靠）。黏质沙雷菌 PRE01 是一种革兰氏阴性菌，兼性厌氧，近球形，短杆状，周身鞭毛，能运动，在 30℃ LB 固体平板上长成平滑的红色菌落。黏质沙雷菌在自然界分布广泛，已被报道可从水、土壤、植物分离出来（Tan et al.，2001）。目前该菌属细菌已经被开发为用于植物修复（Luo et al.，2011）、农业生产（George et al.，2013）、含铬工业废水和染料废水处理的生物菌剂（Campos et al.，2005；Verma et al.，2003）。总之，越来越多研究者关注黏质沙雷菌及其在各领域内的应用价值。值得注意的是，这是第一次从蜈蚣草体内筛选出具有高钒抗性的黏质沙雷菌。

同样的，经 16S rDNA 测序分析，内生菌 PRE05 被鉴定为 *Arthrobacter ginsengisoli*（一种节杆菌属细菌），相似度为 98.33%，系统发育树及其基因序列分别见图 5.6。另外，查询得知 GEN III 数据库（v2.7）中还没有录入该菌株，因而 Biolog 微生物鉴定结果不一致。节杆菌 PRE05 是一种革兰氏阳性菌，专性好氧，杆状，无鞭毛，不运动，在 30℃的 LB 固体平板上长成平滑的白色菌落。节杆菌属细菌在自然界分布广泛，尤其是土壤环境，目前已被报道从多种植物根际土壤或植物体内分离出，该菌属细菌多被开发为植物促生菌，协同植物修复重金属污染土壤或水体（Prum et al.，2018；Xu et al.，2018；Pan et al.，2017）。

2. 基于 Biolog Gen III 板的生理生化鉴定

为了获得更好的钒矿污染土壤植物修复强化效果，必须对接种细菌的生存和定植能力进行研究，因此采用 Biolog Gen III 微平板对两株细菌进行了生理生化特征的测定，结果见图 5.7。该平板测试包括 71 种碳源和 23 种化学物质敏感性测试，具体见图 5.8。根据菌株 PRE01 和 PRE05 在 Biolog Gen III 微平板上的特征指纹图谱，菌株 PRE01 可以利用 71 种碳源中的 65 种，其中 40 种高效利用；菌株 PRE05 可利用 71 种碳源中的 61 种，

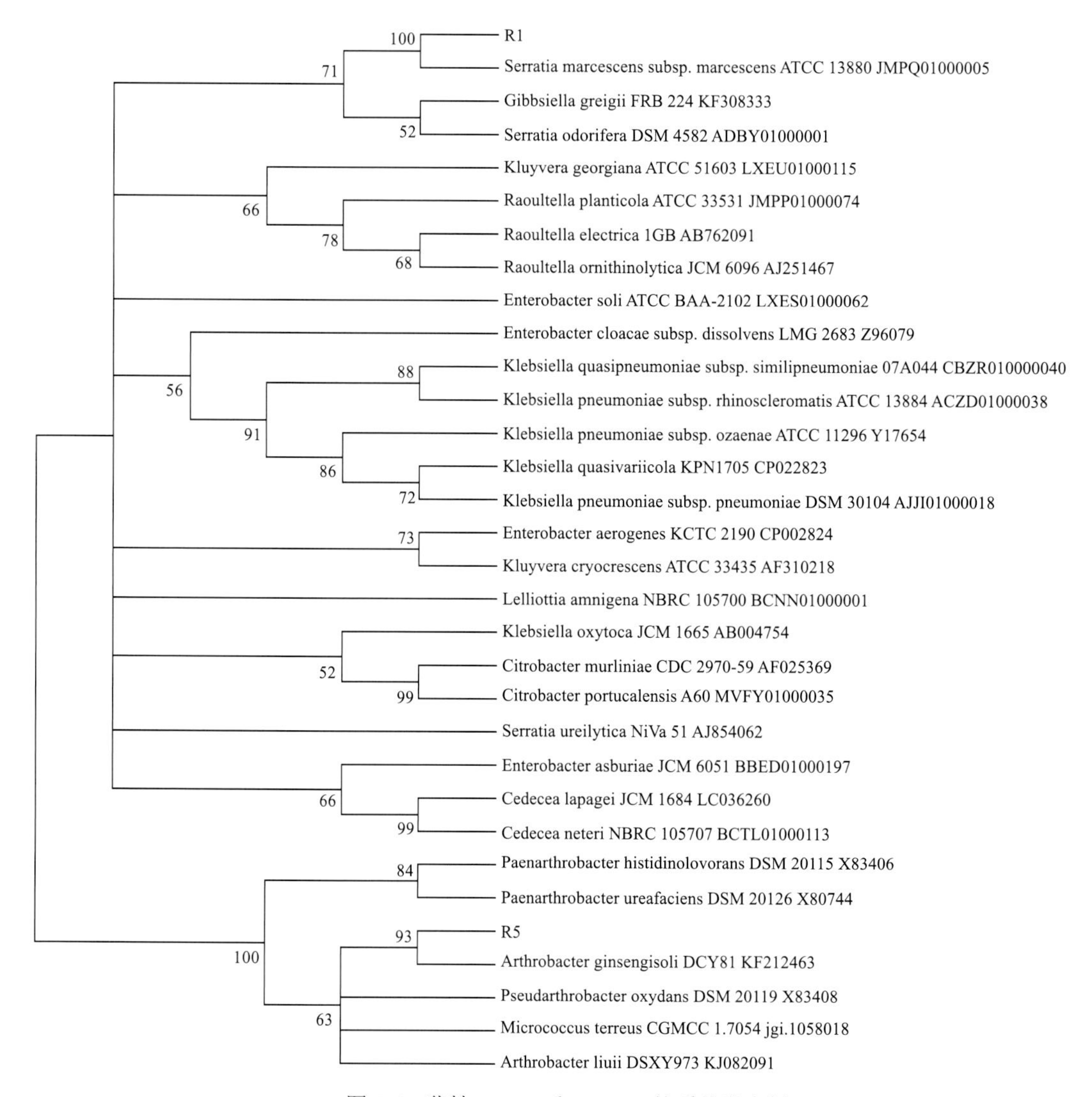

图 5.6 菌株 PRE01 和 PRE05 的系统发育树

其中 30 种高效利用。尤其发现这两株内生菌均能高效利用生长于污染区的蜈蚣草等植物根系分泌物中的苹果酸、乙酸、柠檬酸和其他类碳源（Das et al.，2017；Haichar et al.，2008），而这有助于菌株在它们宿主植物根系进行定植，促进两者间的互利共生。根据 23 种化学物质检测，PRE01 表现出对 4%浓度 NaCl 和 pH 为 5 的环境条件耐受性；而 PRE05 可耐受 pH 为 6 和 8%以内高浓度 NaCl。另外，PRE01 还对醋竹桃霉素、林可霉素、利福霉素钠等表现出抗生素抗性，这会提高它对本土分泌抗生素菌群的竞争优势，PRE01 还可利用四唑紫和四唑蓝，表现出很强的还原能力，对土壤中重金属形态转化起重要作用。总之，上述结果均表明黏质沙雷菌 PRE01 和节杆菌属细菌 PRE05 作为强化植物修复目的的生物菌剂使用时，在面对生物的或非生物的环境胁迫下拥有竞争优势，其中又以 PRE01 菌株竞争优势更为明显。

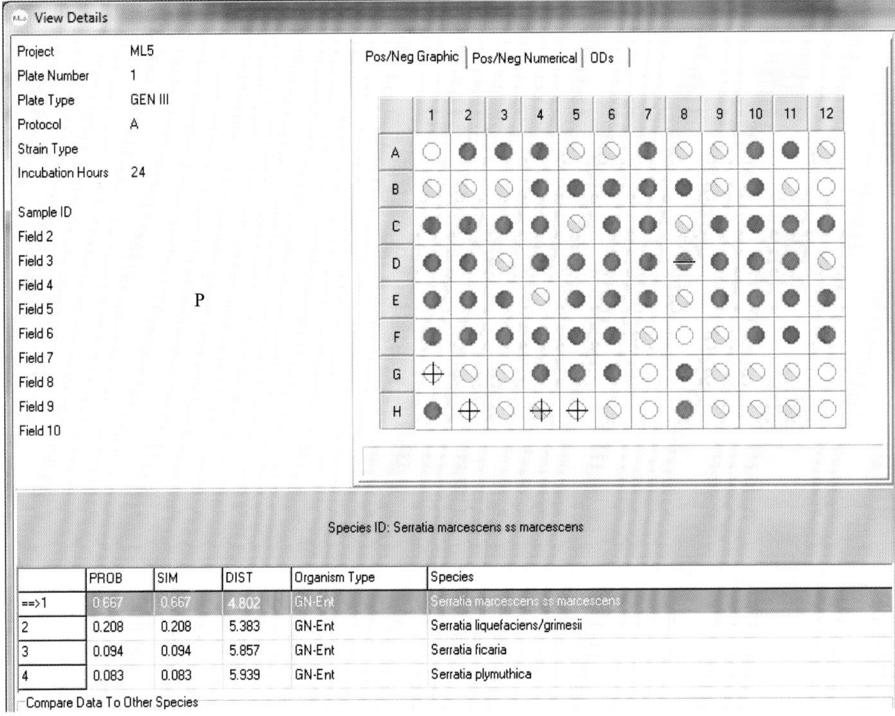

（a）PRE01

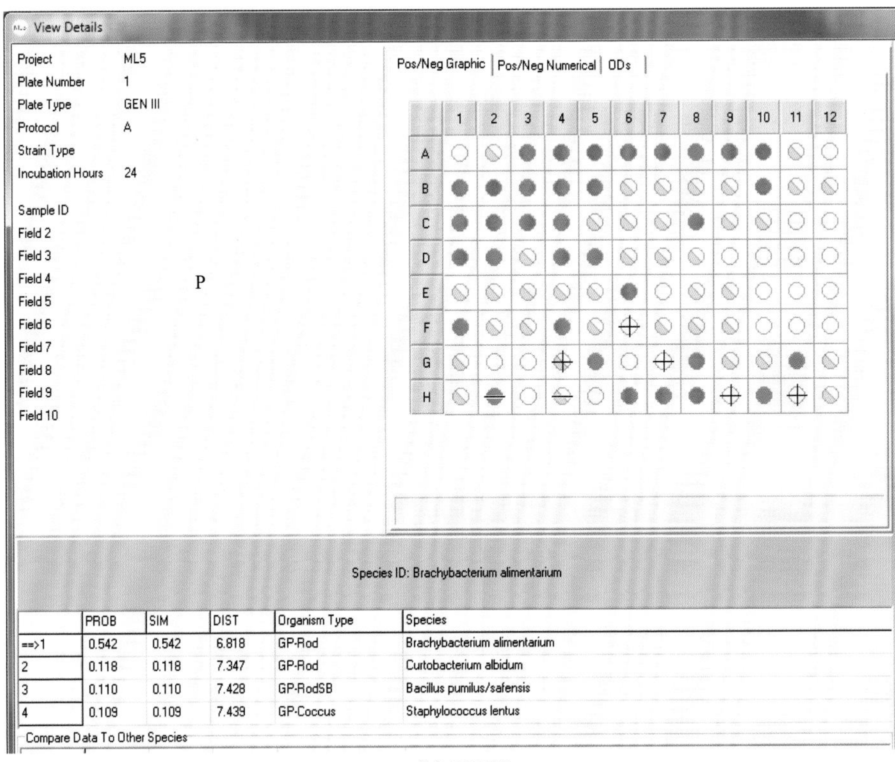

（b）PRE05

图 5.7　菌株 PRE01 和 PRE05 Biolog Gen III 板指纹图谱

A1 Negative Control 阴性对照	A2 Dextrin 糊精	A3 D-Maltose D-麦芽糖	A4 D-Trehalose D-海藻糖	A5 D-Cellobiose D-纤维二糖	A6 Gentiobiose 龙胆二糖	A7 Sucrose 蔗糖	A8 D-Turanose D-松二糖	A9 Stachyose 水苏糖	A10 Positive Control 阳性对照	A11 pH 6	A12 pH 5
B1 D-Raffinose 蜜三糖，棉子糖	B2 α-D-Lactose α-D-乳糖	B3 D-Melibiose 蜜二糖	B4 β-Methyl-D-Glucoside β-甲酰-D-葡糖苷	B5 D-Salicin D-水杨苷	B6 N-Acetyl- D-Glucosamine N-乙酰-D-葡糖胺	B7 N-Acetyl-β-DMannosamine N-乙酰-β-D-甘露糖胺	B8 N-Acetyl- D-Galactosamine N-乙酰-D-半乳糖胺	B9 N-Acetyl Neuraminic Acid N-乙酰神经氨酸	B10 1% NaCl	B11 4% NaCl	B12 8% NaCl
C1 α-D-Glucose α-D-葡糖	C2 D-Mannose D-甘露糖	C3 D-Fructose D-果糖	C4 D-Galactose D-半乳糖	C5 3-Methyl Glucose 3-甲酰葡糖	C6 D-Fucose D-岩藻糖	C7 L-Fucose L-岩藻糖	C8 L-Rhamnose L-鼠李糖	C9 Inosine 肌苷	C10 1% Sodium Lactate 乳酸钠	C11 Fusidic Acid 梭链孢酸	C12 D-Serine D-丝氨酸
D1 D-Sorbitol D-山梨醇	D2 D-Mannitol D-甘露醇	D3 D-Arabitol D-阿拉伯醇	D4 myo-Lnositol 肌醇	D5 Glycerol 甘油	D6 D-Glucose-6-PO4 D-葡糖-6-磷酸	D7 D-Fructose-6-PO4 D-果糖-6-磷酸	D8 D-Aspartic Acid D-天冬氨酸	D9 D-Serine D-丝氨酸	D10 Troleandomycin 醋竹桃霉素	D11 Rifamycin SV 利福霉素SV	D12 Minocycline 二甲胺四环素
E1 Gelatin 明胶	E2 Glycyl- L-Proline 氨基乙酰-L-脯氨酸	E3 L-Alanine L-丙氨酸	E4 L-Arginine L-精氨酸	E5 L-Aspartic Acid L-天冬氨酸	E6 L-Glutamic Acid L-谷氨酸	E7 L-Histidine L-组胺	E8 L-Pyroglutamic Acid L-焦谷氨酸	E9 L-Serine L-丝氨酸	E10 Lincomycin 林肯霉素，洁霉素	E11 Guanidine HCl 盐酸胍	E12 Niaproof 4 硫酸四癸钠
F1 Pectin 果胶	F2 D-Galacturonic Acid D-半乳糖醛酸	F3 L-Galactonic Acid Lactone L-半乳糖醛酸内酯	F4 D-Gluconic Acid D-葡糖酸	F5 D-Glucuronic Acid D-葡糖醛酸	F6 Glucuronamide 葡糖醛酰胺	F7 Mucic Acid 粘酸；粘液酸	F8 Quinic Acid 奎宁酸	F9 D-Saccharic Acid 糖质酸	F10 Vancomycin 万古霉素	F11 Tetrazolium Violet 四唑紫	F12 Tetrazolium Blue 四唑蓝
G1 p-Hydroxy- Phenylacetic Acid p-羟基-苯乙酸	G2 Methyl Pyruvate 丙酮酸甲酯	G3 D-Lactic Acid Methyl Ester D-乳酸甲酯	G4 L-Lactic Acid L-乳酸	G5 Citric Acid 柠檬酸	G6 α-Keto-Glutaric Acid α-酮-戊二酸	G7 D-Malic Acid D-苹果酸	G8 L-Malic Acid L-苹果酸	G9 Bromo-Succinic Acid 溴-丁二酸	G10 Nalidixic Acid 萘啶酮酸	G11 Lithium Chloride 氯化锂	G12 Potassium Tellurite 亚碲酸钾
H1 Tween 40 吐温40	H2 γ-Amino-Butyric Acid γ-氨基-丁酸	H3 α-Hydroxy- Butyric Acid α-羟基-丁酸	H4 β-Hydroxy-D,L Butyric Acid β-羟基-D,L丁酸	H5 α-Keto-Butyric Acid α-酮-丁酸	H6 Acetoa cetic Acid 乙酰乙酸	H7 Propionic Acid 丙酸	H8 Acetic Acid 乙酸	H9 Formic Acid 甲酸	H10 Aztreonam 氨曲南	H11 Sodium Butyrate 丁酸钠	H12 Sodium Bromate 溴酸钠

图 5.8 Biolog Gen III 板碳源及化学物质分布

5.2.4　内生菌的重金属解毒作用

1. 不同重金属离子对内生菌生长的影响

1）对 PRE01 生长的影响

由图 5.9 可见，在含不同 V、Cr 和 Cd 质量浓度（20 mg/L 和 100 mg/L）的 LB 培养液中，PRE01 的生长曲线表现出相似的停滞期。然而菌株的生物量和最大比生长速率（μ_{max}）受重金属浓度和毒性的影响很大（图 5.9 和图 5.10）。在低浓度重金属下，细菌的生物量和 μ_{max} 没有太大变化，这表明 PRE01 对单一或混合重金属有较强抗性。而在高浓度重金属下，与未添加重金属组相比，接种 72 h 后，V、Cr 和 Cd 组细菌生物量分别从 2.815 减小到 2.809、2.287 和 1.667；μ_{max} 分别从 0.265 减小到 0.246 OD_{600}/h、0.208 OD_{600}/h 和 0.158 OD_{600}/h[图 5.9 和图 5.10（b）]。可见，Cd 对 PRE01 的毒性最大，Cr 次之，V 毒性最小。另外还发现低浓度的 V 和 Cd 会使 PRE01 细胞产生毒性兴奋效应，一定程度刺激细菌的生长。

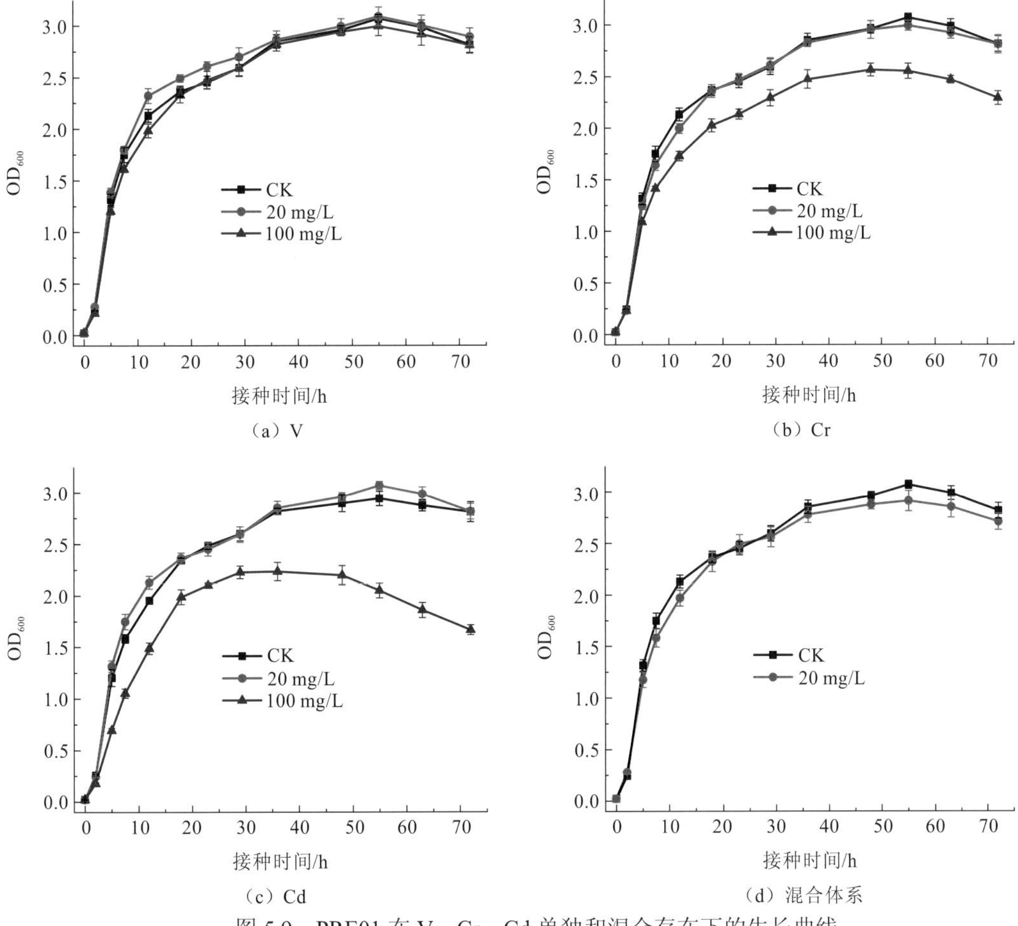

图 5.9　PRE01 在 V、Cr、Cd 单独和混合存在下的生长曲线

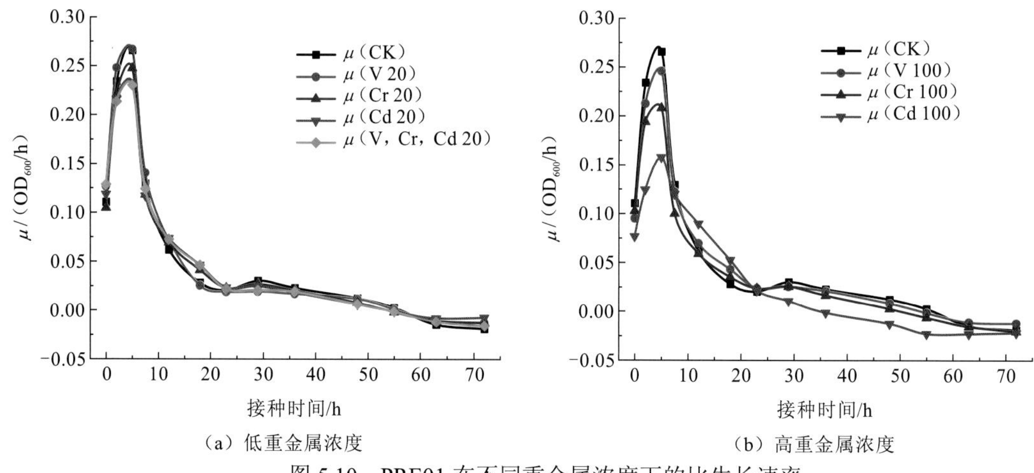

（a）低重金属浓度 （b）高重金属浓度

图 5.10 PRE01 在不同重金属浓度下的比生长速率

2）对 PRE05 生长的影响

图 5.11、图 5.12 为 PRE05 在含不同 V、Cr 和 Cd 浓度（20 mg/L 和 100 mg/L）的 LB 培养液中生长状况，结果显示，PRE05 的生长受重金属胁迫影响明显，菌株的生物量和最大比生长速率（μ_{max}）受重金属浓度和毒性的影响很大。在低浓度条件下，V 和 Cr 对 PRE05 生长无明显影响，而 Cd 会抑制其生长。在三种重金属混合胁迫下影响更为明显。而在高浓度条件下，与未添加重金属组相比，接种 72 h 后，V、Cr 和 Cd 组细菌生物量分别从 2.42 减小到 2.308、1.737 和 1.473；μ_{max} 分别从 0.194 OD_{600}/h 减小到 0.177 OD_{600}/h、0.123 OD_{600}/h 和 0.106 OD_{600}/h（图 5.11 和图 5.12）。可见，Cd 对 PRE05 的毒性最大，Cr 次之，V 毒性最小。

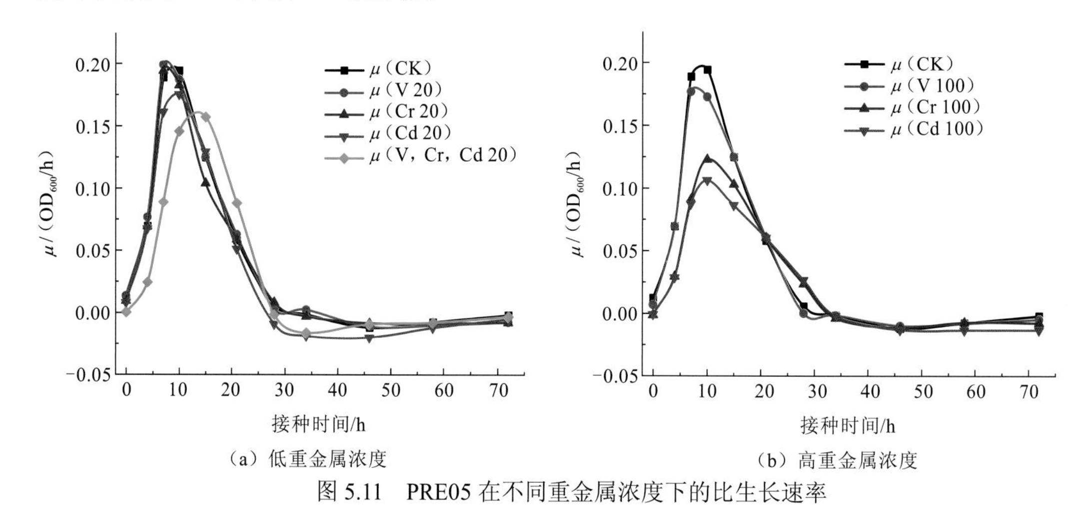

（a）低重金属浓度 （b）高重金属浓度

图 5.11 PRE05 在不同重金属浓度下的比生长速率

对比分析 PRE01 和 PRE05 在重金属胁迫下的生长状况可以看出，两株细菌在生长周期上存在很大差异，Serratia PRE01 在培养超过 50 h 时达到最大生物量（2.943），比生长速率开始为负，而 Arthrobacter PRE05 在培养 30 h 前就已经达到最大生物量（2.733），

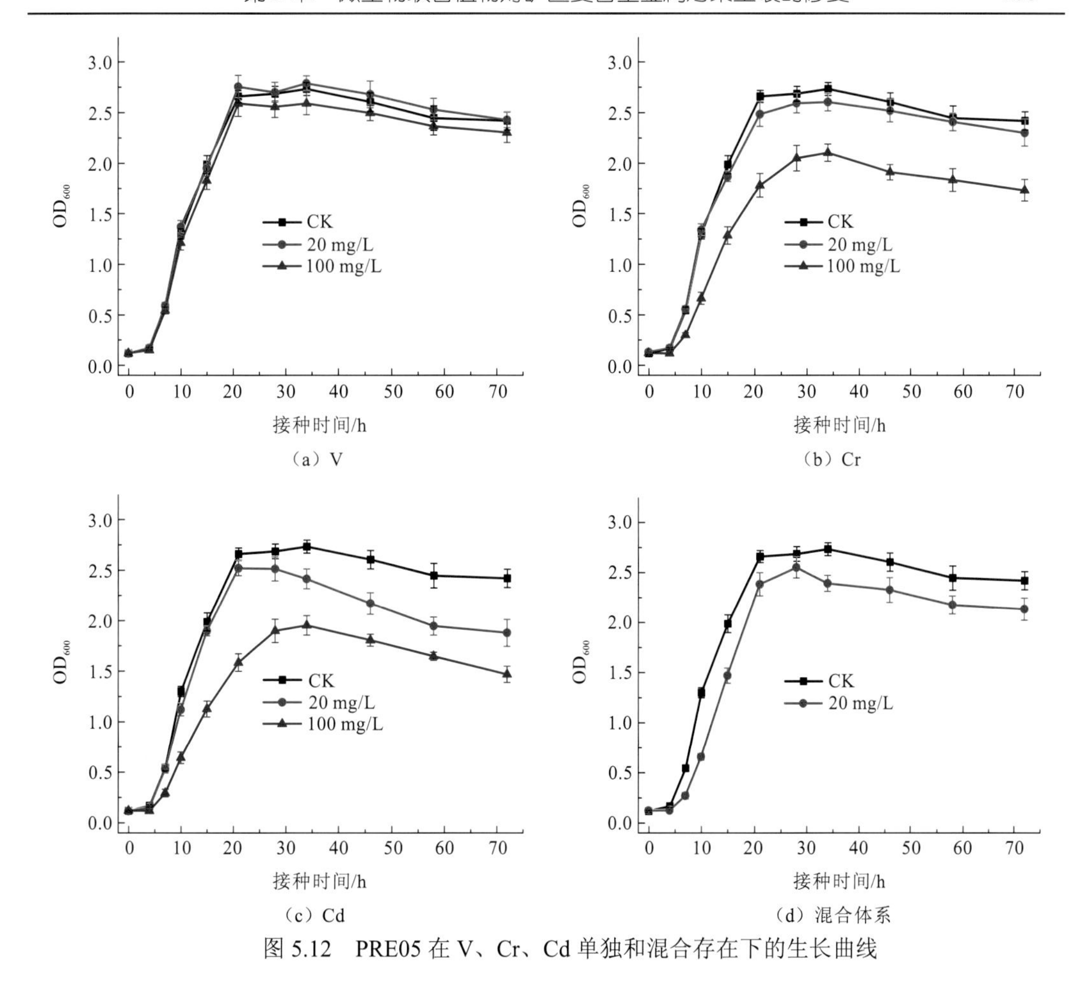

图 5.12　PRE05 在 V、Cr、Cd 单独和混合存在下的生长曲线

比生长速率开始为负；另外无论是在最大生物量和最大比生长速率上，PRE01 都要高于 PRE05；同时 PRE01 对三种重金属的抗性都要优于 PRE01，尤其在低重金属浓度条件下，PRE01 几乎不受重金属胁迫影响。

总之，三种重金属会影响内生菌 PRE01 和 PRE05 的生长动力学参数，并且其对细菌生物量和 μ_{max} 的抑制效应取决于重金属的浓度和毒性，且 PRE01 的重金属耐性要优于 PRE05。

2. 内生菌对 V、Cr 和 Cd 的生物吸附

1）PRE01 对 V、Cr 和 Cd 的生物吸附

根据图 5.13 可看出，内生菌 PRE01 更偏好吸附阳离子重金属。在 72 h 时，PRE01 对 20 mg/L 和 100 mg/LCd^{2+}的最大解毒率分别为 97.6%和 32.7%[图 5.13（c）]，而这恰好解释了为何 PRE01 的 Cd 抗性远高于其他内生菌；而对 20 mg/L、100 mg/L VO_3^- 和 $Cr_2O_7^{2-}$（以 V、Cr 元素计），最大去除率分别为 6.6%、10.1%和 21.7%、16.2%[图 5.13（a）和（b）]。另外，PRE01 细菌细胞对阳离子 Cd^{2+}的结合比对阴离子 VO_3^-和 $Cr_2O_7^{2-}$ 结合更加紧密，并不会随细菌生长期的延长而再次释放出 Cd^{2+}。

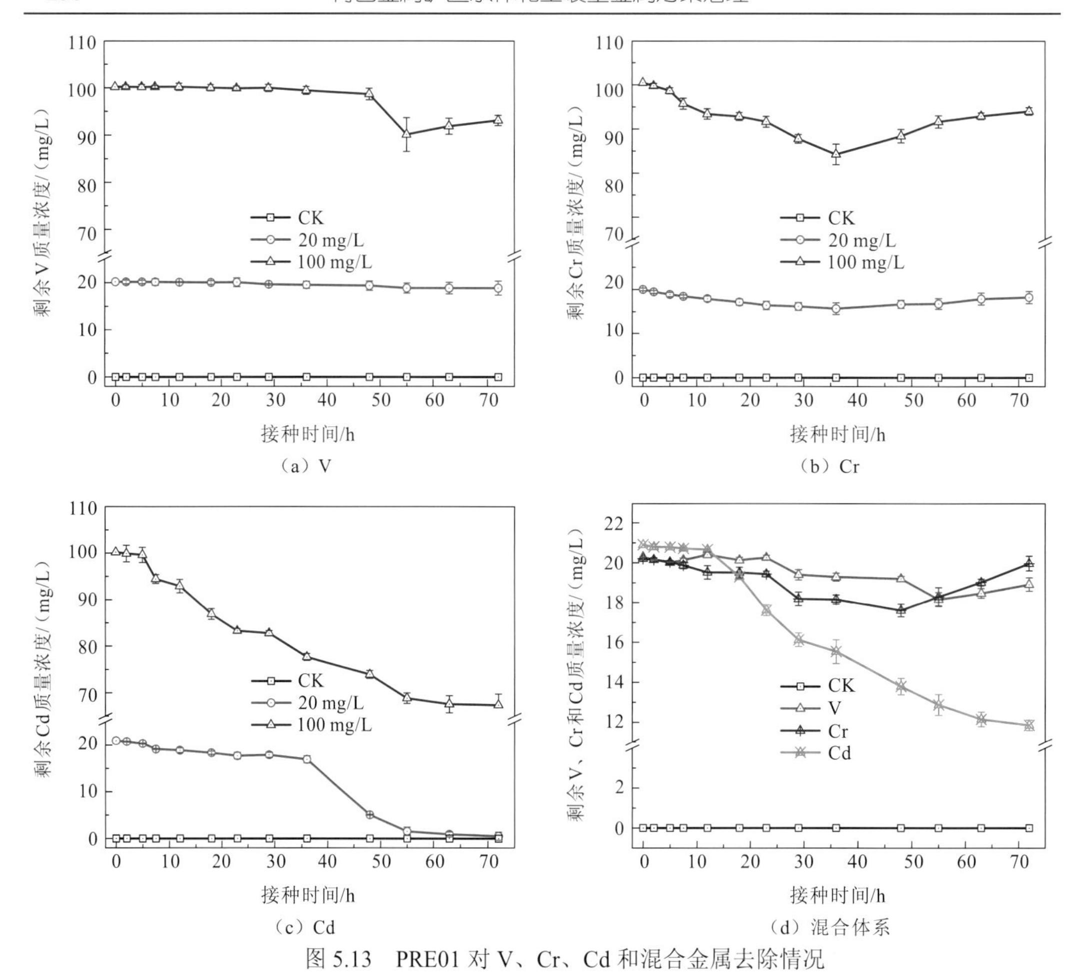

图 5.13 PRE01 对 V、Cr、Cd 和混合金属去除情况

为了研究 PRE01 在 V、Cr 和 Cd 复合污染条件下对三种重金属的吸附行为，把菌株接种到含有 20 mg/L V、Cr 和 Cd 培养液中进行培养。在三种重金属复合污染体系中，观察到了相似的吸附特征。PRE01 对 Cd、Cr 和 V 三种重金属最大去除率分别为 43.3%、12.9%和 10.2%[图 5.13（d）]，但三种重金属混合存在下 PRE01 对 Cd^{2+}的吸附受其他两种重金属影响明显，去除率由 97.6%降低到 43.3%，下降了 54.3 个百分点。值得注意的是，观察到一种特殊的现象，PRE01 对重金属的吸附过程要滞后于细胞的生长，在菌株生长初期，培养液中重金属浓度保持一定的平衡，生长到稳定期时重金属浓度才迅速下降。而这也与 Guo 等（2010）的研究中，内生菌 EBL14 对 Cd 和 Pb 的吸附行为相一致。这可以解释为，这些内生菌的重金属抗性系统中重金属外排作用很强，在早期吸附过程中可以与吸附作用相平衡。

2）PRE05 对 V、Cr 和 Cd 的生物吸附

如图 5.14 所示，内生菌 PRE05 也是更偏好吸附阳离子重金属。PRE05 对 20 mg/L 和 100 mg/L Cd^{2+}的最大解毒率分别为 78.0%和 21.6%[图 5.14（c）]；而对 20 mg/L、100 mg/L VO_3^-和 $Cr_2O_7^{2-}$（以 V、Cr 元素计），最大去除率分别为 17.1%、8.9%和 14.9%、

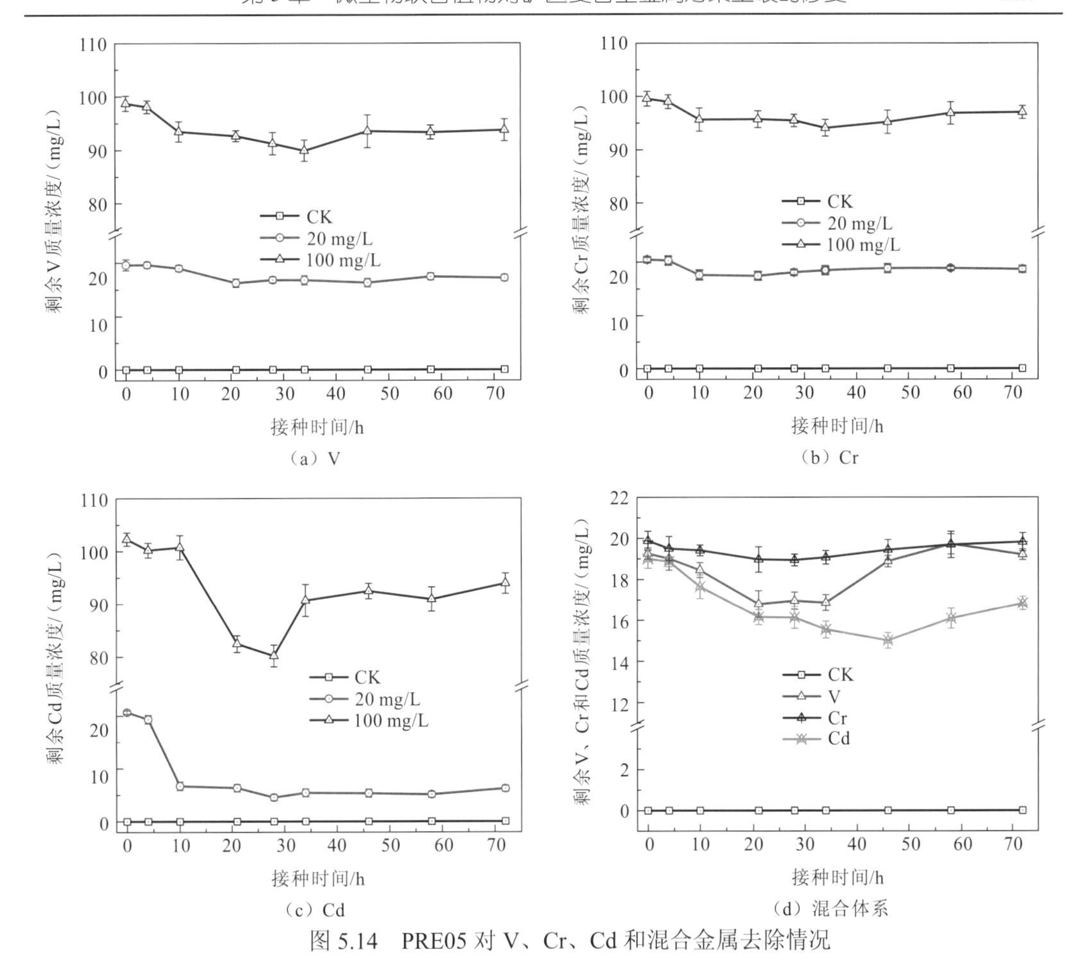

图 5.14　PRE05 对 V、Cr、Cd 和混合金属去除情况

5.5%[图 5.14（a）和（b）]。而在混合体系下，PRE05 对 Cd^{2+}去除率为 21.0%，去除率受复合重金属共存影响明显。另外，发现 PRE05 对三种重金属离子的吸附并不稳定，会随着细胞生长或破裂而再次释放，且在高浓度重金属胁迫下，细菌细胞再次释放的重金属离子越多。

对比分析两株细菌对三种重金属离子的吸附作用可知，PRE01 和 PRE05 对阳离子 Cd^{2+}的吸附都要大于对其他两种阴离子的吸附；另外，PRE01 无论从对 Cd^{2+}的去除率还是结合紧密程度上都要优于 PRE05，吸附的 Cd^{2+}不会再次释放；同时，两株细菌对重金属的吸附起始时间也不同，PRE05 对重金属的吸附要早于 PRE01，这可能与 PRE05 的生长周期要短于 PRE01 有关。

3. 内生菌对 V（V）和 Cr（VI）的生物还原

在重金属污染土壤中，V 和 Cr 主要以 V（V）和 Cr（VI）的形态存在。同时，它们的毒性又分别是 V（IV）和 Cr（III）数十倍甚至上百倍。因此，研究内生菌对这两种重金属离子的还原解毒能力，PRE01 试验结果见图 5.15，而 PRE05 接种组未发现还原作用，因此未列出。

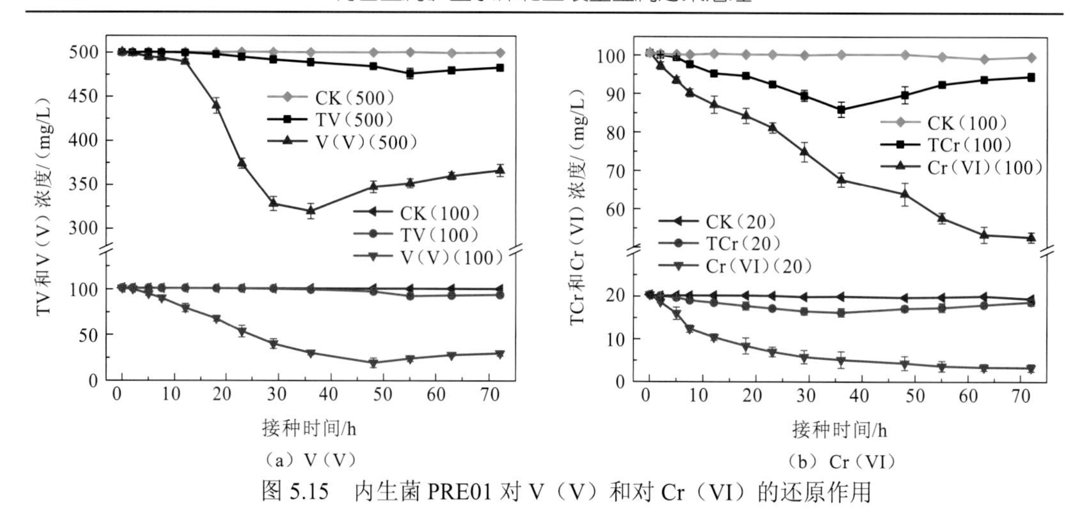

图 5.15 内生菌 PRE01 对 V（V）和对 Cr（VI）的还原作用

试验结果表明，在高浓度重金属条件下，内生菌 PRE01 能够将 V（V）还原成 V（IV），且在钒离子质量浓度高达 500 mg/L 时细菌生长仍不受抑制。对于 100 mg/L 和 500 mg/L 的 V（V），PRE01 最大的去除率分别为 81.1%和 36.1%[图 5.15（a）]。值得注意的是，在两种浓度条件下，菌株达到最大去除率的时间不同，这表明 PRE01 对两种浓度 V（V）的还原动力学存在差异。与此不同，PRE01 对 Cr（VI）的去除率与细胞生长相一致，对 20 mg/L 和 100 mg/L Cr（VI）的最大去除率分别为 84.4%和 47.8%[图 5.15（b）]。可以看出，PRE01 更偏好于采用还原的方式来降低两种阴离子重金属的毒性。

据报道，生长在污染区的植物能够招募具有特定基因型的细菌，并使其定植于植物根际或组织内进行污染物毒性解毒，而且这种选择有污染物特异性（Siciliano et al.，2001）。黏质沙雷内生菌 PRE01 是从生长在钒矿污染土壤的蜈蚣草根部分离而得，而且它已经进化出不同的解毒策略来保证在高浓度 V、Cr 和 Cd 复合污染条件下的正常生存。通过强大的 V（V）和 Cr（VI）还原和 Cd 的吸附作用，该菌株对于 V、Cr 和 Cd 污染具有特定的解毒能力。

5.2.5 接种 PRE01 对污染土壤中 V、Cr、Cd 的活化作用

土壤中重金属形态和生物可利用性是影响植物修复效果的关键因素（Ali et al.，2013）。在特定的环境条件下，不同重金属形态表现出不同的迁移转化行为。通过改进 BCR 法提取的弱酸提取态、可还原态、可氧化态重金属含量，尤其是弱酸提取态，预示着土壤中潜在的生物可利用的重金属的含量（Teng et al.，2011；Tokalıoğlu et al.，2005）。近年来，许多研究已表明具有高度重金属抗性的内生菌能够通过分泌金属螯合物（铁载体、表面活性剂、有机酸），氧化还原活动和溶解磷酸盐来增加土壤中重金属的生物可利用性（Liu et al.，2017；Ma et al.，2011）。鉴于 PRE01 对 Cd 优异的吸附作用和对 V、Cr 强的还原作用，进行了菌株 PRE01 对实际污染土壤中三种重金属形态转化的影响试验，结果如图 5.16 所示，结果发现，钒矿污染土壤中不同重金属的各 BCR 形态占比有

很大差异，其中 V、Cr 和 Cd 的残渣态分别为 51.7%、81.7%、19.7%，大部分不能被植物直接利用。接种 PRE01 能够改变污染土壤中重金属形态。与对照组相比，弱酸提取态钒质量分数从 9.8%显著增加到 15.4%（48.4～75.6 mg/kg）；很小一部分残渣态铬转化为可氧化态铬，而这正是由于 PRE01 优良的产铁载体、溶解矿质磷、V（V）和 Cr（VI）的还原性能（表 5.2，图 5.15）。和其他两种重金属不同，弱酸提取态镉一部分转化为可氧化态镉，而可氧化态镉一般为有机结合态的镉，这恰巧和 PRE01 对镉离子的强的生物吸附作用一致[图 5.13（c）]。同时，随着内生菌 PRE01 从根际侵染到植物体内，宿主植物可以富集这部分内生菌细胞吸附的镉。内生菌 PRE01 在钒矿污染土壤中能够很好地生存，并具有改变重金属形态和活化 V、Cr、Cd 的特定能力，从而在内生菌和宿主植物的长期相互作用中，加速植物对重金属的吸收和转运。

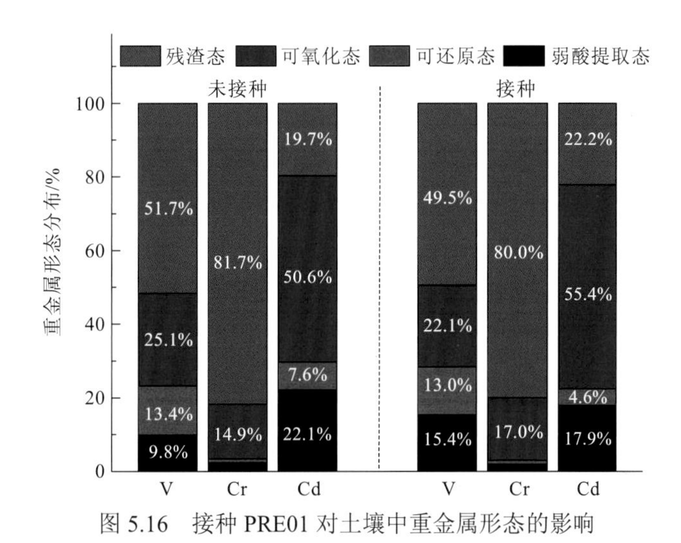

图 5.16　接种 PRE01 对土壤中重金属形态的影响

对照组和接种组弱酸提取态 Cr 分别为 2.4%和 1.9%；可还原态为 1.0%和 1.1%

5.3　内生菌协同植物修复重金属污染土壤效应和植物生理生化响应

近年来，采用性能优异的内生菌来强化植物修复重金属污染土壤已成为新的研究热点。许多采用内生菌协同植物来修复不同污染物的研究已经被报道。但需要注意的是，已有部分研究指出一些内生菌与非宿主植物存在不亲和性（Khaksar et al.，2016）。内生菌是否均能定植到各种非宿主植物组织内部并促进植物对污染物的修复作用仍有待研究。重金属超富集植物通常只对某一种重金属具有超累积作用，而像钒矿重金属污染修复过程中往往需要搭配多种富集植物协同去除土壤中 V、Cr、Cd 等重金属污染。因此，探索内生菌对非宿主植物的作用效果就具有重大意义，这关系内生菌强化重金属污染土壤修复实践的应用范围与价值。

5.2 小节中已成功优选出多种具有 V、Cr、Cd 抗性和植物促生特性的内生菌株，本小节以其中重金属抗性和植物促生特性综合评分排在前两位的内生菌 Serratia PRE01 和 Arthrobacter PRE05 为接种菌株。印度芥菜作为一种镉超富集植物，不仅能超富集土壤中 Cd，对 Cr、V 也有一定富集效果，那么在钒矿污染土壤植物修复实践时正好作为蜈蚣草 Cd 富集能力欠缺的有效补充。因此，研究了在 V、Cr、Cd 污染胁迫下，接种内生菌对宿主植物蜈蚣草和非宿主植物印度芥菜植株生长及重金属富集、转运的影响规律及差异；同时考察内生菌接种对植物叶绿素含量、氧化损伤及抗氧化酶活性等生理生化特性的影响，以求确定内生菌接种对宿主植物和非宿主植物修复过程的影响。

5.3.1 内生菌协同强化植物修复试验方法

本试验主要设置两个组，即分别以宿主植物蜈蚣草和非宿主植物印度芥菜为植物修复材料，研究内生菌对其植物修复效果的影响规律与差异。每个组设置 6 个处理，各处理方式及命名见表 5.3，每个处理设置三个平行，保证各组植物材料大小一致性。盆栽试验采用直径 16.5 cm、高 10.5 cm 的花盆，每盆放置 1.0 kg 试验用土。其中，蜈蚣草以幼苗移栽方式种植，每盆 1 株；印度芥菜种子经表面灭菌后播种于花盆，一周后印度芥菜间苗至三株。两种植物均稳定一周后对相应处理进行内生菌接种，将 50 mL 接种液浇灌至各处理幼苗根际，每个月接种一次，试验周期为 3 个月，共接种三次，以灭菌接种液为空白对照。

表 5.3 各组试验处理方式及命名

处理代号	处理方式	处理代号	处理方式
CK	无重金属无接种	CK+	加重金属无接种
E01	无重金属接种 PRE01	E01+	加重金属接种 PRE01
E05	无重金属接种 PRE05	E05+	加重金属接种 PRE05

整个盆栽试验于北京科技大学植物修复基地进行，每隔一段时间随机更换摆放位置，期间保证各处理光照、水分含量等植物生长条件相一致。尤其是印度芥菜，在植物生育期内应该注意病虫害防治。试验周期末，记录每组植物的地上部、根部干重，测定植物叶片叶绿素含量，测定叶片中 SOD、POD、CAT 等抗氧化酶活性和脂质过氧化物浓度，测定地上、地下两部分的重金属含量，计算其转运系数、富集系数等。

试验用土取自北京科技大学植物修复基地 0～20 cm 表层土，土壤过 2 mm 筛后备用。根据试验要求配制重金属 V、Cr、Cd 的质量分数分别为 200 mg/kg、150 mg/kg、3 mg/kg 的模拟污染土壤，并老化一个月备用。

5.3.2 内生菌对植物生长的影响

植物生物量是影响植物修复效率的关键因素，在植物重金属富集量一定的情况下，植物生物量越大，其累积的重金属也就越多。可以说提高重金属修复植物的生物量也是提高植物对重金属污染修复效率的一个重要方向。因此，考察内生菌对植物生长的促进作用至关重要。从生长于石煤钒矿冶炼区蜈蚣草组织内分离得到的15株菌株中，选取两株植物促生特性和重金属抗性最优的内生菌 PRE01 和 PRE05 作为供试菌株，研究了其在无污染和 V、Cr、Cd 复合污染条件下对宿主植物蜈蚣草和非宿主植物印度芥菜株高、根长和生物量的影响，试验结果见图5.17、图5.18。

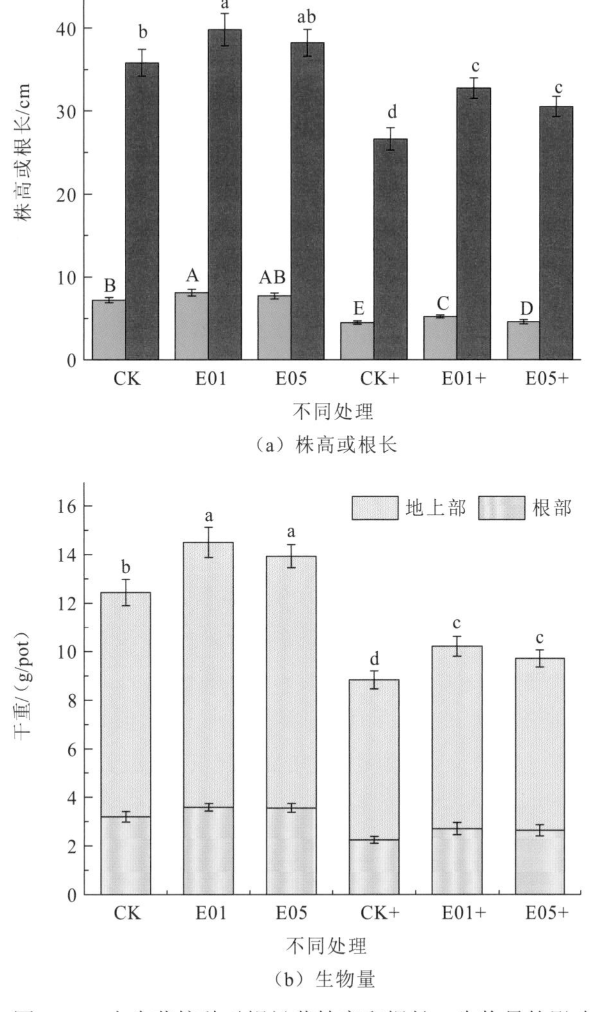

图5.17　内生菌接种对蜈蚣草株高和根长、生物量的影响

图中不同字母表示处理间在 $P<0.05$ 水平上差异显著

图 5.18　重金属胁迫下内生菌接种对蜈蚣草生长的影响

CK+为未接种对照，E01+和 E05+分别为 PRE01 和 PRE05 接种处理

图 5.17 为接种内生菌对宿主植物蜈蚣草株高、根长和生物量的影响。可以看出，内生菌对蜈蚣草株高和生物量影响规律基本一致。在有无重金属添加处理下，接种 PRE01 和 PRE05 对蜈蚣草生长都产生了显著的促进作用，且具有统计学差异（$P<0.05$）。在不加重金属条件下，PRE01 和 PRE05 可分别使蜈蚣草株高增加 11.2%和 6.2%，根长增加 12.5%和 7.0%；使蜈蚣草生物量分别由 12.44 g/pot 增加到 14.50 g/pot 和 13.93 g/pot，较对照组提高了 16.6%和 12.0%，表明这两株内生菌在无污染条件下可显著促进蜈蚣草生长。

在 V、Cr、Cd 复合处理中，无论是接菌处理和不接菌处理，蜈蚣草的生长发育受到明显的抑制和重金属的毒害，表现为株高、根长减小，大龄叶片发黄，分蘖数减少等（图 5.18）。但由图 5.17 可发现接种内生菌对蜈蚣草生长和抵抗 V、Cr、Cd 胁迫具有积极效应。与对照组相比，菌株 PRE01 可使蜈蚣草株高增加 22.9%，根长增加 16.3%，生物量增加 15.6%；菌株 PRE05 可使蜈蚣草株高增加 14.6%，根长增加 2.3%，生物量增加 10.0%。这些结果均说明内生菌 PRE01 和 PRE05 可有效促进其宿主植物蜈蚣草的生长，且促生效果 PRE01 要优于 PRE05。

图 5.19 为接种内生菌对非宿主植物印度芥菜的株高、根长和生物量的影响。可以发现，接种两株促生细菌均能有效促进印度芥菜植株生长。在无重金属添加下，与未接种组相比，PRE01 和 PRE05 可分别使印度芥菜株高增加 9.1%和 7.4%，生物量增加 12.4%和 12.6%。尽管接种两种菌株并没有显著促进芥菜主根长的变化，但可显著增加其根生物量，同时在收取植物时也发现，接种组印度芥菜根系更加发达。

在 V、Cr、Cd 重金属处理组，印度芥菜的生长也受到明显抑制，这也间接说明钒矿复合重金属污染的高毒性效应。但内生菌的添加能够显著改善植物毒性胁迫，菌株 PRE01 可使芥菜株高增加 9.7%，干重增加 16.8%；菌株 PRE05 使芥菜株高提高了 9.1%，干重增加了 15.5%。

表 5.4 为内生菌接种对植物根部耐性指数（root tolerance index，RTI）的影响，可以看出，蜈蚣草对 V、Cr 和 Cd 复合重金属的耐性指数要大于印度芥菜，同时，两株内生菌的接种均能明显提高蜈蚣草和印度芥菜对钒矿污染的根部耐性指数。其中，PRE01 作用最为明显，可使蜈蚣草 RTI 由 0.70 提高到 0.85，使印度芥菜由 0.67 提高到 0.79。总之，PRE01 和 PRE05 接种可有效强化植物耐受重金属胁迫能力，促进植物生长。

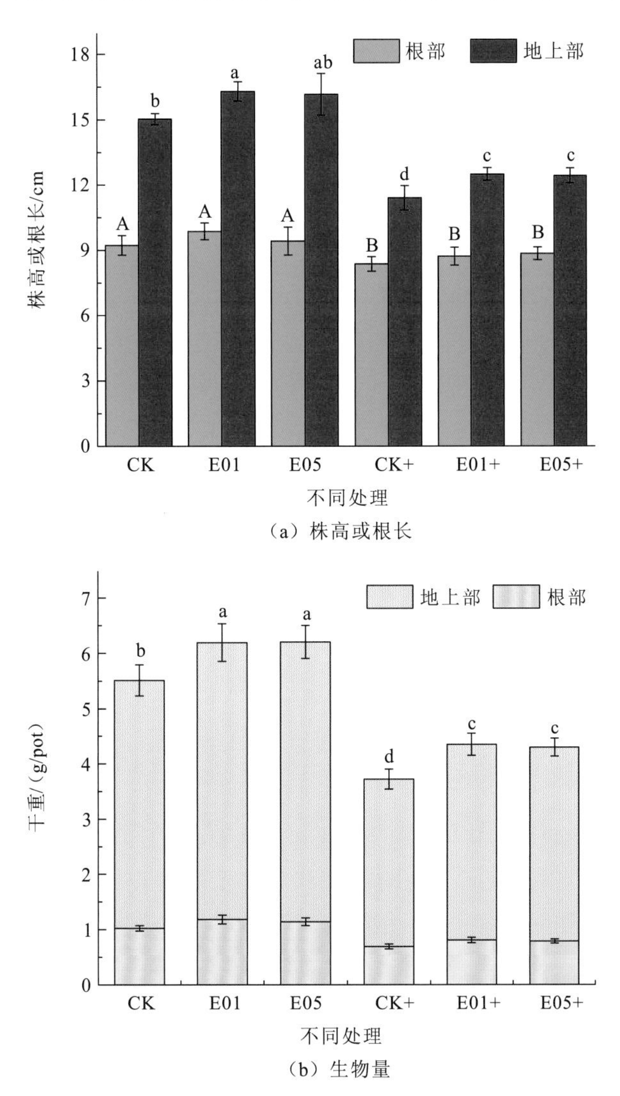

（a）株高或根长

（b）生物量

图 5.19　内生菌接种对印度芥菜株高和根长、生物量的影响

图中不同字母表示处理间在 $P<0.05$ 水平上差异显著

表 5.4　内生菌接种对植物根部耐性指数（RTI）的影响

不同处理	RTI	
	蜈蚣草	印度芥菜
CK	0.70	0.67
PRE01	0.85	0.79
PRE05	0.82	0.77

以上试验结果说明，菌株 PRE01 和 PRE05 不仅可以很好地促进宿主植物蜈蚣草对重金属的耐性和植物的生长，同时对非宿主植物印度芥菜也表现出良好的促生性。许多

研究表明，在土壤重金属胁迫下，自植物中分离出的内生菌株对植物生长的促进作用可归因于这些菌株产生 IAA、溶解矿质磷酸盐、产生铁载体和 ACC 脱氨酶活性等（Singh et al.，2018；Srivastava et al.，2013）。而这与第 4 章的研究结果相一致，两株内生菌在体外试验中，均具有较高的产 IAA、铁载体和溶解矿质磷酸盐功能。因此，在钒矿重金属污染下，Serratia PRE01 和 Arthrobacter PRE05 可通过一种或几种促生特性协同促进植物的生长和根系的伸长，提高植物对重金属的耐性。然而，内生菌是否具有宿主特异性、促生特异性，这些都是不确定的（Ma et al.，2011）。 Long 等（2008）从龙葵植株内分离筛选出多株具有生成 IAA、溶解矿质磷酸盐和产生 ACC 脱氨酶活性等促生特性的内生菌，并将这些内生菌接种到宿主植物龙葵和非宿主植物烟草（*Nicotiana attenuata*）中，发现大多数菌株可促进龙葵幼苗根系生长，但对非宿主植物烟草却没有促生能力（某些菌株甚至会产生抑制作用），而且这种差异与内生菌是否成功定植到植物组织内并不直接相关，说明内生菌的促生作用不具备普适性（Long et al.，2008）。在本小节研究中，菌株 PRE01 和 PRE05 对非宿主植物印度芥菜也显示出良好的兼容性、促生性，更表明筛选出内生菌的优异性，这些菌株具有更广泛的适用范围。

5.3.3　内生菌接种对宿主和非宿主植物富集和转运重金属的影响

1. 对植物重金属富集量的影响

内生菌接种对蜈蚣草和印度芥菜 V、Cr、Cd 富集的影响如图 5.20 和 5.21 所示。结果表明，两种植物对 V、Cr、Cd 的富集和分布情况存在极大种间差异，内生菌的接种对其吸收富集重金属的影响也各不相同。尽管土壤中重金属浓度为 V（200 mg/kg）＞Cr（150 mg/kg）＞Cd（3 mg/kg），但两种植物对 V、Cr、Cd 的富集浓度均是 Cr＞V＞Cd，这也表明金属钒在植物体内的低富集性。在两种植物中，蜈蚣草对 V、Cr 的富集能力最大，印度芥菜富集 Cd 含量最高。对比两种植物对 V、Cr、Cd 的富集分布特征发现，蜈蚣草和印度芥菜根部重金属浓度均要大于地上部，对照组各植株地上部重金属含量分别为蜈蚣草 34.94 mg/kg V、73.0 mg/kg Cr、0.81 mg/kg Cd；印度芥菜 25.80 mg/kg V、61.0 mg/kg Cr、3.58 mg/kg Cd。

虽然接种内生菌能明显促进植物地上部生长（图 5.17），但蜈蚣草地上部分 V、Cr、Cd 含量均未发生显著性改变，植物的加速生长过程并没有带来重金属的加速富集，各重金属富集量分别在 33.9～36.9 mg/kg V、70.3～73.0 mg/kg Cr、0.76～0.81 mg/kg Cd。与此类似，Wan 等（2012）发现，接种内生菌 S. nematodiphila LRE07 对超富集植物龙葵吸收 Cd 也没有显著影响，但可以通过极大提高植株生物量的产生达到强化重金属污染修复的目标。然而，接种处理能显著促进蜈蚣草根部对 V 和 Cd 的吸收，接种 PRE01 可使根部 V 质量分数由 188.5 mg/kg 增加到 200.4 mg/kg，Cd 质量分数由 1.67 mg/kg 增加到 2.53 mg/kg，分别提高了约 6.3%和 51.5%；而接种 PRE05 可使根部 Cd 质量分数由 1.67 mg/kg 增加到 2.03 mg/kg，提高了约 21.6%。

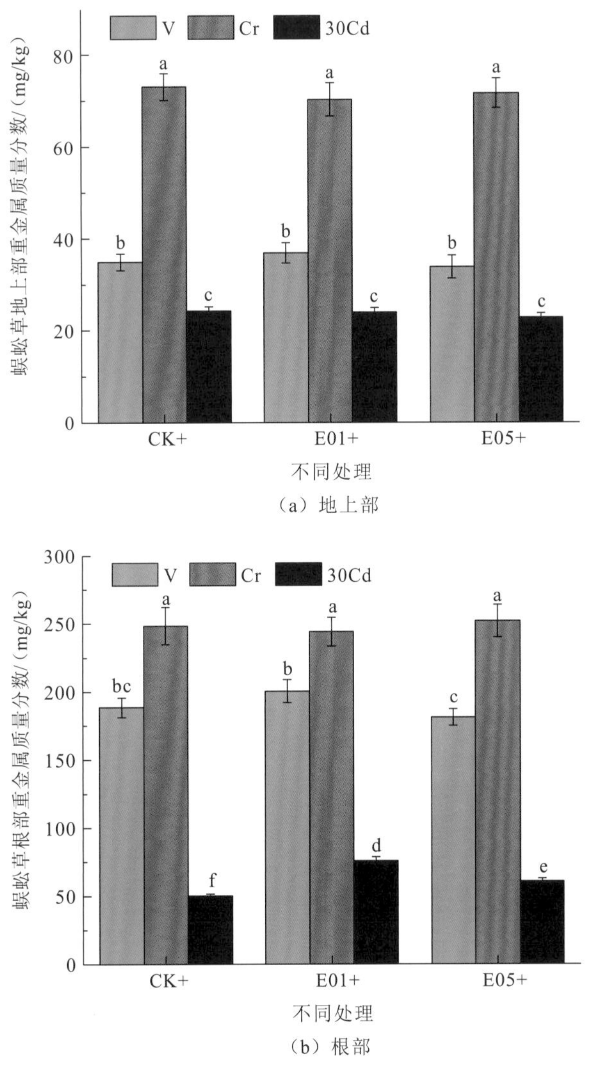

图 5.20　内生菌接种对蜈蚣草地上部、根部富集重金属的影响

图中不同字母表示处理间在 $P<0.05$ 水平上差异显著

印度芥菜因其具有生物量大、生长迅速、具有多种重金属耐性等特征，已作为植物修复研究的模式植物被广泛应用。图 5.21 为接种 PRE01 和 PRE05 对印度芥菜富集 V、Cr、Cd 重金属的影响。与蜈蚣草相似，印度芥菜接种 PRE01 和 PRE05 后，也可显著提高其根部对重金属的吸收，根部 V 质量分数分别由对照组的 149.1 mg/kg 增长到 173.0 mg/kg 和 165.2 mg/kg，提高了约 16.0%和 10.8%；而根部 Cd 质量分数分别由对照组的 6.04 mg/kg 增长到 7.52 mg/kg 和 7.08 mg/kg，提高了约 24.5%和 17.2%。另外，还发现接种菌株 PRE01 可显著提高印度芥菜地上部对 Cd 的富集，由对照的 3.58 mg/kg 增长到 4.02 mg/kg，提高了约 12.3%。

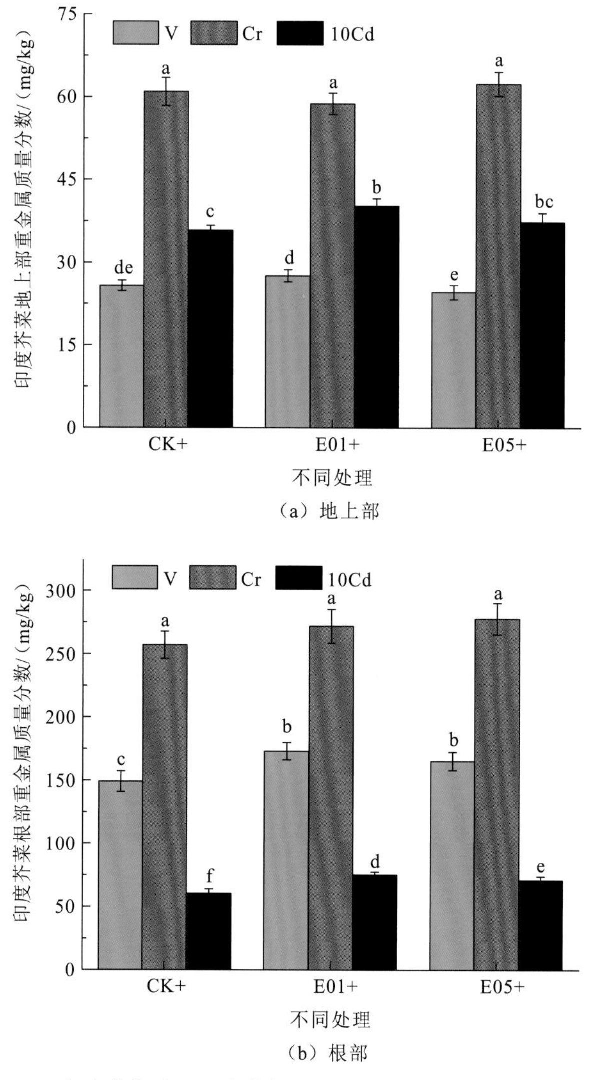

（a）地上部

（b）根部

图 5.21　内生菌接种对印度芥菜地上部、根部富集重金属的影响

图中不同字母表示处理间在 $P<0.05$ 水平上差异显著

通过对比分析内生菌接种对宿主植物蜈蚣草和非宿主植物印度芥菜富集重金属的影响规律，不难发现两株内生菌均是能显著提高植物根部对 V 和 Cd 的富集。通常认为，植物根际重金属的形态和生物可利用性是影响植物对重金属元素吸收的关键因素（Ali et al.，2013），生物可利用性越强，越利于植物对重金属的吸收。而这也正是众多研究者用来强化植物对土壤重金属富集的主要理论依据。而研究发现，内生菌 PRE01 能显著改变钒矿污染土壤重金属形态，可使弱酸提取态钒从 9.8%增加到 15.4%；另外加上 PRE01 和 PRE05 对 Cd^{2+}的高效吸附性，也会增加其定植部位 Cd 含量。这也就解释了为何内生菌接种能强化植物根部对重金属的富集。

2. 对植物重金属富集系数和转运系数的影响

为了进一步评价内生菌对植物富集和转运重金属的影响，计算了宿主植物蜈蚣草和非宿主植物印度芥菜对 V、Cr、Cd 的根部富集系数和转运系数。根部富集系数和转运系数越大，说明植物越能有效吸收土壤中重金属。

由表 5.5 可知，内生菌可提高植物对重金属的根部富集系数，如 PRE01 可使蜈蚣草根部 V 富集系数由 0.94 上升到 1.00，Cd 富集系数由 0.56 上升到 0.84；使印度芥菜根部 V 富集系数由 0.75 上升到 0.87，Cd 富集系数由 2.01 上升到 2.51，这都充分说明内生菌可有效提高植物根部对重金属的富集能力。然而，内生菌的添加并没有提高植物对重金属的转运系数，反而是轻微的降低，这主要与 V、Cr、Cd 复合重金属对植物的胁迫有关（Khan et al.，2015），当内生菌的接种增加了根部重金属含量时，接种组植株通过减少重金属由根部向地上部转运来保护其叶片等组织免受重金属的胁迫损伤。

表 5.5　内生菌接种对植物根部富集系数和转运系数的影响

植物类型	不同处理	V		Cr		Cd	
		BCF_{root}	TF	BCF_{root}	TF	BCF_{root}	TF
蜈蚣草	CK+	0.94	0.185	1.66	0.294	0.56	0.484
	E01+	1.00	0.184	1.63	0.288	0.84	0.316
	E05+	0.91	0.187	1.68	0.284	0.68	0.375
印度芥菜	CK+	0.75	0.173	1.71	0.237	2.01	0.593
	E01+	0.87	0.160	1.81	0.216	2.51	0.535
	E05+	0.83	0.149	1.85	0.225	2.36	0.526

注：BCF_{root} 为植物根部富集系数；TF 为植物转运系数

另外，比较蜈蚣草和印度芥菜对三种重金属的富集系数和转运系数可知，两种植物对重金属的相对富集效率为 Cd＞Cr＞V，这直接与重金属本身性质相关。一些学者的研究也表明植物对钒的富集能力和转运能力都较低（Tian et al.，2014），过多的钒会导致植物出现缺铁缺磷等现象（陈婷 等，2015），这也是钒矿污染土壤修复所面临的难点。

3. 对植物重金属提取总量的影响

各植株对重金属的积累总量是由收获植株的干重和对应部分的重金属富集浓度相乘所得。因此，内生菌可以通过促进植物生物量的产生或是提高重金属富集浓度两种方式来达到强化植物修复效果的目标。根据图 5.22 结果，表明菌株 PRE01 对蜈蚣草和印度芥菜的强化效果均要优于 PRE05，接种内生菌 PRE01 后，蜈蚣草体内 V、Cr 和 Cd 的积累量分别由 652.6 μg/pot、1 037.8 μg/pot 和 9.1 μg/pot 增加到 818.3 μg/pot、1 186.6 μg/pot 和 12.8 μg/pot，分别提高了约 25.4%、14.3%和 40.7%，而其中菌株促生作用（生物量增加）贡献较多，分别占到总强化率的 76.0%、118.9%和 50.6%。同样的，接种菌株 PRE01 后，印度芥菜体内 V、Cr 和 Cd 的积累量分别由 181.2 μg/pot、362.3 μg/pot 和 15.0 μg/pot 增加到 237.3 μg/pot、427.6 μg/pot 和 20.3 μg/pot，分别提高了约 31.0%、18.0%和 35.3%，而其中菌株促生作用贡献率分别为 60.6%、94.4%和 55.4%。总之，菌株 PRE01 可通过提高接种植物生物量和增加植物重金属富集浓度来达到强化植物修复的目标，但其中促生为主要作用，PRE05 也是如此。

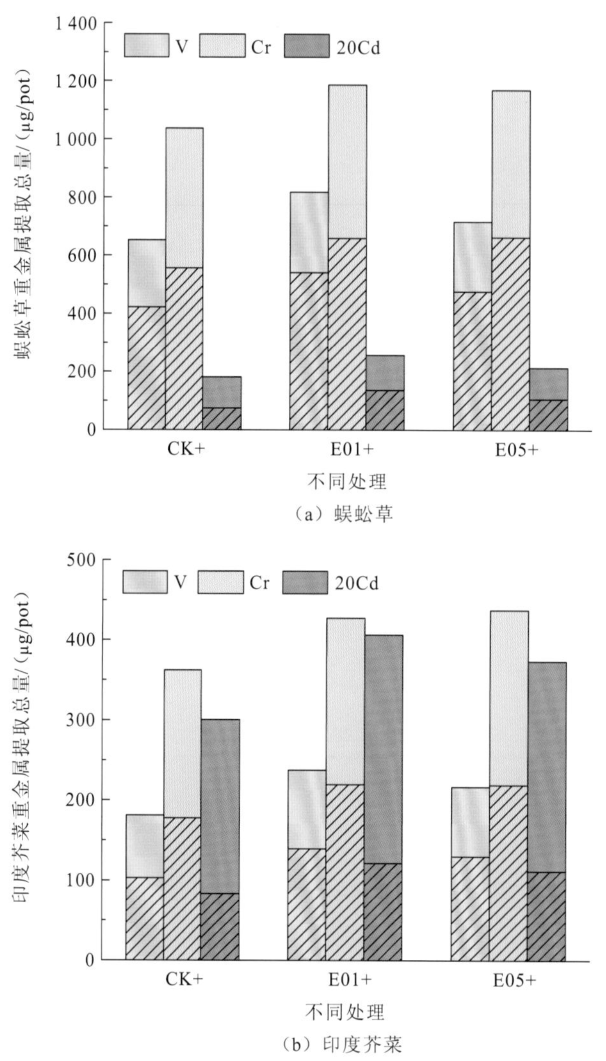

图 5.22 蜈蚣草和印度芥菜 V、Cr、Cd 提取总量的变化

阴影部分代表植物根部提取重金属的量

在本试验中，接种优选出的促生内生菌接种到蜈蚣草和印度芥菜根际，能显著提高两种植物生物量并增加其根部对重金属 V、Cd 的吸收，最终显著提高重金属积累总量，强化了植物修复效率。这一方面可能是内生菌分泌如 IAA、铁载体、溶解磷酸盐、增加 ACC 脱氨酶等有益物质来影响植物代谢，分泌物特征及减缓重金属胁迫损伤来调节植物生长（Li et al.，2017；Babu et al.，2015；Chen et al.，2014）；另一方面，内生菌还可通

过分泌铁载体、有机酸等金属螯合物来增加植物根际土壤重金属的生物有效性（Liu et al.，2017；Babu et al.，2015），或直接促进植物根系分泌有机酸来改变重金属形态，最终促进植物根系对重金属的富集。而我们的研究中，内生菌确实显著促进植物根部对重金属的吸收，向地上部转运重金属总量也有明显提高，但转运系数轻微降低（图 5.22，表 5.6），这可能是生物量的增加带来的重金属稀释作用（Visioli et al.，2015）。综合考虑内生菌对蜈蚣草和印度芥菜植物修复的强化效果，以及两种植物对 V、Cr、Cd 的富集特征，今后可考虑采用内生菌协同蜈蚣草-印度芥菜间作模式来修复钒矿污染土壤。

表 5.6　不同内生菌对宿主和非宿主植物修复强化率

植物种类	不同处理	强化率/%				生物量增加贡献率/%			
		V	Cr	Cd	均值	V	Cr	Cd	均值
蜈蚣草	PRE01	25.4	14.3	41.3	27.0	76.0	118.9	50.6	70.7
	PRE05	9.7	12.7	18.1	13.5	137.1	100.8	70.7	96.3
印度芥菜	PRE01	31.0	18.0	35.2	28.1	60.6	94.4	55.4	65.5
	PRE05	19.4	20.8	24.2	21.5	78.9	75.0	67.8	73.5

5.3.4　内生菌接种对宿主和非宿主植物生理生化的影响

本小节研究了重金属胁迫下内生菌接种对宿主和非宿主植物光合作用色素含量、丙二醛（MDA）含量、抗氧化酶活的影响，拟从内生菌接种导致的植物生理生化响应角度阐述内生菌促进宿主和非宿主植物生长和减缓重金属胁迫的内在机制。

1. 对植物叶绿素含量的影响

叶绿素是进行植物光合作用的主要色素，是反映植物光合作用强度的重要生理指标，在光合作用中，叶绿素 a 主要负责光能转化，叶绿素 b 主要负责光能的吸收，叶绿素 a/叶绿素 b 值可以反映植物的光能利用效率（朱启红 等，2012）。诸多研究表明，重金属胁迫会导致叶绿素的损伤及叶绿素的生物合成受阻，主要表现就是重金属的胁迫会极大减少植物叶绿素含量，抑制植物光合作用，这也是重金属污染导致植物生物量减小的主要原因之一（Muradoglu et al.，2015）。如图 5.23、图 5.24 所示，结果表明，无论是接种内生菌处理还是未接种处理植株，重金属胁迫下两种植物的光合色素含量均有不同程度降低，这与试验中重金属处理导致蜈蚣草、印度芥菜老叶发黄、枯萎的现象相一致，都表现出 V、Cr 和 Cd 胁迫对植物生长和光合作用的抑制。但在重金胁迫下，蜈蚣草和印度芥菜叶绿素 a/叶绿素 b 值均显著升高，分别是对照组的 1.1 倍和 1.09 倍，这表明叶绿素 a 受重金属破坏程度小于叶绿素 b，而较高的叶绿素 a/叶绿素 b 值代表着更高的光能利用效率，也是植物对重金属胁迫的应激防护（燕傲蕾 等，2010）。

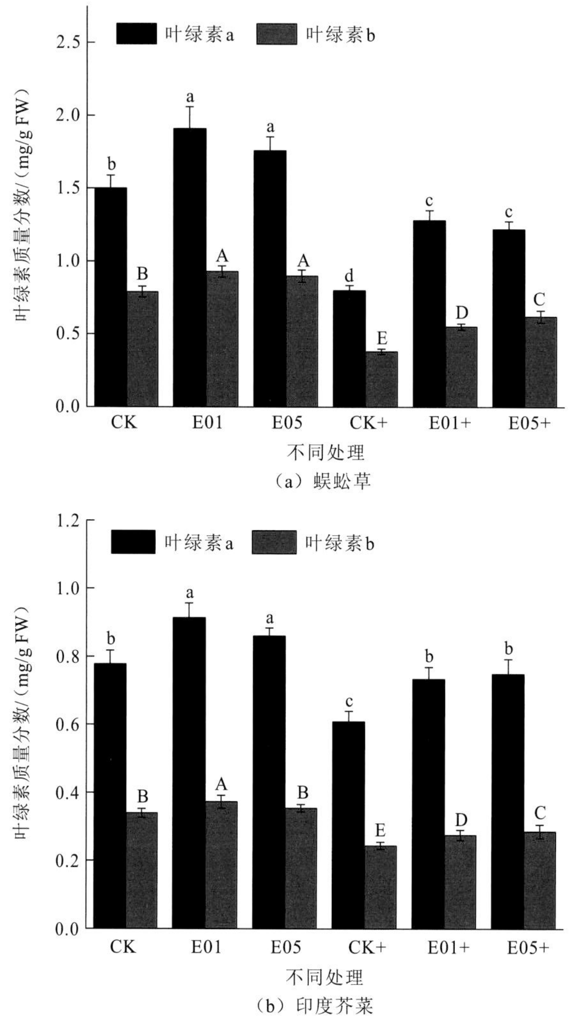

（a）蜈蚣草

（b）印度芥菜

图 5.23　内生菌接种对蜈蚣草和印度芥菜叶绿素含量的影响

图中不同字母表示处理间在 $P<0.05$ 水平上差异显著

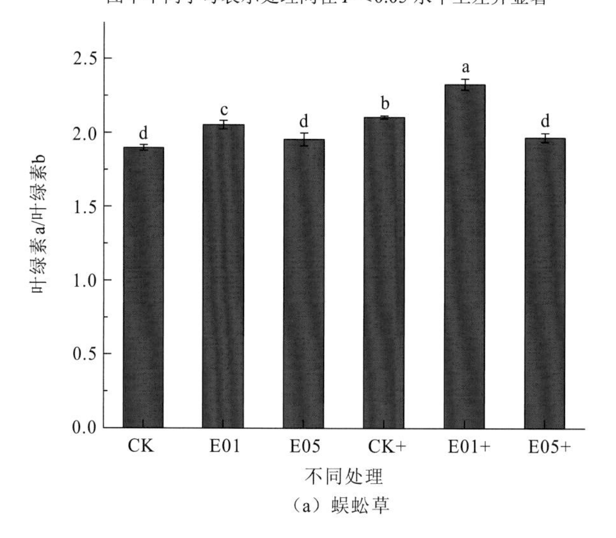

（a）蜈蚣草

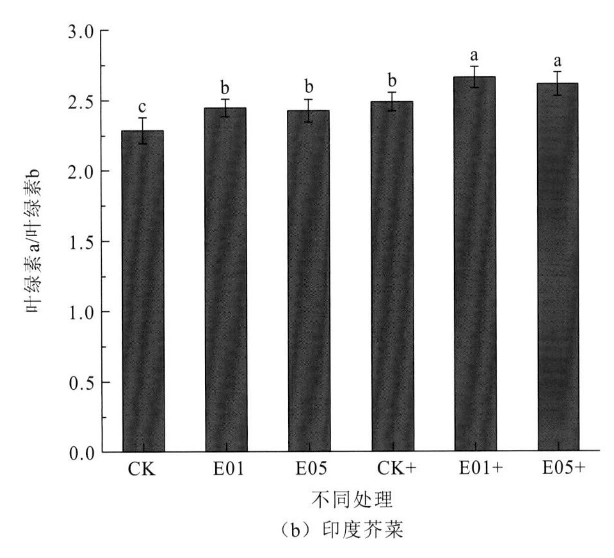

（b）印度芥菜

图 5.24　内生菌接种对蜈蚣草和印度芥菜叶绿素 a/叶绿素 b 值的影响

图中不同字母表示处理间在 $P<0.05$ 水平上差异显著

与未接种对照相比，两株内生菌的接种均能不同程度地减缓重金属对光合作用的抑制，显著提高蜈蚣草和印度芥菜叶片中叶绿素 a 和叶绿素 b 含量，而且 PRE01 的效果要优于 PRE05。在无污染条件下，接种 PRE01 可使蜈蚣草叶绿素 a 和叶绿素 b 分别增加 27.3%和 17.7%；在重金属条件下，接种 PRE01 可使蜈蚣草叶绿素 a 和叶绿素 b 分别增加 60%和 44.7%（图 5.23）。另外，与 PRE05 不同，在有无重金属胁迫下，接种 PRE01 均能提高蜈蚣草和印度芥菜叶绿素 a/b 的值，比相应对照组提高 6.5%～8.9%（图 5.24）。这也表明 PRE01 能通过同时促进接种植物对光能的吸收、转化和利用效率来达到提高植物光合作用的效果。这些都表明在重金属污染条件下，内生菌可通过增强植物的光合作用来增加植物生物量的产生。内生菌能够提高植物叶绿素含量的研究已有报道，Zhang 等（2012）发现在 Zn、Cd 污染水培溶液中，接种 Fusarium oxysporum 能将东南景天的生物量提高 30%以上，其叶片叶绿素含量也显著提高。

2. 对植物叶片 MDA 含量的影响

在重金属胁迫条件下，植物细胞内的活性氧会过度积累，植物细胞膜最先受到损伤，导致细胞膜发生脂质过氧化反应，从而影响细胞膜的功能和完整性，最终使植物体的生理生化过程失调（Xu et al.，2012）。丙二醛（MDA）是植物细胞膜发生脂质过氧化反应的终产物，是衡量重金属胁迫下脂质过氧化程度的重要指标。因此，本试验考察了各处理条件下两种植物叶片 MDA 含量变化。从图 5.25 可知，两种植物中，无论是接种处理，还是未接种对照，V、Cr、Cd 胁迫均造成了 MDA 含量的显著增加，而未接种蜈蚣草和印度芥菜较对照组中 MDA 含量分别增加 62.3%和 59.5%，重金属胁迫带来了严重的脂质过氧化作用，这也解释了为何植物生长受到极大抑制。

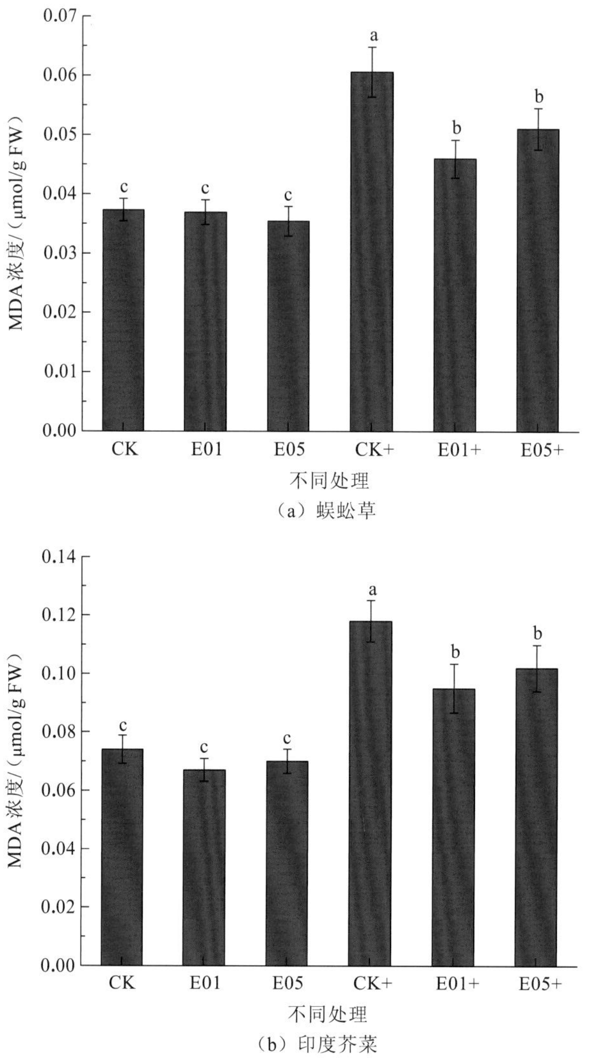

（a）蜈蚣草

（b）印度芥菜

图 5.25　内生菌接种对蜈蚣草和印度芥菜 MDA 含量的影响

图中不同字母表示处理间在 $P<0.05$ 水平上差异显著

内生菌接种对未污染组各植物 MDA 含量影响不明显，无统计学差异。然而在重金属胁迫条件下，两株内生菌的接种均能有效降低植物叶片 MDA 含量，菌株 PRE01 可分别使蜈蚣草和印度芥菜 MDA 含量较对照组减小了 24.1%和 19.5%，PRE05 可分别使蜈蚣草和印度芥菜 MDA 含量较对照组减小了 15.7%和 13.6%。Babu 等也获得了相似的结果，发现在接种了假单胞菌 AGB-1 的矿山污染土中，宿主植物中国芒（*Miscanthus sinensis*）体内的 MDA 含量比对照组显著降低了 45%。降低接种植物 MDA 含量可能是内生菌减缓重金属胁迫造成氧化损伤的机制之一（Babu et al.，2015）。

3. 对植物活性氧代谢的影响

重金属胁迫会导致植物组织内产生大量的活性氧自由基（reactive oxygen species，

ROS），引起细胞膜脂质过氧化反应及蛋白质、核酸等细胞物质变性，最终破坏细胞活性，影响植物生长（Rastgoo et al.，2011）。而由超氧化物歧化酶（SOD）、过氧化氢酶（CAT）和过氧化物酶（POD）等组成的植物抗氧化系统能够清除 ROS，保护植物组织免受重金属引起的氧化损伤（Lin et al.，2019）。因此，测定内生菌接种对植物组织中三种酶活性的影响，探究内生菌减缓重金属毒性的内在机制。

SOD 能将氧化性极强的超氧阴离子（O^{2-}）转化为过氧化氢，然后 CAT 和 POD 可将过氧化氢分解为水和氧气，三种酶组成了完整的抗氧化系统。如图 5.26、图 5.27 所示，V、Cr、Cd 重金属暴露对两种植物叶片 SOD、POD 和 CAT 活性影响均存在显著性差异。对于蜈蚣草和印度芥菜，三种酶活性均受重金属胁迫显著升高，这表明抗氧化酶在清除由重金属胁迫产生的活性氧方面起重要作用。

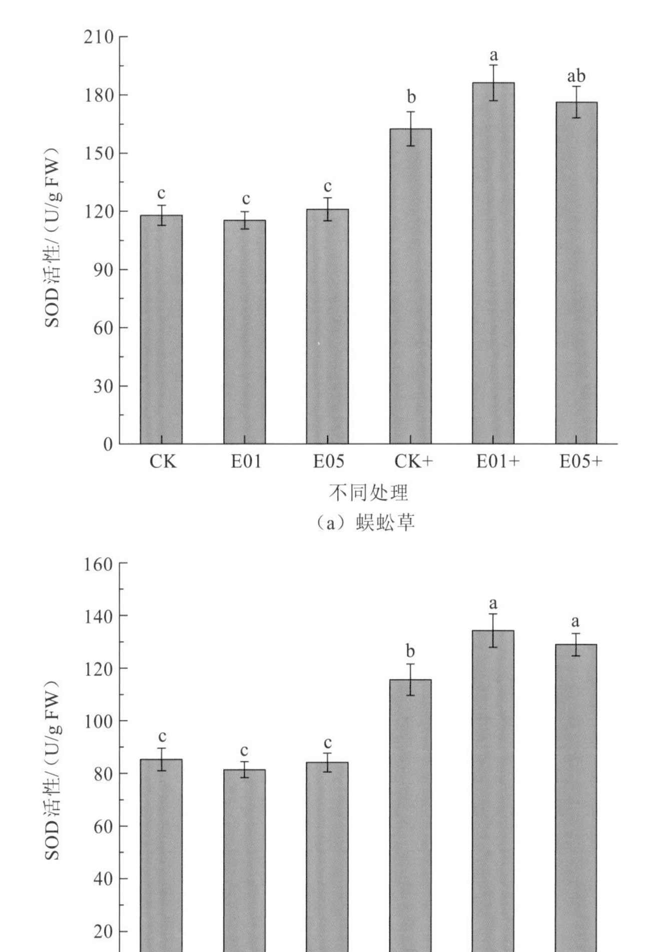

（a）蜈蚣草

（b）印度芥菜

图 5.26　内生菌接种对蜈蚣草和印度芥菜 SOD 酶活的影响

图中不同字母表示处理间在 $P<0.05$ 水平上差异显著

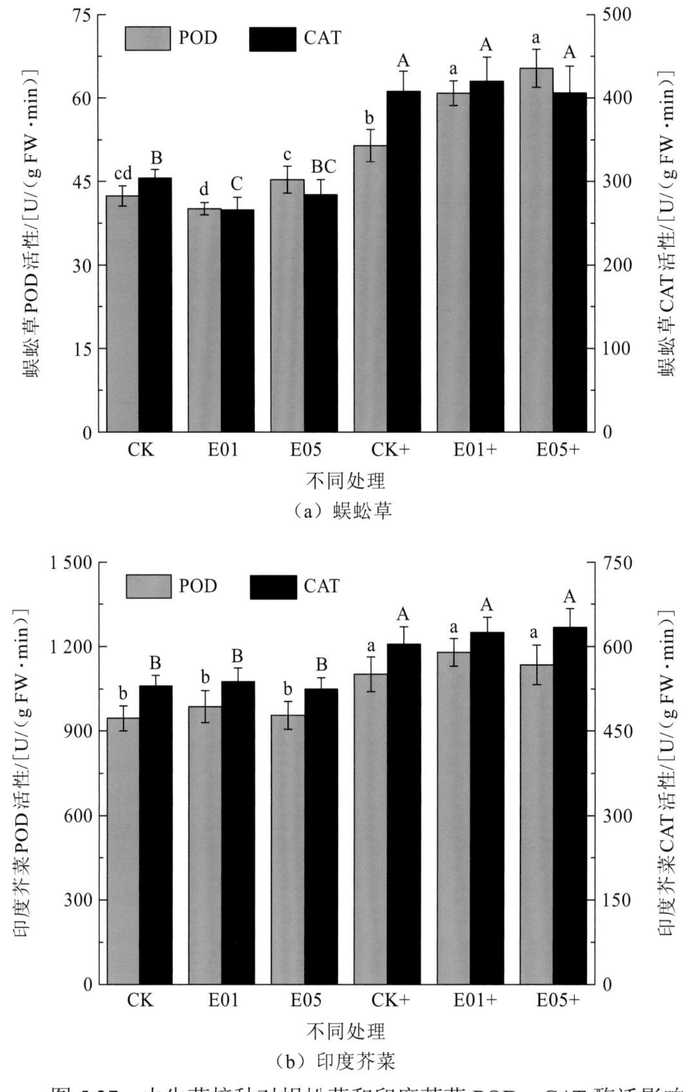

（a）蜈蚣草

（b）印度芥菜

图 5.27　内生菌接种对蜈蚣草和印度芥菜 POD、CAT 酶活影响

图中不同字母表示处理间在 $P<0.05$ 水平上差异显著

对比发现，无重金属添加时，内生菌对三种植物 SOD、POD 和 CAT 活性影响均不显著，而在重金属污染条件下，内生菌的接种对三种酶活性均有一定的影响（图 5.27、图 5.28）。两株内生菌能有效提高蜈蚣草和印度芥菜体内 SOD 活性，PRE01 可使蜈蚣草和印度芥菜 SOD 活性分别提高 14.6%和 16.1%，PRE05 分别提高 8.5%和 11.5%。PRE01 和 PRE05 对蜈蚣草 POD 活性存在显著影响，与 CK+相比分别可提高 18.3%和 26.9%；两株内生菌对印度芥菜 POD 活性影响无统计学差异，但也分别比对照组提高了 7.3%和 3.2%。同样的，接种细菌蜈蚣草和印度芥菜平均 CAT 活性也要略高于未接种植株，但无显著性差异。

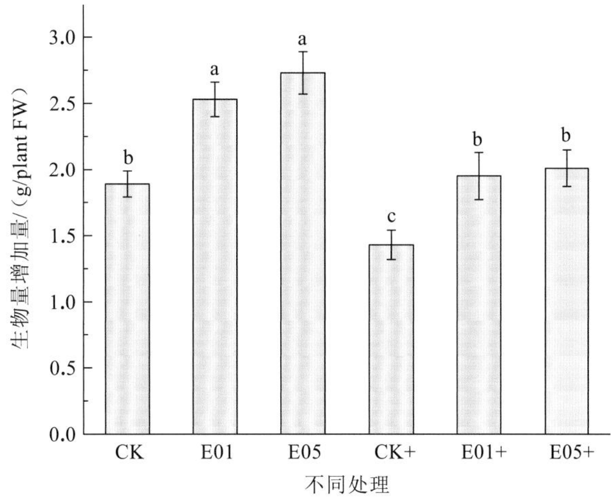

图5.28　不同处理下蜈蚣草生物量增加量变化

图中不同字母表示处理间在$P<0.05$水平上差异显著

已有研究表明，抗氧化能力在植物耐受和累积重金属方面起到了至关重要的作用，如砷超富集蜈蚣草在超富集和解毒砷的过程中酶类抗氧化剂就发挥了重要作用（Cao et al.，2004）。而在本试验中，内生菌接种提高了蜈蚣草和印度芥菜体内的抗氧化性能，而这与菌株接种对两种植物的促生效果一致（图5.17、图5.19）。这更加说明内生菌可通过增强植物的抗氧化系统来缓解重金属的胁迫损伤。

事实上，内生菌在其宿主植物抗氧化防御机制中的重要作用已有报道。接种假单胞细菌AGB-1可使生长于尾矿土上的中国芒CAT和SOD活性分别提高42%和33%（Babu et al.，2015）。而也有研究表明内生菌并不显著影响三种酶活性，而是通过增加非酶还原性物质谷胱甘肽（GSH）来减少植物体内活性氧数量（Pan et al.，2016）。总之，内生菌可通过降低重金属对植物的氧化损伤来减缓重金属毒性，促进植物生长和对重金属的提取。

5.4　内生菌对蜈蚣草重金属解毒及溶矿促生的作用机制

钒矿污染土壤中以重金属钒污染为主。钒在土壤中主要以两种氧化态形式存在，V（IV）和V（V），V（V）毒性最大，迁移性最强，而且钒矿污染土壤中的V（V）一般能占到50%（Panichev et al.，2006），另外土壤中还存在少量V（III），结合于矿物晶格中，因此一般认为生物无效。V（V）是磷酸根的化学类似物，在土壤中V和P通常与Fe、Al和Ca等金属元素结合，尤其有研究指出钒经水或大气介质迁移到土壤后，会很快与土壤中的铁及铁的氧化物结合（Aide，2005），降低V、Fe的生物可利用性，使其不易被植物根系吸收。同时，由于V（V）和磷酸根的类似性，植物体内钒的积累会极大抑制根系细胞膜上多种磷酸酶和ATP酶活性，减少植物对磷酸盐等营养元素的吸收，抑制植株生长（曾英 等，2004；王凯荣 等，2003）。可见，钒植物毒性可能就在于对植物根际P和Fe等营养获取的抑制效应。

通过 5.3 节研究发现，蜈蚣草钒富集能力最好，而蜈蚣草常生长于碱性钙质土壤，此类土壤中铁和磷可利用性很低（Lessl et al.，2013），这表明蜈蚣草及其相关细菌可能已经进化出有效活化根际中难溶态铁和磷的系统。同时，鉴于植物根际土壤体系的复杂性，许多学者采用水培曝气法开展精细化试验研究（Liu et al.，2016）。因此，本节主要采用水培纯培养方法研究内生菌对蜈蚣草钒解毒过程的影响；同时考察内生菌对蜈蚣草根系分泌有机酸溶解 V-Fe 难溶物的影响，分析获取 V、Fe、P 等元素的根际过程。

5.4.1　内生菌接种对蜈蚣草重金属解毒过程的影响

1. 试验与分析方法

1）试验方法

采用水培曝气方式进行培养。选取蜈蚣草大小基本一致的幼苗于含 400 mL 1/5 改良霍格兰氏营养液水培瓶中预培养半个月，待长出幼嫩新根后加入 5 mg/L V，并接种 1 mL 内生菌菌液，以不添加重金属及内生菌处理为对照。每 2 周换一次培养液。整个试验于人工气候箱中进行，控制光照 14 h，温度 18～26 ℃，相对湿度 60%。试验周期 28 d。

2）有机酸收集

水培试验结束后，将各处理植物根系完全浸泡于含 25 mL 无菌水的不透光玻璃瓶中，根系分泌物收集 12 h。收集液经 0.45 μm 滤膜过滤后，冷冻干燥完全后放置于–80 ℃冰箱待测。

3）蜈蚣草钒修复质量平衡分析

（1）V 的总去除量：测定植物修复前后水培溶液重金属浓度差可得。

（2）植物根部和地上部提取量：消解测定植物各组织钒含量及生物量可得。

（3）植物根表面吸附量：取根部完全浸泡于 20 mmol Na_2-EDTA 15 min，定量分析测定解析液中 V 浓度（Xiong et al.，2011）。

（4）钒沉淀量：总去除量与其他各去除量之差。

4）蜈蚣草根系表面形貌

取各处理蜈蚣草根系冷冻干燥后，通过 SEM-EDS 分析来获取根系表面形貌及表面钒相对含量。

5）蜈蚣草钒形态分布

取各处理蜈蚣草根部（已解析表面吸附的离子）和叶片粉末 0.25 g，加 25 mL0.2 mol/L Na_2CO_3 于 80 ℃超声 2～10 min，离心后定容到 25 mL，过滤后待测，此部分即为 V（V）含量；剩余残渣微波消解后测定即为 V（IV）含量（Khan et al.，2011）。

2. 水培条件下内生菌接种对蜈蚣草生长的影响

图 5.28 为单独钒胁迫下水培培养 4 周后内生菌对蜈蚣草生长的影响。发现在 V 质量浓度为 5.0 mg/L 时，蜈蚣草的生长已受到显著的抑制，其植物鲜重增加量由 1.89 g/plant

降低到 1.43 g/plant。而两株内生菌的接种均能有效减小钒胁迫对蜈蚣草生长的抑制作用，促进其生物量的增加。在 V 胁迫下，PRE01 和 PRE05 可分别使植物生物量增长量由对照组的 1.43 g/plant 增加到 1.95 g/plant 和 2.01 g/plant。

3. 对蜈蚣草吸收钒、磷、铁的影响

图 5.29（a）为水培条件下内生菌接种对蜈蚣草体内 V 含量的影响，蜈蚣草根部和地上部 V 富集质量分数分别在 455.6～477.8 mg/kg 和 195.2～227.0 mg/kg，而两株内生菌的接种对蜈蚣草根部和地上部 V 含量均没有显著影响，而这与 5.3.2 节盆栽试验中可显著促进蜈蚣根部重金属富集不同。分析其原因可能是水培和土培体系的差异，在土壤体系中内生菌可通过增加重金属的植物可利用性来达到促进植物根部重金属富集的目的，而在水培溶液中重金属均以离子态存在，植物可直接进行吸收转运。

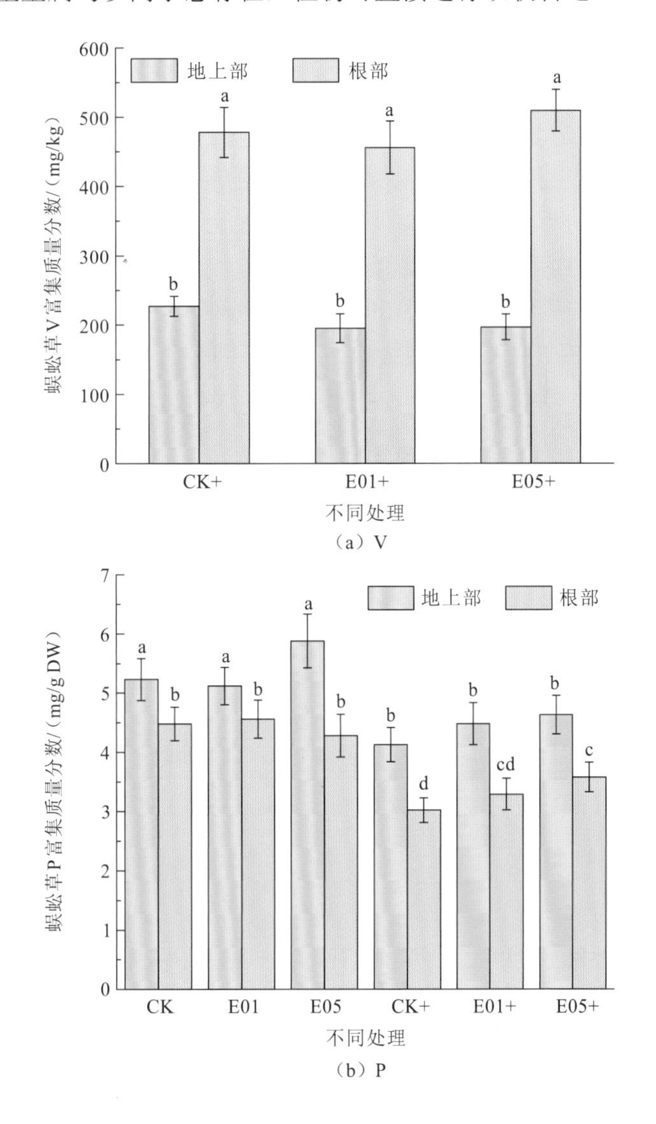

（a）V

（b）P

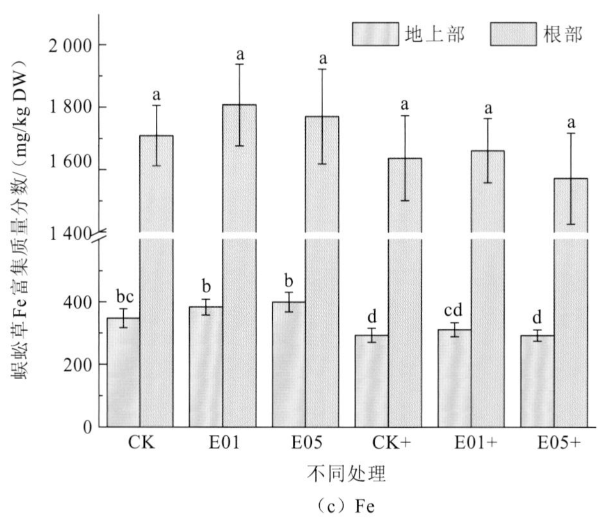

（c）Fe

图 5.29　不同处理下蜈蚣草钒、磷、铁富集浓度

图中不同字母表示处理间在 $P<0.05$ 水平上差异显著

图 5.29（b）和（c）为钒胁迫下内生菌接种对蜈蚣草吸收磷和铁的影响，发现在 5 mg/L V 胁迫下，蜈蚣草对磷的吸收受到明显抑制，无论是根部和地上部磷浓度都要显著低于无 V 添加组。同时，钒胁迫对铁的吸收也有一定影响。有研究表明，由于磷酸根（PO_4^{3-}）和钒酸根（VO_4^{3-}）结构相似性，它们之间会产生竞争吸附，同时钒对一些 ATP 酶和磷酸水解酶有显著抑制作用，会使植物对无机磷等元素的主动吸收过程受到阻碍，这也是钒特殊的生理毒性所在。虽然 PRE01 和 PRE05 的接种没有显著提高蜈蚣草体内磷、铁浓度，但内生菌接种处理下蜈蚣草的生物量更大（图 5.28），因此体内积累的磷、铁的总量也要高于未接种组。

4. 对蜈蚣草富集钒途径的影响

为了进一步明确内生菌对蜈蚣草钒去除过程的影响，试验对水培体系中钒的去向做了质量平衡分析，方法参考 Xiong 等（2011）的研究，将其分为地上部提取、根部提取、根表面吸附和沉淀四部分，具体见表 5.7。

表 5.7　内生菌接种对蜈蚣草富集钒的途径影响

不同处理	途径	各部分去除量/（μg/pot）	占总去除比例/%
CK+	总去除	548.75	—
	地上部提取	119.4	21.76
	根部提取	231.25	42.14
	根表面吸附	169.71	30.93
	沉淀	28.38	5.17

续表

不同处理	途径	各部分去除量/（μg/pot）	占总去除比例/%
E01+	总去除	715.98	—
	地上部提取	129.66	18.11
	根部提取	269.07	37.58
	根表面吸附	272.76	38.10
	沉淀	44.49	6.21
E05+	总去除	704.25	—
	地上部提取	137.12	19.47
	根部提取	257.54	36.57
	根表面吸附	252.38	35.84
	沉淀	57.22	8.12

对比分析对照组与接种组各部分去除量可发现，就去除量而言，接种组各部分都要高于未接种组，显而易见，这要归功于内生菌接种对蜈蚣草生物量的显著提高（图 5.28）。另外，还发现接种组中沉淀类 V 也有所增加，这可能是水培溶液中游离内生菌对 V 的吸附作用及植物-微生物体系分泌物对 V 的络合作用。

对比分析表 5.7 中不同处理组各部分钒去除贡献率，可以发现，根表面吸附是影响钒去除总量的一个主要部分，根表面吸附态 V 占比可达总去除量的 30.93%～38.10%。根系表面对重金属的优异吸附能力在之前的研究中已有证明（Wang et al.，2018；Xiong et al.，2011），不同植物根表面吸附作用可占不同重金属去除总量的 24%～70%。另外，还发现 PRE01 和 PRE05 的接种可有效强化根表面吸附作用对钒去除的贡献，分别可使其由对照组的 30.93%增加到 38.10%和 35.84%。蜈蚣草将更多的钒固定在根系表面也是其缓解钒毒性的一个重要机制。为了进一步验证其结果，对未解析表面吸附态钒的蜈蚣草根系进行了 SEM-EDS 分析。

5. 对蜈蚣草根系表面形貌及钒含量的影响

采用扫描电镜分别对无钒无接种（CK）、加钒无接种（CK+）、加钒接种 PRE01 和加钒接种 PRE05 四个处理的蜈蚣草根系进行表面形貌观察，结果如图 5.30 所示。

可以看出，蜈蚣草根系表面发达，有众多孔隙和巨大比表面积供重金属吸附。其中，CK 处理生长有许多宽度约为 10～20 μm 根毛，根系外壁表面光滑，表明了其良好的生长状态[图 5.30（a）（b）]。在 5 mg/L V 处理下，根系表面已少有根毛生长，且大多孔隙被覆盖堵塞，根系活力明显下降[图 5.30（c）]。而在 5 mg/L V 胁迫并接种 PRE01 和 PRE05 下，根系表面均能看到根毛生长，且孔隙较完整，表明内生菌的接种能有效缓解钒胁迫压力，增加根系活力[图 5.30（e）（g）]。同时，观察到接种内生菌后，根系表面有

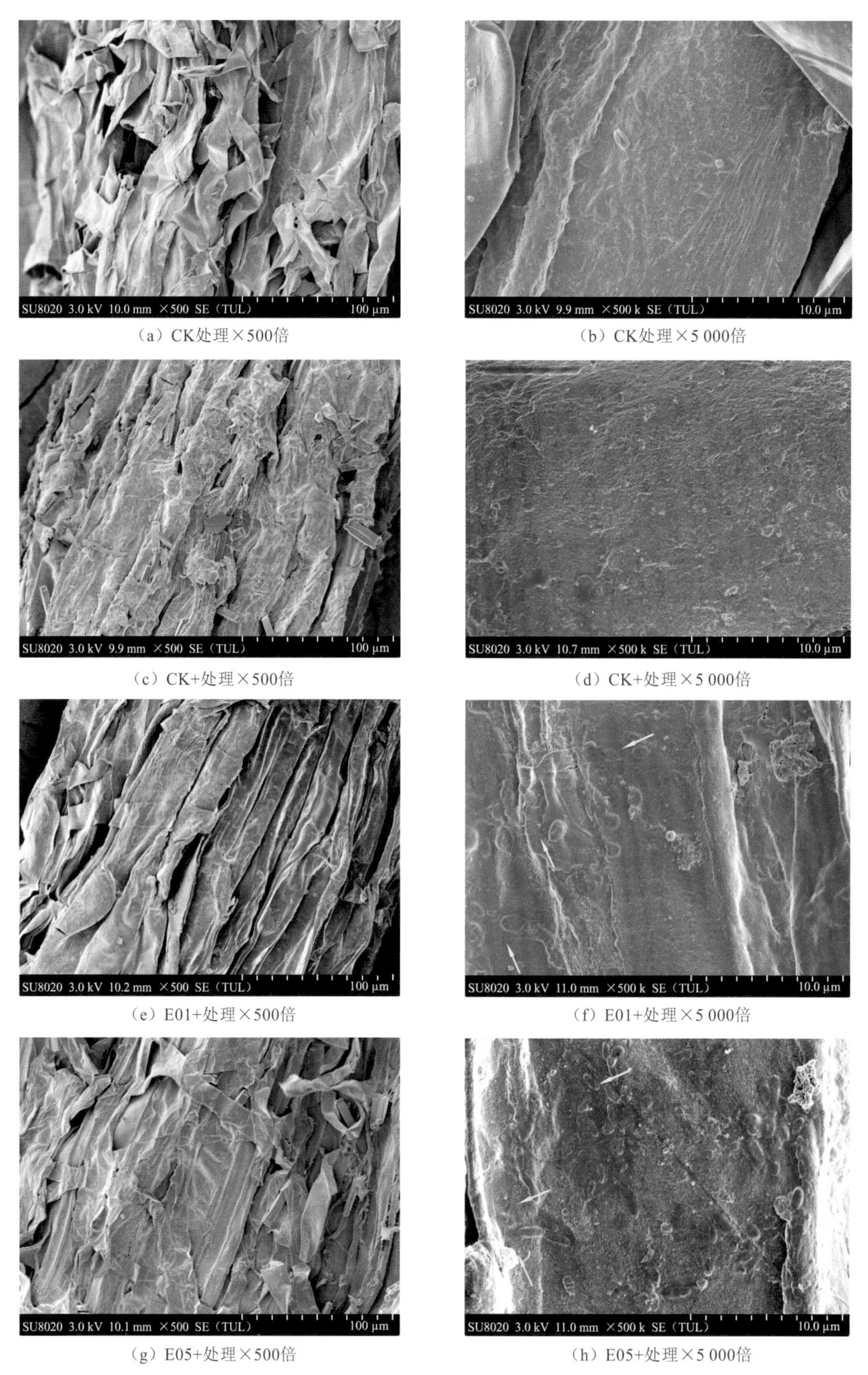

（a）CK处理×500倍　（b）CK处理×5 000倍

（c）CK+处理×500倍　（d）CK+处理×5 000倍

（e）E01+处理×500倍　（f）E01+处理×5 000倍

（g）E05+处理×500倍　（h）E05+处理×5 000倍

图 5.30　不同处理条件下蜈蚣草根系扫描电镜图

内生菌生长，图 5.30（f）上细菌为近球形、短杆状，长、宽分别为 1.0～1.3 μm、0.7～1.0 μm，与 PRE01 形状完全相符，PRE05 亦是如此。两株内生菌在根系表面成聚集生长状态，在 10 μm^2 区域就长有十数个细菌细胞，内生菌在根系表面的群体定植对其促进蜈蚣草生长和重金属解毒起到了重要作用。还观察到在所有钒处理组，与 CK 相比，根系外壁都发生显著变化，表面更加粗糙，并有其他细小颗粒物质生成，这也与钒的表面吸附作用有关[图 5.30（d）（f）（h）]。

利用 X 射线能谱分析法（EDS）对各处理蜈蚣草根系进行表面元素含量测定，结果如图 5.31 和表 5.8 所示。可以看出，蜈蚣草根系表面主要以 O、K、Ca、P、S 为主，C 元素含量较低，且误差较大未列出。钒处理后，蜈蚣草根系表面吸附了大量的钒，质量分数由 CK 的 0 上升到 3.12%。而对于内生菌接种组根系，试验分别测定了内生菌细胞及无细菌生长区域的表面元素含量[图 5.30（f）（h）]，发现细菌细胞的钒含量都要高于无菌区域，如 PRE01 组中 E01+/B 的 5.12%高于 E01+/R 的 4.01%。比较接种组和非接种组根系钒含量，发现两株内生菌的接种都能显著提高蜈蚣草根系表面对钒的吸附，而这与也 5.4.1 节质量平衡分析中得出的结论相一致（表 5.7）。综合分析两次测试结果可知，内生菌影响根表面吸附的机制主要如下：一方面内生菌可显著促进根系的生长和活力，增加根系表面积，为金属元素的吸附和沉淀反应提供更多位点（Singh et al.，2015）。另

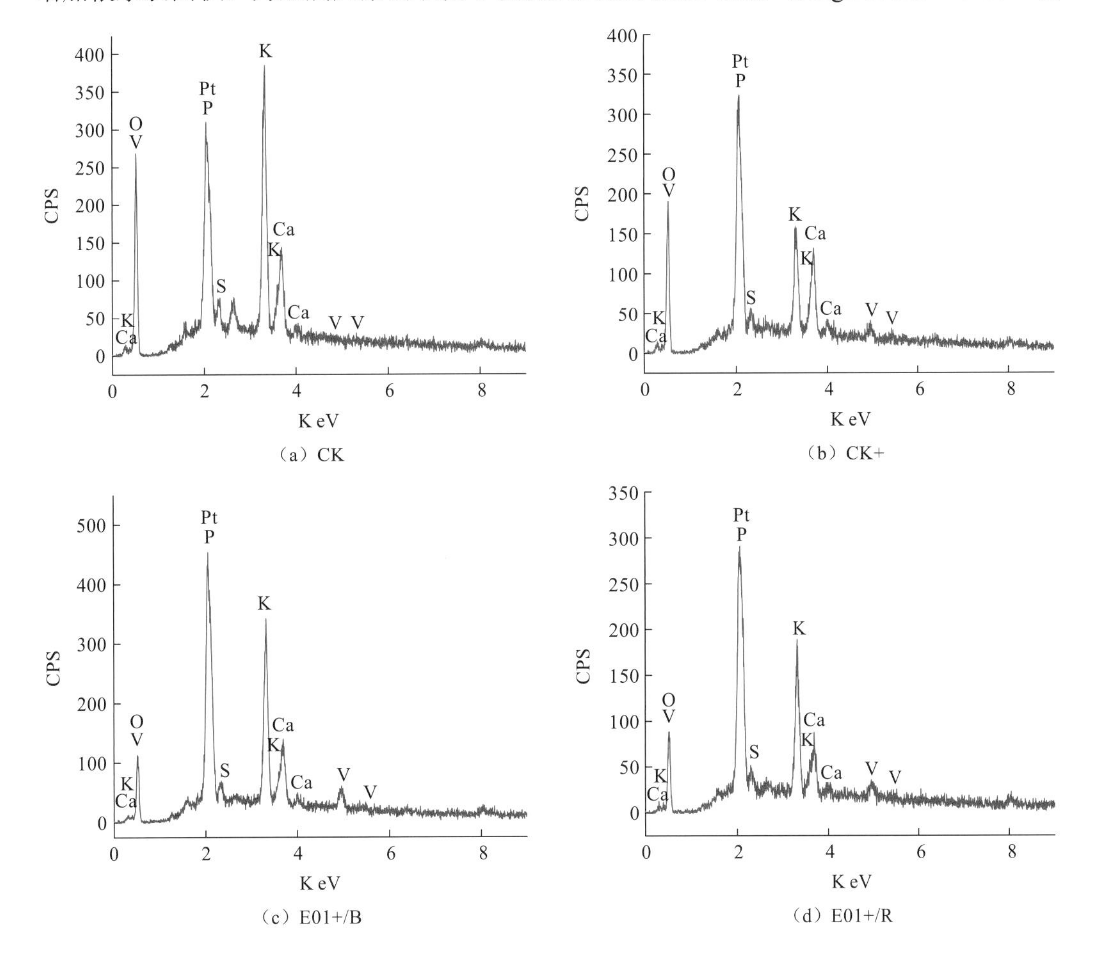

（a）CK　（b）CK+

（c）E01+/B　（d）E01+/R

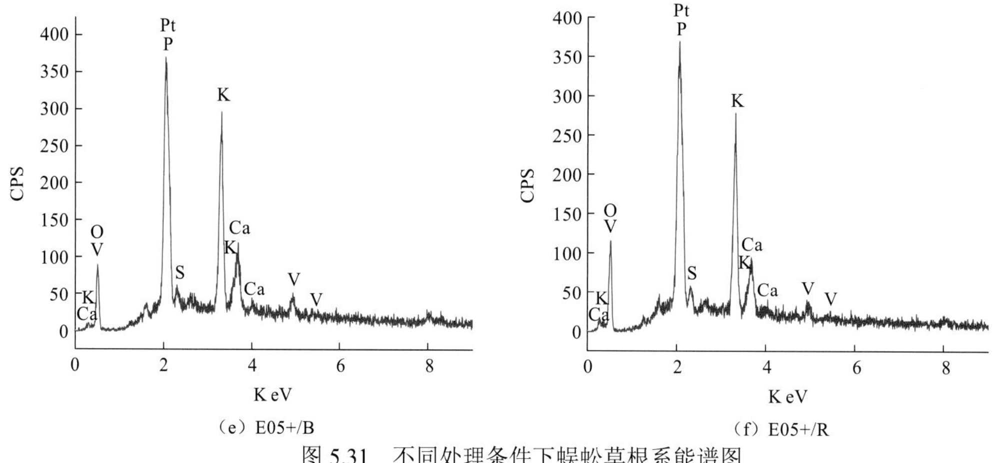

（e）E05+/B （f）E05+/R

图 5.31 不同处理条件下蜈蚣草根系能谱图

一方面，与内生菌对根际环境的调控有关。重金属在根表面的吸附主要受 pH、氧化还原电位、根际螯合物等根际因子的影响（Singh et al.，2015），已有研究表明分泌根系分泌物是植物响应和改变根际微生境的主要方式（Das et al.，2017）。内生菌接种后可在根系表面及内部大量定植，在与宿主植物的相互作用下，有效调控体系分泌物的分泌行为，可释放更多有机酸、氨基酸、植物螯合素、铁载体等物质，而这些物质被认为是根际重金属离子的特定螯合物（Marschner et al.，2011）。

表 5.8 不同处理下根系表面元素含量

元素	CK		CK+		E01+/B		E01+/R		E05+/B		E05+/R	
	质量分数/%	原子百分比/%	质量分数/%	原子百分比/%	质量分数/%	原子百分比/%	质量分数/%	原子百分比/%	质量分数/%	原子百分比/%	质量分数/%	原子百分比/%
O K	66.13	82.21	68.9	84.21	53.57	73.59	59.16	77.54	52.37	72.56	58.86	77.38
P K	3.11	2	3.74	2.36	5.45	3.87	5.79	3.92	5.89	4.22	5.17	3.51
S K	2.23	1.38	2.22	1.35	2.48	1.7	2.98	1.95	2.51	1.73	2.86	1.88
K K	20.75	10.55	11.16	5.58	23.49	13.21	20.15	10.81	25.08	14.22	21.95	11.81
Ca K	7.78	3.86	10.86	5.3	9.89	5.42	7.91	4.13	9.4	5.2	7.32	3.84
V K	0	0	3.12	1.2	5.12	2.21	4.01	1.65	4.76	2.07	3.85	1.59

注：CK 为空白对照处理；CK+为加钒不接种处理；E01+/B 为加钒接种 PRE01 细菌区域能谱；E01+/R 为加钒接种 PRE01 根表面区域能谱；E05+/B 为加钒接种 PRE05 细菌区域能谱；E05+/R 为加钒接种 PRE05 根表面区域能谱

需要指出，表 5.8 中内生菌和根系表面各元素相对含量相差不大，这与 X 射线激发深度有关。能谱分析测试时激发的样品深度主要与激发电压和元素质量有关，激发电压越大，元素质量数越小，激发深度越大，本试验的激发电压为 20 kV，计算得各元素测试深度在 1～5 μm，均大于细菌厚度。

6. 对蜈蚣草体内钒形态分布的影响

已有研究表明，钒的迁移转化性能、生物可利用性及毒性很大程度上取决于钒的氧化状态（Yang et al.，2017b；Imtiaz et al.，2015）。在环境样品中，钒主要以V（IV）和V（V）的化合形态存在，而V（V）比V（IV）具有更高的迁移性和毒性（Xiao et al.，2015）。因此，试验测定了植物不同组织V（IV）和V（V）钒的含量和分布，结果见表5.9。拟通过该试验来分析内生菌接种对进入植物体内的V（V）的迁移转化及毒性状态的影响。

表5.9　内生菌对蜈蚣草体内钒形态分布影响

不同处理		蜈蚣草体内V（IV）和V（V）含量及分布			
		V（IV）质量分数/（mg/kg）	V（V）质量分数/（mg/kg）	V（IV）+V（V）质量分数/（mg/kg）	V（IV）占比/%
地上部	CK+	100.86±9.61 c	125.54±10.51 ab	226.40±20.23 b	44.5 c
	E01+	97.32±10.25 c	118.31±8.25 b	215.63±18.12 b	45.1 c
	E05+	108.40±12.33 c	124.00±11.24 ab	232.40±21.54 b	46.6 c
根部	CK+	332.74±28.21 b	141.35±8.32 a	474.09±34.85 a	70.2 b
	E01+	347.21±31.27 ab	112.35±9.17 b	459.56±42.27 a	75.6 a
	E05+	387.33±25.73 a	120.74±11.86 b	508.07±38.26 a	76.2 a

注：±，标准偏差；表中不同字母表示同列不同处理间在$P<0.05$水平上差异显著

对比表5.9和图5.30数据可以看出，V（IV）+V（V）的量与之前直接消解测出的植物各部分V总量相差不大，表明了测试数据的准确性。蜈蚣草地上部V（IV）占比为44.5%～46.6%，而根部V（IV）占比为70.2%～76.2%，说明蜈蚣草吸收的大部分的五价偏钒酸根（VO_3^-）在植物体内被还原成四价的氧钒阳离子（VO^{2+}），而且植物的这种还原解毒作用在根部要强于地上部。已有研究表明，钒以V（V）的形式被富集到植物细胞内后，会被谷胱甘肽（GSH）或抗坏血酸等还原物质还原成VO^{2+}，并同组织内的有机酸或蛋白、磷酸基团等结合（Khan et al.，2011）。可以说，蜈蚣草根系组织内这种很强的还原作用对其植株钒耐性及解毒起到了重要作用。另外，尽管内生菌的接种没能提高蜈蚣草各组织钒富集浓度，但可以有效强化接种植物根系对V(V)的还原作用，PRE01和PRE05分别可使根系中V（IV）还原率由70.2%提高到75.6%和76.2%。一方面有研究指出，在重金属胁迫下，内生菌的接种可有效提高植物组织内GSH浓度及其相关基因的表达（Khan et al.，2015；Pan et al.，2016）；另一方面，内生菌本身对钒的还原行为也会起到一定作用。总之，内生菌强化植物根部钒的还原解毒作用也是其缓解钒毒性，促进宿主植物生长的一个重要机制。

7. 钒胁迫和内生菌接种对蜈蚣草根系分泌有机酸的影响

诸多研究已经证实，植物根系分泌一些低分子量有机酸在植株营养获取、缓解重金属毒性、促进植物生长、调节根际环境等方面起着重要作用（Das et al.，2017；Fu et al.，2017；Keshav et al.，2013）。因此，试验研究了内生菌接种及钒胁迫对蜈蚣草根系分泌有机酸的影响，结果见图5.32。

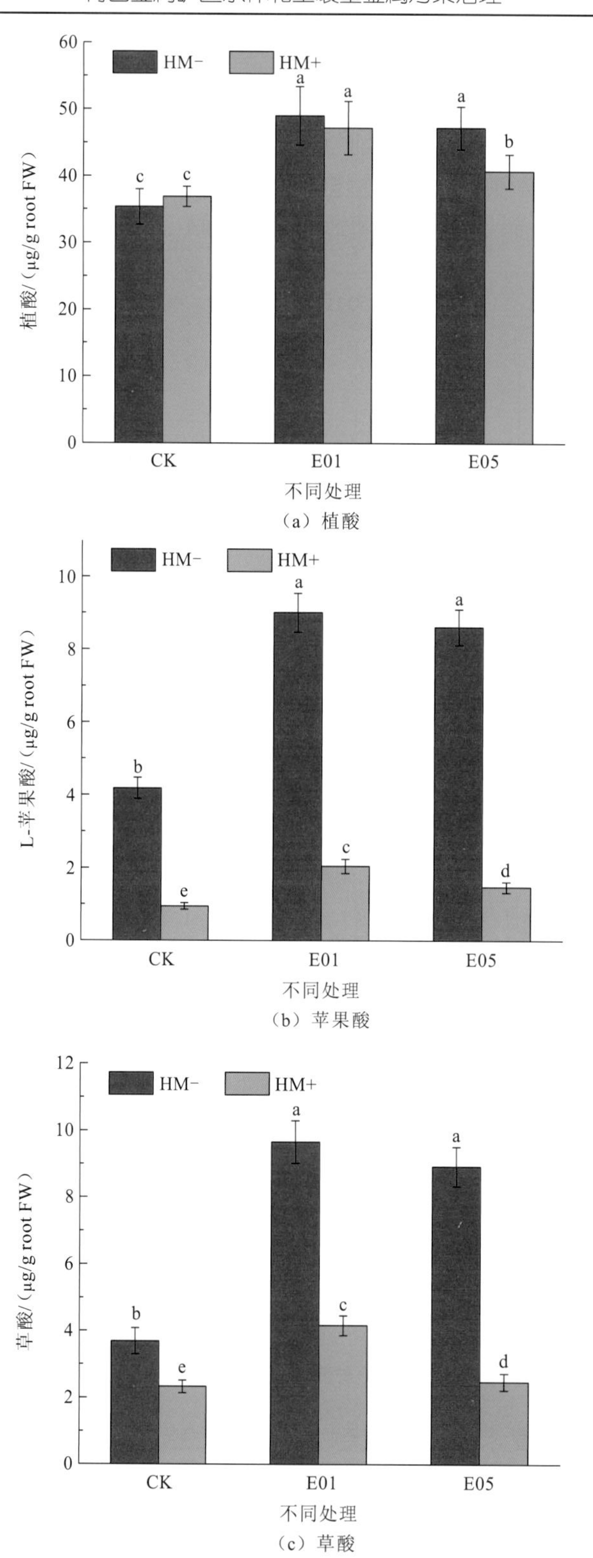

图 5.32　钒胁迫下内生菌接种对根系分泌植酸、苹果酸和草酸的影响

图中不同字母表示处理间在 $P<0.05$ 水平上差异显著

可以看出，植酸、L-苹果酸和草酸是蜈蚣草根系分泌有机酸的主要组分，且主要以植酸为主，占到总有机酸分泌量的 80%～90%。这与其他学者研究相一致，蜈蚣草根系分泌有机酸以植酸为主（Liu et al.，2017；Tu et al.，2004）。在 5 mg/L V 胁迫下，除了植酸分泌量变化不大，L-苹果酸和草酸的分泌受到显著抑制，与对照组相比，其分泌量分别下降 77.5%和 36.8%之多。大多数学者研究表明在 Cd、As、Pb、Cu 等重金属胁迫下，耐性植物根系会分泌更多有机酸来抵御重金属胁迫压力（Liu et al.，2016; Chen et al.，2014）。而本试验中重金属钒却极大抑制了蜈蚣草根系草酸和 L-苹果酸的分泌，这可能主要与钒特殊的生物效应及毒性有关，钒酸钠作为一种 ATP 酶抑制剂在生化领域被广泛使用。有学者指出根系分泌苹果酸、草酸和柠檬酸等有机酸的行为受根尖细胞原生质膜阴离子通道及 H^+-ATP 酶活性的影响（Kollmeier et al.，2001），如在缺磷条件下，白羽扇豆（*Lupinus albus*）排根大量分泌有机酸的行为因钒酸盐添加引起的 H^+-ATP 酶活的降低而受到显著抑制（Yan，2002）。因此，试验中钒的胁迫抑制了蜈蚣草根系分泌草酸和苹果酸的过程。

接种内生菌可显著促进三种有机酸的分泌，在无钒处理下，PRE01 和 PRE05 可使植酸分泌量提高 38.75%和 33.5%，苹果酸分泌量提高 115.4%和 115.9%，草酸分泌量提高 161.8%和 141.8%。而在钒胁迫下，两株内生菌也能在一定程度上缓解钒对根系分泌苹果酸和草酸的抑制效应，尤其 PRE01 接种后，植酸、苹果酸、草酸分泌量分别提高了 28.0%、117.6%、78.5%，效果要优于 PRE05。

内生菌定植到植物根际和内部后，其生理活性和代谢过程都会受到影响，而其分泌的一些代谢物质可作为信号物质一样调节植物的代谢及相关基因的表达，进而影响植物根系分泌物（Hardoim et al.，2008）。而本试验中，内生菌的接种能够显著促进蜈蚣草根系有机酸的分泌，缓解钒毒性胁迫，促进植物生长。同时，综合钒形态分布和根系表面 SEM-EDS 结果可推断，内生菌强化根系有机酸的分泌对调控内生菌定植、根表面钒吸附、根系钒形态转化都会发挥重要作用。

5.4.2　内生菌-蜈蚣草协同溶矿促生机制

钒进入土壤中极易与铁及铁的氧化物结合，影响植物对铁和钒的吸收，当弱酸提取态钒被完全吸收后，这将是限制钒植物修复的一个重要因素。而蜈蚣草根系有机酸主要以植酸为主（80%～90%），同时植酸也是土壤中磷素主要的储存形式，约占有机磷的 80%，总磷的 10%（黄宇 等，2008）。本试验主要研究以钒酸铁为唯一铁源时，内生菌及植酸对蜈蚣草根际活化钒酸铁，吸收铁、磷、钒的影响，探讨缺铁环境下内生菌强化蜈蚣草植物修复行为。

为研究内生菌、蜈蚣草及其联合体系对 V-Fe 复合物溶解及其促生作用，本小节采用高蔷等（2015）的液相沉淀法制备了钒酸铁，用以替代土壤中形成的 V-Fe 复合物，结果如图 5.33 所示。可以看出，试验成功合成了 $FeVO_4$，形态为棕黄色粉末。后续试验向水培试验体系中定量添加 $FeVO_4$，用以精确研究内生菌对蜈蚣草根际活化 $FeVO_4$ 过程的影响。

（a）实物图

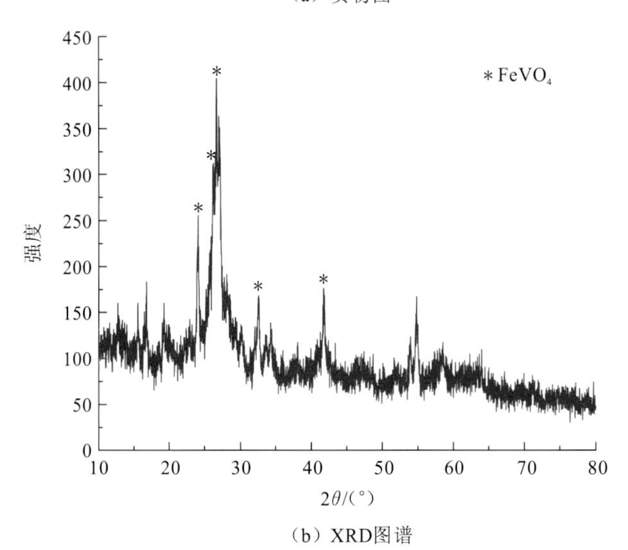

（b）XRD图谱

图 5.33 人工合成钒酸铁实物图和 XRD 图谱

1. 试验与分析方法

1）钒酸铁合成

采用高蕾等（2015）的液相沉淀法制备钒酸铁。

2）内生菌对钒酸铁的溶解作用

以 1%的接种量分别将 PRE01 和 PRE05 接种于 MSA 液体培养基（含钒酸铁 0.5 mmol），培养 24 h，期间每 12 h 取样测定培养液中 V 和 Fe 浓度。

3）缺铁条件下内生菌-蜈蚣草协同溶矿促生

采用水培曝气方式进行培养。选取预培养后大小基本一致的蜈蚣草幼苗于含 400 mL

缺铁的 1/5 改良霍格兰营养液水培瓶中试验，共设置 6 个处理，钒酸铁和植酸的添加量均为 0.25 mmol/L。各处理设置见表 5.10。整个试验于人工气候箱中进行，控制光照 14 h，温度 18～26 ℃，相对湿度 60%。试验周期 18 d。

表 5.10　各组试验处理方式及命名

处理代号	处理方式	处理代号	处理方式
CK	无添加	CK+	接种 PRE01
$FeVO_4$	添加 $FeVO_4$	$FeVO_4$+	添加 $FeVO_4$ 接种 PRE01
Phy+$FeVO_4$	添加植酸和 $FeVO_4$	Phy+$FeVO_4$+	添加植酸和 $FeVO_4$ 接种 PRE01

2. 内生菌对钒酸铁的溶解作用

图 5.34 为两株内生菌对钒酸铁的溶解作用。在培养 24 h 后，PRE01 和 PRE05 培养液中 V 质量浓度分别为 2.07 mg/L 和 1.68 mg/L，表明了两株内生菌对钒酸铁发生了溶解作用。需要注意的是，培养液中钒、铁浓度应为细菌对钒酸铁的溶解和菌体对钒、铁吸收动态平衡的结果。对比两株细菌对 7.54 mg/L V 的吸附过程可发现，在 24 h 时，菌株 PRE01 对钒的吸附能力要大于 PRE05。在培养过程中同样发现 PRE01 培养液变为蓝色，而 PRE05 培养液颜色变化不显著，也说明了 PRE01 中的钒不仅被吸附，更多的被还原成四价。

图 5.34（b）为培养液中铁浓度，PRE01 和 PRE05 在 24 h 溶解的铁离子质量浓度分别为 0.47 mg/L 和 0.16 mg/L。综合可知，PRE01 对钒酸铁的溶解要强于 PRE05。已有研究表明细菌在缺铁条件下，会分泌铁载体来溶解环境中难溶态铁，在 5.2.2 节中测定了 PRE01 和 PRE05 的产铁载体能力，与对钒酸铁的溶解作用相一致，也是 PRE01 强于 PRE05。还发现溶液中钒和铁的物质的量比要远大于 1∶1，主要原因可能是细菌对铁的

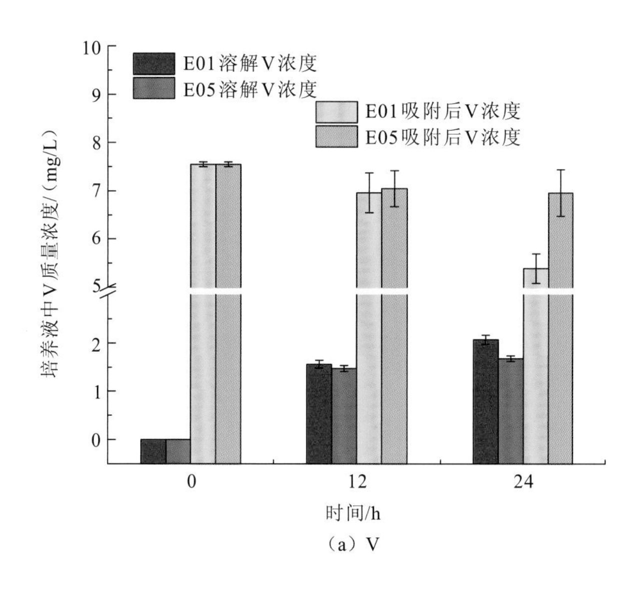

（a）V

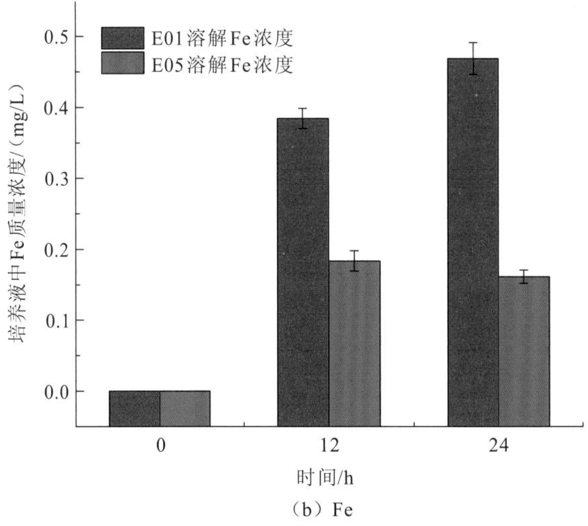

（b）Fe

图 5.34 PRE01 和 PRE05 对钒酸铁的溶矿作用

吸附能力要远大于钒，此外，非络合态的三价铁离子也会发生强烈的水解反应而降低铁浓度。因此，选择 PRE01 为供试菌株研究内生菌-蜈蚣草体系对钒酸铁的溶解及其植物修复作用。

3. 内生菌-蜈蚣草协同溶矿促生

1）对蜈蚣草根际铁、钒活化的影响

图 5.35 为培养 18 d 后蜈蚣草水培溶液（缺铁的 1/5 改良霍格兰营养液）中 P、Fe、V 浓度。随着蜈蚣草的生长，培养液中 P 浓度由初始的 11.2 mg/L 降低到 5.09～6.85 mg/L，而在植酸添加组 P 浓度却增长到 34.86～37.28 mg/L[图 5.35（a）]。由图 5.35（b）看出，培养 18 d 后无铁的培养液中出现了可溶性的铁，在 Phy+$FeVO_4$ 处理可溶性铁浓度为 0.59 mg/L，而在 $FeVO_4$ 处理也出现了 0.32 mg/L 的可溶性铁，这也进一步表明蜈蚣草根系分泌物可有效溶解 Fe-V 难溶物来获取铁元素。同时还发现这两个处理对应的内

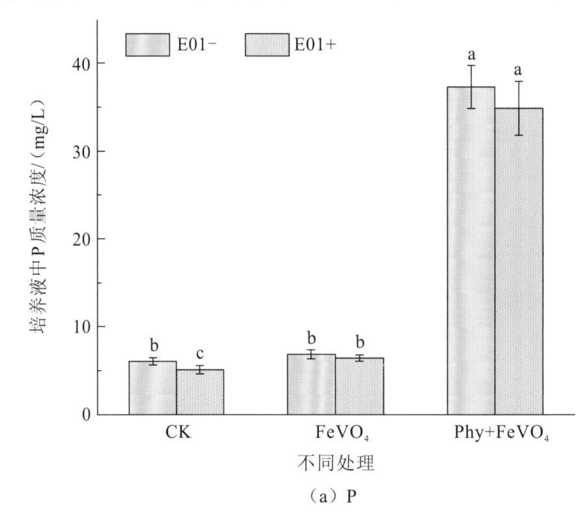

（a）P

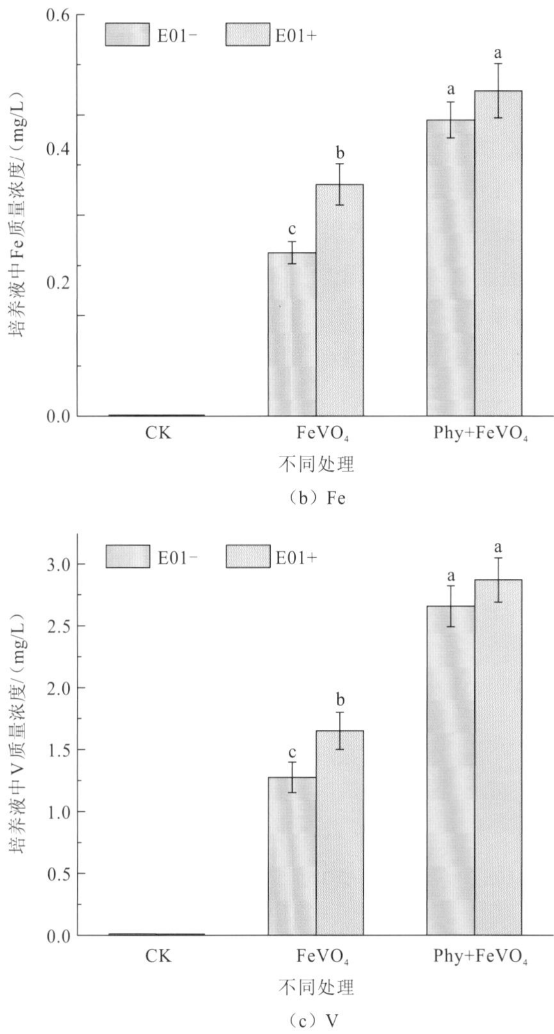

（b）Fe

（c）V

图 5.35　各处理水培溶液中 P、Fe、V 含量

图中不同字母表示处理间在 $P<0.05$ 水平上差异显著

生菌添加组中铁含量都要更高，这部分可溶性铁来自内生菌 PRE01 分泌微生物铁载体的溶矿作用（图 5.34）。培养液中钒浓度与可溶性铁浓度变化规律一致，但其比值要远大于 1∶1[图 5.35（c）]，主要原因是蜈蚣草对铁的吸收要大于钒。另外，植酸-Fe 络合物中植酸结合铁离子的数量决定其溶解度，而植酸溶解的铁大部分以难溶态植酸-Fe 络合物存在（Liu et al.，2016）。已有研究表明蜈蚣草根系可以分泌植酸酶（Lessl et al.，2013），能够进一步水解植酸-Fe 络合物，释放其中的 P 和铁离子供植物吸收。这也解释了为何添加植酸后培养液中的磷酸盐浓度会显著增加。

2）缺铁条件下内生菌接种对蜈蚣草生长的影响

图 5.36 为各处理蜈蚣草在培养 18 d 后生物量增加量的变化情况。在缺铁条件下，蜈蚣草生长最受抑制，而在 $FeVO_4$ 和植酸+$FeVO_4$ 组蜈蚣草生物量显著增加，显然铁营

养的获取对植物生长的促进效果要大于低浓度钒（1.27～2.86 mg/L）的胁迫作用。铁是植物生长必须元素，在植物生长中起重要作用，参与植物光合作用、蛋白质及核酸的合成等诸多生理反应（张妮娜 等，2018）。因此，保证铁的获取对达到理想的植物修复效果十分必要。同时，还发现在接种 PRE01 组植物生物量增加量都要高于相应未接种组，内生菌 PRE01 的接种可有效促进蜈蚣草的生长。

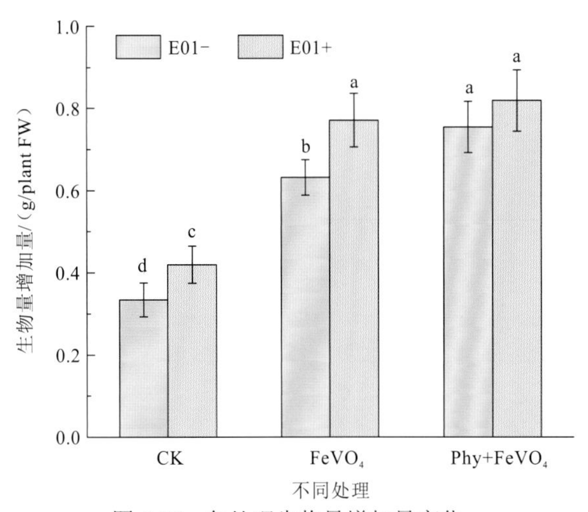

图 5.36 各处理生物量增加量变化

图中不同字母表示处理间在 $P<0.05$ 水平上差异显著

3）对植物吸收铁、磷、钒的影响

图 5.37 为各处理蜈蚣草地上部和根部 P、Fe、V 含量。在 $FeVO_4$ 和植酸+$FeVO_4$ 处理组蜈蚣草地上部和根部 Fe、V 含量都要显著高于对照组，而且植酸+$FeVO_4$ 处理组也要显著高于 $FeVO_4$ 组，这表明蜈蚣草可通过分泌植酸络合 $FeVO_4$ 中难溶态铁，同时释放其中的 V，促进植物对 Fe 和 V 的吸收。与我们的研究相一致，Liu 等（2016）的研究也

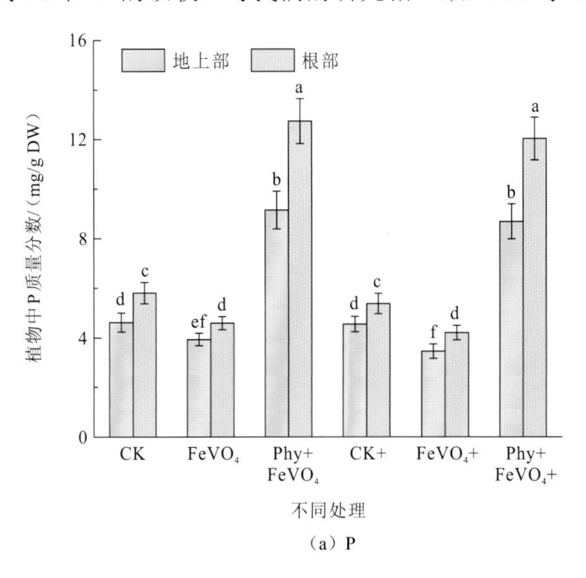

（a）P

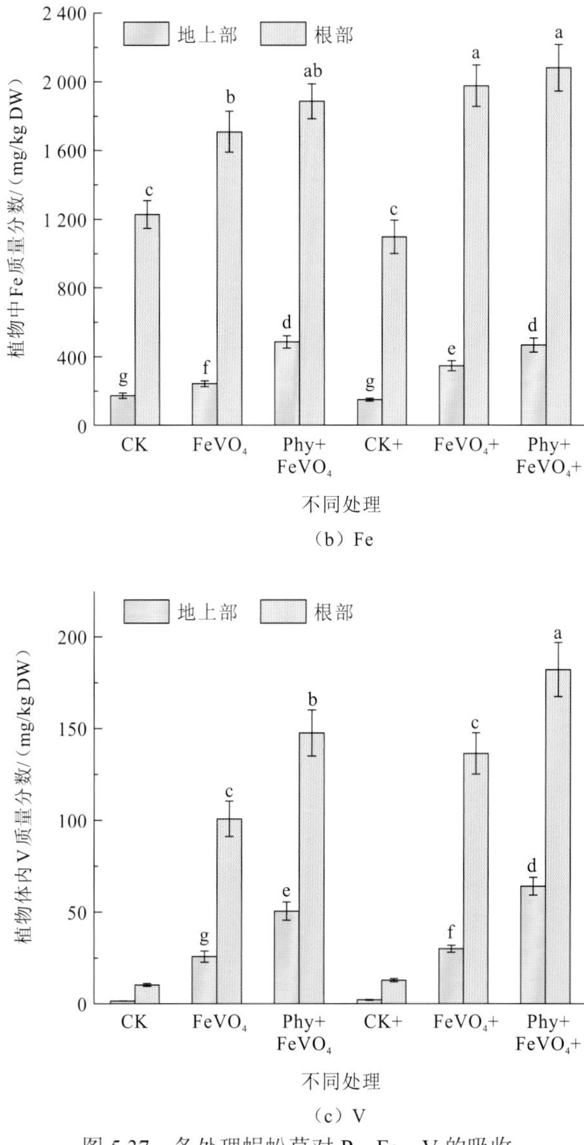

（b）Fe

（c）V

图 5.37　各处理蜈蚣草对 P、Fe、V 的吸收

图中不同字母表示处理间在 $P<0.05$ 水平上差异显著

表明，蜈蚣草根系可分泌大量植酸溶解 $FeAsO_4$，促进植株对 Fe 和 As 的吸收。还观察到，PRE01 的接种可有效促进蜈蚣草对 Fe 的吸收，尤其在只添加 $FeVO_4$ 时，与未接种组相比，内生菌接种可将蜈蚣草地上部和根部 Fe 含量分别提高 42.7%和 15.7%[图 5.37（b）]。这说明，内生菌的协同作用是蜈蚣草根际铁获取途径的重要补充，内生菌可通过促进其根系植酸分泌[图 5.32（a）]和分泌微生物铁载体有效提高 Fe 的生物可利用性，促进宿主植物对 Fe 的吸收。

内生菌的接种还可显著提高蜈蚣草体内 V 浓度，在 $FeVO_4$ 处理时，内生菌接种可将蜈蚣草地上部和根部 V 含量分别提高 16.5%和 35.3%[图 5.37（c）]。总之，在缺铁环境下，内生菌可有效强化宿主植物根际活化 Fe-V 难溶物的过程，促进植物对 Fe、V 的吸收及植物的生长，获取更好的植物修复效果。

此外，植酸的添加大幅度提高了蜈蚣草根际和植株组织 P 浓度[图 5.35(a)、图 5.37(a)]，表明蜈蚣草能够以植酸中磷为磷源。5.4.1 节中发现 V 对植物的毒性之一就是抑制植株对磷酸盐的吸收，而 $FeVO_4$ 处理下（含 1.27 mg/L V）也略微降低了蜈蚣草体内磷含量，但植酸+$FeVO_4$ 处理下（含 2.65 mg/L V）蜈蚣草磷含量却显著上升，这也许说明钒会抑制蜈蚣草对无机磷的吸收，但不影响蜈蚣草对植酸类等有机磷的吸收。土壤中，植酸约占有机磷总量的 80%，总磷的 10%，是土壤中磷素的重要储备（向万胜 等，2004），蜈蚣草对根际植酸的高效利用也是蜈蚣草作为钒富集植物的优势之一。

5.5 内生菌接种对印度芥菜根际微生态的影响及其作用机制

5.1～5.4 节研究已经证明，在模拟污染土壤土培试验和水培试验条件下，分离筛选出的具有良好植物促生特性的内生菌可通过合成植物生长激素（IAA）、提高植物叶绿素含量来促进植物生长，通过分泌微生物铁载体和溶解矿质磷酸盐缓解植物营养缺乏，通过提高抗氧化酶活性、根系表面吸附和有机酸分泌来缓解重金属植物毒性，总之，内生菌可通过上述作用直接调控植物的生长，获得更好的植物修复效果。然而，内生菌也可通过调控根际微生态及植物相关细菌群落的变化间接影响植物修复过程。目前已有部分研究指出内生菌可通过改善根际土壤营养和调控重金属形态来强化植物修复效果，但内生菌接种对植物根际和内生菌群落的影响及其对植物修复的作用还未明晰。

如 5.2 节所述，Serratia PRE01 和 Arthrobacter PRE05 可有效强化印度芥菜的植物修复效果，印度芥菜作为一种超富集植物，具有速生、根系发达、多种重金属富集等特性，已成为重金属污染土壤植物修复研究的模式植物。同时，弄清内生菌接种对非宿主植物根际微生态的影响对内生菌联合植物修复技术的推广应用又具有重要意义。因此，本节以印度芥菜为试验植物，实际钒矿污染农田土为试验用土，主要研究两株内生菌接种对土壤性质、重金属形态、根际微生物群落及植物内生菌群落等微生态因子影响及其对植物修复过程的作用机制。研究结果将为深入了解原位植物修复过程内生菌如何影响根际微生态和植物相关细菌群落提供新的见解，对促进内生菌协同植物修复及其在田间的应用具有重要意义。

5.5.1 试验方法

本试验选用印度芥菜对实际钒矿污染土壤进行植物修复，从根际微生态角度考察长期修复过程中内生菌、植物与重金属污染土壤三者间相互作用及机理。整个盆栽试验于北京科技大学植物修复基地进行，每隔一段时间随机更换摆放位置，期间保证各处理光照、水分含量等植物生长条件相一致。整个试验周期历时 60 d。盆栽试验采用直径 16.5 cm、高 10.5 cm 花盆，每盆放置 1.0 kg 土壤。盆栽试验主要包括 3 个处理，即未接种对照（以灭菌接种液作为未接种对照），接种菌株 PRE01，接种菌株 PRE05，每个处理设置 3 个平行。首先采用接种液浸泡方式对表面灭菌的印度芥菜种子进行接种，浸泡 3 h，之后以每盆 10 粒种子播种于花盆中。待种子萌发后，每盆保留健康幼苗 3 株。同时，为确保内生菌定植，额外将 50 mL 接种液添加至各处理幼苗根际，之后试验期间不再进行接种。试验周期末，分别对植物和根际土进行取样。测定根际土壤理化性质、重金属形态及根际菌群落功能多样性和群落结构多样性；测定植物氮磷钾含量、植物生物量及重金属含量、测定植物根部内生菌群落功能多样性和群落结构多样性。

5.5.2　内生菌在修复植物内的定植

内生菌在植物根际和内部的有效定植是内生菌发挥其作用，调控根际营养、重金属形态、植物相关细菌群落的前提和基础，因此首先研究内生菌在植物体内的定植情况。

图 5.38 为在不同条件下内生菌 PRE01 在印度芥菜幼苗不同部位定植数量随时间变化。结果显示，菌株 S. marcescens PRE01 可成功定植于印度芥菜体内，而且其定植数量随时间的增加呈现出先急剧增加后逐渐减小的趋势。但 PRE01 在印度芥菜地上部和根部定植数量及随时间的变化不尽相同。根部定植数量要远超地上部 1～2 个数量级，而且在根部的定植时间也要早于地上部，在接种后第 1 d 即可自根部重新分离出 PRE01，而地上部在接种后第 3 d 才出现 PRE01 的定植。总体来说，PRE01 的定植规律与其他外源内生菌相似，如 DoB49ri 对白菜根部的定植每隔 10 d 呈指数下降（卢蓓蓓，2012），而 H. seropedicae Z67 对水稻的定植在接种 7～10 d 达到最大，接种 28 d 后降低到 3～4 lgCFU/g（James et al.，2002）。即不同内生菌对不同植物的定植差异主要在于其是否能在宿主植物体内保持一定菌群密度并稳定拓殖与遗传，及其定植的周期长短。

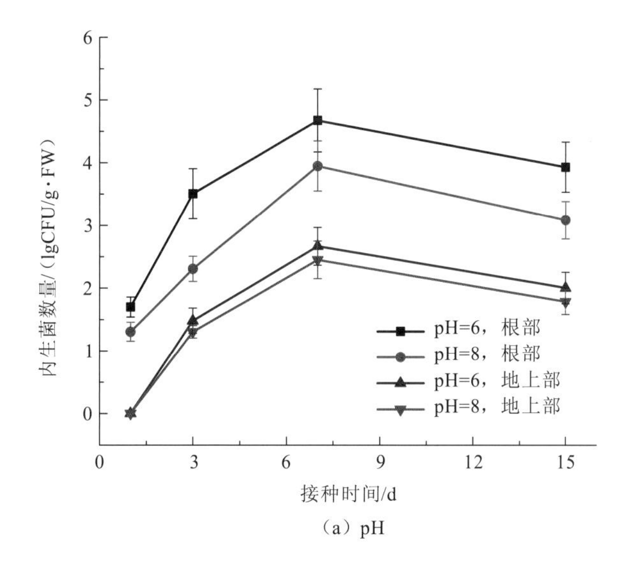

（a）pH

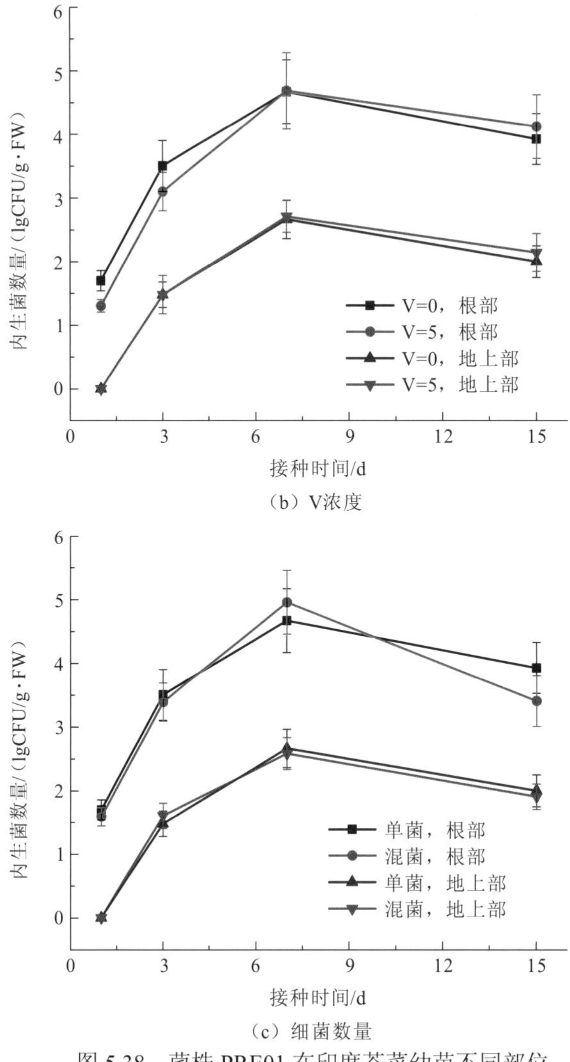

（b）V浓度

（c）细菌数量

图 5.38　菌株 PRE01 在印度芥菜幼苗不同部位定植行为受 pH、V 浓度和细菌数量的影响

研究还发现，在对照组未分离出 PRE01，但在对照组和接种组都有分离出其他内生菌，这说明虽然种子经过表面灭菌无外源内生菌侵染，但印度芥菜种子内部有众多其他内生菌随种子的萌发、生长一起定植，关于种子中稳定遗传内生菌的发现也已有报道（Mastretta et al.，2009）。

对于研究的三个因素，发现 pH 对 PRE01 在印度芥菜根部的定植行为影响较大。与对照组相比，在偏碱性（pH=8）条件下，其定植细菌的数量平均相差接近 5～10 倍[图 5.38（a）]。而低浓度 V（5 mg/L）条件下，到生长后期甚至会对菌株的定植起到一定的刺激作用[图 5.38（b）]，Wan 等（2012）在 S. nematodiphila LRE07 对龙葵的定植研究中也发现低浓度的 Cd 会促进菌株的定植。另外，发现混菌接种对 PRE01 的定植并无显著影响[图 5.38（c）]，这都利于内生菌对植株的定植。

5.5.3　植物生长和重金属积累对内生菌接种的响应

1. 印度芥菜生长和重金属富集的变化

可以发现，在实际钒矿污染土壤中，菌株 PRE01 和 PRE05 也可有效促进印度芥菜的生长。接种 PRE01 可使印度芥菜根部和地上部干重分别增加 34.6%和 13.9%，接种 PRE05 可使印度芥菜根部和地上部干重分别增加 21.3%和 10.2%（图 5.39）。

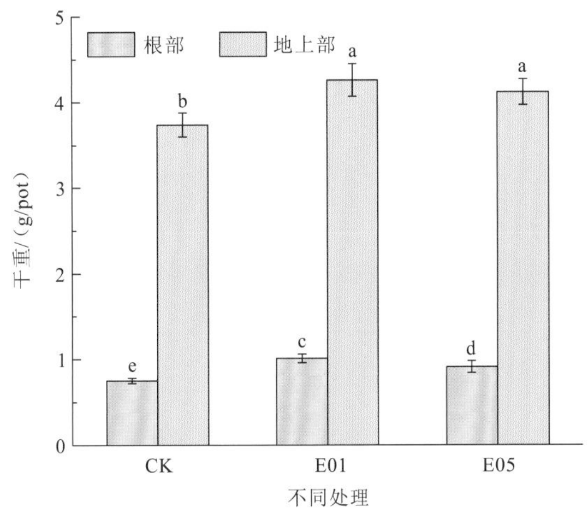

图 5.39　内生菌接种对印度芥菜植物生长的影响

图中不同字母表示处理间在 $P<0.05$ 水平上差异显著

图 5.40 反映了接种内生菌后印度芥菜根部和地上部 V、Cr 和 Cd 富集浓度的变化。发现尽管在接种处理和未接种处理印度芥菜的地上部组织 V、Cr 和 Cd 浓度没有显著性差异，但接种 PRE01 和 PRE05 都可以显著提高三种重金属在植物根部的累积，V、Cr 和 Cd 含量分别比对照组提高 16.0%、14.1%、24.5%和 24.2%、12.4%、18.9%。

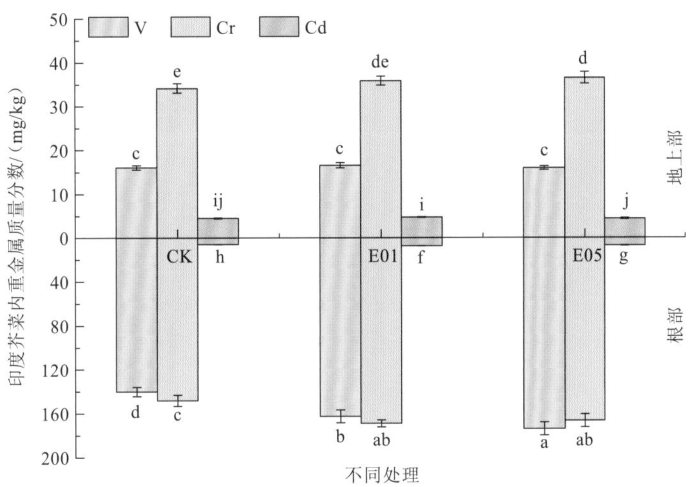

图 5.40　内生菌接种对印度芥菜重金属富集的影响

图中不同字母表示处理间在 $P<0.05$ 水平上差异显著

正是由于内生菌对植物生物量和根部重金属富集的有效促进作用，菌株 PRE01 可使印度芥菜根部和地上部总重金属累积量分别较对照提高 43.6%和 18.9%，而 PRE05 可使印度芥菜根部和地上部总重金属累积量分别较对照提高 32.7%和 14.4%（图 5.41）。

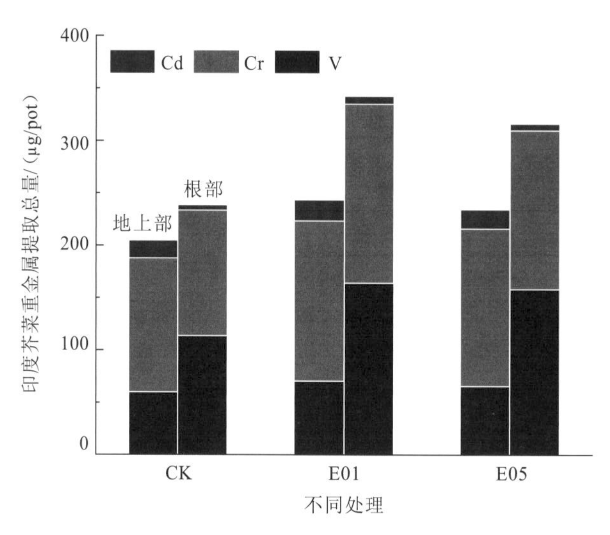

图 5.41　内生菌接种对印度芥菜重金属提取总量的影响

对印度芥菜进行内生菌接种，经过 60 d 的植物原位修复过程后，发现内生菌能够显著强化其对钒矿污染土壤的修复效果。那么，在接种强化修复过程中，土壤-植物系统究竟发生了哪些变化，诸如土壤 pH、营养、有机质含量、重金属形态、根际和根系细菌群落多样性等微生态因子的变化又是如何产生与影响植物修复过程，这些都值得深入研究。

2. 印度芥菜根系形态参数的变化

根系是植物与土壤和微生物相互作用的重要部位，也是内生菌侵入和定植到植物组织的首要部位，对内生菌强化植物修复过程起重要作用。因此，试验采用根系扫描仪测定了内生菌接种对根系形态参数的影响，结果见表 5.11。由表 5.11 可以看出，内生菌接种促使植物形成更加发达的根系系统，可显著增加植物根系总长度、根表面积和总根尖数。与未接种处理相比，菌株 PRE01 可使总根长增加约 48.5%，根表面积增加约 49.6%，总根尖数增加约 72.2%；PRE05 可使总根长增加约 69.8%，根表面积增加约 63.0%，总根尖数增加约 92.5%。与此相似，Chen 等（2014）也发现，在 Cd 胁迫下，接种 SphingomonasSaMR12 也可极大地促进东南景天根系各参数的增长。先前的研究已经表明（Gang et al.，2018；Mohite，2013；Patten et al.，2002），促生细菌产生的 IAA 对宿主植物根系系统的发育起着重要作用，内生菌的接种尤其会增加根表面土壤颗粒和根部组织内的 IAA 含量，改善根系特征。这恰巧与之前的菌株 PRE01 和 PRE05 较高的 IAA 分泌量相一致（分别为 60.14 mg/L 和 66.95 mg/L）。

表 5.11 接种内生菌对印度芥菜根系参数的影响

不同处理	总根长 /（cm/plant）	根表面积 /（cm^2/plant）	总根尖数 /（tips/plant）	平均直径 /mm
CK	217.5±20.6 b	56.7±4.8 b	1578±201 c	0.830±0.04 a
E01	323.0±28.3 a	84.8±7.9 a	2717±292 a	0.836±0.07 a
E05	369.3±35.4 a	92.4±9.7 a	3037±356 a	0.797±0.05 b

注：数值为平均值±标准偏差，不同字母表示各组间差异显著（$P<0.05$，$n=3$）

总之，内生菌对植物根各参数带来的这些积极作用，不仅可有效提高植物对营养物质的吸收，更可增加植物根际微区中促生细菌与植物交互作用的空间及生态位点，对内生菌改善根际微生态起到更积极的意义。

5.5.4 内生菌接种对根际土壤性质和重金属形态的影响

1. 对根际土理化性质的影响

由表 5.12 可见，经过 60 d 的植物修复过程，内生菌接种可轻微增加根际土壤的 pH。这可能是内生菌的侵染导致印度芥菜根系代谢活动及根系分泌物成分发生变化，以致土壤 pH 发生改变。还发现根际土壤有机质含量在对照组和接种组间发生了显著的变化，PRE01 和 PRE05 接种分别使其增加约 6.94%和 4.62%。可能的机制是促生内生菌的接种能够有效增加印度芥菜的光合作用和根系分泌物的分泌所致（Wang et al.，2018b；Chen et al.，2014），有机质含量的增加对改善重金属污染土壤的根际环境和土壤质量，促进植物生长是非常有利的（Wang et al.，2018b；Liu et al.，2014）。

表 5.12 根际土物理化学性质变化

不同处理	速效 P/（mg/kg）	速效 N/（mg/kg）	速效 K/（mg/kg）	有机质含量/%	pH
CK	26.41±1.25 a	17.41±0.85 a	79.36±4.12 a	1.73±0.02 b	7.39±0.11 b
E01	18.93±2.01 b	16.81±0.93 a	80.46±6.27 a	1.85±0.03 a	7.73±0.14 a
E05	20.66±1.53 b	13.78±0.88 b	67.23±5.89 b	1.81±0.02 a	7.82±0.21 a

注：数值为平均值±标准偏差，不同字母表示各组间差异显著（$P<0.05$，$n=3$）

然而，内生菌接种处理的根际土中速效态 N、P、K 含量均有不同程度的降低。与对照组相比，PRE05 接种下速效 N、P、K 含量均显著降低，而 PRE01 会使速效磷显著降低（表 5.12）。为此，还测定了植物体内的氮磷钾含量，发现尽管内生菌在一定程度上降低了根际土中速效 N、P、K 含量，但并没有引起印度芥菜对其元素吸收的抑制，甚至会增加植物组织 N、K 含量（图 5.42）。那么可以推测，根际土中速效 N、P、K 含量的降低是因为内生菌极大促进了印度芥菜的生长，导致了植物对根际土中营养元素的摄取总量的增加。虽然钒矿污染土壤的速效N、P、K等营养比较贫乏，但内生菌可通过其与接种植物的相互作用促进植物对根际环境中各营养元素的摄取。

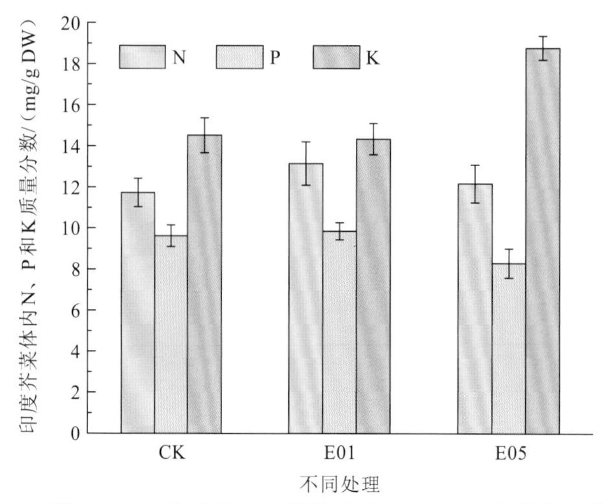

图5.42　内生菌接种对植物叶片N、P、K含量的影响

2. 对根际土重金属形态的影响

土壤中重金属形态和生物可利用性是影响植物修复效果的关键因素（Ali et al.，2013）。因此，我们研究了内生菌接种对根际土壤重金属形态的影响，并结合内生菌对土壤各理化性质的调控，综合分析内生菌接种后对整个根际微生态体系的影响及其改变重金属形态的机制。在特定的环境条件下，不同重金属形态表现出不同的迁移转化行为。采用改进BCR法对根际土中重金属形态进行分类提取，其中前三态重金属的含量，尤其是弱酸提取态，预示着土壤中潜在的生物可利用的重金属的含量，并可通过食物链转移和累积，从而危害生态安全和人体健康（Shaheen et al.，2018；Teng et al.，2011；Tokalıoğlu et al.，2005）。

在钒矿污染土壤中，除了Cd，大部分都是残渣态，不能被植物直接提取，如图5.43所示。总体来看，接种PRE01和PRE05都可以显著改变根际土壤中V、Cr和Cd形态，促进残渣态重金属向其他三态转化。与未接种处理相比，尽管弱酸提取态V和Cr只增加了少许，但有大量的残渣态V和Cr向可氧化态转变。其中，PRE01和PRE05分别使可氧化态V由4.2%增加到9.4%和8.8%，使可氧化态Cr由12.2%增加到26.2%和17.4%。与V和Cr的变化不同，内生菌的接种可以显著增加根际土中弱酸提取态Cd含量。

一般说来，重金属元素的移动性和生物可利用性受土壤颗粒的吸附和解吸过程控制，而这个动态反应平衡主要受土壤pH、有机质含量、阳离子交换量、氧化还原状态、黏土矿物含量等众多因素影响（Antoniadis et al.，2008；Usman et al.，2008）。其中pH和有机质含量是影响重金属生物利用性最重要的土壤性质，一般pH越低，越利于重金属的迁移和植物的累积；而更高的有机质含量也会与土壤中重金属形成多种螯合配体，促进植

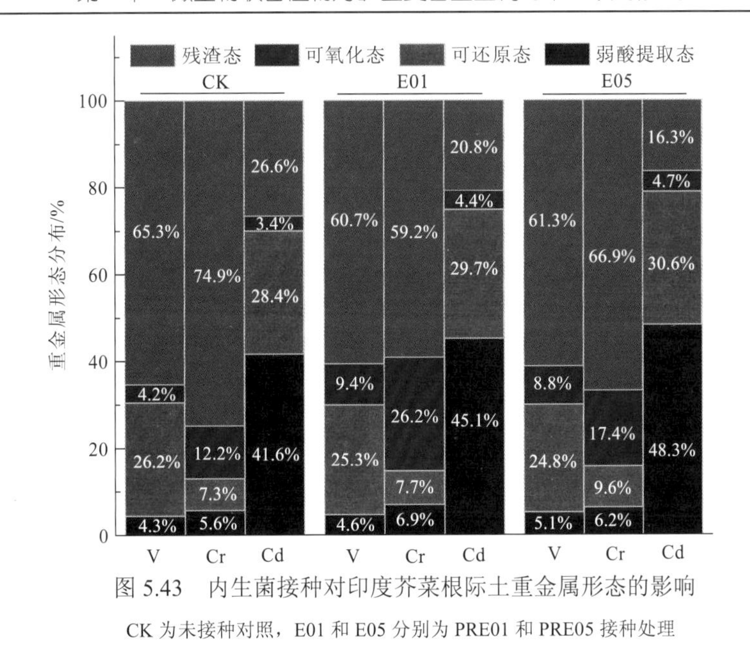

图 5.43　内生菌接种对印度芥菜根际土重金属形态的影响

CK 为未接种对照，E01 和 E05 分别为 PRE01 和 PRE05 接种处理

物对重金属的吸附（Zeng et al.，2011）。对比分析内生菌对土壤性质（表 5.12）和重金属形态（图 5.43）的影响发现，尽管两株内生菌可使根际土 pH 有一定升高，但重金属迁移性并没有降低。不同内生菌的接种对土壤 pH 影响不同，轻微升高或降低，而且土壤 pH 的这种很小变化对重金属形态变化的影响也较小。已知可氧化态重金属主要由有机物结合的重金属组成（Pérez-Moreno et al.，2018），而根际土中可氧化态重金属含量与土壤中有基质含量呈正相关（表 5.12，图 5.43）。已有研究表明分泌根系分泌物是植物响应和改变根际微生境的主要方式（Verma et al.，2003）。内生菌在原位的根际过程中通过与植物相互作用，有效调控体系分泌物的分泌行为，释放更多有机酸、氨基酸、植物螯合素等有机物质（Wang et al.，2018a），通过这些物质与重金属的螯合反应增加根际土中可氧化态重金属含量，进而显著增加植物根部重金属的富集。

5.5.5　内生菌接种对植物根际细菌和内生菌群落的影响

1. 对细菌群落结构和功能的影响

为了分析在钒矿污染土壤植物修复过程中内生菌处理对土著根际细菌群落和根内生菌群落结构的影响，试验将优选出的内生菌 PRE01 和 PRE05 以种子浸泡和萌发后灌根的方式接种到印度芥菜体内。目前，植物内生菌测序分析普遍存在的问题是叶绿体和线粒体核糖体 RNA 编码序列与细菌的高度相似性，因此本试验采用巢式扩增的方法对植物根部和土壤中的细菌序列进行两轮扩增，以最大程度降低植物叶绿体和线粒体 RNA 序列影响。两轮扩增引物分别为位于 V5-V7 区的 799F（5′-AACMGG ATTAGATA CCCKG-3′）-1392R（5′-ACGGGCGGTGTGTRC-3′）和 799F（5′-ACGTCATCCCCACCTT CC-3′）-1193R（5′-ACGTCATCCCCACCTTCC-3′）。

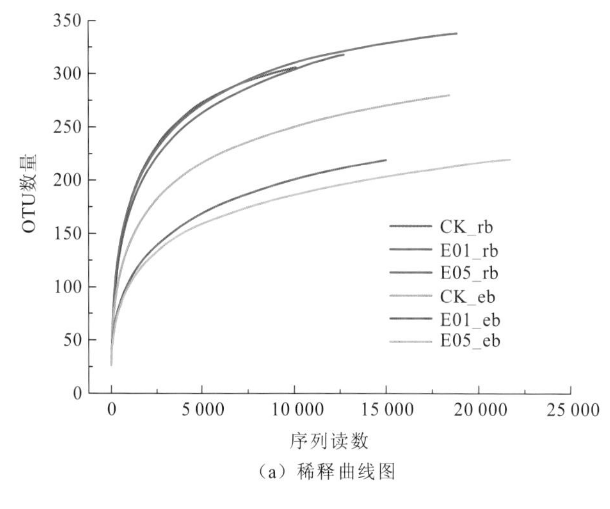

（a）稀释曲线图

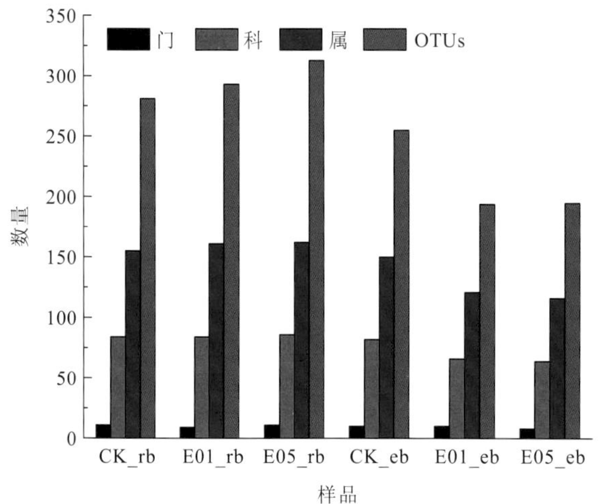

（b）细菌群落不同分类组成

图 5.44 各样本细菌焦磷酸测序稀释曲线图和细菌群落不同分类组成

字母“rb”表示在相应处理中的根际细菌群落，“eb”表示内生菌群落，后同

1）对细菌群落多样性的影响

通过 Illumina MiSeq 平台测序分析，试验获得了 6 个样本的 V5-V7 区共 190073 个优质序列读数。各样本测序的稀释曲线如图 5.44（a）所示，所有样本的稀释曲线都趋于饱和，表明整个测序深度是合理的。经过一系列质控步骤，这些优质序列以大于 97%的相似性被聚类成 194～313 OTUs/样本。根部内生菌序列被分为 13 门 20 纲 48 目 92 科 170 属；而根际细菌序列被分为 13 门 20 纲 50 目 96 科 187 属。总体来看，在纲分类水平上，各处理印度芥菜根际细菌和根内生菌群落都是由 α-变形杆菌纲（*Alphaproteobacteria*）、丙型变形菌纲（*Gammaproteobacteria*）、芽孢杆菌纲（*Bacilli*）、放线菌纲（*Actinobacteria*）、β-变形菌纲（*Betaproteobacteria*）五类组成，基本超过总群落组成的 90%以上（图 5.45），这也与其他学者对不同污染区植物根际和内生菌群落的研究结果相一致（Santoyo et al.,

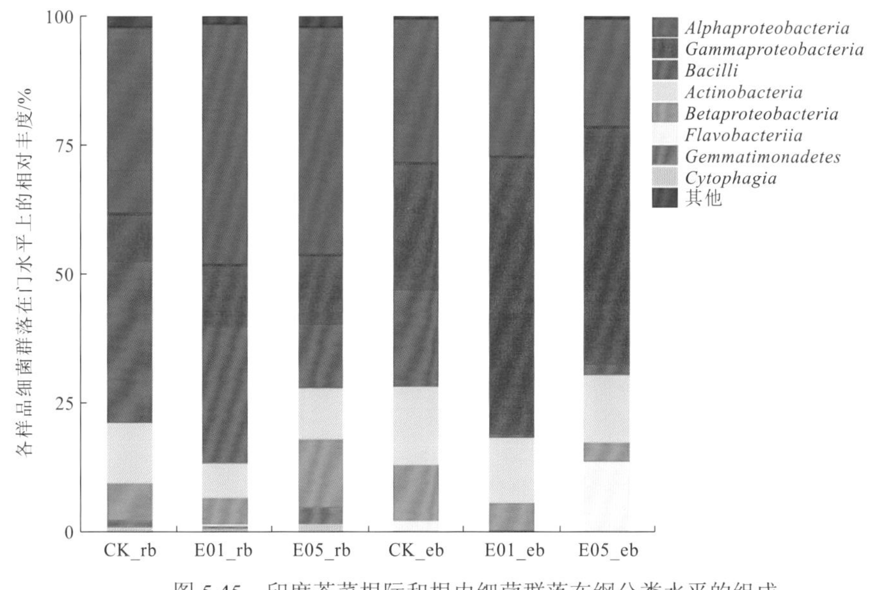

图 5.45　印度芥菜根际和根内细菌群落在纲分类水平的组成

2016a；Sun et al.，2010)。但内生菌群落以丙型变形菌纲为第一优势菌群，占比为 24.4%～53.6%，而根际细菌群落以 α-变形杆菌纲为第一优势菌群，占比为 24.4%～46.7%。

对各样本的细菌群落分类信息进行统计分析，结果如图 5.44（b）所示，发现三个处理中根际细菌群落在门/科/属/OTU 水平上数量都要高于内生菌群落，表明了根际细菌群落多样性要大于根部内生菌群落（Huang，2018），内生菌的接种可以轻微促进根际细菌数量的增加，但却显著降低根部内生菌的数量。进一步分析各样本细菌群落的 Shannon 指数和 Simpson 指数变化情况，如图 5.46 所示，可以看出，两株内生菌的接种对根际细菌 Shannon 指数和 Simpson 指数的影响很小，而可显著降低根部内生菌群落 Shannon 指数，增加 Simpson 指数，反映出由于外源内生菌接种引起的内生菌群落多样性的减小。这些结果均表明外源内生菌的引入会对植物体内内生菌生态产生影响。

为了全面评估内生菌接种对芥菜根际细菌和根部内生菌群落多样性的影响，对 6 个样本的高通量测序结果进行了主成分分析（PCA），结果见图 5.47。前两个主成分 PC1 和 PC2 分别解释了 79.76%和 12.27%的总数据变异。发现与根部内生菌样本相比，根际细菌群落显示出很好的聚类现象，表明根际细菌和根部内生菌群落多样性的固有差异。同时，发现 E01_eb、E05_eb 与 CK_eb 之间的空间距离极大，说明内生菌接种使芥菜根部内生菌群落多样性产生了极大改变，且接种不同内生菌会对原细菌群落产生不同的影响，Gadhave 等（2018）的研究也证明了这点。另外，比较各处理间内生菌和根际细菌多样性差异发现，内生菌的接种也会增加根际细菌和根内生菌间的这种差异性，这也间接说明根际细菌群落不易受外源菌剂的调控，而内生菌群落更易被调控（Gadhave et al.，2018），表明内生菌作为植物修复强化菌剂使用时的优势（Weyens et al.，2009）。PCA 结果表明，在特定的环境条件下，内生菌接种能显著改变根部内生菌群落的特定结构，而对根际细菌群落结构影响较小。

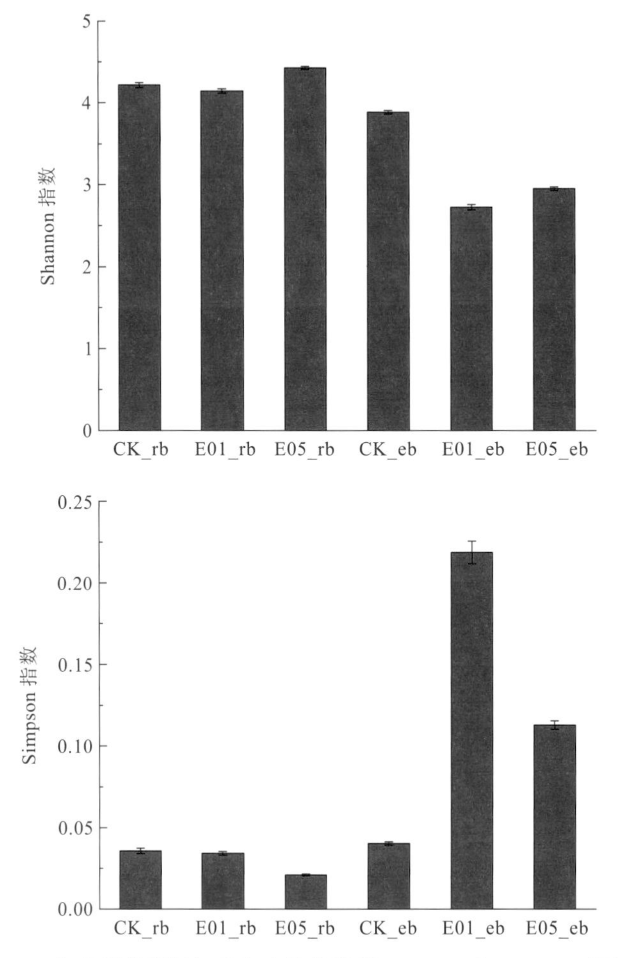

图 5.46　印度芥菜根际细菌和内生菌群落 Shannon 和 Simpson 指数的变化

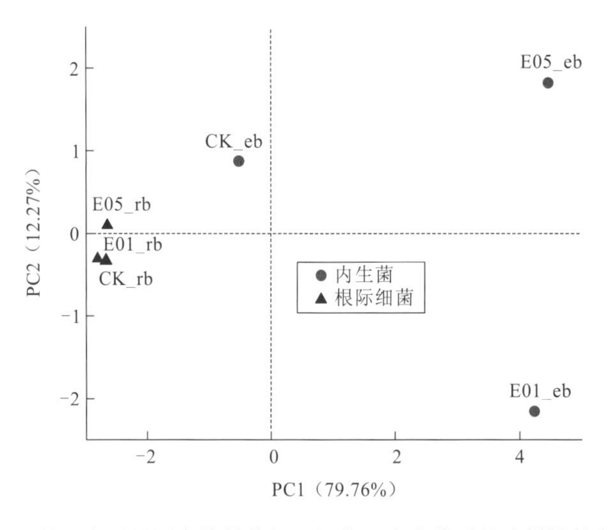

图 5.47　基于高通量测序的芥菜根际细菌和内生菌群落多样性的主成分分析

2）对细菌群落组成和特定功能物种的影响

上述结果已说明添加特定的外源内生菌能够显著改变印度芥菜根部内生菌多样性。研究表明植物根际和根内的特异功能微生物群组对植物修复过程起到十分重要的作用（Chen et al.，2018；Liu et al.，2018）。因此，本小节又分析内生菌的接种对土著内生菌群落结构组成及功能物种的影响，同时对产生这些影响的原因作具体的分析讨论。各处理样本细菌群落热图如图 5.48 所示，结果表明，在对照组，内生菌群落主要以芽孢杆菌（*Bacillus*）、假单胞菌（*Pseudomonas*）和一种黄单胞菌科属细菌（*Xanthomonadaceae*）为主，根际细菌群落主要以芽孢杆菌（*Bacillus*）及相近属 *Fictibacillus* 和类诺卡氏菌属（*Nocardioides*）为主。然而尽管外源接种于芥菜种子和根际土，经过 60 d 的植物修复过程后，*Serratia*

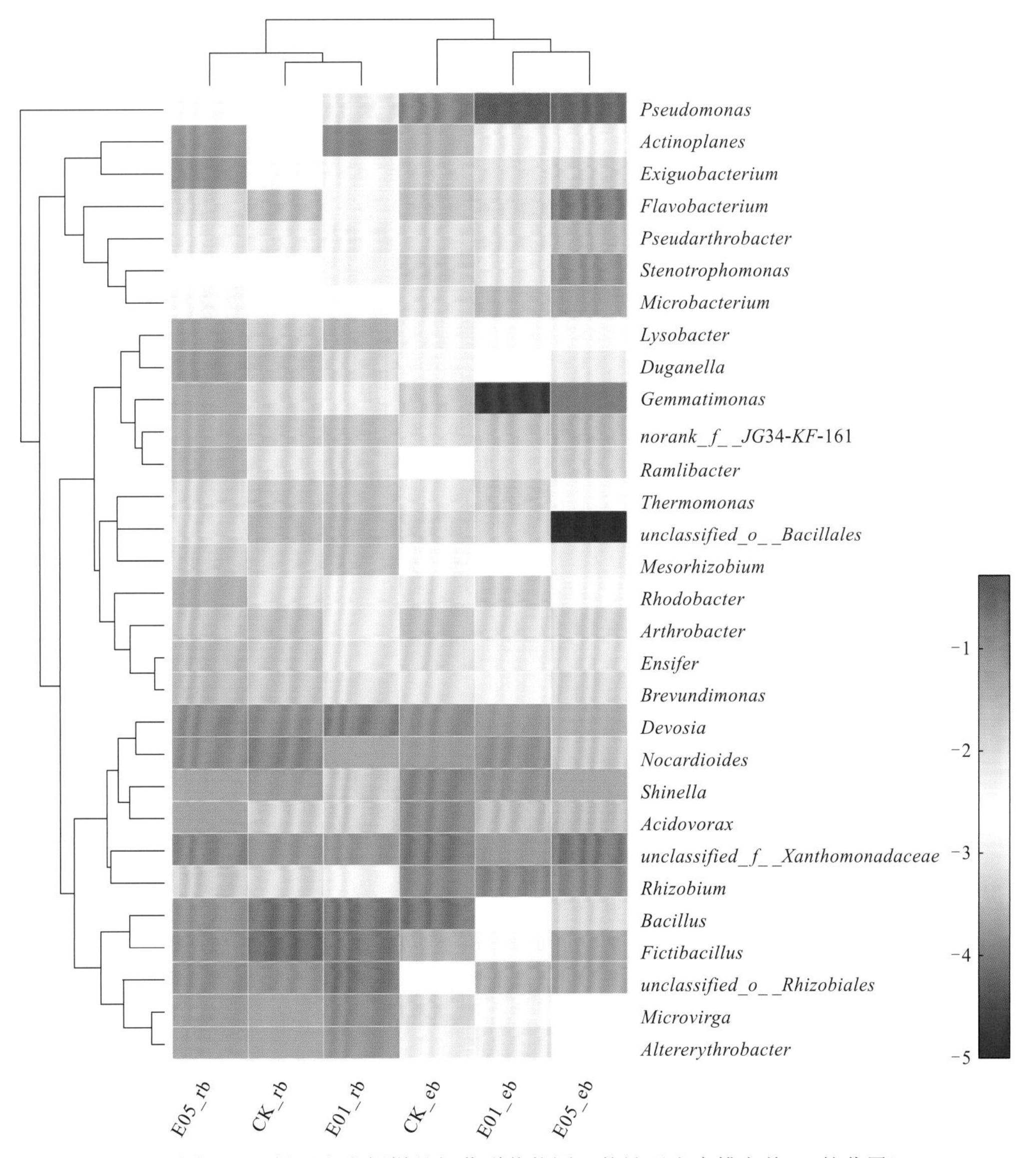

图 5.48　根际土和根样品细菌群落热图（统计了丰度排名前 30 的菌属）

和 *Arthrobacter* 菌属细菌在印度芥菜根际及根内生菌群落丰度极低，并且在对照组和处理组间其菌属丰度也无明显改变。*Serratia* 和 *Arthrobacter* 菌属细菌作为植物促生菌已从土荆芥、龙葵、海洲香薷、鸭跖草、水稻等多种植物体内分离出来（Sun et al.，2018，2010a；Luo et al.，2011a），但其丰度一般较低，尤其 *Serratia* 菌属，已有报道给出具体丰度的只有土荆芥根部小于 2%（Sun et al.，2018）。

已有部分学者研究了微生物菌剂与植物的相互作用行为，但结果不尽相同。Visioli 等(2015)的研究表明促生菌对植物的有效定植是其强化天蓝遏蓝菜 Ni 提取的必要条件；相比之下，Płociniczak 等（2019）认为内生菌在植物组织内的定植对于获得更加有效的植物修复效果不是必需的，但接种细菌在植物根际较高的存活率是至关重要的；然而，接种根瘤菌并没有显著改变刺槐根际细菌群落的多样性和结构（Fan et al.，2018）。而在本小节研究中，添加的 *Serratia* PRE01 和 *Arthrobacter* PRE05 细菌在植物根际和根内并没有持续性的生存和定植，结合图 5.48 内生菌定植规律可推测，两株外源促生细菌可能是定植早期通过与某些本土细菌的竞争与拮抗作用来实现对芥菜内生菌群落的调控。Gadhave 等（2018）的研究与此相似，将多株不同的芽孢杆菌接种到花椰菜（Broccoli）根部，发现其也会显著改变内生菌群落多样性但接种菌株本身并没有成为优势菌群，而是通过不同菌种间的竞争作用来实现对植物内生菌群落的调控。

研究发现两株植物促生细菌的接种对芥菜根部内生菌群落组成有一些共同影响，尤其是，所有接种了 PRE01 和 PRE05 的样本中，无论是内生菌群落还是根际细菌群落，都发现芽孢杆菌（*Bacillus*）及其相近属 *Fictibacillus* 等相对丰度的显著降低，而且这种降低的作用在内生菌群落中更为明显（图 5.48、图 5.49），这可能是外源内生菌与 *Bacillus* 和 *Fictibacillus* 存在拮抗与竞争效应，而且这种效应在植物内部更明显。同时，还发现 *Acidovorax*、*Shinella*、*Devosia*、*Actinoplanes* 等细菌在内生菌群落的显著降低（图 5.49）。在植物修复早期阶段，外源内生菌会与这些本土细菌产生营养物质和生态位的竞争（Gadhave et al.，2018），从而阻止这些菌属在印度芥菜幼苗和植株的定植。

另外，观察到上述内生菌群落组成的变化伴随着 *Pseudomonas*、*Microbacterium* 等菌属相对丰度的显著增加，尤其 PRE01 和 PRE05 的接种可使 *Pseudomonas* 相对丰度分别由对照组的 9.38%增加到 45.8%和 26.6%（图 5.49）。可能的原因是 *Pseudomonas* 和 *Microbacterium* 先前被 *Bacillus*、*Acidovorax*、*Shinella* 的竞争活动抑制。*Pseudomonas* 作为植物内生菌的主要菌群，在促进植物生长和重金属解毒方面的重要价值已被广泛报道（Gadhave et al.，2018），而 *Microbacterium* 可通过分泌 IAA 和铁载体，活化根际重金属来促进植物生物量的产生和重金属的提取（Sun et al.，2018；Sheng et al.，2008）。同时 Sheng 等（2008）的研究也表明 *Pseudomonas*、*Microbacterium* 可有效强化油菜（与印度芥菜同为十字花科植物）对重金属污染土壤的修复效果。

除了土壤-植物系统中细菌群体间的相互作用，诸如土壤类型、植物种类、植物生长阶段、根系代谢、本土微生物群落、营养和生态位竞争等众多因素（罗继鹏 等，2018；Santoyo et al.，2016；Andreote et al.，2010）在影响植物内生菌各菌属的相对丰度及形成整个内生菌群落和动态演替也起到重要作用。Sun 等（2018）的研究还指出尤其是重金

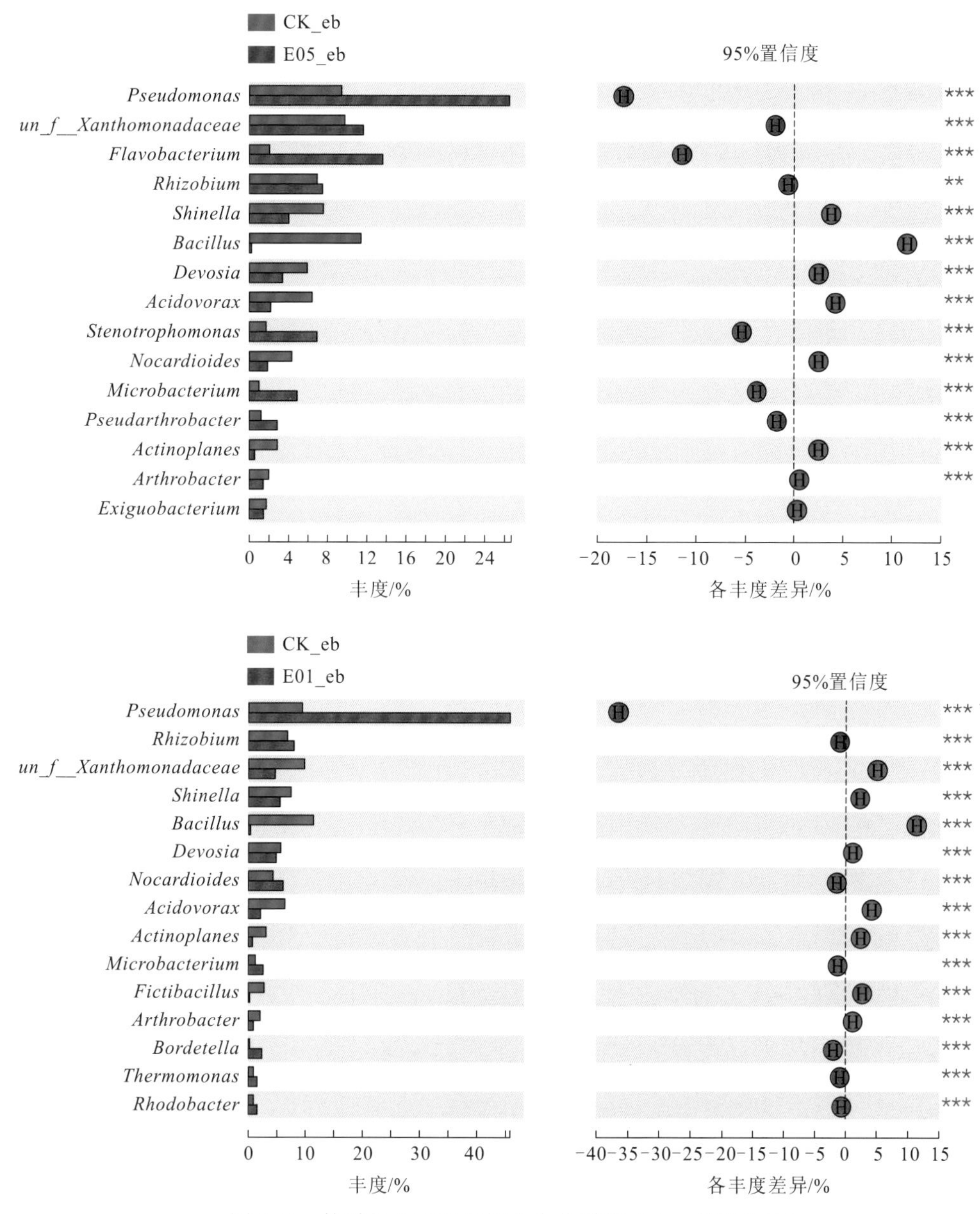

图 5.49 接种组和对照组间内生菌群落 Fisher 差异性检验

属浓度等土壤性质对植物内生菌群落结构影响较大，对比分析采集于云南铅锌矿区的三种植物内生菌群落，发现在两种超富集植物小花南芥和土荆芥根部 *Pseudomonas* 相对丰度分别为 81.13%和 77.06%，而在非超富集植物纤毛婆婆纳根部 *Pseudomonas* 相对丰度仅为 19.61%，与其根部重金属富集质量分数呈正相关。而与本小节研究相一致，两株内生菌的接种可显著提高印度芥菜根部重金属含量（图 5.40），且大幅增加根部 *Pseudomonas* 的相对丰度。这些都表明 *Pseudomonas* 在重金属植物修复中的积极作用。

3）细菌群落功能基因变化分析

除观察到的根际细菌和内生菌群落组成和多样性的变化外，通过 PICRUSt 深入分析了菌株 PRE01 接种后芥菜根际和根内细菌群落功能基因相对丰度的变化，见表 5.13 和图 5.50。

表 5.13 接种内生菌对各样品细菌群落基因分布的影响（KEGG level 1）

Types	CK_rb	E01_rb	CK_eb	E01_eb
细胞过程	4.36	4.36	4.38	4.20
环境信息处理	16.81	17.61	17.43	18.03
遗传信息处理	13.83	13.53	13.94	13.45
新陈代谢	49.69	48.93	48.79	48.58
有机体系统	0.78	0.72	0.8	0.78
未分类	13.17	13.41	13.4	13.67

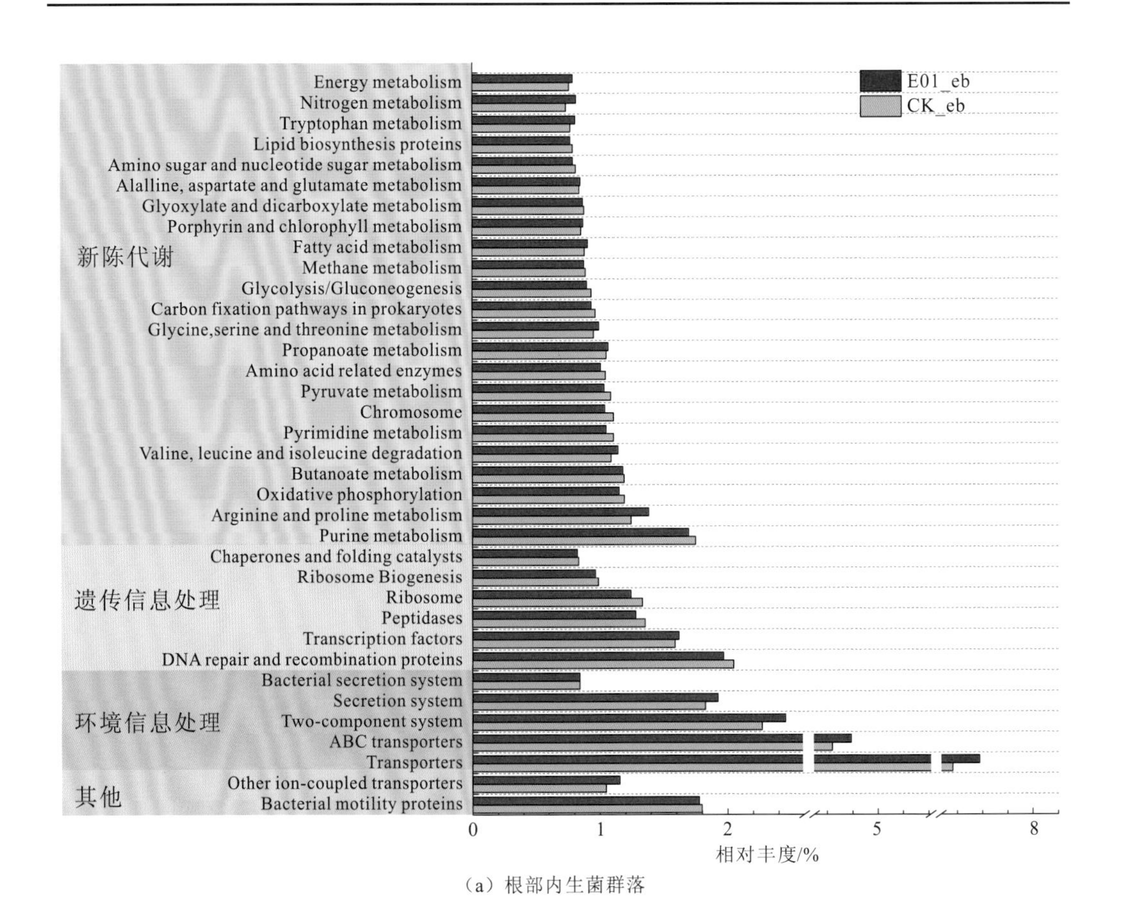

（a）根部内生菌群落

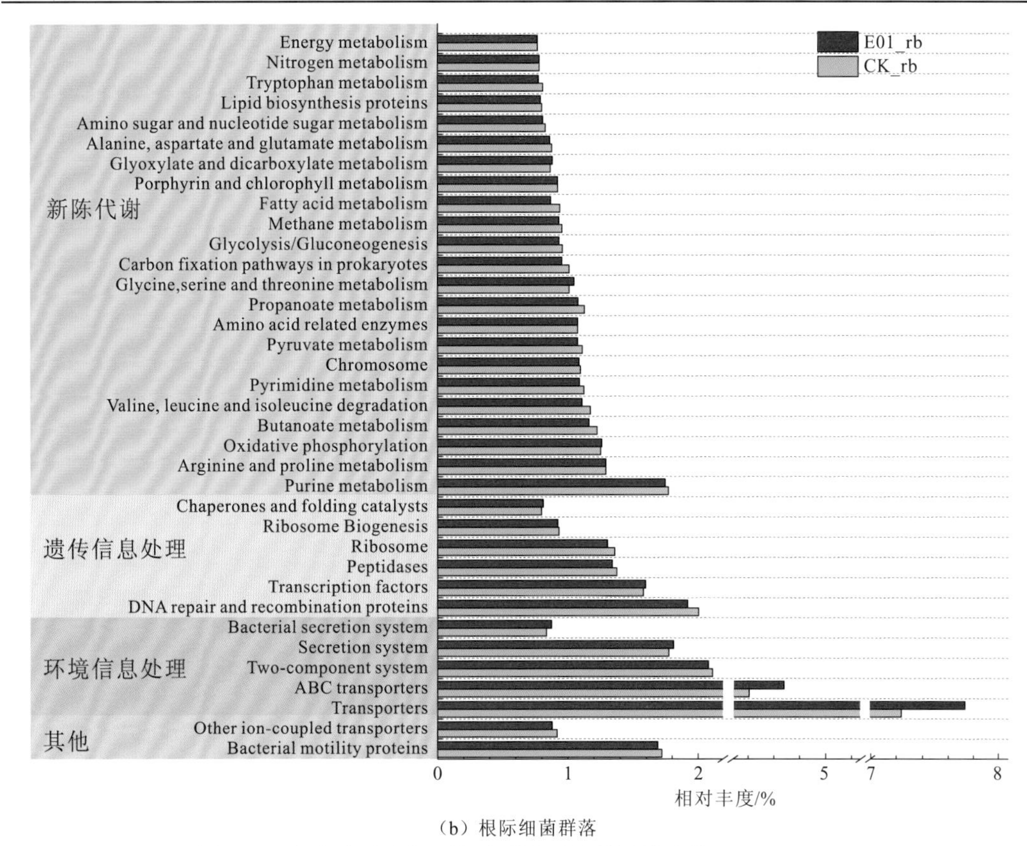

（b）根际细菌群落

图 5.50　根部内生和根际细菌群落功能基因的变化（KEGG level 3）

在 KEGG 代谢通路 level1 丰度组成上，植物相关细菌群落的 16s 功能基因类型主要包括环境信息处理（16.6%～18.0%）、基因信息处理（13.5%～14.4%）、代谢（48.5%～49.7%）、细胞过程（4.20%～4.38%）等。

如图 5.50 所示，PRE01 接种会明显增加与环境信息处理相关功能基因的相对丰度，如转运体（Transporters）、ATP 结合盒转运体（ABC transporters）、分泌系统（Secretion system）、细菌分泌系统（Bacterial secretion system）和双组分系统（Two-component system）等基因；也会增加与氨基酸代谢相关的功能基因，如精氨酸、脯氨酸、甘氨酸、丝氨酸和苏氨酸的代谢等基因，而且这种作用在内生菌群落更为明显。其中，根际细菌群落中转运体、ATP 结合盒转运体、分泌系统、细菌分泌系统等基因的增加，以及根部内生菌群落中转运体、ATP 结合盒转运体、分泌系统、细菌分泌系统和双组分系统等基因的增加可能会促进根际及根内微生物群与植物间的分子相互作用；其中，ATP 结合盒转运体又是目前研究最多的植物耐重金属蛋白基因之一，尤其有研究指出 ATP 结合盒转运体很可能在抵抗金属胁迫和转运重金属方面发挥重要作用（Hou et al.，2017；Theodoulou et al.，2015）。而氨基酸代谢相关功能基因的增加也从侧面反映出内生菌接种导致的尤其是氨基酸类等植物根系分泌物的增加，这与 5.4 节结论也是相符的。

综上可知，外源内生菌可通过调控印度芥菜内生菌群落结构和功能，获得持续的植物修复强化效果，这不仅与内生菌本身对植物本身的有益作用有关，而且也与菌株接种引起的本土内生菌群落的变化及它们在整体群落水平上发挥的积极作用有关。

2. 对细菌群落代谢功能多样性影响

试验采用 Biolog Eco 板研究了经过内生菌的接种，其与土壤–植物系统相互作用 60 d 后对印度芥菜根际和根系微生物群落代谢功能多样的影响 ECO 微平板共包含 31 种不同碳源，分 3 组平行（表 5.14），可根据培养微生物对 31 种碳源利用差异形成特定的群落水平生理图谱，从而获取样品中微生物群落代谢功能多样性数据（Rutgers et al.，2016）。现已被大多学者采用进行土壤微生物功能多样性方面研究。

表 5.14 Biolog-Eco 微平板的碳源分布与碳源分类

行	列											
	1[a]	5	9	2	6	10	3	7	11	4	8	2
A[b]	水			ß-甲基-D-葡萄糖[c]			D-半乳糖内酯[c]			L-精氨酸[d]		
B	丙酮酸甲酯[e]			D-木糖[c]			D-半乳糖醛酸[c]			L-天门冬酰胺酸[d]		
C	吐温 40[f]			I-赤藓糖醇[c]			2-羟基苯甲酸[g]			L-苯基丙氨[d]		
D	吐温 80[f]			D-甘露醇[c]			4-羟基苯甲酸[g]			L-丝氨酸[d]		
E	α-环式糊精[f]			N-乙酰基-D-葡萄胺[c]			γ-羟基丁酸[g]			L-苏氨酸[d]		
F	肝糖[f]			D-葡萄胺酸[c]			衣康酸[g]			谷氨酰-L-谷氨酸[d]		
G	D-纤维二糖[c]			α-D-葡萄糖-1-磷酸盐[c]			α-丁酮酸[g]			苯乙基胺[h]		
H	α-D-乳糖[c]			D，L-α-磷酸甘油[c]			D-苹果酸[g]			腐胺[h]		

注：A 为 96 孔板列数；B 为 96 孔板行数；C 为碳水化合物；D 为氨基酸类；E 为羧酸类；F 为多聚物类；G 为酚酸类；H 为胺类

为了评估不同处理下印度芥菜根际细菌和根内生菌代谢多样性差异，作者对 6 个样本中微生物对 31 种不同碳源利用情况进行了主成分分析（PCA），结果见图 5.51。

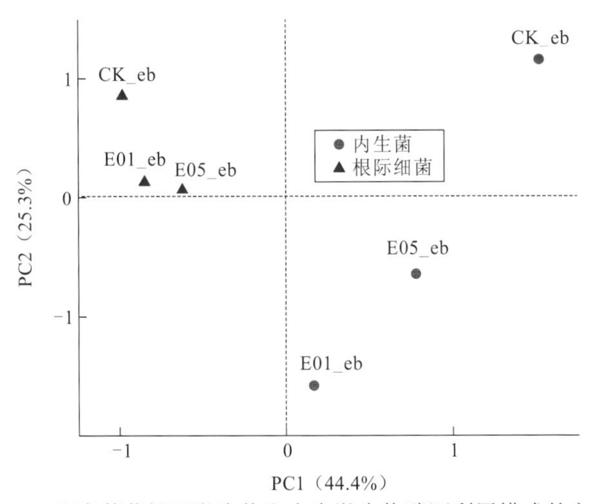

图 5.51 印度芥菜根际微生物和内生微生物碳源利用模式的主成分分析

前两个主成分 PC1 和 PC2 分别解释了 ECO 板碳源利用数据 44.4%和 25.3%的总变异。六个样本的主成分得分图显示了各样品中微生物对 31 种碳源利用模式的空间分布，各样本间并没出现明显的聚类现象（图 5.51）。然而，与根部内生菌样本相比，CK_rb、E01_rb、E05_rb 均在第一象限，空间分布距离较小，表现出根际菌和内生菌群落代谢功能的内在差异。同时，还发现内生菌的接种显著增加了接种处理和未接种处理间的距离，特别是根部内生菌接种组距离变化更大。这些结果均说明，接种 PRE01 或 PRE05 都能改变印度芥菜根际微生物和根内生微生物的群落代谢功能多样性，而且对根内生微生物群落代谢功能多样性影响更大。

为了进一步分析内生菌接种对根际和根内微生物群落代谢功能多样性的影响，本试验还采用 Shannon 指数和 Simpson 指数分别表征微生物的丰富度指数和优势度指数。结果发现，根部内生微生物群落的 Shannon 指数和 Simpson 指数在接种处理都要高于未接种处理，尤其 PRE01 达到显著性水平（表 5.15）。这两个指数在接种处理的减少可能是内生菌在植物根系定植引起的，导致群落多样性降低（Nautiyal et al.，2013）。

表 5.15 印度芥菜根际和根系内生微生物的群落代谢功能多样性指数

处理	Shannon 指数	Simpson 指数
CK_rb	3.009±0.041 c	0.944±0.002 c
E01_rb	2.978±0.038 c	0.944±0.004 c
E05_rb	3.009±0.035 c	0.943±0.002 c
CK_eb	3.290±0.044 a	0.960±0.005 a
E01_eb	3.097±0.039 b	0.950±0.003 b
E05_eb	3.232±0.052 a	0.956±0.003 a

另外，还研究了各样本中微生物对不同碳源类型利用差异，结果如图 5.52 所示，结果发现，不同样本间微生物群体对不同碳源利用差异较大，但总体来看，内生菌的接种会增加印度芥菜根际土中利用碳水化合物类、氨基酸类和胺类微生物数量；同样也会增加根部内生微生物群落中利用碳水化合物类和氨基酸类微生物的数量。可能的原因是内生菌在与植物相互作用过程中，增加了芥菜根系向根际分泌根系分泌物的行为，而根际分泌物中包含多种碳水化合物类、氨基酸类和胺类碳源，正是这种碳源的分泌行为对根际微生物群落代谢功能起到调节作用，同时这种根际微生物代谢多样性的变化也有助于植物与根际微生物间的互利共生（Keshav et al.，2013b；Sun et al.，2010）。

结合内生菌对土壤理化性质和内生菌群落结构多样性结果综合分析可知，在内生菌、植物、土壤的相互作用下，外源内生菌的接种可显著改善根际微生态和调控内生菌群落组成与功能，在不对原生微生态产生损害的情况下有效、持续地强化钒矿污染土壤植物修复效果。

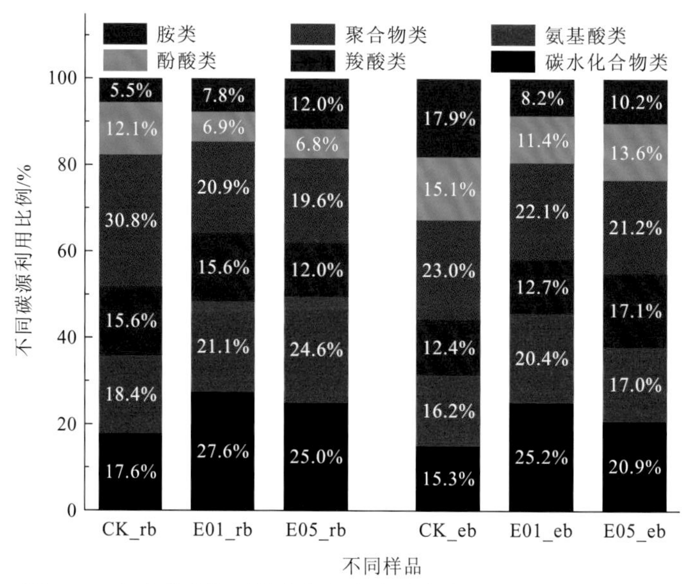

图 5.52　印度芥菜根际微生物和内生微生物对不同碳源类型利用差异

参 考 文 献

陈婷, 李超, 杨金燕, 2015. 富铁营养液中五价钒对胭脂红景天生长及养分吸收的影响. 西南农业学报(1): 359-365.

高蕾, 史培阳, 刘承军, 等, 2015. 液相沉淀法制备钒酸铁的实验研究. 东北大学学报(自然科学版)(1): 33-37.

黄宇, 张海伟, 范业宽, 等, 2008. 土壤有机磷组分及其生物有效性. 磷肥与复肥(4): 46-48.

林海, 田野, 董颖博, 等, 2016. 钒冶炼厂周边陆生植物对重金属的富集特征. 工程科学学报(10): 1410-1416.

卢蓓蓓, 2012. 石斛内生菌促生特性的研究. 南京: 南京师范大学.

罗继鹏, 陶琦, 吴可人, 等, 2018. 超积累植物内生微生物群落组成特征及其功能研究进展. 浙江大学学报(农业与生命科学版) (5): 515-529.

王凯荣, SELIM H M, 朱端卫, 2003. 钒和磷在土壤中的竞争吸附与迁移特性研究. 农业环境科学学报(5): 536-540.

向万胜, 黄敏, 李学垣, 2004. 土壤磷素的化学组分及其植物有效性. 植物营养与肥料学报(6): 663-670.

燕傲蕾, 吴亭亭, 王友保, 等, 2010. 三种观赏植物对重金属镉的耐性与积累特性. 生态学报, 30(9): 2491-2498.

张妮娜, 上官周平, 陈娟, 2018. 植物应答缺铁胁迫的分子生理机制及其调控. 植物营养与肥料学报(5): 1365-1377.

朱启红, 夏红霞, 2012. 铅胁迫对蜈蚣草抗氧化酶系统和叶绿素含量的影响. 贵州农业科学(4): 56-58.

曾英, 倪师军, 张成江, 2004. 钒的生物效应及其环境地球化学行为. 地球科学进展(S1): 472-476.

AIDE M, 2005. Geochemical assessment of iron and vanadium relationships in oxic soil environments. Soil and Sediment Contamination: An International Journal, 14(5): 403-416.

ALI H, KHAN E, SAJAD M A, 2013. Phytoremediation of heavy metals: concepts and applications. Chemosphere, 91(7): 869-881.

ANDREOTE F D, ROCHA U N D, ARAÚJO W L, et al., 2010. Effect of bacterial inoculation, plant genotype and developmental stage on root-associated and endophytic bacterial communities in potato (Solanum tuberosum). Antonie van Leeuwenhoek, 97(4): 389-399.

ANTONIADIS V, ROBINSON S, ALLOWAY B J, 2008. Effects of short-term pH fluctuations on cadmium, nickel, lead, and zinc availability to ryegrass in a sewage sludge-amended field. Chemosphere, 71(4): 759-764.

BABU A G, SHEA P J, SUDHAKAR D, et al., 2015. Potential use of Pseudomonas koreensis AGB-1 in association with Miscanthus sinensis to remediate heavy metal(loid)-contaminated mining site soil. Journal of Environmental Management, 151: 160-166.

BARZANTI R, OZINO F, BAZZICALUPO M, et al., 2007. Isolation and characterization of endophytic bacteria from the nickel hyperaccumulator plant alyssum bertolonii. Microbial Ecology, 53(2): 306-316.

CAMPOS V L, MORAGA R, YÁNEZ J, et al., 2005. Chromate reduction by serratia marcescens isolated from tannery effluent. Bulletin of Environmental Contamination and Toxicology, 75(2): 400-406.

CAO X, MA L Q, TU C, 2004. Antioxidative responses to arsenic in the arsenic-hyperaccumulator Chinese brake fern (*Pteris vittata* L.). Environmental Pollution, 128(3): 317-325.

CHEN B, ZHANG Y, RAFIQ M T, et al., 2014. Improvement of cadmium uptake and accumulation in Sedum alfredii by endophytic bacteria Sphingomonas SaMR12: effects on plant growth and root exudates. Chemosphere, 117: 367-373.

CHEN Y, DING Q, CHAO Y, et al., 2018. Structural development and assembly patterns of the root-associated microbiomes during phytoremediation. Science of the Total Environment, 644: 1591-1601.

DAS S, CHOU M, JEAN J, et al., 2017. Arsenic-enrichment enhanced root exudates and altered rhizosphere microbial communities and activities in hyperaccumulator Pteris vittata. Journal of Hazardous Materials, 325: 279-287.

FAN M, XIAO X, GUO Y, et al., 2018. Enhanced phytoremdiation of Robinia pseudoacacia in heavy metal-contaminated soils with rhizobia and the associated bacterial community structure and function. Chemosphere, 197: 729-740.

FU J, LIU X, HAN Y, et al., 2017. Arsenic-hyperaccumulator Pteris vittata efficiently solubilized phosphate rock to sustain plant growth and As uptake. Journal of Hazardous Materials, 330: 68-75.

GADHAVE K R, DEVLIN P F, EBERTZ A, et al., 2018. Soil inoculation with bacillus spp. modifies root endophytic bacterial diversity, evenness, and community composition in a context-specific manner. Microbial Ecology, 76(3): 741-750.

GANG S, SARAF M, WAITE C J, et al., 2018. Mutualism between Klebsiella SGM 81 and Dianthus caryophyllus in modulating root plasticity and rhizospheric bacterial density. Plant and Soil, 424(1-2):

273-288.

GEORGE P, GUPTA A, GOPAL M, et al., 2013. Multifarious beneficial traits and plant growth promoting potential of Serratia marcescens KiSII and Enterobacter sp. RNF 267 isolated from the rhizosphere of coconut palms (*Cocos nucifera* L.). World Journal of Microbiology and Biotechnology, 29(1): 109-117.

GUO H, LUO S, CHEN L, et al., 2010. Bioremediation of heavy metals by growing hyperaccumulaor endophytic bacterium Bacillus sp. L14. Bioresource Technology, 101(22): 8599-8605.

HAICHAR F Z, MAROL C, BERGE O, et al., 2008. Plant host habitat and root exudates shape soil bacterial community structure. ISME J, 2(12): 1221-1230.

HARDOIM P R, VAN OVERBEEK L S, ELSAS J D V, 2008. Properties of bacterial endophytes and their proposed role in plant growth. Trends in Microbiology, 16(10): 463-471.

HOU D, WANG K, LIU T, et al., 2017. Unique Rhizosphere micro-characteristics facilitate phytoextraction of multiple metals in soil by the hyperaccumulating plant sedum alfredii. Environmental Science & Technology, 51(10): 5675-5684.

HUANG Y, 2018. Comparison of rhizosphere and endophytic microbial communities of Chinese leek through high-throughput 16S rRNA gene Illumina sequencing. Journal of Integrative Agriculture, 17(2): 359-367.

IMTIAZ M, RIZWAN M S, XIONG S, et al., 2015. Vanadium, recent advancements and research prospects: a review. Environment International, 80: 79-88.

JAMES E K, GYANESHWAR P, MATHAN N, et al., 2002. Infection and colonization of rice seedlings by the plant growth-promoting bacterium Herbaspirillum seropedicae Z67. Mol Plant Microbe Interact, 15(9): 894-906.

KALIS E J, TEMMINGHOFF E J, TOWN R M, et al., 2008. Relationship between metal speciation in soil solution and metal adsorption at the root surface of ryegrass. Journal of Environmental Quality, 37(6): 2221-2231.

KESHAV P S, SHIVESH S N, et al., 2013. Nature and role of root exudates: efficacy in bioremediation. African Journal of Biotechnology, 10(48): 9717-9724.

KHAKSAR G, TREESUBSUNTORN C, THIRAVETYAN P, 2016. Effect of endophytic Bacillus cereus ERBP inoculation into non-native host: potentials and challenges for airborne formaldehyde removal. Plant Physiology and Biochemistry, 107: 326-336.

KHAN A R, ULLAH I, KHAN A L, et al., 2015. Improvement in phytoremediation potential of Solanum nigrum under cadmium contamination through endophytic-assisted Serratia sp. RSC-14 inoculation. Environmental Science and Pollution Research, 22(18): 14032-14042.

KHAN S, KAZI T G, KOLACHI N F, et al., 2011. Hazardous impact and translocation of vanadium (V) species from soil to different vegetables and grasses grown in the vicinity of thermal power plant. Journal of Hazardous Materials, 190(1-3): 738-743.

KOLLMEIER M, DIETRICH P, BAUER C S, et al., 2001. Aluminum activates a citrate-permeable anion channel in the aluminum-sensitive zone of the maize root apex. A comparison between an aluminum-sensitive and an aluminum-resistant cultivar. Plant Physiology, 126(1): 397-410.

LESSL J T, MA L Q, RATHINASABAPATHI B, et al., 2013. Novel phytase from Pteris vittata resistant to arsenate, high temperature, and soil deactivation. Environmental Science & Technology, 47(5): 2204-2211.

LI Y, HAN H, HE L Y, et al., 2017. Inoculation with endophytic Bacillus megaterium H3 increases Cd phytostabilization and alleviates Cd toxicity to hybrid pennisetum in Cd-contaminated aquatic environments. Environmental Science and Pollution Research, 24(2): 1416-1423.

LIN H, LIU J, DONG Y, et al., 2019. The effect of substrates on the removal of low-level vanadium, chromium and cadmium from polluted river water by ecological floating beds. Ecotoxicology and Environmental Safety, 169: 856-862.

LIU C, LIN H, DONG Y, et al., 2018. Investigation on microbial community in remediation of lead-contaminated soil by Trifolium repensL. Ecotoxicology and Environmental Safety, 165: 52-60.

LIU X, FU J W, DA SILVA E, et al., 2017. Microbial siderophores and root exudates enhanced goethite dissolution and Fe/As uptake by As-hyperaccumulator Pteris vittata. Environmental Pollution, 223: 230-237.

LIU X, FU J, GUAN D, et al., 2016. Arsenic induced phytate exudation, and Promoted $FeAsO_4$ dissolution and plant growth in As-HyperaccumulatorPteris vittata. Environmental Science & Technology, 50(17): 9070-9077.

LIU Z, ZHOU W, SHEN J, et al., 2014. Soil quality assessment of Albic soils with different productivities for eastern China. Soil and Tillage Research, 140: 74-81.

LONG H, SCHMIDT D, BALDWIN I, 2008. Native bacterial endophytes promote host growth in a species-specific manner；phytohormone manipulations do not result in common growth responses. PLoS One, 3(7): 1-10.

LUO S, CHEN L, CHEN J, et al., 2011a. Analysis and characterization of cultivable heavy metal-resistant bacterial endophytes isolated from Cd-hyperaccumulator Solanum nigrum L. and their potential use for phytoremediation. Chemosphere, 85(7): 1130-1138.

LUO S, WAN Y, XIAO X, et al., 2011b. Isolation and characterization of endophytic bacterium LRE07 from cadmium hyperaccumulator Solanum nigrum L. and its potential for remediation. Applied Microbiology and Biotechnology, 89(5): 1637-1644.

MA Y, PRASAD M N V, RAJKUMAR M, et al., 2011. Plant growth promoting rhizobacteria and endophytes accelerate phytoremediation of metalliferous soils. Biotechnology Advances, 29(2): 248-258.

MA Y, RAJKUMAR M, FREITAS H, 2009. Improvement of plant growth and nickel uptake by nickel resistant-plant-growth promoting bacteria. Journal of Hazardous Materials, 166(2-3): 1154-1161.

MA Y, RAJKUMAR M, LUO Y, et al., 2011. Inoculation of endophytic bacteria on host and non-host plants: effects on plant growth and Ni uptake. Journal of Hazardous Materials, 195: 230-237.

MA Y, RAJKUMAR M, MORENO A, et al., 2017. Serpentine endophytic bacterium Pseudomonas azotoformans ASS1 accelerates phytoremediation of soil metals under drought stress. Chemosphere, 185: 75-85.

MA Y, RAJKUMAR M, ZHANG C, et al., 2016. Beneficial role of bacterial endophytes in heavy metal phytoremediation. Journal of Environmental Management, 174: 14-25.

MARCANO I, DÍAZ-ALCÁNTARA C, URBANO B, et al., 2016. Assessment of bacterial populations associated with banana tree roots and development of successful plant probiotics for banana crop. Soil Biology and Biochemistry, 99: 1-20.

MARSCHNER P, CROWLEY D, RENGEL Z, 2011. Rhizosphere interactions between microorganisms and plants govern iron and phosphorus acquisition along the root axis–model and research methods. Soil Biology and Biochemistry, 43(5): 883-894.

MASTRETTA C, TAGHAVI S, VAN DER LELIE D, et al., 2009. Endophytic bacteria from seeds of nicotiana tabacum can reduce cadmium phytotoxicity. International Journal of Phytoremediation, 11(3): 251.

MOHITE B, 2013. Isolation and characterization of indole acetic acid (IAA) producing bacteria from rhizospheric soil and its effect on plant growth. Journal of soil science and plant nutrition, 13(3): 638-649.

MURADOGLU F, GUNDOGDU M, ERCISLI S, et al., 2015. Cadmium toxicity affects chlorophyll a and b content, antioxidant enzyme activities and mineral nutrient accumulation in strawberry. Biological Research, 48(1): 11.

NAUTIYAL C S, BHADAURIA S, KUMAR P, et al., 2000. Stress induced phosphate solubilization in bacteria isolated from alkaline soils. FEMS Microbiology Letters, 182(2): 291-296.

NAUTIYAL C S, CHAUHAN P S, DASGUPTA S M, et al., 2010. Tripartite interactions among Paenibacillus lentimorbus NRRL B-30488, Piriformospora indica DSM 11827, and Cicer arietinum L. World Journal of Microbiology and Biotechnology, 26(8): 1393-1399.

NAUTIYAL C S, SRIVASTAVA S, CHAUHAN P S, et al., 2013. Plant growth-promoting bacteria Bacillus amyloliquefaciens NBRISN13 modulates gene expression profile of leaf and rhizosphere community in rice during salt stress. Plant Physiology and Biochemistry, 66: 1-9.

PAN F, MENG Q, LUO S, et al., 2017. Enhanced Cd extraction of oilseed rape (Brassica napus) by plant growth-promoting bacteria isolated from Cd hyperaccumulator Sedum alfredii Hance. International Journal of Phytoremediation, 19(3): 281-289.

PAN F, MENG Q, WANG Q, et al., 2016. Endophytic bacterium Sphingomonas SaMR12 promotes cadmium accumulation by increasing glutathione biosynthesis in Sedum alfredii Hance. Chemosphere, 154: 358-366.

PANICHEV N, MANDIWANA K, MOEMA D, et al., 2006. Distribution of vanadium(V) species between soil and plants in the vicinity of vanadium mine. Journal of Hazardous Materials, 137(2): 649-653.

PATTEN C L, GLICK B R, 2002. Role of Pseudomonas putida indoleacetic acid in development of the host plant root system. Applied and environmental microbiology, 68(8): 3795-3801.

PÉREZ-MORENO S M, GÁZQUEZ M J, PÉREZ-LÓPEZ R, et al., 2018. Validation of the BCR sequential extraction procedure for natural radionuclides. Chemosphere, 198: 397-408.

PŁOCINICZAK T, CHODÓR M, PACWA-PŁOCINICZAK M, et al., 2019. Metal-tolerant endophytic bacteria associated with Silene vulgaris support the Cd and Zn phytoextraction in non-host plants. Chemosphere, 219: 250-260.

PŁOCINICZAK T, SINKKONEN A, ROMANTSCHUK M, et al., 2013. Characterization of Enterobacter intermedius MH8b and its use for the enhancement of heavy metals uptake by Sinapis alba L. Applied Soil Ecology, 63: 1-7.

PRUM C, DOLPHEN R, THIRAVETYAN P, 2018. Enhancing arsenic removal from arsenic-contaminated water by Echinodorus cordifolius –endophytic Arthrobacter creatinolyticus interactions. Journal of Environmental Management, 213: 11-19.

RAJKUMAR M, FREITAS H, 2008. Influence of metal resistant-plant growth-promoting bacteria on the growth of Ricinus communis in soil contaminated with heavy metals. Chemosphere, 71(5): 834-842.

RASTGOO L, ALEMZADEH A, 2011. Biochemical responses of Gouan (Aeluropus littoralis) to heavy metals stress. Australian Journal of Crop Science, 5(4): 375-383.

ROCHA J, TACÃO M, FIDALGO C, et al., 2016. Diversity of endophytic Pseudomonas in Halimione portulacoides from metal(loid)-polluted salt marshes. Environmental Science and Pollution Research, 23(13): 13255-13267.

RUTGERS M, WOUTERSE M, DROST S M, et al., 2016. Monitoring soil bacteria with community-level physiological profiles using Biolog™ ECO-plates in the Netherlands and Europe. Applied Soil Ecology, 97: 23-35.

SANTOYO G, MORENO-HAGELSIEB G, DEL CARMEN OROZCO-MOSQUEDA M, et al., 2016. Plant growth-promoting bacterial endophytes. Microbiological Research, 183: 92-99.

SHAHEEN S M, RINKLEBE J, 2018. Vanadium in thirteen different soil profiles originating from Germany and Egypt: Geochemical fractionation and potential mobilization. Applied Geochemistry, 88: 288-301.

SHENG X, XIA J, JIANG C, et al., 2008. Characterization of heavy metal-resistant endophytic bacteria from rape (Brassica napus) roots and their potential in promoting the growth and lead accumulation of rape. Environmental Pollution, 156(3): 1164-1170.

SHI Y, XIE H, CAO L, et al., 2017. Effects of Cd- and Pb-resistant endophytic fungi on growth and phytoextraction of Brassica napus in metal-contaminated soils. Environmental Science and Pollution Research, 24(1): 417-426.

SICILIANO S D, FORTIN N, MIHOC A, et al., 2001. Selection of specific endophytic bacterial genotypes by plants in response to soil contamination. Applied and environmental microbiology, 67(6): 2469-2475.

SINGH R P, MISHRA S, JHA P, et al., 2018. Effect of inoculation of zinc-resistant bacterium Enterobacter ludwigii CDP-14 on growth biochemical parameters and zinc uptake in wheat (*Triticum aestivum* L.) plant. Ecological Engineering, 116: 163-173.

SINGH V, THAKUR L, MONDAL P, 2015. Removal of lead and chromium from synthetic wastewater using Vetiveria zizanioides. Clean–Soil, Air, Water, 43(4): 538-543.

SRIVASTAVA S, VERMA P C, CHAUDHRY V, et al., 2013. Influence of inoculation of arsenic-resistant Staphylococcus arlettae on growth and arsenic uptake in Brassica juncea (L.) Czern. Var. R-46. Journal of Hazardous Materials, 262: 1039-1047.

SUN L, ZHANG Y, HE L, et al., 2010a. Genetic diversity and characterization of heavy metal-resistant-endophytic bacteria from two copper-tolerant plant species on copper mine wasteland. Bioresource

Technology, 101(2): 501-509.

SUN T, CANG L, WANG Q, et al., 2010b. Roles of abiotic losses, microbes, plant roots, and root exudates on phytoremediation of PAHs in a barren soil. Journal of Hazardous Materials, 176(1-3): 919-925.

SUN W, XIONG Z, CHU L, et al., 2018. Bacterial communities of three plant species from Pb-Zn contaminated sites and plant-growth promotional benefits of endophytic Microbacterium sp. (strain BXGe71). Journal of Hazardous Materials.

TAN Z, HUREK T, GYANESHWAR P, et al., 2001. Novel endophytes of rice form a taxonomically distinct subgroup of Serratia marcescens. Syst Appl Microbiol, 24(2): 245-251.

TENG Y, YANG J, SUN Z, et al., 2011. Environmental vanadium distribution, mobility and bioaccumulation in different land-use Districts in Panzhihua Region, SW China. Environmental Monitoring and Assessment, 176(1-4): 605-620.

THEODOULOU F L, KERR I D, 2015. ABC transporter research: going strong 40 years on. Biochemical Society Transactions, 43(5): 1033-1040.

TIAN L, YANG J, ALEWELL C, et al., 2014. Speciation of vanadium in Chinese cabbage (*Brassica rapa* L.) and soils in response to different levels of vanadium in soils and cabbage growth. Chemosphere, 111: 89-95.

TIWARI S, SARANGI B K, THUL S T, 2016. Identification of arsenic resistant endophytic bacteria from Pteris vittata roots and characterization for arsenic remediation application. Journal of Environmental Management, 180: 359-365.

TOKALIOĞLU, KARTAL, 2005. Comparison of metal fractionation results obtained from single and BCR sequential extractions. Bulletin of Environmental Contamination and Toxicology, 75(1): 180-188.

TU S, MA L, LUONGO T, 2004. Root exudates and arsenic accumulation in arsenic hyperaccumulating Pteris vittata and non-hyperaccumulating Nephrolepis exaltata. 258(1/2): 9-19.

USMAN A, KUZYAKOV Y, STAHR K, 2008. Sorption, desorption, and immobilization of heavy metals by artificial soil. The University of Hohenheim: Stuttgart.

VERMA P, MADAMWAR D, 2003. Decolourization of synthetic dyes by a newly isolated strain of Serratia marcescens. World Journal of Microbiology and Biotechnology 19(6): 615-618.

VISIOLI G, VAMERALI T, MATTAROZZI M, et al., 2015. Combined endophytic inoculants enhance nickel phytoextraction from serpentine soil in the hyperaccumulator Noccaea caerulescens. Frontiers in Plant Science, 6.

WAN Y, LUO S, CHEN J, et al., 2012. Effect of endophyte-infection on growth parameters and Cd-induced phytotoxicity of Cd-hyperaccumulator Solanum nigrum L. Chemosphere, 89(6): 743-750.

WANG L, LIN H, DONG Y, et al., 2018a. Effects of cropping patterns of four plants on the phytoremediation of vanadium-containing synthetic wastewater. Ecological Engineering, 115: 27-34.

WANG Q, ZHANG W, HE L, et al., 2018b. Increased biomass and quality and reduced heavy metal accumulation of edible tissues of vegetables in the presence of Cd-tolerant and immobilizing Bacillus megaterium H3. Ecotoxicology and Environmental Safety, 148: 269-274.

WEYENS N, VAN DER LELIE D, TAGHAVI S, et al., 2009. Phytoremediation: plant–endophyte partnerships take the challenge. Current Opinion in Biotechnology, 20(2): 248-254.

XIAO X, MIAO Y, GUO Z, et al., 2015. Soil vanadium pollution and microbial response characteristics from stone coal smelting district. Transactions of Nonferrous Metals Society of China, 25(4): 1271-1278.

XIONG J B, MAHMOOD Q, YUE M, 2011. The potential of Sedum alfredii Hance for the biosorption of some metals from synthetic wastewater. Desalination, 267(2-3): 154-159.

XU J, ZHU Y, GE Q, et al., 2012, Comparative physiological responses of Solanum nigrum and Solanum torvum to cadmium stress. New Phytol, 196(1): 125-138.

XU X, XU M, ZHAO Q, et al., 2018. Complete Genome Sequence of Cd(II)-Resistant Arthrobacter sp. PGP41, a Plant Growth-Promoting Bacterium with Potential in Microbe-Assisted Phytoremediation. Current Microbiology, 75(9): 1231-1239.

YAN F, 2002. Adaptation of H+-Pumping and Plasma Membrane H+ ATPase Activity in Proteoid Roots of White Lupin under Phosphate Deficiency. Plant Physiology, 129(1): 50-63.

YANG J, TENG Y, WU J, et al., 2017a. Current status and associated human health risk of vanadium in soil in China. Chemosphere, 171: 635-643.

YANG J, WANG M, JIA Y, et al., 2017b. Toxicity of vanadium in soil on soybean at different growth stages. Environmental Pollution, 231: 48-58.

ZENG F, ALI S, ZHANG H, et al., 2011. The influence of pH and organic matter content in paddy soil on heavy metal availability and their uptake by rice plants. Environmental Pollution, 159(1): 84-91.

ZHANG W, HE L, WANG Q, et al., 2015. Inoculation with endophytic Bacillus megaterium 1Y31 increases Mn accumulation and induces the growth and energy metabolism-related differentially-expressed proteome in Mn hyperaccumulator hybrid pennisetum. Journal of Hazardous Materials, 300: 513-521.

ZHANG X, LIN L, CHEN M, et al., 2012. A nonpathogenic Fusarium oxysporum strain enhances phytoextraction of heavy metals by the hyperaccumulator Sedum alfredii Hance. Journal of Hazardous Materials, 229-230: 361-370.

ZHANG Y, HE L, CHEN Z, et al., 2011a. Characterization of ACC deaminase-producing endophytic bacteria isolated from copper-tolerant plants and their potential in promoting the growth and copper accumulation of Brassica napus. Chemosphere, 83(1): 57-62.

ZHANG Y, HE L, CHEN Z, et al., 2011b. Characterization of lead-resistant and ACC deaminase-producing endophytic bacteria and their potential in promoting lead accumulation of rape. Journal of Hazardous Materials, 186(2-3): 1720-1725.

ZHU L, GUAN D, LUO J, et al., 2014. Characterization of arsenic-resistant endophytic bacteria from hyperaccumulators Pteris vittata and Pteris multifida. Chemosphere, 113: 9-16.